U0256775

让我们一起追寻

THE ROYAL HUNT IN EURASIAN HISTORY
By THOMAS T. ALLSEN

欧亚皇家狩猎史

The Royal Hunt in Eurasian History

THOMAS T. ALLSEN

〔美〕托马斯·爱尔森 著　马特 译

社会科学文献出版社
SOCIAL SCIENCES ACADEMIC PRESS (CHINA)

目　录

第一章　狩猎史

世界历史与动物世界

1

关于世界、生命与人类文化的起源，几乎所有民族都有自己的解释，其表述大多以神话的形式被记录下来。在这些早期的宏大叙事中，文化层面的起点或新的出发点通常被认为源于诸神的干预或文化英雄的创造。这些叙事作为从祖先一代继承而来的智慧，很少受到来自本文化内部的质疑，往往可以作为相关的故事而长时间流传。

然而，相较于这些遗馈的神话故事，还出现了另一类“进化型”叙事。尤其是在西方知识传统中，涌现了一系列将人类历史发展过程划分为三个连续阶段的理论。[1] 其中最为耳熟能详的，也是最早基于对物理遗迹的系统考察的理论，是“三时代说（three-age system）”，即把人类历史依次分为石器时代、青铜时代与铁器时代。最早提出这一模式的，是18世纪晚期来自斯堪的纳维亚半岛的博物学家。这一学说促进了一种新型宏大叙事的兴起，开始将文化进化（cultural evolution）与人类使用非生命体材料的能力联系起来。[2] 但这一学说并非当时在欧洲流传的唯一一种三时代说，另外一种更加久远的观点可以至少追溯到公元前1世纪的瓦尔罗（Varro）身上。后者认为，人类历史经历了三个明显的时段，即狩猎阶段、游牧阶段和农耕阶段。现在我们认为属于生存系统的这三个阶段，曾被认为是顺序存在且具有普遍性的。长久以来，这一理论被认为是不证自明的，直至19世纪末，德国地理学家爱德华·哈恩（Eduard Hahn）才令人信服地证明了动物最初由定居农民所驯化，因此作为田园主义多种表现形式之一的“游牧时代”始自并且晚于农耕时代。[3]

暂且不论这种文化发展的观点是否有时间性错误，其中最值得我们关注的是在早期农业时代中，人们认为历史的发展取决于人类与其他生物的关系；诚然，这与早期工业时代的三时代说形成了鲜明的对比——后者名如其实——将历史变化与非生命物体、工具以及材料紧紧地联系在了一起。

2

尽管这种最早的三时代说已不再是文化历史中的一种可行性叙事，但人与动物的关系作为这一理论不可分割的一部分，即使在其发展变化并不适用于简单的单系进化准则的情况下，仍然有着重要的意义。

出于书写狩猎史的需要，我们在此借用一下大卫·哈里斯（David Harris）关于动物剥削的精辟分类，以便更好地理解人类—动物互动的复杂关系网。在这一框架内，人类—动物的生态关系可以被分为三类：捕食、保护与驯化。捕食，顾名思义，包括了觅食、捕鱼和狩猎。保护则涉及利用环境来吸引或使某些动物受益，或是野生物种的自由放养，以及将动物幼体作为宠物或助手的部分驯化行为。与之相对，驯化指的是在与物种的野生祖先基因隔绝的情况下，长时间养殖和培育后代的行为。这里关键的一点是，随着人类群落从捕食到保护再到驯化的移动过程，人类逐渐不再依靠野生动物来摄取蛋白质和进行生产，而是转而更多地依赖于被驯化的物种。[4]

针对哈里斯就这些转变过程所作出的精妙阐释，我在此只增补一点作为推论：随着人类成功驯化了动植物，狩猎行为的经济意义持续减弱，政治意义则持续增强，而本书的核心主题之一便是探讨狩猎行为的政治学意味。然而，为了合理地对这一主题进行论述，首先我将把整个研究置于各种可能的狩猎史框架之内，其中有的已经实现，有的则还没有。

追寻蛋白质

鉴于狩猎—收集（hunting-gathering）模式是人类历史上主流的资源采集模式，在针对原始人类漫长的生物进化及文化进化过程的研究中，考古学家和人种学家已对这一模式进行了大量研究。[5] 在社会科学领域，关于文化与行为的生态基础的讨论以及在历史重建过程中使用类比方法的争议一直经久不衰，而狩猎—收集型社会便是许多此类辩论的核心问题。最近，狩猎—收集者们（hunter-gatherers）还卷入了关于群体选择与个体选择的重要理论争论之中。[6]

诚然，关于狩猎-收集者的扩展历史大多引起过激烈的辩驳。最典型的例子便是近百年来这类社会的形象变化。从听天由命的原始野蛮人起，这类社会被重新定性为最早的“丰裕社会（affluent society）”，即具有多得惊人的闲暇时间、良好饮食、健康身体和社会公平。辩驳者认为，其中的很多内容都随着文明的崛起而消失殆尽。从这一角度看，农业不再被视为是一种进步，也并未改善人类的处境。[7]

3

人们关于人类狩猎史这一最初阶段的讨论可谓纷繁复杂，原因在于证据少且难于阅读。即使是关于早期原始人饮食中肉类和植物性物质的相对作用与重量的基本问题，依旧会引起学者们的争论。这个问题会导致争论的原因在于，暂且不论摄取肉类的营养学意义，这种能量来源的获取既可以通过主动的狩猎行为，也可以依靠机会性的觅食行为，或是凭借二者的共同配合来完成。也正因如此，肉类的摄取成了一个复杂的问题。虽然复杂的社会类型倾向于认为从近期的杀戮中觅食肉类是一种不合适的行为，但在觅食型社会（foraging societies）中事情倒并非如此。[8]现在有些专家认为，旧石器时代后期的人口增长应与“饮食广度（dietary breadth）”有关。人类饮食的拓展和多样化，即所谓的“广谱革命假说（broad spectrum revolution hypothesis）”加剧了人类对小型动物的利用以及在现有资源紧缺的条件下觅食行为的发生。[9]

尽管各家各派众说纷纭，人们至少仍在关键的一点上达成了一致，即狩猎—收集模式具有多种变体。在某些社会中，捕食行为可以是一个广义的概念，尤其是在收集行为具有重要意义的温带地区；而在另一些社会中，捕食行为已经高度专业化了，譬如在以驯鹿和海洋哺乳动物等物种为生的北纬地区。许多学者认为，这种资源汲取方式的高度弹性解释了为何人类能够占据并成功开发利用从北极地区到热带雨林的多种生态系统。[10]

然而，狩猎方式的弹性还体现在另外一个重要的方面。随着人们对动植物的驯化，即所谓新石器革命的到来，狩猎行为并未被取代或甚至被转移——这与进化模式所暗示或认为的不同。后者认为，新的生产方式优于并摧毁了旧的生产方式。一百年来，狩猎作为一种经济活动在许多地区一直与新的资源汲取方式“平行运作”，因此也使关于狩猎、畜牧与农业的历史变得更加复杂。[11]这种适应性的表征之一便是，即使拥有相近的种族和文化背景的国家，其狩猎方式也有极大的不同。例如，在使用通古斯语的东西伯利亚和中国东北北部地区（northen Manchuria）①，有的群体将捕猎驯鹿作为主要职业，有的将真正的田园游牧生活与狩猎行为相结合，有的将农业与狩猎相结合，有的在夏季捕鱼，在冬季则设伏抓捕皮毛动物。 4 更有甚者，有的通古斯人只选择骑马捕猎，而有的则只徒步捕猎。[12]

这些差异受到了来自环境条件、历史偶然性与文化选择的影响，彰显人类狩猎行为中蕴含的极大弹性：狩猎行为发生了变化，并与其他生产方式便宜结合，成为一种辅助的职业，对“新型”经济提供了重要的补充。

在拥有独特的“游牧—狩猎生产方式”的亚欧草原的田园游牧民族身上，后一种适应性变化体现得尤为明显。[13]虽然游牧民族进行狩猎是有许多原因的，如保护牧群不被捕食，但获取食物始终是一个十分重要的动机。在古代和中世纪文本中，有许多关于猎物在饮食中的重要性记载。[14]此外，从不断积累的考古发现中我们也可以得出同样的结论。譬如，在哈扎尔（Khazar）帝国时期的公元 7 ~ 10 世纪，顿河（Don River）沿岸许多遗址的出土物品中野生动物的骨头便占据了 20% ~ 25%。其中出现的用于捕猎的武器更进一步证实了狩猎与经济之间的关联。[15]

面对这些数据，我们不能将游牧社会中的狩猎行为仅仅看作是短缺时期人们获取“生存食物”的一种手段。实际上，猎物是游牧民族饮食的一部分，甚至是定期在帝国宫廷中享用

① 本书作者多处使用“Manchuria”一词，泛指中国东北三省全境、内蒙古东北部地区以及旧热河省全部范围和外兴安岭以南的广袤地域。（文中页下注为译者所加，原书注文请参见“注释”部分，后不复注。）

的高级菜肴。11 世纪时，来自于中国的宋代（公元 960 ~ 1279）和契丹人建立的辽代（公元 907 ~ 1125）的使者，便多次被款待食用腌制雉鸡和麝鹿肉等精致菜品。[16]

在 13 ~ 14 世纪的蒙古帝国时期，也出现了同样的饮食结构和喜好。马可·波罗曾经讲述了宫廷菜肴中鸟肉的盛行，而我们从中国的资料中获知，这些猎获的鸟类由隶属于宣徽院的特殊猎户所提供。[17]不仅如此，普通平民的生活也依赖于狩猎。在 1240 年代的蒙古，卡尔皮尼（Carpini）① 便已经充分意识到捕猎对饮食的重要意义。十年之后，卢布鲁克（Rubruck）② 也明确宣称，蒙古人的“食物中有一大部分是依靠狩猎获得的”。[18]关于蒙古人的饮食为何如此依赖捕猎，1230 年代出使到蒙古的宋朝使者徐霆③曾有清晰的解释。他报告称，“在[冬季的]整个狩猎季节中，蒙古人通常食用狩猎中捕获的猎物，以此减少屠宰羊群的数量”。[19]因此，狩猎不仅能够提供额外的卡路里，同时还可以保护为游牧民族饮食提供重要奶制品的牧群。[20]在欧亚草原上，出于明智的经济因素考虑，游牧民族始终是一群技术高超的活跃的捕猎者。

5 或许更令人惊讶的是，在整个前现代时期，定居农业者也

① 卡尔皮尼（John of Plano Carpini，约 1185 ~ 1252），意大利人，天主教方济各会传教士。1246 年，他奉教宗英诺森四世派遣前往蒙古帝国，是第一个抵达蒙古宫廷的欧洲人。

② 卢布鲁克（William of Rubruck，约 1220 ~ 1293），法国人，圣方济各会士，法国国王路易九世的亲信。1253 年，他奉路易九世之命，往蒙古人处传教，并再次争取蒙古参加东征。

③ 徐霆（生卒年未详），字长孺，永嘉人。公元 1235 ~ 1236 年作为南宋使节随员前往蒙古大汗居留的草原。后为彭大雅的书稿作疏，合著《黑鞑事略》。书中详细介绍了蒙古国的地理气候与游牧围猎等内容，具有很高的史料价值。

依靠狩猎支撑其食物供给。在图尔主教格雷戈里（Gregory of Tours）笔下的6世纪北欧，干旱和瘟疫不仅导致家畜大量死亡，而且也波及猎物。[21]这些损失在中世纪的资料中加倍出现，因为对食用大量猎物的人类而言，这两类动物都具有经济价值。因此，人们在衡量东北欧地区的土地时，不仅要考虑其粮食和家畜的潜在产量，也会顾及当地鱼类和猎物的丰收情况。[22]乔治·杜比（George Duby）认为，出现这种情况是由于在中世纪早期的许多欧洲地区，农业生产尚不足以供给全部人口，因此狩猎和收集仍在贵族和农民的家庭经济中占有重要地位。[23]当然，这也意味着，关于狩猎—收集的技能在这些社会中始终不曾消失，尽管人们表面上处于“农业模式”之中，却依然继续沿用着这些更早的、久经考验的生产实践模式，用以丰富生活甚至保障生存。

鉴于中世纪欧洲早期属于欧亚地区中较为不发达的农业型社会，其对狩猎的依赖或许会被归结为特殊情况和一种例外。那么，在古代农业的摇篮，情况又是如何呢？那些地区是否摆脱和超越了这些古老的资源汲取手段呢？答案是否定的。在定居生活的早期中心的饮食中，狩猎依然占据着重要的位置。让我们首先来看看古代近东地区，在亚述帝国的亚述拿西拔二世（Ashurnasirpal Ⅱ，公元前884～前860年在位）的晚宴餐桌上出现了牡鹿和羚羊，而《圣经》中也有所罗门王在全盛时期食用鹿肉的相关记载。[24]在前阿拉伯帝国时期的伊朗，包括阿契美尼德王朝（Achaemenids，公元前534～前330）、帕提亚王朝（Pathians，公元前247～前227）和萨珊王朝（Sasanids，公元226～651），宫廷和平民都经常食用捕猎的战利品。[25]在中世纪和古代，同样的消费方式在邻近的外高加索地区也有记载。[26]在近代，据欧洲旅行者所言，印度莫卧儿帝国的宫廷也大量食用猎物，而当地猎人所猎杀的羚羊、野兔、孔雀和鹿会迅速“以合适的价格”供应于印度的沿海城市。[27]

更令人意外的是，这一模式在中国——这个很多历史学家认为在现代科学耕种兴起之前具有世界上最成熟和高效的农业经济的国家——也大行其道。在整个帝国时代，自公元前 221 ~ 公元 1911 年，野兔和野鹿一直是农村人口饮食的重要补充部分，在杭州——宋朝的主要城市之一——等城市中心也有许多猎物贩售。[28]在 18 ~ 19 世纪，北京等北方城市中也是同样的情况，尤其在肉类易于运输的冬季，大量的鹿肉、野猪和野禽从中国东北（Manchuria）运往北京等城市。[29]

6

显然，狩猎为人类饮食提供了重要的营养成分，而这一点并未因农业——即便是高度发达的农业经济——的兴起而停滞。除此之外，前文的简单综述还揭示了一个重要的事实：直至最近，世界上仍存在着大量未经开发的荒野地区，其中有些十分接近大型城市中心和农业地区。这意味着，人类与野生动物的接触将是非常常见的，而正如我们将会看到的，这些往往极不愉快的相遇有着重要的政治影响。

追逐利润

在人类开始驯养动物之后的很长一段时间里，不仅为获取食物而进行的狩猎行为在持续发生，而且农业型社会本身也促进了新型狩猎方式的出现，其中有一种方式属于高度商业化。这种专门的狩猎方式便是捕获当时用于长途贸易的各种动物产品。有时，这些猎手来自于如古埃及这样的社会，其在经济和意识形态层面都非常重视农业。[30]在古代中国，这些猎手的存在也十分明显，如在中国的律条中便有相关内容针对职业猎人的管理与税收。[31]

然而，更发人深思的是，甚至连真正的狩猎—收集者也融入了长途商业的网络之中。一个很少有人注意的例子便是关于天堂鸟羽毛的贸易。这种多彩的羽毛产于新几内亚，两千年来被运往中国、印度、西亚和太平洋地区。[32]另一个人们更为熟悉的例子是北方皮草贸易，易货贸易和纳贡关系将狩猎—收集者与大型国际贸易系统联系起来。例如，在9～12世纪，伏尔加—乌拉尔河流域与西西伯利亚地区的居民便向伏尔加河中部地区的保加利亚人供应高档皮货——如黑貂、白貂和黑狐——后者则将这些皮草制品卖给商人，由商人将这些货物运往中东的皮草市场以高价出售。[33]

仅从这些例子中我们也可以看出，许多经过长途运输的动物制品都是来自遥远而闻名之地的名贵货物。从数量和价值上看，皮草或许是最重要的货物，但象牙和鹿角等也同样经过了长途运输。从史前时代起，象牙便因其品质、色泽、凉感、质地、持久度及所象征的权力而拥有大量的需求。[34]或许更令人惊讶的是海象牙与独角鲸尖角的运输所涉及的广泛范围：这两类角质产品原产于北冰洋和北太平洋，中世纪时被运往了从中国到阿拉伯世界的众多市场。[35]

7

我们也需要讨论一下活动物的运输，这一点之后将会再次论及。在此，一个简单的例证便可以清楚地说明其商业潜力。1680年代，有人目睹了暹罗国王设陷阱捕猎大象，再出口印度。据称，每年出口的这三四百头大象是王室国库的重要收入来源。[36]

尽管稀有度和新奇度主宰了动物与动物制品的长途运输，

并因此促进了大部分商业型狩猎的发展，但是文献中也记载了许多其他的普通商品。7～8 世纪，暹罗国还向日本出口了大量的鹿皮。[37]那时，在大多数前现代社会中都有着商业猎手的顾客；王室对狩猎活动的持续兴趣显示，这始终是一个有利可图的行业，并且直至今日仍是一个活跃的领域，而这一点应当得到更多学者的关注。[38]

追逐权力

正如前述，人类历史有一大部分是在狩猎—收集阶段展开的，这种资源汲取方式也一直是研究的重点。然而，在人类驯化动植物之后，狩猎失去了其作为一种公认的生产模式中关键部分的优势地位。因此，除了对中世纪与近代早期北方皮草贸易的研究之外，学者们关于狩猎行为在后新石器时代的历史可谓兴趣骤减。[39]这种关注的欠缺缘于数种误解：首先，正如我们之前所讨论的，狩猎作为一种营养来源和贸易商品，一直发挥着重要的经济功能；其次，狩猎——尤其是精英阶级的狩猎——在大多数农业型社会和田园型社会中发挥了一系列重要的政治功能。

这一方面的内容大多被忽视了，或者说，至少没有得到应有的重视。问题之一在于，狩猎行为本身太为常见，以至于人们虽然知道这种行为，却往往会选择忽视。此外，即使人们在讨论狩猎史时，其讨论的范围也太过狭窄。对于很多人而言，狩猎仅仅是中世纪欧洲精英的日常生活的一部分。[40]

近代狩猎史的学术著作延续了这一方向，主要关注西方社会及其旧日的殖民地中狩猎的娱乐功能，并与对当代环境问题的讨论结合在一起。诚然，猎手身兼环境保护主义者、博物学家和猎物管理者的争议性身份，是现代环境史中合理而重要的一部分。[41]然而，我们应当意识到，这些问题本身具有更为悠久的历史，是与皇家狩猎活动有着紧密联系的。若要完全揭示这些联系，我们需要织起一张更大的由主题、地理与时间构成的网络。最早从事这一方向研究的是中世纪蒙古国的一群学生，他们意识到本国人与草原上其他民族的狩猎行为实际上承载了多种功能。[42]然而，在我看来，我们还需要着眼于一个更大的历史背景，在一个比较长的时间段内，比较欧亚各文化圈与生态区域内的政治狩猎的异同。只有这样，我们才能厘清皇家狩猎活动的多重功能。

本研究的研究范围集中于精英群体和皇室/王室成员，即主要将狩猎看作一种政治活动。此外，尽管这是一部自上而下书写的历史，但普通大众以及同样重要的动物群体都会得到相应的关注。同样，研究也会涉及皇家狩猎活动的环境维度与文化维度。笔者认为，在欧亚历史上，政治权威的运行、对自然环境的利用以及文化的融合是彼此紧密联系的。

鉴于笔者的关注点主要在于政治型狩猎，我有必要将之与经济型狩猎加以区分。首先也是最重要的一点是数量的问题——正如费尔南·布罗代尔（Fernand Braudel）所言，数量是很重要的。为生计而进行的狩猎既可以由个体实施，也可以是数量可变但总数有限的集体行为。然而，在农业型与田园型社会中，狩猎或驱逐畜群一般会涉及远远更多数量的人，有时甚至是整个亲族或族群，而在这一基础之上，仪式与政治活动便有了明显的增加。人们会准备精致的盛宴，狩猎活动的组织者受到人们的尊敬，也因此获得了更高的名望与影响力。[43]由成千上万人参与的大规模的皇室狩猎是定例而非例外，其重要性也赋予这种狩猎形式以政治含义。诚然，这种情况也见于其他大型的组织活动，如建筑项目或仪式、庆典与娱乐活动的筹划等。在这些情况中，筹划手段与活动本身一样重要。在皇家狩猎活动中，狩猎会展现统治者的领导和部署劳力、军队与个体（包括人类与动物）的特殊能力。此外，由于狩猎行为的本质，这些统治能力在全国范围内的展示也发挥了教化民众的作用。在狩猎这一方面的突出表现也暗含了在其他领域同样出色的能力，如征收税款或镇压土匪等。因此，皇家狩猎活动也是衡量统治者管理大型机构——统治一个国家——的能力的有效确认标准。[44]

9　政治型狩猎与经济型狩猎之间的另一大区别同样是——至少原则上是——可以定量分析的。为了维持基本生存而进行的狩猎主要是一种获取能量的手段，因此必须具有效率；也就是说，长期来看返回的能量值应当超过所投入的能量。从这层意义而言，我们可以认为生存型狩猎与商业型狩猎主要是一种经济活动。与之相对，皇家狩猎活动几乎很少能够得到返回的能量值。皇家狩猎活动的参与和旁观者人数众多，再加上携带的行李与捕获的各种无法食用的猎物——如豺狼和老虎等——其最终的能量净值通常为负。实际上，这些狩猎活动可以说是一种铺张的消耗能量的行为，而这种能量消耗主要是一种政治行为。[45]

继续论述之前，需要强调的一点是，我并非认为存在有两种“纯粹的”狩猎方式，即一种是完全出于经济目的的狩猎，一种是出于政治目的的狩猎。正相反，人类狩猎行为的动机与目标是一个连续的过程，其中有许多渐变和意料之外的混合之处。

我们首先来看一下经济目的的狩猎行为。在出于经济目的的狩猎行为中，对蛋白质的追寻是极为重要的，也是生存中至关重要的一点。然而，即使在极端状态下，也并不存在所谓"纯粹的"经济型狩猎方式。的确，在进行狩猎和收集的群落中，政治——包括外在政治与内在政治两类——都被控制在最小范围之内；规避、离开和自我隔离是政治过程的主要运作机制。然而，如果认为为维持生计而进行捕猎的猎手完全与政治无关的话，那也是错误的。群落社会（band societies）中的确存在着政治活动，而且是一种特殊的政治。其中，包括了针对许多需集体回应的事务——既有要事也有琐事——的操作与管理，例如个体成员之间社会矛盾的解决，与群落外人员的关系问题，以及关于迁往新驻扎地或狩猎区的决策等。因此，群落社会中的政治活动并不正式，其所涉及的讨论通常可以达成一致，而且主要在私下讨论与公共辩论中施行领导权。个人权力并非以高压统治为基础，而是依靠个人的知识储备、经验、说服力以及人格魅力。借用乔治·斯维保尔（George Silverbauer）的精辟论述，在这种社会类型中，"领导权是权威性的（authoritative），而非独裁性的（authoritarian）"。[46]

在这种连续变化的过程中间，出现了一种经济动机与政治动机基本平衡的混合现象。中国的东北部地区（Manchuria）可以作为一个例证。从新石器时代至19世纪，其始终保持着小农经济、长期畜牧业、手工艺生产、渔业与狩猎相结合的生活方式，其中狩猎主要为了获取蛋白质、赚取利润和培养政治力量。这种混合的生活方式在关于女真人——其建立了在1115～1234年间统治北部中国的金朝——的文献中记载得尤为详细。[47]

10 在这种连续变化过程的另一端，即主要出于政治意识形态目的而进行的狩猎行为，狩猎的其他功能也从未完全消失。契丹族人是名副其实的政治型猎手，同样也会出于娱乐或摄取蛋白质等普通原因而进行狩猎，这种狩猎行为是不含有任何政治意味的。[48]更明显的例子是，在莫卧儿帝国时期（1526～1858），虽然皇家狩猎活动是统治领域的核心要素，但在胡马雍（Humāyūn）统治期间（1526～1530年和1555～1556年在位），在其政治力量衰弱后，他立刻将皇家狩猎活动变更为觅食型狩猎，以保证生存所急需的食物。[49]因此，虽然并不存在所谓“纯粹的”狩猎类型，但有必要对这些功能进行区分，在之后的章节中我们将进一步记述和阐释这一点。

狩猎史

在本书研究的过程中，我逐渐意识到，狩猎史与更大范围内的人类—动物关系研究无法分离，这一点也是现在许多学科——从生物学到考古学再到哲学研究——的研究热点。这些研究的范畴从人类如何影响特定动物数量的具体调研，延伸至关于人性与动物性概念的基本问题，即关于自然与文化的定义，以及可能会区分这些领域的界限问题等。[50]

若要理解皇家狩猎活动，我们必须考虑野生动物和家养动物在人类文化历史中诸多方面的关系：毕竟，动物既是人类的敌人，也是人类的朋友；既是一种象征，也是一种符号。人类将动物看作驱邪避祟的保护神、艺术品、地位的象征、商品和展品、娱乐手段、衣服、食物、药物，甚至是人类智慧与行为模式的来源。人类狩猎行为中所蕴含的深刻意义，尤其是政治意义，只有置于人类—动物关系的大背景内方能显现出来。举一个明显的例子，一位成功猎手所具有的特殊能力有很大一部分来自于其所征服的动物的特殊能力与属性。也就是说，只有技术出众的猎手才能捕杀珍禽猛兽。这也意味着，我们应当关注精英阶级与大众阶层对动物与自然所持有的态度。

在阐述了研究主题之后，我还有必要至少初步叙述一下本研究的时间跨度与地理范围。最初，我认为研究可以从第一个具有普遍意义的帝国即阿契美尼德王朝①“开始”，之后依次按时间顺序推进。然而，我很快便发现，早在古代波斯人之前，皇家狩猎活动便已经在早期的埃及、两河流域、印度以及中国等地作为一项既定的制度而存在。因此，鉴于此前我并没有涉足这一专业领域的研究经验和学术训练背景，可以说我是相当不安地投入了研究之中，并开始搜寻前人的研究成果与类似的相关研究。

从另一方面而言，我们可以将皇家狩猎活动的历史延伸至20世纪中期。1940年，《时代》（*Time*）封面刊登了赫尔曼·戈林（Hermann Göring）的照片，并在随刊的文章中指出，这位“纳粹的二号人物是德国的狩猎大师”。戈林居住在一个占地10万英亩的禁猎区，他从冰岛进口猎鹰，并邀请宾客与他的宠物幼狮恺撒玩耍。[51]从各个方面而言，包括戈林本人的狩猎场在战争末期的戏剧性覆灭，这位帝国元帅和狩猎大师都遵循了欧亚政治精英广为共享的悠久传统。[52]或许，更确切的，皇家狩猎活动的最终落幕应当追溯至19世纪前半叶。那时，

---

① 又译阿契民尼德王朝（公元前550～前330），是第一个在政治上统一了伊朗高原的古波斯帝国。

受火器与国际新趋向的影响，传统的贵族狩猎模式在其最后的阵地如中东和印度都陷入了“相对废止”的状态——尽管在伊朗的卡扎尔王朝（Qājār，公元1779～1924），皇家狩猎活动一直延续至朝代的末期。[53]

我认为，从地理角度而言，皇家狩猎情结的许多普通与突出的特征是在一个明显的核心区域内发展而成的。关于这一核心区域的概念，我将在第二章中更加详细地予以论述，在此只简要地将这一区域定义为伊朗、北印度地区和突厥斯坦（Turkestan）。当然，在后续章节中我们将会发现，皇家狩猎情结的很多方面也出现在一些更加遥远的地区，有些甚至可以延伸至欧亚大陆的边缘地区。

我之所以选择涵盖如此之大的一个时空跨度，其意并不仅仅在于探寻背景或角度，也超越了对森林——不仅仅是树木——生长情况的理解。这些虽然也是我着重讨论的重要问题，但主要原因在于，本研究的两个具体目标要求研究所涉及的历史跨度具有一定的宽度与广度。第一个目标是，需要解释为何皇家狩猎活动在整个欧亚大陆范围内如此类似，为何这一情结中的某些要素可以传播至很远的区域，为何一些彼此知之甚少的政权与文化却具有相似的狩猎方式。简而言之，我们应当如何解释在前现代通信（communication）条件下所出现的这种“国际化”的标准与方式？第二个目标是，探寻为何这一体制可以持续如此之久——接近四千年——的时间。在探寻中，研究自然地转向了对布罗代尔①所说的“长期（la longue

① 费尔南·布罗代尔（1902～1985），法国年鉴学派第二代著名的历史学家。

durée)”的思考。在本书的最后一章中，这两个问题都会得到详尽的论述。

考虑到本研究的主要论题，似乎有必要提出以下否认声明：我并非要提出关于狩猎活动在人类社会文化演化过程中所发挥的重要作用的另一宏大理论。作这样的声明的原因在于，狩猎活动常常被认为是推动原始人类历史发展的引擎。其中最极端的情况是“狩猎假说（hunting hypothesis）”，其宣称大型狩猎活动可以诠释早期原始人类的生物学、行为学以及文化发展的基本构成，认为狩猎活动是人类之所以为人的关键因素。这一理论在提出后遭到了多个角度的合理批评。其中主要的批评线索是，早期的原始人类社群并不仅仅由猎手组成，也包括觅食者与拾荒者，三者共同承担了获取多种自然资源的任务。因此，狩猎活动并不是占支配地位的因素和变化的来源，而是更大框架内的技术、社会与生态调节的一部分。其次，这一理论的批评者认为，尽管觅食与拾荒并不像狩猎行为那样英勇，但也需要群体的团结、合作以及对自然的了解，这一切都促进了社会与通信手段的进一步发展。[54]

12

狩猎在史前时期所占据的中心地位，更加适用于有史以来的阶段。我认为，历史记载进一步确认了，捕猎行为从未成为一个决定性因素或发挥了引擎的作用。然而，历史记载也显示了，在前现代时期的欧亚许多民族的政治与文化生活中，狩猎是一个重要的组成部分。因此，皇家狩猎活动为我们审视过去提供了一扇有效的窗户，可以进一步探索自然、文化与政治之间的多层复杂关系，并且同时展现旧大陆（Old World）各民族之间广泛的历史联系。

皇家狩猎活动能够具有这样的意义，是缘于其本身的多面性和多种功能，即与其他类型的狩猎行为一样，都具有一定的可塑性。笔者的研究试图证明，狩猎是跨国关系、军事筹备、内政管理、通信网络以及探寻政治合理性的组成要素。然而，皇家狩猎活动的重要性并未止步于此。皇家狩猎活动还与一件在所有社会中都具有极重要意义的事情有着密切的关系，即对自然资源的接触和保护。贵族狩猎在环境史中具有同样重要的意义，其作为一个媒介，自然的形象经其形成和表征，真实的自然的各个组成部分也经其散播，有时远远超过了原有的范围。

现阶段，我的研究仅仅是初步考察了一个庞大而复杂的议题。关于特定时间与特定地点的皇家狩猎活动，都应当有相应的独立著作进行研究。遗憾的是，目前将贵族狩猎置于适合的自然与文化背景中进行讨论的研究还较为稀少。在某种程度上，这也解释了本书涵盖范围的不均分布。我痛心地意识到，朝鲜半岛、日本、中欧以及奥斯曼帝国等重要区域所应得到的关注超过了我的能力范围。因此，如果出现了新的详细的案例研究，这些研究无疑会对我的发现和叙述发起挑战、进行修正和改进。然而，如果我的研究并非完全错误，13 那么本书所提供的数据与分析或许可以唤起一些有效的修正，带来一些新知识、新见解与新的改进了的狩猎史。或许，有朝一日我们甚至可以从真正的全球视角进行审视，将世界范围内的长期发展纳入研究之中，并对撒哈拉沙漠以南的非洲、前哥伦布时代的美洲、大洋洲以及欧亚大陆的狩猎史中人们对蛋白质的追寻与对权力的追逐之间的相互关系进行比较研究。

作为本书所研究的这种特别的狩猎史的出发点，我们首先需要回答一些关于贵族狩猎的非常基本的问题。是谁进行狩猎？在哪里进行狩猎？多久狩猎一次？狩猎的方法和手段是怎样的？之后，我们才能回答其中核心的问题：这些人为何要进行狩猎？

第二章　田野与河流

14 谁在狩猎？

我们所提出的第一个问题，即是谁在从事政治型狩猎的问题，答案已经被指明：我认为，欧亚大陆的皇室家族与贵族阶级的大部分成员都或多或少地利用狩猎来追逐和保持其社会政治权力。

现在，这一答案需要一定的解释与界定。我们可以从文化史中非常基本的一个问题开始：地理分布。如果我们将政治生活中狩猎行为的核心作用看作一种文化特征，那么我们会发现，尽管狩猎行为在欧亚大陆范围内分布广泛，却并不均匀。实际上，在一个核心区域内，政治型狩猎更加具有连续性，更加集中而激烈，而这些区域也成为新方式、新技术和新设备的创新与流行中心，并在一些历史时期中成为贵族狩猎的最新且时尚的洲际交流中心。这些区域包括美索不达米亚、小亚细亚、突厥斯坦、印度北部和外高加索地区，伊朗高原是其枢纽和内在核心。

一直以来，人们往往将前伊斯兰时代的伊朗与皇家狩猎活动相联系，这更多的是一种自我认知，而不是对外国定式的套用。原因在于，伊朗王朝在其绘画与诗歌中始终不遗余力地宣传本国皇家猎手的辉煌成就。[1] 临近的国家也效仿了伊朗的实践，其中阿拔斯哈里发王朝（ʿAbbāsid caliphate，简称“阿拔斯王朝”）——萨珊王朝的主要继承者——对皇家狩猎活动十分重视，在其统治的较长历史时期内（公元750～1258），皇家狩猎活动成了重要的社会政治制度。[2]

如前所述，皇家狩猎活动有时会在远离核心区域的地方出现。在整个草原带，只要是游牧民族具有政治性组织的地方，便会出现皇家狩猎活动的清晰身影。在古代中国，皇家狩猎活动也是一种重要的制度，如封建时期中原与西域有紧密联系的时候，或蒙古人与满人统治中国的时期。实际上，在中国北部地区，汉族与游牧民族的精英阶层在很大程度上具有相同的生存环境与军事传统，包括对狩猎的崇拜。这种对猎犬、良驹与猎鹰的崇拜，成为东亚地区的贵族狩猎的次要核心与模式。[3] 5～6世纪的朝鲜墓群中也有着关于狩猎活动的描绘，这至少显示了朝鲜的权贵阶层的狩猎方式与中国北部地区十分类似，或者说，与伊朗的萨珊王朝的皇家狩猎活动相近。[4] 在之后的历史时期中，这种趋同性出现在更广泛的区域内。1597年，葡萄牙传教士多斯·桑托斯（Dos Sanctos）记录了一场发生在埃塞俄比亚的大型“皇家狩猎活动”，而这段描述也可以几乎不作任何修改地沿用于伊朗的萨非王朝（Ṣafavid Iran）或满人统治下的中国。[5]

15

尽管现在我们所强调的是均化的倾向，但是也不能忽略其中的例外和不同于常例的文化圈。最明显的例子便是古典时期的地中海沿岸与欧洲地区。显然，希腊人主要依靠猎犬和猎网捕获小型猎物。[6] 然而，尽管狩猎是一项重要的社会娱乐活动，狩猎在希腊或罗马却始终未曾像在其他核心区域中一样，具备政治—军事功能。在小普林尼（Pliny the Younger）① 的叙述

---

① 小普林尼（约61～113），罗马作家，以描述罗马帝国社会生活的九卷信札著称。

中，大部分狩猎是由奴隶替他进行的，而这也折射出罗马人对贵族狩猎的态度；此外，在阿米安（Ammianus）① 的讽刺之语中，元老院的成员也通常是“由他人的劳工代替自己进行狩猎”。[7] 那些在狩猎中替代出场的人并没有崭露头角或积累大量威望；虽然如此，人们依旧认为有必要塑造一个进行狩猎的形象。

这种对狩猎缺乏热情的原因无疑是复杂的。显然，环境差异有一定的影响，但人们往往过于强调这一点。实际上，政治制度与传统层面的差异也应当被纳入考虑的范围之内。其中，一个引人注意的因素便是猎物的种类。在中亚与南亚地区，存在着大量的大型食肉动物如狮子、猎豹和老虎，而在欧洲却没有这类“庞大的”猎物。暂且不论这一差异是否能够解释现实的情况，这一点显然得到了几个世纪以来的古典作家的注意与评论。例如，亚里士多德认为，“亚洲的野生动物是最具有野性的”，而色诺芬②则将希腊的猎物——兔子和野鹿——与外国统治者所捕猎的“大型猎物”——尤其是狮子——加以对比。欧庇安（Oppian）则认为，狮子作为百兽之王，是最能检验“猎手的英勇精神”的对象。[8]

论及狩猎在地中海区域的上层政治中所发挥的有限作用，我认为另一个重要的因素就是古典时期与众不同的军事传统。罗马贵族之所以并不十分关注狩猎，很有可能是因为罗马人素来重视的是步兵而不是骑兵。[9] 这种倾向有其社会史与生态学

① 阿米安·马塞里（Ammianus Marcellinus，约330～397），罗马史学家，著有《晚期罗马帝国史》，被称为罗马帝国的最后一位古典历史学家。

② 色诺芬（公元前427～前355），苏格拉底的学生，被认为是西方历史上最早的经济学家，同时也是一位哲学家。

根基，直至亚历山大大帝接受了波斯式狩猎方式之后才有所改变。此后，罗马人受希腊精神的影响，加之与近东地区的紧密接触，才部分地接纳了皇家狩猎活动。尽管如此，对罗马人而言，骑射手始终在战争与狩猎中发挥着非核心的辅助作用。因此，皇家狩猎活动在远西地区是一种个人选择，而不像在东方那样是一种成形的制度。[10]

可以进一步证明这一观点的是，在罗马帝国解体之后，统治欧洲的是其本土的骑兵——中世纪骑士。此后，皇家狩猎活动重新获得了人们的重视，贵族狩猎成为常见甚至强制性的活动。[11]在骑兵开始持续地进行认真狩猎之后，中世纪的欧洲大陆变得越来越在意国外的范式，开始愿意接受来自核心区域的国际标准，这一点我将在后续的章节中有所论述。

能够证明上述观点的证据现在还无法展示。在此，我还只是在描绘未来研究的蓝图，提出探寻的方向并引出一些观点。在接下来的部分中，我将会列出涉及皇家狩猎情结的具体特征的文献证据，包括聚集场所与随行的动物等。另一方面，关于核心区域或皇家狩猎行为的庞大规模的一般性论证，其支持性证据在本质上是逐渐递增的，总体而言也是具有说服力的。

在哪里狩猎?

本章接下来的部分将会论述狩猎区的问题；第三章则会探讨狩猎场的相关话题。在这里，我们将关注“田野（field）”以及在本土捕获猎物的技巧。

我所说的“田野”，在广义上指的即是荒野，但我并不想完全遵循这一术语所指涉的不受人类影响的自然系统的含义。

很多——可以说大多数——狩猎区都既是“自然的”也是“受人管理的”，而这些狩猎区可以与完全人造的环境——如狩猎场——进行有益的对比。

关于荒野，首先要进行说明的一点是，在近两个世纪的人口迅速增长开始之前，地球上几乎各处都存在有大面积的原始森林与丛林。例如，中国的东北部地区有着无数“遍布野兽”的优质狩猎区，而这些场所也广泛地为契丹朝廷所使用。[12]然而，有更多人口居住的土地实际上也具有相似的属性。在17世纪的印度，来自于欧洲的旅行者时常会惊异于当地森林的规模与猎物的丰富。据欧洲旅行者所言，印度的沿海和内陆地区都遍布各种猎物——羚羊、鹿、山羊、野禽、雪豹、狗熊和野猪等。[13]最引人注意的是，高质量的狩猎依然会发生在离城市非常近的地方。即使在19世纪早期的印度，人们依旧可以在邻近城市的区域进行捕猎。在临近恒河河口的印度城市比拉斯普尔（Belaspur），仅距城市8英里的地方便有一片“著名的户外运动丛林”。[14]在这里，从城中心只需半日便可来到一片真正的荒野之中。

17

这种情况并非印度独有。在欧亚大陆的其他地方，从城市便可到达的狩猎区也十分常见。7世纪时，在君士坦丁堡的城墙之外便有一座名为卡里克利特亚（Callicrateia）的豪华狩猎区；12～14世纪期间，在北京近郊便有可供狩猎的处所——城南30英里处便是柳林；17世纪，在距离阿勒颇（Aleppo）①一日车程的地方也有一片“野兽众多”的区域。[15]

尽管可接近性一般被认为是进行狩猎的一项有利条件，但

① 阿勒颇位于叙利亚北部，是叙第二大城市，也是世界著名的古城之一。

有的时候不可接近性反而成了一种优势。虔诚者路易①进行狩猎的孚日山脉（Vosges）便是位于阿登高地东南方向的一片非常遥远的山区野地。[16]与其类似，1664 年印度莫卧儿帝国的统治者奥朗则布（Awrangzīb）② 长途跋涉来到克什米尔进行狩猎。[17]这种偶尔因距离而产生的吸引力可以用多种原因来解释：充足的猎物，更好的气候，或者只是想离开本地的欲望。或许，更重要的是，遥远的狩猎区具有排他性，而排他的能力则是皇家狩猎政治中一个极为重要的因素。

大多数君主，无论是蒙古国的可汗还是莫卧儿帝国的皇帝，都可以自主选择前往某一片荒野或“固定的狩猎场所”进行狩猎。在他们的行程中，本地有趣的新地点也会不断增加——朝臣和子民会迫切地向最高统治者报告那些鲜有人知且不受干扰的狩猎地点。[18]

自然而然的，统治者通常会喜爱上某一个地点，并且定期返回此处进行狩猎。例如，格鲁吉亚的著名女王塔玛尔③（1184 ~ 1212 年在位）便会定期在约里河（Iori River）沿岸狩猎。[19]与之类似，亚美尼亚的早期统治者拥有一片“用于狩猎的平原”名为帕拉坎（P'arakan），似乎已经沿用了几个世纪。[20]大约同一时期，在公元前 2 世纪的中国汉代，其附属国已拥有自己的大型王室狩猎场。[21]此外，在基辅罗斯（Kievan

---

① 虔诚者路易（Louis the Pious，814 ~ 840 年在位），即路易一世，史载他高大英俊，热爱狩猎和其他户外活动。

② 奥朗则布（Aurangzeb，1618 ~ 1707），又作 Aurangzib，阿拉伯语为 Awrangzīb。本名穆希 - 乌德 - 丁·穆罕默德，是印度莫卧儿帝国的最后一位皇帝（1658 ~ 1707 年在位）。

③ 塔玛尔（T'amar，1166 ~ 1212），格鲁吉亚女王，亦作 Tamapa，Thamar 或 Tamari。

Rus），早期的统治者之一奥丽加（Ol'ga，公元946～964年在位）在基辅城外和北部的诺夫哥罗德（Novgorod）都拥有狩猎区（lovishche）。[22]显然，这些复杂程度各异的政治组织都拥有自己的狩猎区，使狩猎成了宫廷生活的一般特征，其地理分布从俄罗斯北部的针叶林带一直延伸至亚热带的中国南方地区。

18

实际上，狩猎区象征了统治者所强力推行与警惕维护的政治权威。12世纪，在成吉思汗统一蒙古之前，有野心的部落首领便划定了自己的狩猎区，不允许其他任何人进入，这也是在无政府环境下权力角逐的方式之一。[23]此外，在许多早期政权中，关于狩猎权与狩猎区的斗争也影射了关于王权的潜在竞争。在雅罗波克（Yaropolk，公元972～980年在位）统治基辅期间，掌握大权的鲁里凯德（Riurikid）家族内部便就这一问题展开了耗时长久而代价惨痛的斗争。[24]在更加成熟和权力集中的国家中，王公们会将某些优质的狩猎区垄断为己有。[25]据荷兰商人弗朗西斯科·彼勒赛尔特（Francisco Pelsaert）所言，莫卧儿帝国的皇帝贾汗吉尔（Jahāngīr）①最钟爱的狩猎区位于靠近斯利那加（Srinagar）②的维尔纳格（Wirngie/Virnāg），他还在四周建造了相应的专属设施——一个“度假区”。[26]

在有序的国家中，统治者对狩猎区的控制是以多种方式实现的。比较常见的是设立岗亭并制定严格的法律杜绝偷猎行为，再就是由猎区守卫进行巡逻。有一些狩猎区甚至部分或全部都被围墙圈起来了。多年来，随着各种休憩建筑的增加，一

① 贾汗吉尔（Jahāngīr，1605～1627年在位），印度莫卧儿帝国的第四任皇帝。
② 印度城市，意为命运女神之城。

个个气象堂皇的“度假区”便慢慢形成，或者更准确地说，是逐渐递增了。在这个发展过程中，这类设施与正式的狩猎场几乎难以区分。

需要加以说明的是，狩猎区的规模通常是很大的。在历史文献的记载中，很多狩猎区被描述为广阔或极大的，而有一些狩猎区则有更加精确的尺寸。据 1320 年代在中国旅行的修道士波代诺内的鄂多立克①描述，元朝皇帝在位于大都北边的一片森林中狩猎，里面“按指南针行走需要花费八天的时间”。[27] 而据宫廷官方记述，在印度莫卧儿帝国的阿克巴大帝统治时期（Akbar，公元 1556 ~ 1605 年在位），纳巴达河（Narbada River）沿岸的古吉拉特邦有一片“长 8 科斯②宽 4 科斯”的狩猎区。[28] 1 科斯约合 2 英里，因此这一狩猎区可以说是非常庞大，面积在 96 ~ 128 平方英里之间。[29] 更令人惊讶的是阿富汗古尔王朝的基雅斯·艾丁（Ghiyāth al-Dīn，Ghūrid ruler of Afghanistan，公元 1163 ~ 1203 年在位）的狩猎区，这片狩猎区从位于哈里河（Harī Rūd/Herat River）上游山区的夏都费拉库（Fīrākuh）一直延伸，蔓延至基雅斯·艾丁冬季在赫尔曼德河谷（Hilmand River）中的驻地扎敏达瓦尔（Zamīndāvar）。这片区域长约 40 英里，每间隔 1 英里便立有一块指示皇家狩猎区域的标识。在扎敏达瓦尔，基雅斯·艾丁修建了一座栽满了树、灌木植物和香草的花园，在花园墙外便是一块去除了大型植被的巨大空地，上面饲养了为苏丹及其宾客而准备的猎物。[30] 这种规模的狩猎区已不仅仅是威严的象征；它是一种权力的行

① 波代诺内的鄂多立克（Odoric of Pordenone，约 1286 ~ 1331），意大利修道士。

② 科斯（kos）是印度的长度单位。

使，宣示了对土地、资源、动物与人类的统治权。

19　有一些狩猎区是高度专门化的，比如在9世纪的突厥斯坦，塔拉兹（Ṭarāz/Talas）附近便有一片专门用于捕猎黑雉的狩猎区。[31]但是，真正的皇家狩猎活动需要多样化的猎物，而这就需要多样化的自然环境。当然，通过在不同的生态区域和不同的季节进行狩猎，这一目标是可以实现的。格鲁吉亚国王乔治三世（Giorgi Ⅲ，公元1156～1184年在位）的狩猎区域便囊括了自黑海的庞廷山脉（Pontic）至里海的库尔干（Gurḡan/Caspian）的山区、峡谷以及沿海地带。[32]当然，更理想的是具有生态多样性——如平原、森林和山岳——的单个狩猎区，譬如亚美尼亚早期国王所拥有的狩猎区，或是阿富汗苏丹基雅斯·艾丁的狩猎区。[33]

现在，我们将把视线从大陆移开，因为皇家猎手在追逐不同猎物的过程中，有意识地将他们的目光转向了水上。在历史文献中，关于水上运动和捕杀鸟禽的记载多次出现。显然，它们在诸多地域与文化的各个历史时期中，都是广为实践且很受欢迎的消遣活动。在古埃及、亚述帝国、中国的汉朝与清朝以及印度的莫卧儿帝国，水上运动主要包括捕鱼、猎鸟以及捕猎海洋动物等。这种狩猎行为发生于河流、湖泊与湿地附近，通常会借助诱饵在岸上或渔船、驳船上进行。[34]

这种消遣方式的主要魅力似乎在于捕猎水禽。亚美尼亚与阿拔斯王朝的贵族十分沉迷于这项运动以及美味的猎物。[35]10世纪的俄国王公在第聂伯河（the Dnepr）及其支流杰斯纳河（the Desna）沿岸拥有广阔的猎鸟区（perevesishche）。[36]此外，游牧民族的贵族来自于干旱环境，因此对水上运动也极感兴趣。[37]

关于水上捕鸟行为，最完整的记叙来自于印度的莫卧儿帝国。在印度，人们会借助诱饵、网兜、弓箭以及猛禽进行狩猎。[38]阿克巴大帝对这项运动甚是痴迷，甚至在克什米尔地区的主要城市斯利那加（Srinigar）附近的湖中建造了一座人工岛屿。在这里，阿克巴大帝与他的宾客在专门建造的奢华宫殿中捕猎那些被湖中甜水吸引而来的鸭子。[39]

这些史料留给我们这样一个印象，即水上运动主要是出于消遣与享乐的目的，是为了寻找一个凉爽而有趣的环境。尽管如此，圈地的行为以及能够受邀参加愉悦放松的皇家宴会，也赋予了捕鸭这样的简单行为一定的政治寓意。

多久狩猎一次？

皇家狩猎活动的频率与时长十分重要，主要有两个原因：一是可以告诉我们狩猎与统治之间的关联，二是可以告诉我们皇家狩猎活动中所投入的资源总量。在探寻关于狩猎频率与时长的问题时，历史记载为我们提供了大量的线索。　20

关于狩猎频率的最早记载之一来自于中国商代的甲骨文，其中显示，统治者是按照一定的计划进行狩猎的。占卜者中有一些人显然是狩猎专家，他们试图通过对肩胛骨的占卜来预测狩猎活动能否成功，以及当日恶劣天气等灾祸事件的发生概率。鉴于目前所知的超过10万次占卜中有10%涉及了狩猎活动，由此可以推知，商代后期的统治者（约公元前1200～前1050）进行狩猎的频率显然是很高的。[40]之后，周朝的统治者（公元前1122～前255）与汉朝的统治者（公元前202～公元220）都会进行狩猎活动，而狩猎场景也成为汉代器皿上常见的艺术主题。[41]

从印度莫卧儿帝国留下的更加精确的资料中，我们可以得知个人选择的重要性。奥朗则布皇帝有时比较节制，每半月狩猎一次；而他的先祖，贾汗吉尔皇帝即使称不上达到了痴迷的地步，也可以说是频繁得多。[42]根据贾汗吉尔本人及同代人的叙述，贾汗吉尔无论风吹日晒，几乎天天都会去狩猎，而且一直要等到有所猎获方才返回。曾经，他坚持每日狩猎连续了2个月零20天。[43]这种频率和节奏与欧洲某些君主相比并无不同。公元6世纪时，勃艮第王国的统治者贡特拉姆（Guntram）便是天天狩猎；16世纪时，法国国王路易十四也是如此——即使在晚年难以骑马时，他也会乘坐一辆敞篷马车跟在狩猎队伍之后。[44]在东欧地区，12世纪时的基辅大公弗拉基米尔·莫诺马赫（Vladimir Monomakh）曾骄傲地宣称，即使在晚年，他通常每年也会外出狩猎至少100天。[45]

在以上这些例子中，很多君主是在宫苑附近进行狩猎，下午则可以返回宫中办公。尽管如此，即使在我们所说的核心区域中，仍有许多人提倡对狩猎活动进行限制。中古埃及的第二任哈里发欧麦尔（'Umar）① 以虔诚作风而闻名，他曾因一位穆斯林高级指挥官过于“关注狩猎”而对其申斥。[46]后来曾记录过11世纪伊朗王公的凯卡斯（Kai Kā'ūs）也认为，有必要建议统治者将狩猎活动控制在一周不超过两天的限度之内，并指出如果让王公们放任自流，他们会一直不停地狩猎，对国家造成危害。[47]

---

① 欧麦尔（'Umar，亦作 Omar，634～644年在位）是穆罕默德死后继承其统治阿拉伯半岛的四大哈里发之一。另外三位分别是阿布·伯克尔（Abu Bakr，632～634年在位）、奥斯曼（Osman，亦作 Othman，644～656年在位）和阿里（Ali，656～661年在位）。

在我们讨论皇家狩猎活动的时长与频率时，季节问题是我们一定会涉及的。欧亚大陆的不同地区有着各自偏爱的狩猎季节。东伊斯兰世界的两位当代领袖，突厥斯坦的乌兹别克汗阿卜杜拉（ʿAbdallāh，1583～1598 年在位）与萨非王朝的沙阿拔斯（Shāh ʿAbbās，1588～1629 年在位）都选择在春季捕猎。[48]在西方中世纪早期，加洛林王朝（Carolingian）的国王遵循查理曼大帝的先例，在秋季举行了一场盛大的狩猎活动，并在夏秋两季开展了一些小型狩猎活动。[49]在东亚地区，皇家狩猎活动通常在冬季进行。其中，金朝的世宗皇帝（1161～1190 年在位）会在每年新年的正月外出狩猎，直至次月才返回首都。[50]进行季节性狩猎的原因很明显：一是出于保存猎物的考虑，二是希望获得多样化的狩猎体验。然而，正如我们之后所要谈及的，这些大型的远征不仅仅是为了逃离事务的纷扰，而是一种进行统治的手段，因此我们需要进一步细致研究这些狩猎活动的时长。

21

或许可以说，狩猎的时长与政治内涵之间有着紧密的联系。例如，当统治伊朗的蒙古人完者都（Öljeitü，1304～1316 年在位）前往哈马丹（Hamadān）附近的山脚下进行为期五天的狩猎时，他很有可能是将大部分注意力放在狩猎之上。[51]然而，当契丹皇帝每年冬天耗费两个月时间进行捕鱼、猎禽与狩猎时，其中的仪式性内涵与政治性寓意便显露出来，或许会成为统治者这段时间的主要事务。[52]当然，这样长时间外出狩猎的行为在游牧民族中十分常见。东西方的蒙古可汗都会定期花费一至五个月不等的时间去野外捕猎。[53]虽然中国、印度与突厥斯坦的统治者所进行的狩猎通常并不会如此漫长，但也会持续三周甚至超过三个月。[54]统治者在这些长期野外狩猎中的所作所为，便是本书所要研究的一个重要主题。

如何进行狩猎?

诚然，狩猎本身占据了统治者在野外的一部分时间。因此，我们有必要了解狩猎是如何进行的，人们所捕捉的又是怎样的猎物。为了讨论这一问题，我们可以以狩猎中所使用的武器为出发点。

战争中所使用的武器与狩猎中所使用的武器之间的关系非常复杂，而且也一直没有清晰的划分。总的来说，投掷类武器与抛射类武器最初用于狩猎，之后经改造后用于战争；而击打类武器与穿刺类武器——如矛、剑与锤——则是专门为战争而设计的，在狩猎中用途有限。[55]弓的历史可以很好地说明这其中的复杂缘由。弓是在旧石器时代晚期被发明的，代表了狩猎技术的一大进步。在旧大陆（Old World），主要有两种类型的弓：一是欧亚大陆东部地区所使用的复合弓或反弹弓（reflex bow），二是西北地区所使用的以整块木料制成的单弓（self-bow）。这两类弓在战争和狩猎中都广为人们使用。武器的专业化更多地体现在箭与箭头的制造上，其中有的用于狩猎，而有些则明显专用于战争，如用于射穿铠甲或撕裂敌军士兵的躯体等。[56]因此，弓作为一种古代的狩猎武器，从中国到非洲都是常见的文化遗产。

22 投枪（javelin）作为一种投掷类武器，与弓有着类似的历史，但在时间上要晚得多。它只在地中海地区使用，上端系有一根细绳或“投掷用的皮条”，似乎最初是为狩猎而制作的，之后才用于格斗。在希腊世界中，投枪通常被认为是平民所使用的武器。[57]除此之外，有一些投掷类武器并不具备军事功能，如古埃及法老和专业猎手用于捕杀河马的叉（harpoon）。[58]

一千年来，这些武器种类构成了皇家狩猎活动的主体。当然，之后随着时间的推移，这些武器被火器替代。印度莫卧儿帝国的皇帝贾汗吉尔曾在回忆录中记录，在其父阿克巴大帝的治下，枪支开始被用于皇家狩猎活动之中，而在贾汗吉尔本人统治期间，枪支已经成为莫卧儿帝国官方选用的“抛射类”武器，弓箭则逐渐被认为已经过时了。[59]

除了捕杀猎物的工具，还有一些诱捕猎物的工具。在古埃及，据说统治者会用套索捕捉野牛。目前尚不清楚这究竟是一种可行的狩猎手段，还是只是皇家的政治宣传而已。[60]可以确定的是，在草原地带中，这种系于长杆之上的套索被广泛地用于管理牧群、进行战争，以及捕捉牧鹿、驯鹿与野驴等。[61]各种类型的捕网也是猎手的装备之一。在希腊神话中，捕网（dictya）由女神狄克廷娜/布里托玛耳提斯（Dictynna/Britomartis）发明，在古罗马时代为地中海地区的人们所常用。[62]在讨论捕网之前，我们有必要区分一下用于捕捉单只动物的捕网以及大型狩猎活动中使用的复杂网墙。后者在核心区域的皇家狩猎活动中非常常见，后文中还会谈及这一话题。

对小型或个人狩猎而言，有多种方式可以定位或引诱猎物。当然，最常见的方法是由经验丰富的猎手和侦查员带来所需猎物的方位信息。[63]有些动物，尤其是鹿，也可以通过呼喊来捕捉。在北亚，喊鹿（deer calling）有着悠久的历史。在契丹人统治时期，女真人向辽代宫廷的进贡中便包括可以用号角模仿鹿鸣的专家。18 世纪早期，清朝的宫廷中依然有这类喊鹿专家存在，他们身着鹿皮、头戴面具、极力模仿鹿发情时的叫声。[64]在核心区域以及此后的远西地区，也存在着类似的古老传统，即通过号角和其他器具模仿鹿发情的声音以及幼鹿的叫声，以达到诱捕鹿类的目的。[65]

除了追踪与呼喊，莫卧儿帝国还大量将经过特殊训练的动物——主要是羚羊——作为诱饵，为猎手吸引并控制它的同类；在印度，这种巧妙的狩猎形式拥有悠久的历史。[66]

可以预料，对于大多数贵族猎手而言，各种有蹄类动物是最常见的猎物。此外，鹿、瞪羚以及各种野羊也是贵族猎手捕猎的对象。[67]另外，羚羊的数量也比较多。在印度，人们还经常捕猎鹿牛羚（nilgao）或蓝牛羚（Boselophus tragocamelus/blue bull）。有时，我们会难以确定所指的是具体哪种动物，因为在某些语言中，缺少对家养动物与野生动物的精确区分。[68]另一类主要猎物是野猪，可以说人类对自然范围内的野猪的捕猎从新石器时代一直延续至今。有些令人惊讶的是，野驴也是一种常见的猎物，尤其是在草原地带和伊朗。

23

来自异域的猎物或不常见的猎物尤其能够吸引贵族猎手。阿契美尼德王朝捕捉鸵鸟，莫卧儿的皇帝则捕猎北印度地区的犀牛。[69]大型而危险的猎物更具有吸引力，因为其能够展示统治者的狩猎能力、英勇行为以及对公共安全的关心。因此，在贵族王公中最优质的猎物——如果不是最常见的猎物的话——就是最“勇猛”的猎物。从中国东北北部（northern Manchuria）到印度与伊朗，人们都会捕猎狮与虎这样的大型猫科动物。[70]

狩猎模式会因猎物的种类、时间、地点以及个人喜好和情绪等而发生变化。徒步狩猎虽然并非闻所未闻，但也绝非常见之举。色诺芬熟知伊朗的情况，他在居鲁士大帝（Cyrus the Great，公元前549～前530年在位）的虚构传记中写到，阿契美尼德王朝主要骑马狩猎。[71]可以说根据数据统计，大部分的皇家猎手是骑马去野外打猎的，而这种狩猎形式据说可以产生一种“强烈的愉悦感”。[72]实际上，对许多贵族而言，狩猎不仅是对骑术的考验，也是对狩猎技巧的考察。从这层意义上而言，现代的猎狐行为是传统皇家狩猎活动的有机产物，象征了其合乎逻辑的结果。然而，尽管骑马狩猎的模式在古代晚期、中世纪以及现代都占据了统治性地位，但是在古代有同样长的一段时间里，欧亚地区的贵族是乘坐马车进行狩猎的。通过对这一现象进行细致的分析，我们可以归纳皇家狩猎活动的几个显著特征。

暂且不论马车的历史与发明地，欧亚大陆自公元前2000年起便广为使用马车了。最初，马车是作为象征统治者威严的交通工具而出现的，主要用于出行与仪式性狩猎。[73]在古代近东地区，有记载称埃及法老与其后的亚述帝国的统治者都会乘马车捕猎鸵鸟、公牛与狮子。[74]阿契美尼德王朝延续了这一传统；在埃及发现的一块石柱上，刻有古波斯、古埃兰与古巴比伦三种文字的铭文，其上描绘了大流士一世（Darius，Great King，公元前522～前486年在位）在马车上用弓箭捕杀狮子的场景。[75]

马车是公元前1000年前后随印度—雅利安人（Indo-Aryans）进入次大陆的。尽管在进入公元后的最初几个世纪里，马车主要用于骑兵部队，但是据梵文戏剧《沙恭达罗》（*Shakuntala*）描述，最晚至公元5世纪，人们仍然会在狩猎中使用马车。[76]在远东地区，马车约于公元前1200年经由近东地区传入中国。与西方相同，马车在中国最初是权势阶层的出行与狩猎工具，之后才衍生出军事功能。马车先是作为移动的战地指挥所，后变为军队的主要组成部分，这种情况至少延续至汉朝之前游牧骑兵不再使用这种技术为止。[77]

24

图1 赛义德·贾马尔·阿里可汗带着系绳的羚羊狩猎

资料来源：巴黎国家图书馆（Biliothèque nationale，paris）。

与欧亚大陆其他地方的情况一样，马车在中国继续作为仪式性器具与狩猎工具而为人们所使用。据当时的赋文描述，汉朝依旧在用皇家马车捕猎老虎、豹子与麋鹿等。[78]公元前74年，还出现了一种更小更易驾驶的马车，名为“蹋猪车”。然而，尽管出现了这类改进方式，马车还是渐渐被淘汰了。汉朝文献明确记载，在皇家狩猎活动中，骑马者的数量大大超过了驾驶马车的人，后者逐渐退出了历史舞台。[79]

周朝末年，即公元前6～前3世纪的资料中曾多次提及，马车用于狩猎活动实际上具有诸多问题。[80]当然，其中最明显的便是如何在驾驶一辆移动中的车的同时进行瞄准。这一问题通过两种途径得到了克服：一是让皇家弓箭手与一名控制马车的马夫配合，另一种解决方法则与美索不达米亚的实践相同，即统治者将缰绳系在自己腰间以控制马匹，从而解放双手来使用弓箭。[81]然而，这些仅仅是各种困难的开始。

尽管弯木技术所制造的辐条车轮是一大进步，但这种车轮仍然比较脆弱且易于损坏。这就意味着，只有空旷而平整的地形才适合马车狩猎。为了解决地形问题，公元4世纪的亚美尼亚人采用了一种十分麻烦的方法，即在追捕逃入森林的猎物时从马车上下来，改为骑马狩猎。[82]然而，针对地形问题的更为常见而永久的解决方法是阻止猎物逃入“不适宜”的环境之中。因此，除了文学作品中偶尔会提及猎手乘坐马车独自进入田野狩猎的场景外，在平常的实践中这并非常态。[83]玛丽·利陶尔（Mary Littauer）与朱斯特·克劳威尔（Joost Crouwel）在细致分析公元前8世纪亚述帝国的石刻与象牙上所描绘的狩猎场景时指出，若想在乘马车的情况下成功捕到猎物，就需要诸多随从将猎物赶至方便车轮操控的地方。此外，在配有车夫的国王的马车之后，一般会跟随一批骑兵负责处理和收缴猎物。根据一块来自亚述拿西拔二世（Ashurnasirpal Ⅱ，公元前884～前860年在位）统治时期的浮雕所描绘的场景，为了协助国王捕猎狮子，有多名步兵持矛靠近已失去抵抗之力的猛兽。[84]这些步兵可以被认为是“送信兵（runners）”或“斥候兵（skirmishers）”，装备有盾、矛和剑，在战争中协助战车作战；他们跟随并掩护大军进入战场，消灭剩余的伤残敌军，抓捕俘虏，并救援自己的同伴。[85]这些技能都可以转用于狩猎场，而狩猎活动反过来也为备战提供了绝好的机会。

从历史纵览中可以看出，在早期的“马车”时代，一场皇家狩猎活动若要成功则需要：①使用大量军队；②广泛的后勤支援；③精细的行程管理，尤其是对猎物的管理。这些都是皇家狩猎活动后期历史的典型特征，后文中将再详细论述。目前，为了更好地介绍这些问题，我们先将目光聚焦于围猎（circle hunt）或圈猎（ring hunt）。这种狩猎形式是核心区域内最典型的皇家狩猎方式，并且与狩猎规模这一关键问题有着密切的联系。

诚然，驱赶猎物的技术古已有之，并且在各种狩猎活动中广为应用。在古埃及、美索不达米亚、伊朗、中国以及中世纪的欧洲，皇家猎手们经常在助猎者①与火的协助下，将猎物驱赶至更易狩猎的方便地点，即色诺芬所说的“可以骑马”的地方。[86]

图 2　亚述拿西拔二世猎狮

资料来源：尼姆鲁德②公元前 9 世纪的浮雕，大英博物馆受托（Trustees of the British Museum）。

26

通过圈围的方式捕获大量猎物的手法具有悠久的历史，也是欧亚大陆区域内皇家狩猎活动的主要方式。这种狩猎技术可

① 助猎者（beater），在狩猎活动中负责将猎物从隐蔽处惊起的人。

② 尼姆鲁德（Nimrod），又译宁罗，位于今底格里斯河摩苏尔以南。

以为运动消遣提供充足的猎物，而且正如5世纪亚美尼亚的一则资料所指，圈围狩猎可以同时将“众多的王公及其子辈”聚集起来。[87]这种狩猎活动的规模差异较大。在12世纪的叙利亚，当地贵族组织的是规模较小的围猎，即阿拉伯语所说的“alḥalqa”；而在印度德里苏丹国时期（1206～1555）和莫卧儿帝国时期，围猎——波斯语中的“qamar-ghāh”——的规模通常要大得多。[88]

然而，最大规模的围猎出现在内亚地区（Inner Asia）的游牧民族的政治组织中。突厥语中有多种表达方式用于描述这种狩猎手法。最先出现的是“saghir”，之后又出现了“qumarmīshī”一词，这个词在蒙古与帖木儿帝国时期的波斯语资料中曾多次以外来语的形式出现。[89]蒙古语中的相关术语要复杂一些。中国宋朝的使节赵珙①曾在1221年的报告中写到，蒙古人明确区分了两种活动，“出猎”（外出前往野外狩猎）与“打围”（大型的围猎活动）。[90]在现代蒙古语中，相应的表达方式分别是“ang”（普遍意义的狩猎）与“aba”（驱赶式狩猎或围猎，此词及其意义后来被满语引鉴）。[91]在帝国时期，还出现了其他的狩猎术语如“qomorgha”（参照波斯语的“qamar”与突厥语的“qumarmīshī”），以及最常见的“jerge”或同义的“nerge”。“jerge”一词的基本意义为“列、顺序、排、栏”，在蒙古人记载其帝国崛起的《蒙古秘史》（*Secret History*）一书中便有这样的用法。然而，“jerge”一词的延伸义则是“驱赶式狩猎”、“狩猎圈”或战争中的“包围行动”。[92]尽管在蒙

① 赵珙，南宋使节。1221年（宋宁宗嘉定十四年）赵珙奉上司贾涉之命往河北蒙古军前议事，并将出使期间的见闻著录成书，是为《蒙鞑备录》。

古帝国旅行的西方人并不使用这些本地词汇，但他们都曾提及围猎活动，并且描述了狩猎的规模以及大量屠杀被围困的狂兽时那种壮观而血腥的场景。[93]

27

现在，让我们更加细致地审视一下这种狩猎类型的特征、组织与实施方法。首先我们可以注意到，围猎活动与政治权威的行使具有紧密的联系。11 世纪的词典编纂家马哈木·喀什噶里（Maḥmūd Kāshgharī）对此曾有清晰的解释，他把突厥语中的“saghir”定义为“国王及其臣民一起进行的狩猎活动”；16 世纪，库马翁（Kumaon）地区的王侯鲁特罗·德瓦（Rudra Deva）也竭力指出，这种类型的狩猎活动“只有君王和贵族才可以实现”。[94]

关于狩猎技巧，中文的“打围”一词——“打和围”——精妙地抓住了围猎活动的精髓。[95]为了总结其他基本特征，我们将举三个关于标准围猎的例子，这三个例子都来自于对这种狩猎方式十分熟悉的人。第一个例子来自于负责管理西亚事务的蒙古中层官员朱维尼（Juvaynī），他在 1250 年代曾横穿突厥斯坦返回蒙古的家乡。据他陈述，成吉思汗在位期间，大型狩猎活动一般在初冬举行，并可以持续几个月之久。在对猎物分布情况进行侦查后，军队会围成一个巨大的狩猎圈（波斯语的“nirkah”即蒙古语的“nerge”），将猎物慢慢赶至队伍的前面，并且非常留意不让任何猎物逃跑。朱维尼强调称，在这个过程中，军事纪律十分严格，任何破坏队形的行为都会遭到严厉的惩罚。在队伍围成的狩猎圈缩至直径 1 里格①后，军队便会用一道绳子钩成的绳墙将猎物团团围住。朱维尼

① 1 里格，长度单位，约为 3 英里。

说，之后猎杀开始了。[96]第二个例子是伊本·阿拉伯沙（Ibn ʿArabshāh）所讲述的帖木儿1370～1405年在位期间的一场狩猎活动。在这场狩猎中，帖木儿命令军队、当地人以及旅行者共同组成一个大型的狩猎圈；然后，他用笛子和鼓等将动物驱赶至圈内，之后便由权贵们使用各种武器进行猎杀。[97]第三个例子来自英国旅行者奥文顿（Ovington），他于1689年见证了在印度城市苏拉特所举行的一场围猎活动："有时，田野上会出现一大群人，他们一起行进，围成一个圈，进而找寻猎物；当他们来到一个认为会有猎物出现的地方时，便会将该地团团围住，站成一个圈，手持棍棒和武器，让其他人为他们驱赶猎物。"[98]

从这些叙述中我们可以清楚地看出，狩猎活动需要从军队和普通大众中征集助猎者作为劳役。其次，各种动物都被驱赶至作为临时围栏的圈内。最后，当动物被围住后，猎手们便开始选择并猎杀猎物。

诚然，尽管我们可以说内亚地区与中东地区的广阔空间本身有利于进行围猎这种类型的狩猎活动，但实际上围猎活动也适合于许多其他地形。埃及马穆鲁克王朝（Mamlūks，公元1250～1519）的统治者拜伯尔斯（Baybars，1260～1277年在位）便曾在森林地区中使用过一种狩猎圈（al-ḥalqa）技巧；贾汗吉尔曾在印度的山区中进行过围猎活动；甚至，旭烈兀（Hülegü，1255～1265年在位）——伊朗的第一位蒙古领袖——曾经在阿姆河（Amu Darya）下游的丛林中使用骆驼以围猎（jerge）的方式捕杀过狮子！[99]这种狩猎方式的弹性还体现在另一方面：有的时候，狩猎圈并非完全封闭，而是形成一个圆心和两翼，契丹皇帝便自此处乘马车进入。[100]在其他时候，

28

猎手们会先分别围成多个封闭的狩猎圈，之后再彼此交会起来。成吉思汗的军队一般会围成两个狩猎圈，贾汗吉尔与中国清朝的康熙皇帝（公元 1662 ~ 1722 年在位）则会在相邻的地点组成三个更小的狩猎圈，以获得不同的狩猎体验。[101]

图 3　乾隆皇帝打围

资料来源：朗世宁 1757 年绘，法国国家博物馆联合会（RMN）/ 纽约艺术资源档案馆（Art Resource，NY）联合授权。

这里可以进一步论述有关绳墙的问题，因为这与狩猎规模有着直接的联系。正如前文所述，在皇家狩猎活动中，绳网是一种重要的并沿用至今的装备。亚美尼亚的君主、唐朝的王公贵族、加洛林王朝的皇帝以及基辅大公都会在野外狩猎时使用绳网，但究竟是将其用于大量围捕猎物，还是用于捕捉单只动物，这其中的具体用途后人有时并不清楚。[102]

关于绳网的功能与用途，中国的史料再次为我们提供了早期而准确的信息。[103]据《汉书》记载，公元前 11 年，汉成帝（公元前 33 ~ 前 7 年在位）举行了一场大型围猎活动。这次狩猎活动共有 11000 名士兵参加，他们用猎网将南山包围起来，一旦猎物集中进入圈中，皇帝的胡人宾客便可以选择他们想要的猎物进行捕猎。[104]大约 1250 年后，宋朝的使节彭大雅①这样描述了发生在蒙古的一场围猎活动。

> 无论统治者何时外出打围，他都需要聚集一大批人同行。这些人在地面上挖洞，插入木杆作为标杆。他们用毛绳将木杆绑在一起，在杆上系上毛毡制成的“羽翼”。这与中原用网来捕捉野兔的方法如出一辙。这种装置彼此相连，一直延续一二百里。然后，当风吹动“羽翼”时，所有的猎物都会因恐惧而不敢逃走。之后，猎手便会将猎物驱赶到一处集中捕杀。[105]

29

核心区域的宫廷也在狩猎活动中大量使用绳网。莫卧儿帝国修建了各种式样的两侧有围墙的道路——被称为“tashqawal”和“nihilam”——用于驱赶和引导猎物。[106]贾汗吉尔便曾利用这种道路将大量猎物从甲地驱赶至乙地以供更好的消遣。在这个例子中，围墙由帆布（sarā-parda）构成，每一段包括了 1 科斯或约合 2 英里的距离。[107]伊朗的萨非王朝在其皇家狩猎活动中也使用了围墙，托马斯·赫伯特（Thomas Herbert）对此的评论同样可以让我们一窥内情。他记述道，当猎物被驱赶至某个理想区域后，“人们便会用一张由铁丝和绳索织成的大网将其围住，固定用的柱子［在数量上］等同于 600 匹骆驼”。[108]

① 彭大雅（公元 1245 年亡故），字子文，江西鄱阳人，南宋嘉定七年（1214）进士。史载其 1240 年作为书状官出使蒙古，撰有《黑鞑事略》，由徐霆注疏。该书是研究蒙古帝国历史的重要资料。

围墙的数量只是核心区域中皇家狩猎活动宏大规模的象征之一。在最后一节中，我们将谈及一些其他的估量方式。

狩猎规模有多大?

1682年，在中国东北举行的一场大型狩猎活动中，康熙皇帝带领一支小队脱离大部队的喧扰，安静地独自展开了狩猎。[109]毋庸置疑，皇家狩猎活动——尤其是围猎活动——规模宏大且十分喧闹。但是，这种狩猎活动的规模究竟有多大呢?

一种明显的估量方式便是统计参加狩猎的人数。据编撰于公元前403~前350年间的半虚构典籍《穆天子传》记载，约公元前10世纪初在位的周穆王曾带领六师之人——每个师通常有2500人——的军队外出狩猎。[110]14世纪的中国小说《三国演义》讲述的是公元2世纪前后的故事，书中曾描写皇帝带领10万大军进入野外，并在狩猎中圈围了大约200里的土地。[111]考虑到这些作品的性质及其距离所描述事件的时间跨度，其数据可以被较容易地排除。然而，有一点可以确定，那就是这些作品所记录的数字与实际相差并不太多：其他更可靠的资料证实了这些狩猎活动的庞大规模。据《汉书》记载，匈奴的首领曾有一次率领1万人外出狩猎，还有一次则率领了10万人，这种狩猎方式被称为旁塞猎——字面意义即“彼此相邻并以堵塞为手段进行的狩猎”①。[112]这并不是说所有的狩猎活动都达到了这种规模，史书中也记载了一些规模较小的狩猎活

① “旁塞猎”原书为“a *pangse* hunt”，此处汉译仅对照原书“side [by side] blocking hunt”，中文文献见《汉书·匈奴传》：“其明年，匈奴三千余骑入五原，略杀数千人，后数万骑南旁塞猎，行攻塞外亭障，略取吏民去。”

动。公元3世纪初，游牧民族拓跋部的首领——他们后来建立了北魏王朝（386~535）——在狩猎中聚集了“上千骑兵”，之后辽金两代的皇帝也调动了相近规模的人数。[113]然而，对于一场体面的皇家狩猎活动而言，这些数字还属于比较少的。在耶稣会传教士利玛窦的目击证言中，这一结论也得到了证实。据利玛窦所言，康熙皇帝曾在1711年的一次“小型狩猎”中率领12000名兵士外出。[114]

核心区域内的数据与此相同，进一步证实了我们从东亚地区史料中所得出的结论。当代学者认为，阿克巴大帝和沙贾汉（Shāh Jahān）经常会在狩猎活动中调用四五千人兵力，奥朗则布则会率众10万出征。[115]波斯的数据也与此类似。在一次狩猎活动中，一位萨非王朝的统治者使用了12000匹马和4000名步兵，在另一次狩猎中则调用了20000名助猎者。[116]最后，据德国医师恩格伯特·肯普弗（Engelbert Kaempfer）描述，1683年时，苏莱曼大帝（Sulaymān，1660~1694年在位）组织过一场大型围猎，活动从5月初一直持续到7月20日，一共调用了80000名手持棍棒的助猎者。恩格伯特指出，其中有半数的助猎者很快便因缺水而逃走，另有近500人悲惨地死去。[117]

估量狩猎规模的第二种方法是观察皇家狩猎活动所覆盖或涉及的总面积。关于这一点，很多论述都有所涉及。在此，我将详细陈述四个例子，因为这四个例子都可以很好地展现皇家狩猎活动的巨大规模。

第一个例子，据编年史家术扎尼（Jūzjānī）记述，古尔王朝的基雅斯·艾丁曾在阿富汗南部与锡斯坦①北部地区举行过

① 锡斯坦（Sīstān），西亚赫尔曼德河下游盆地，位于阿富汗与伊朗之间。

30

图 4　用网捕狮

资料来源：《帕德沙本纪》（*Padshahnama*）。The Royal Collection © 2005. Her Majesty Queen Elizabeth Ⅱ.

多场大型狩猎活动。术扎尼称，每年苏丹都会下令组成一个直径 50 ~ 60 里格以上的半圆形狩猎圈（barrah/parrah）。在耗时一个月的驱赶猎物活动结束后，半圆形狩猎圈关闭，其中容纳有超过 10000 种的各类猎物。[118]

第二个例子来自于萨非王朝阿拔斯在位期间的宫廷史学家穆什（Munshī）。据他记录，1598 年时，在伊朗马什哈德外的剌的干平原（plain of Rādikān）上形成了一个巨大的狩猎圈。助猎者“在几天之内从四面八方”将猎物赶至平原之上。当狩猎圈的直径缩至 1 里格左右时，皇帝及其手下便开始狩猎了。[119]

第三个例子来自于阿克巴大帝的亲信阿布尔·法兹尔（Abū'l Faẓl），他记述了阿克巴大帝于 1567 年在拉合尔（Lahore）附近举行的一场令人难忘的围猎活动。阿克巴明确下令，将周围所有的区域都临时交由宫廷官员用于组织狩猎。成千上万的当地人被派去驱赶猎物，城市外的一片空地则被选为“收集动物”的场所。阿布尔继续记述，助猎者花费了一个月的时间才将猎物驱赶并集中于一个周长约 10 英里的区域内。狩猎活动一共持续了五天，其间“各式各样的狩猎方式都得到了展示”。[120]

33

最后一个例子是比利时佛兰德人传教士南怀仁的叙述。据他所言，1683 年他陪同康熙皇帝去东北狩猎时，跟随皇帝“狩猎的随员队伍行进了 900 多里，中间一天都不曾间断”。[121]

综上所述，以上这些证词来自于不同的、彼此独立的信息源，而且通常是叙述者亲眼所见。这些证词证明了皇家狩猎活动规模极大，主要是一种用于增加影响力的军事/政治活动。在后文讨论保护措施与皇家狩猎能力的宣传实践时，笔者还将引证能够证明这一结论的其他论据。

32

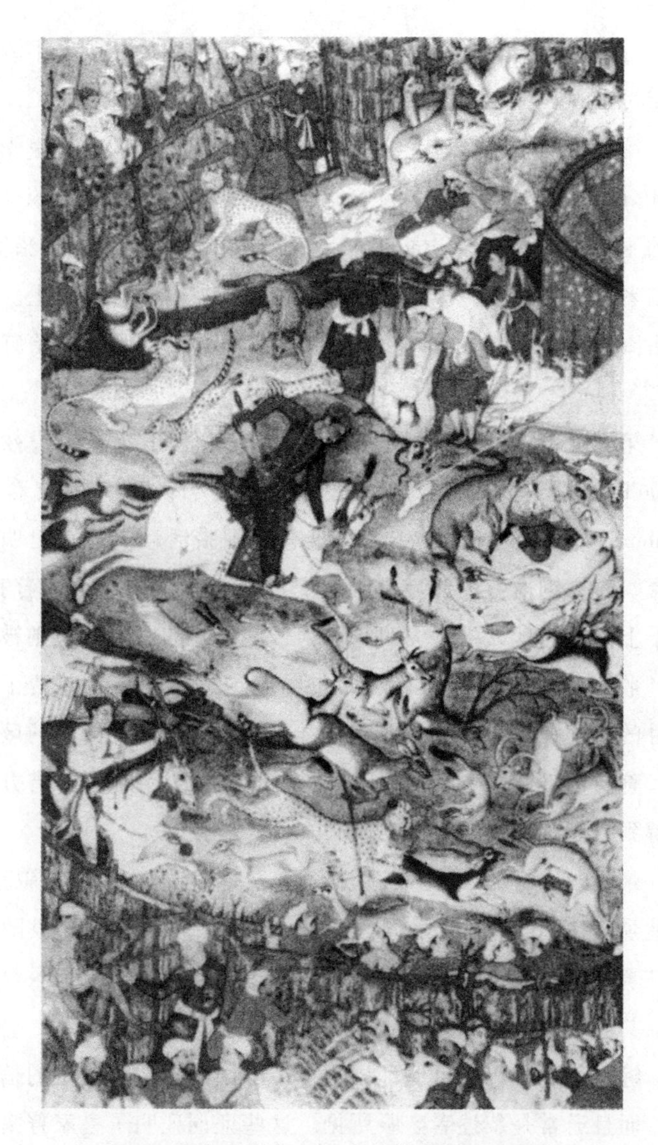

图 5　阿克巴大帝 1567 年在拉合尔附近围猎

资料来源：《阿克巴本纪》（*Akbarnāma*，1950 年代），伦敦维多利亚与阿尔伯特博物馆（Victoria and Albert Museum，London）。

第三章　狩猎场

狩猎园及其前身

34

根据史料记述，贵族们在大山、平原、沙漠、森林与湿地中寻找猎物。但无论如何归类，尽管这些地方是自然形成的，却或多或少是公共空间，通常会有他人在场。皇家狩猎活动的盛大景观与场景，明显是作为一种公开盛景而存在的，而这种盛景如若安排得当，则有助于激发君主治下臣民的敬畏感。但是，这种盛大景观的档次以及对巨大政治价值的衡量，都取决于皇室成员被赋予的神秘光环，而这本身便需要私密性与距离感。皇家狩猎活动的盛景投射对这两点都有要求，而且只有在皇室活动安排精巧，公共空间与私人空间又保持合理的平衡时，才能发挥最大程度的功效。

在皇家狩猎活动中，这种区分非常明显：君主定期进行狩猎的途径有二，一是在乡下，那是一种非常公开的区域；二是在安全的人造环境中，其中又以古代的狩猎园（paradise）以及中世纪的狩猎场（hunting park）为代表。当然，后者是非常私密的处所，四周设有围墙，极为神秘，且不对外界开放。这种复杂而引人注目的设施分布十分广泛，在所有进行皇家狩猎活动的宫廷中，几乎都能找到它的痕迹。对狩猎场最为认同的是古时的伊朗人，而他们的宿敌——希腊人——则经常在文献中提及这些大型狩猎场的存在。

在古希腊文献中，这些狩猎场被称为“paradeisos”，这一称呼起源于古波斯语的“paridaida”或“paridaiza”，二者都有着“圈地”或“领域”的基本含义。[1] 这一伊朗语语词在古代近东地区的文献中也曾出现，在埃兰语中写作“bar-te-tash”，在新巴比伦文中则写作“par-de-su”。[2] 尽管这些资料也都提供了有用的信息，但其中仍属希腊文献的描述最为生动，并且在西方社会中留下了经久不衰的印记。

色诺芬作为阿契美尼德王朝的雇佣兵，是最早对这些狩猎场进行详细记录的人。[3] 公元前 401 年，色诺芬陪同小居鲁士——阿塔薛西斯二世国王（Artaxerxes Ⅱ，公元前 404 ~ 前 359 年在位）的兄弟——以及吕底亚（Lydia）、弗里吉亚（Phrygia）和卡帕多西亚（Cappodocia）的省长（satrap）前往位于小亚细亚西部的切兰纳（Celaenae）。色诺芬写道，小居鲁士在那里“拥有一座宫殿和一个满是野兽的大型狩猎场（paradeisos），当小居鲁士希望锻炼和骑马时便会前往那里进行狩猎。马堪德河（Macander River）穿过了整个狩猎场，其源头位于宫殿地下，也流经切兰纳城”。[4] 之后，色诺芬在叙利亚北部和古巴比伦的底格里斯河沿岸也见到了类似的设施。他描述称，这些设施华美而封闭，其中还栽有许多树木。[5]

据当地的新巴比伦文献记载，在美索不达米亚也存在着这样的狩猎园。最早的记载来自于居鲁士大帝（Cyrus the Great，公元前 549 ~ 前 530 年在位），其在西帕尔（Sippar）附近修建了一座狩猎场（par-de-su）。另一条记录则可以追溯至居鲁士大帝的继任者冈比西斯（Cambyses）在位的公元前 530 ~ 前 522 年期间，他所修建的狩猎场位于乌鲁克（Uruk）附近。公元前 464 年，阿塔薛西斯一世（公元前 465 ~ 前 424 年在位）

在尼普尔（Nippur）附近修建了一座“上层狩猎园（upper paradise）”。[6]这种建筑模式一直蔓延至伊朗本土：据亚历山大大帝统治时期的历史学家以及其后依靠这些历史资料进行的研究表明，在伊朗西南边陲的帕萨尔戈蒂（Pasargadae）以及扎格罗斯山脚下的另一座都城苏萨（Susa），存在着同样形制的许多座狩猎场。[7]

对于在这些狩猎场中进行的狩猎活动，传统学者的评价并不高。色诺芬指出，这些狩猎活动成功率高的原因是，在很大程度上经过了精心的安排。他认为，这种狩猎活动充其量也就是为日后进行野外狩猎建立了信心，而后者是一种充满偶然性的活动。[8] 几个世纪之后，迪奥·克利索斯顿（Dio Chrysostom，公元 40 ~ 120）对“波斯式狩猎（Persian chase）”的态度更加带有批判意味。在他看来，在狩猎场中猎杀动物就如同依靠杀戮手无寸铁的囚犯来宣称自己是伟大的勇士一样。[9]

但无论这种设施是否符合体育精神，狩猎场在阿契美尼德王朝时期的伊朗是一种核心机构。此外，狩猎场也并非只限于皇家使用的范畴。据历史文献记载，有许多狩猎场（paradeisos）都隶属于省长与总督，而这些人不一定是皇室成员。实际上，据色诺芬记述，居鲁士大帝在征服美索不达米亚之后，便让新任命的省长建造狩猎场并在其中蓄养野兽。[10]弗里吉亚省省长法那巴佐斯（Pharnabazus）便在达斯基里昂（Dascyleium）修建了一片这样的建筑，如今我们在马尼亚斯湖（Lake Manyas）湖畔仍然可以看到其遗址。公元前 395 年，色诺芬曾参观了这座狩猎场。在那里，他看到了大量“有翼的猎物”与各种野兽，其中有的被关在封闭的狩猎场中，有的则生活在“户外空间”中。[11]

周围邻近的国家与后继者都积极接纳了阿契美尼德王朝式的狩猎园。但是，在探寻这一举措的影响之前，我们首先需要审视一下狩猎园在近东地区的前身。这样，我们才能全面地理解核心区域的形成过程，以及古时伊朗的皇家狩猎模式在时空维度内的传播机制。

在古典文学作品中，阿契美尼德王朝与狩猎园之间有着紧密的联系。但实际上，狩猎场具有更加久远的历史根源。希腊人认为，狩猎园起源于美索不达米亚。狄奥多罗斯①将在贝希斯顿（Bagustanis/Behistan）和米堤亚（Media）修建狩猎场的功劳归于巴比伦的伟大女王塞米拉米斯（Semiramis）。狄奥多罗斯指出，在此之后，叙利亚人与波斯人也都接纳了这一实践方式。[12]现代有些学者也赞同这一观点，认为我们可以在古代近东地区的皇家动物园与花园中找到狩猎园的原型。[13]

在古埃及，我们也可以找到狩猎园的近似设施与前身。来自于约公元前2350年的图像证据显示，古埃及的狩猎设施比较朴素节制，主要由标杆、网布与沟渠构成。不同于此后出现的那种本身饲养了猎物的狩猎园，古埃及是在皇家狩猎活动开始之前才将动物驱赶进狩猎场内的。其中，有一座狩猎设施可以追溯至阿米诺菲斯二世（Amenophis Ⅱ，约公元前1402~前1364年在位）统治时期，如今我们在努比亚的索莱普（in Soleb Nubia）可以找到它的遗址。[14]狩猎园的另一组成部分——正规而精美的花园——则可以追溯至第十三王朝时期

① 狄奥多罗斯·西古琉斯（Diodorus Siculus），古希腊历史学家，著有《历史丛书》（*Bibliotheca Historica*）四十卷，分三部分，从各部落的神话历史一直延续至恺撒发起高卢战争时为止。

(Thirteenth Dynasty，公元前 1782 ~ 前 1650)。这些花园筑有围墙，并且配有水池、花和树木。之后，在阿克纳顿(Akhenaten，公元前 1350 ~ 前 1334 年在位)① 统治时期，园中增加了野兽，有的动物如狮子被关在笼中，有的则是散养在园内。[15]

在时空维度中更加接近我们的是古代美索不达米亚的花园、公园与保护区。很多人认为，波斯式狩猎园的直接原型来自于亚述帝国的“ambassu”——有人认为这是一种综合了皇家狩猎场与植物园功能的设施。[16]然而，也有人并不赞同这种解释，指出这一设施的实际功能难以界定，比如，其更容易被理解为是一个供奉动物祭品的场所而非狩猎场。[17]

那么，我们该如何看待狩猎园呢？狩猎园究竟是波斯人的发明，还是从外国传入的呢？一个可能的“折中”解释是将这一设施看作阿契美尼德王朝统治时期出现的拼接体，即阿契美尼德王朝在设计自己的狩猎场时参考了近东地区的诸多先例，但是其中并没有某一个先例可以称得上是波斯式狩猎园的准确原型。然而，无论起源的问题有多么模糊不清，有一件事我们可以确定，那就是将这种狩猎场发扬光大的正是古波斯人。

这一点将我们带回至阿契美尼德王朝的影响力及传播历程中。关于阿契美尼德王朝对西亚政治文化的深远影响，其背后无疑隐藏着许多原因，但其中一项主要的原因便是：巨大的规模。与此前的国家政权相比，阿契美尼德帝国在规模上至少要大 4 ~ 5 倍，可以说是政治组织在规模上的一大跃进。[18]在其鼎

---

① 阿克纳顿，古埃及第十八王朝法老。

盛时期，阿契美尼德王朝控制了伊朗高原、印度及中亚地区的西北边陲、美索不达米亚、小亚细亚与埃及地区。或许在当时的人们看来，阿契美尼德王朝就象征着整个世界，是一场奇迹的基业。阿契美尼德王朝的国力增长速度与政治活动范围都达到了前所未有的高度，使其——尔后基本与前伊斯兰时期的伊朗合并——成为核心区域内治国之道与王权统治的典范。因此，与阿契美尼德王朝有关的事物都充满了特殊性。换言之，阿契美尼德王朝的成功放大了国内各种设施的重要性，促使这些设施成为远近国家的主权与统治权的必要组成部分，也成为政治成功的必需元素与终极尺度。这种观念极为深入人心，以至于日后每当涉及与君主相关的事物时，人们便自动地追溯至昔日的波斯国王。正如后文将会看到的，狩猎园只是这种现象的表征之一。

37

核心区域与外围地区的狩猎场

可以预料到的是，附属国会从作为宗主国的阿契美尼德王朝身上习得很多东西。例如在亚美尼亚的奥朗提斯王朝（Orontid Dynasty，约公元前401～前200），统治该国的家族便来自于阿契美尼德王朝——最初其作为省长管理这一区域，后来成为独立的国王。奥朗提斯王朝的末代统治者为奥伦特二世（Orontes Ⅱ，约公元前212～前200年在位），他在阿拉斯河（Araxes）的北部支流阿克胡利恩（Akhurean）附近建造了一座名为“创世（Genesis）”的狩猎园。据柯伦的摩西[①]记述，

① 柯伦的摩西（Moses Khorenats'i，亦作 Moses of Choren），5世纪亚美尼亚历史学家，据称著有《大亚美尼亚史》与《亚美尼亚的地理》。

奥伦特二世在“河流的北岸栽植了一片枞树树林，四周设有围墙，内有敏捷的野羊、雌雄鹿群、中亚野驴与野猪。这些野兽在森林中繁殖聚集，以供国王在狩猎活动中取乐”。[19]之后的朝代也遵照了这一先例。例如亚美尼亚的安息人统治者胡斯洛（Xosrov/Khusrō，约公元330～338年在位），他在今日埃里温（Erivan）东南方向的阿拉特河（Arat River）沿岸建造了古城德芬（Duin/Dvin）。在德芬附近，胡斯洛让军队种植了两大片橡树林，四周围有高墙，墙内建有宫殿。待树木成材后，里面便聚集了各种野兽“以供皇帝狩猎、消遣与玩乐”。据同一文献记载，胡斯洛的儿子，也就是他的继任者迪朗（Tiran，约338～351年在位）在凡湖北侧的阿勒山（Mount Masis）① 下修建了另一座狩猎场。[20]这种行为也有可能是一种惯例，即每一任新继位的国王为了确立自己的王室身份，会陆陆续续地在王国范围内增加新的狩猎园。外高加索地区与突厥斯坦南部的较小国家也是常年受伊朗政治与文化影响的区域。在那里，于王城内部或周围修建一座封闭的狩猎园是种常见的行为。[21]

在探寻古波斯模式的长期影响时，关键的一点是，深受阿契美尼德王朝历史影响的萨珊王朝也接受了狩猎园这种设施。萨珊王朝有意地恢复了阿契美尼德王朝的崇高传统，在广大疆域内修建了许多狩猎场。在历史资料中，记载颇多的是一座位于塞琉西亚与泰西封（Seleucia and Ctesiphon）北部的底格里斯河河畔的狩猎场。这是一座古典狩猎园，其中满是树木，有着来自本地与异域的猎物，另建有奢华的宫殿。公元363年，这座狩猎场被罗马军队占领。[22]在萨珊王朝统治末期，拜占庭势

38

① “Mount Masis”是亚美尼亚人对阿勒山（Mount Ararat）的一种别称。

力占领了其余几座狩猎园——据戴俄法内斯（Theophanes）记述，这些满是猎物的狩猎园曾经属于胡斯洛二世（公元 591 ~ 628 年在位）。[23] 萨珊王朝最负盛名的狩猎场位于科尔曼（Kirmān）附近的塔奇布斯坦（Tāq-i Bustān），那里的一座大岩窟内，两侧壁的浮雕描绘了盛大的皇家狩猎场景。这些浮雕很有可能可以追溯至胡斯洛统治时期，也使后人得以一睹皇家狩猎场中发生的一场国王狩猎活动的情景。而空中拍摄的照片显示，这个狩猎场呈长方形。[24] 狩猎场的一大显著特征是为特定的猎物提供了相应的微观环境，例如将野猪置于沼泽地中、为鹿类提供了空旷的土场。[25]

在公元 633 ~ 651 年发生的一系列战争中，穆斯林击败了萨珊王朝，这导致阿拉伯人占领了美索不达米亚与伊朗本土。随着历史发展，尤其是在阿拔斯王朝形成期间，阿拉伯人从波斯人手中接管了许多机构与王权的象征物——如王位、王冠与狩猎场。[26] 阿拉伯编年史与狩猎指南中明确记载，萨珊王朝拥有许多座狩猎场，其中一些狩猎场将某个统治者与特定的地点联系起来。[27] 早期的哈里发——如哈伦·拉什德（公元 786 ~ 809 年在位）① 等——在首都巴格达附近建造了自己的狩猎园。[28] 据犹太旅行者图德拉的本杰明（Benjamin of Tudela）记述，穆台齐（Mustanjid，1160 ~ 1170 年在位）的狩猎园“周长三英里，其中栽有各类树木，一部分是果树；此外，园内还容纳了各式各样的动物。整个狩猎园被围墙包围，在园中有一片湖泊，其源头是希底结河（river Hiddekel）。每当国王想要

---

① 哈伦·拉什德（Hārūn al-Rashīd，763 ~ 809），阿拉伯帝国哈里发，其统治时期阿拉伯帝国鼎盛一时，巴格达也成为辉煌的人类中心。

前往狩猎园消遣和享用盛宴时，他的仆人们便会捕捉各种鸟类、猎物与鱼类，之后国王便会带着参谋与王公同去狩猎”。[29] 当地稍小的封邑也建有自己的狩猎场。公元 8 世纪，伊斯帕巴德（Ispahbad）的一位统治者便在陀拔斯单（Ṭabaristān）修建了一座大型狩猎场，其中有大量的鹿、野猪、野兔、狼甚至猎豹。[30] 修建这样一所狩猎场不一定是在模仿阿拔斯王朝，而是延续了萨珊王朝的传统。原因在于，陀拔斯单位于里海以南，长期以来在政治上保有独立性，保存了许多伊朗的民族传统。这一点也适用于突厥斯坦。突厥斯坦当地的传统也可以追溯至萨珊王朝。在 11 世纪时，布哈拉（Bukhara）的统治者建造了一座被称为“禁区（Ghūruq）”的狩猎场，内有许多花园、华美的宫苑与各类猎物。[31] 几个世纪之后，萨非王朝（1501 ~ 1732）统治了大伊朗地区，狩猎场依然是当地的一大明显特征。其中，最著名的狩猎场位于哈扎尔贾里卜（Hazār Jarīb），意为“千亩”。这片狩猎场坐落于伊斯法罕的焦勒法（Julfā in Iṣfahān）附近，多位欧洲旅行者都曾对此有过记述。[32]

印度的狩猎场同样拥有悠久的历史。据 630 年代穿越北印度地区的中国僧人玄奘法师记述，著名的“鹿野苑”① ——佛陀向五位苦行僧初次讲经布道之处——据当地传说最初曾是一片封闭的狩猎场。[33] 最早对这些狩猎场进行记录的是古典作家。昆图斯·古尔修斯②在记录亚历山大大帝的征战史时曾提到，

39

① 鹿野苑为佛陀的初转法轮之地，是古印度佛教四大圣地之一，位于今印度瓦拉那西市（Varanasi）以北约 6 公里处，现仅存遗址。传说佛陀在鹿野苑讲经时，邻近森林中的鹿群会前来听法。

② 昆图斯·古尔修斯（Quintus Curtius），拉丁历史学家，仅有《亚历山大大帝传》传世。

印度西北部的一位历史并未记载姓名的国王极为沉迷狩猎，他会“在一片封闭的保护区中，伴着妃嫔的祷告与歌声，用弓箭捕猎动物”。[34]之后，据埃利安（Aelian，约公元 170 ~ 230）描述，印度国王在苏萨（Susa）和埃克塔巴纳（Ectabana/Hamadān）拥有比古波斯帝王更为宏伟的大型皇家狩猎场。埃利安称，这些狩猎场中建有人工湖，栽植了树和灌木丛，当然还蓄养了鸟、鱼及其他猎物，其中有很多动物引自外国。[35]

《政事论》（*Arthaśāstra*）是一部关于统治与管理的书，传说其作者是考底利耶（Kautilya），是孔雀王朝（Mauryan empire，公元前 321 ~ 前 184，但很有可能可以确认至公元 4 世纪）开创者的主要顾问大臣。在《政事论》中，考底利耶认为要进行皇家狩猎活动需要有一大片森林，并在四周绕有沟渠，只开一扇大门，栽种果树、开辟湖泊、饲养猎物。[36]印度的穆斯林统治者也沿袭了古波斯与中亚的传统。在德里苏丹国时期（1206 ~ 1555），当地建造了多座著名的狩猎场。例如，菲罗兹沙阿①（Fīrūz Shāh，1351 ~ 1388 年在位）修建了一座大型的“狩猎行宫（kushk-i-shikār）”，在其中心有一座规模可观的大山。[37]更早时，德里苏丹国的卡尔吉王朝（Khalji，公元 1290 ~ 1320）也有一座狩猎场，以猎物的多样性而闻名，为统治者及其妃嫔带来了许多欢乐。直至三个世纪后的贾汗吉尔统治时期，人们依然会提及这座狩猎场。[38]

在莫卧儿帝国时期，狩猎场数目众多，宫廷资料与外国旅行者笔下都有相关记载。其中，有一座狩猎场位于古吉拉特邦，距离艾哈迈达巴德一日行程，占地 6 ~ 8 平方英里，内建

① 沙阿即沙（Shāh），又译沙赫，君主头衔。

有许多华美的宫殿，猎物非常之多。[39]在印度教统治的印度南部地区也有类似规模的设施。1505 年前后，卢多维克·德瓦特玛（Ludovico di Varthema）拜访了维查耶那加尔（Vijayanagar）的都城。据他描述，整个城市面积很大，四周都是围墙，“内部有几个非常美丽的地方用于狩猎和捕鸟”。他恰如其分地将这里称为“第二天堂（a second paradise）”。[40]

南亚次大陆的皇家狩猎场一直保存至 19 世纪。1820 年代后期，戈弗雷·芒迪（Godfrey Mundy）在旅行中记录了乌荼国国王（king of Oude/Oudh）——一位穆斯林统治者——在勒克瑙（Lucknow）附近拥有一座名为“迪尔库沙（Dil Koosha/Dil-Kūshah）”或称为“心之所愿”的狩猎场。据芒迪描述，这座狩猎场四周围有围墙，里面有丛林草地、树木与大量猎物——如野猪、鹿、野兔和鹌鹑等。之后，芒迪又见到了另一座狩猎场。这座狩猎场位于瓜廖尔（Gwalior）附近，属于一位印度王子，其中同样满是“羚羊、鹿和其他猎物”。[41]

尽管在核心区域的皇家狩猎活动中，狩猎场是一种常见的、持续的、经久不衰的组成要件，但是在地中海沿岸与欧洲大陆，狩猎场的历史不仅是断断续续的，而且与传统的狩猎园在形式上也有所不同。据瓦尔罗（Varro，公元前 116 ~ 前 27）记述，在西罗马，过去人们曾是捕猎野兔的，而在他所处的时代则修建了许多大型的狩猎场：“这些狩猎场占地若干英亩，内有大量的野猪和獐鹿。”此外，瓦尔罗还列举了许多具体的例子，描述了占地达 4 平方英里的狩猎场（therotrophium）以及其中放养的野猪、牧鹿及其他野兽。瓦尔罗将这一“发明”归功于公元前 2 世纪的昆图斯·霍腾修斯（Quintus Hortensius）。据传，霍腾修斯以奢华的作风闻名于世，他将这类狩猎场引入

40

拉提姆（Latium），使之迅速风靡起来。[42]

早期的罗马皇帝，如提庇留（Tiberius，公元14~37年在位）、尼禄（Nero，公元54~68年在位）与图密善（Domitian，公元81~96年在位），都曾经修建过封闭的动物狩猎场，但这些设施并不完全是波斯式狩猎园的翻版。[43]相反，它们更像是在跟随潮流，只是选取了外国模式中的几种元素，因此，这些修建的狩猎园并不是完全的复制品。在罗马帝国的狩猎场围墙上，有时会绘有满是异域动物的波斯式狩猎园，这些壁画实际上就是对这一现象的佐证。[44]

与之相对，汪达尔人（Vandals）对待波斯传统的态度则要认真得多。自公元440年前后在利比亚建立了自己的王国以来，汪达尔人便开始沿用近东地区的习俗，身着长袍，并且在狩猎场（paradeisos）中狩猎和居住。在这些狩猎场中，“有充足的水与树木”。[45]拜占庭人也比较重视大型狩猎场。在奥托一世（Otto Ⅰ）的使节利乌特普朗（Liudprand）抵达君士坦丁堡后，尼科夫鲁斯二世弗卡斯（Nicephorus Ⅱ Phocas，963~969年在位）曾询问其国内是否也有狩猎场和猎物。利乌特普朗回称有，而弗卡斯则开始炫耀自己所拥有的狩猎场规模极大，其中还有野驴。据利乌特普朗叙述，弗卡斯的狩猎场面积很大，内有山峦，蓄养着丰富多样的猎物。不久之后，弗卡斯皇帝的一位侍从告诉利乌特普朗，狩猎场中能够拥有野驴“对［奥托］而言是不小的荣耀”，因为这在西方世界的统治者中属于首创。[46]这次对话很有趣味，揭露了当时的统治者对“国际”标准的敏感；而且双方都认为，一个体面的狩猎场是皇室地位的基本象征。

西欧地区的一首诗歌将人们对狩猎场的重视表现得淋漓尽

致。一般认为，这首诗的作者是艾因哈德（Einhard）。诗中记述，查理曼大帝在冬都亚琛附近建有一所郁郁葱葱的乐园，“四周设有许多围墙”。里面不仅有草坪、溪流与树林，而且在“林间掩映的空地”上还有野禽、鹿以及“各种野兽”。在这样一片田园风光中，作者记有如下诗句。

> 查理曼大帝，万人仰慕的英雄，常常前往这片绿地狩猎，因为他极爱打猎，
> 他用猎犬与响箭追捕野兽，
> 并把打到的角鹿堆在黑色的树下。[47]

41

这段对查理曼大帝狩猎场的描述显然带有经典的伊朗式狩猎园风情。姑且不论诗文的描述准确与否，至少可以看出，西欧建造狩猎场的标准并不是过去那种发展成熟的狩猎园，而是更加简单的鹿苑。这种狩猎场出现在中世纪早期，并于近代早期以及之后的阶段发展壮大。[48]狩猎场在英格兰境内分布广泛，由王室、贵族、教会以及上层阶级建立。这些猎场中一般都有森林，四周围有沟渠、土堤和栅栏。当然，其中也蓄养了鹿。它们的周长为 5 ~ 6 英里，最多的可达 20 英里。1600 年，狩猎场的分布率达到了历史最高水平，其中英格兰大约有 800 所，威尔士有 30 多所。[49]15 世纪初期，人们建造了一所名为“镇静石（Lullingstone）”的鹿苑，其面积达到了 690 英亩。在那以后的几百年中，这座狩猎场的形态经历了各种变化，并一直保留至 1931 年。现在，这座狩猎场变成了一片公共空地，里面建有高尔夫球场、自然步道与其他景点。[50]

核心区域的狩猎园一般拥有奢华的宫殿、广阔的景观和充

满异域风情的猎物。与之相比，西欧的鹿苑具有些许不同之处。虽然如此，这两个地区的狩猎场仍然具有许多相似的经济与社会功能。在下一节对欧亚大陆东部地区的狩猎场进行研究之后，笔者将比较与分析二者的类似之处。

东亚地区的狩猎场

中国的狩猎场具有悠久的历史传统，而且颇为令人意外的是，中国的狩猎场与伊朗和印度两国的极为相似。不同之处在于，中国狩猎场的历史发展之路更加曲折与跌宕。

在中国的传统文化中，狩猎场的起源可以追溯至非常早的时期。孟子（约公元前 372 ~ 前 289）认为，狩猎场的发明者是周朝的奠基者、周武王的父亲周文王。大约在公元前 1122 年，周文王修建了一座占地 70 平方里的狩猎场；而在山东，齐宣王拥有一片面积 40 平方英里的狩猎场。[51]据其他史料记载，“鹿苑”在春秋时代（公元前 722 ~ 前 481）十分常见，而之后的战国时代（公元前 403 ~ 前 221），彼此竞争的十二国统治者都拥有广阔的狩猎场。[52]甚至，其中一座还被当作外交礼物赠予了邻国。[53]

在秦朝（公元前 221 ~ 前 206）与汉朝（公元前 206 ~ 公元 222）①统一中国之后，中国进入了帝国时代（imperial period）。此后，历史文献中关于狩猎场的记载变得更加清晰而完整。中国拥有许多座狩猎场，有的位于属国，有的则位于中心区域以专攻某种特定的狩猎形式——比如捕鸟。[54]但是，迄今为止最为著名的狩猎场是首都长安附近的“上林苑”。上林

① 此处原书与中文史料有异，公元 220 年曹丕篡汉称帝，东汉灭亡。

苑前身建造于秦代，之后在西汉时期扩建而成。 42

上林苑的扩建主要是在著名的汉武帝（公元前 148 ~ 前 86 年在位）① 统治时期完成的。据《汉书》记载，这座宫苑的修建曾引起了诸多争议。史料记述，自公元前 138 年起，汉武帝在首都长安外组织了多场大型狩猎活动，最久的长达五天。渐渐的，这些狩猎活动变得越来越精巧繁复，并且开始扰乱正常的农业活动。譬如，朝廷共设立了 12 个“更衣处”，并且调用各地农民服侍皇室成员。很快，皇帝认为这样的距离过于遥远，狩猎活动也已经成为民众的负担。于是，汉武帝便派了一位朝廷大臣吾丘寿王②前往首都东南方向进行调查，并且通过购买和征收的方式圈建了一座庞大的狩猎场。这一建造狩猎场的举措遭到了朝野的批评，其中最激烈的批评者是一位名叫东方朔的朝廷官员。东方朔反对建造如此大规模的狩猎场、数不胜数的设施、绵延的院墙以及奢侈铺张的行为。他指出，对朝廷而言，富饶的农田与自然资源十分重要，而狩猎场的建造将会对之造成损害。东方朔表示，他难以理解朝廷为何要推崇森林和荒原，并认为国家不应继续扩展野兽的生存规模。最后，他警告称，如此的铺张支出终将导致灾难的发生与王朝的覆灭。面对这样一位受人尊敬的臣下所提出的严厉反对，汉武帝虽然表面上对他的警告进行了认真的考虑，但还是依然按照既定计划继续修建了狩猎场。[55]

最终的结果便是，汉武帝建成了一座周长超过 200 里的狩猎场。这座狩猎场四周设有围墙，内有各种类型的土地与环境，

---

① 此处原书与中文史料有异，汉武帝于公元前 141 ~ 前 87 年在位。

② 吾丘寿王（约公元前 156 ~ 前 110），字子赣，河北邯郸人，曾任侍中中郎，善作赋，后坐事诛。

如森林、湿地、山丘、峡谷、草地、溪流、瀑布、池塘、岛屿、沼泽等。当然，狩猎场中还生活着各式各样的猎物，如野猪与鹅等，以及充满异域风情的动物，如斑马、牦牛、貘、野牛、水牛、麋鹿、羚羊、原牛、大象、犀牛、野驴与骆驼等。[56]在上林苑修建的奢华宫苑可谓无所不用其极，包括了眺望台、宫宇、动物园、休憩处、拱廊、游廊、亭子与御膳房等。与这些建筑融为一体的是人造景观，包括建有亭台楼阁的山丘、深邃的岩穴以及用于欣赏皇家狩猎活动的观景台等。此外，所有的建筑都使用了特制的铜器与瓦片。在这片"野外"空间中，还种植了多种多样的驯养植物，不仅可以食用，而且芳香扑鼻，如柑橘、李子、杏、葡萄以及各类树木。[57]由于这座狩猎场中的建筑数量过于庞大，以至于在汉成帝统治时期（公元前 33 ~ 前 7），上林苑中便有 25 座宫苑因使用次数较少而遭到拆除。[58]

显然，上林苑具有得到精心管理和控制的自然环境。在上林苑中，大批男女侍从饲养了各种动物，既有驯养动物如犬和马，也有猎物、鸟与野猪等。由于一部分狩猎活动依旧在马车上完成，故而为了便于狩猎活动的进行，苑中的灌木丛也得到了修剪。[59]上林苑的主要"狩猎季"是晚秋和初冬。届时，皇帝乘坐着一辆由象牙雕饰的马车，带领手下的士兵、猎手与各种助猎者一起进行狩猎。由于狩猎场的规模极大，故而需要先派斥候前往勘察猎物的分布情况。当然，狩猎活动的最后一幕便是对猎物进行大规模的集中猎杀。[60]

公元 221 年，随着东汉政权的灭亡，中国进入了长达四个世纪的分裂混乱时期。在这一阶段，中国北方地区主要由来自内亚地区的少数民族所统治，而本土的政权则被迫偏安南方。北方地区延续了祖先的狩猎传统，保留了中国特色的狩猎场——鹿苑。[61]藏族起源之一的前秦（公元350～394）① 在长安城外修建了自己的“上林苑”，而拓跋魏则在其都城洛阳建造了一座名为“花林”的大型狩猎场。花林也同样拥有狩猎场的常见特征，包括人造景观、充足的猎物与服侍人员等。[62]

随着隋代（公元581～618）与唐代（公元618～907）再次统一中国，狩猎场又一次迎来了复兴与扩张，这一点在京畿尤为明显。[63]唐朝的皇帝经常使用狩猎场，尽管由于不景气、旱灾和民怨，朝廷不得不缩减了这些活动的规模。[64]

宋朝（公元960～1279）由汉人建立，其对狩猎活动并没有表现很大的兴趣。然而，中国旧有的狩猎场却为宋朝流行的园林艺术提供了灵感与先例。这些园林多为皇室、官员与富商所修建，也不再用于狩猎活动。在这些园林中，人们修建了许多封闭的动物园，主要用于收集罕见的异域动物。[65]12世纪初，女真人建立的金朝将宋廷赶出了北方地区，而前者则非常爱好狩猎。在其治下的大城市开封，金朝朝廷建造了一座名为“上林所”的皇家狩猎场。[66]这座狩猎场的修建也拉开了狩猎场再次复兴的序幕。自此之后，蒙古逐渐崛起，并在上都建造了最负盛名的狩猎园。

皇家狩猎建筑的大部分元素都能很容易地在蒙古人的狩猎活动中找到对映。蒙古人对狩猎活动的兴趣最初体现在成吉思汗的第三子和继任者窝阔台（公元1229～1241年在位）身上。据《蒙古秘史》记载，窝阔台自认犯有四项大错，其中一项便是贪欲，即想要在狩猎活动中独占所有的猎物，导致族人无法享受到狩猎的乐趣。他承认，自己为了囊括大量的猎

① 此处原书与中文史料有异，应为公元359～395年。

物，让手下在狩猎场中立起了栅栏和土墙。[67]波斯文献对蒙古人初次建造的这座狩猎场进行了详尽的记载。据其记述，这座狩猎场修建于翁金河（Ongqin River）流域，位于蒙古国中心，北邻首都哈剌和林，是窝阔台的冬季驻地。狩猎场的围墙由木头和黏土制成，据称“其长度可达二日的行程”，且“内嵌有大门”。在狩猎活动中，军队首先围成一个巨大的狩猎圈（jerge），之后慢慢地自附近区域收集猎物，将之赶入狩猎场中。一旦猎物被赶至狩猎场内，可汗便开始进行狩猎活动了。之后，可汗便退回至山上，欣赏属下们陆续登场打猎。这座狩猎场的建造极为成功，以至于封疆在突厥斯坦的察合台——窝阔台的哥哥——也在阿力麻里和忽牙思之间的伊犁河谷中仿造了一座“完全相同的”狩猎场。[68]

通过这些狩猎场，我们可以看到一个过渡性阶段。在这一阶段中，定居民族与游牧民族的传统元素逐渐结合起来。窝阔台的狩猎场既是大型圈猎活动的核心，也是最后的杀戮场，并以围墙替代绳网起到了隔离的作用。然而，蒙古人的下一批狩猎场遵循的却是既有标准，与传统的狩猎园十分接近。其中，有一座狩猎场位于陕西省西安市郊外，属于元朝（公元1271～1368）的创建者忽必烈的第三子忙哥剌（公元1280年亡故）。据马可·波罗描述，这座狩猎场的高墙周长可达5英里，内有河流、湖泊、宫殿以及“许多供打猎使用的野兽与……鸟类”。他补充说，这些猎物“除了王爷本人（即忙哥剌）……无人敢去捕猎”。[69]在蒙古语中，这种独享的特权被称为“qorigh”，源于突厥语中的“qorugh”一词，意为“预留的”或“禁区”。这一词语也与11世纪时布哈拉所拥有的名为“禁区（Ghūruq）”的狩猎园相吻合。[70]

在蒙古人修建的众多狩猎场中，有两座十分突出。第一座位于大都，也就是现今的北京。新首都的修建工作开始于1267 年，地点靠近原金朝的首都燕京。1272 年，首都由中都更名为大都，欧洲旅行者则称之为汗八里（Cambaluc），即突厥语中的“Qan Baliq”，意为“可汗之城”。1274 年，忽必烈移驾新宫殿，而宫殿的墙壁装饰与其他设施直至 1280 年代才全部修建完毕。[71]在全部修建完工后，大都被分为两个半区；在西区中建有狩猎场，内有我们熟悉的假山、湖泊、花园、野兽与水禽（蒙古人十分喜爱的美味佳肴）。[72]

第二座狩猎场建在上都，位于今北京以北约 250 英里，骑马约 10 天可以抵达。这座狩猎场因柯勒律治的诗篇《忽必烈汗》（“Kubla Khan”）而闻名天下。1256 年，忽必烈的汉语老师刘秉忠负责督建了这座狩猎场。此地原本是作为那时尚未登基的忽必烈的夏日行宫，初名为“开平府”。开平府三面围有碎土墙，将整个城市划分为外城、皇城与内宫城三部分。1264 年，忽必烈继承帝位后，开平府更名为上都。[73]这片建筑群四周有护城河与夯土城墙，外嵌有石头，各侧均设有大门和瓮城。狩猎场位于城市西北方向，近来有学者推测其面积约有 5 平方英里。狩猎场的四周是土墙，中心位置有一座假山和一片湖泊。[74]

45

以上这段重述依据了 20 世纪学者的多次实地勘察，与当代文献中的描述基本相符，只是除去了其中的一些夸张之词。这些文献包括马可·波罗和拉施特·艾丁（Rashīd al-Dīn）的记述，后者是伊朗蒙古王朝的著名历史学家与政治家。尽管拉施特从未亲自到访过中国，但他从一位蒙古人处得到了许多关于“开民府（Kaimin-fū）”——“开平府”的波斯语称法——的信息。这位蒙古人名叫孛罗·阿洽（Bolad Aqa），曾经多次因公务前往上都。在马可·波罗和拉施特的叙述中，二人均提及了土墙、石壁、木桩和宫殿。其中，拉施特还在文中提到，主殿——突厥语中即“哈儿昔（qarshi）”——的建筑风格是“中式的”，考虑到督建者是一位汉人官员，这一点也并不令人意外。此外，马可·波罗和拉施特都描述了狩猎场内的猎物的丰富多样。[75]总的来说，这是一座标准的狩猎场，在西方世界与伊斯兰世界中都享有声望。可以说，无论在古时的伊朗、汉人统治的中国还是印度的莫卧儿帝国，这都是一座足以符合标准的狩猎场。

满族是中国另外一个喜爱狩猎的民族，也是中国最后一个封建王朝清朝（公元1644~1911）的建立者。满人对狩猎场极感兴趣，这一点在清朝统治的前半段时期尤为明显。多年来，满人在首都北京附近建造了一片包括园林与狩猎场的建筑群，而负责管理的官员隶属于一个被称为“上林院”的皇家机构。[76]外国旅行者对这些狩猎场有过许多描述。最早的记录来自于费多尔·白克夫（Feodor Baikov），一位在1657~1658年间出使中国首都的俄国使者。白克夫在外交报告中写道：“在中国，皇宫附近有一座山，不是很高，山的周围是一片人工栽种的森林。在森林中，生活着许多野兽，包括西伯利亚鹿、大角羊与山羊［或羚羊?］等。但据中国人说，除此之外并没有其他种类的动物了。在山的四周，围有火烧砖砖墙。”[77]实际上，这座狩猎场或许与约翰·贝尔（John Bell）所说的是同一座。1721年，这位在俄国工作的苏格兰医生参观了一座中国的狩猎场。贝尔将这座狩猎场称为“寨子（Chayza）”，里面也有森林、假山和湖泊，四周也建有砖墙。据贝尔描述，在狩猎时士兵们会围成一个半圆形的队列，将园内的猎物赶至皇帝面前。[78]另一座狩猎场名为南苑行宫①，据 1710 ~ 1723 年生活在中国的传教士马国贤②记述，这座狩猎场是康熙皇帝修建的，皇帝每年都会去那里捕猎牡鹿。[79]第三座狩猎场也是由康熙皇帝修建，位于北京以西约 6 英里处，名为“畅春园”。这座狩猎场的面积很大，四周建有围墙，由鞑靼人（Tartar）的军队负责看守。狩猎场中遍布着宫殿、道路、湖泊、休憩处与猎物——尤其是鹿。[80]在俄国人的记述中，畅春园被称为“Chinchiuian”。1720 年，列夫·伊斯迈洛夫（Lev Izmailov）率领使团为康熙皇帝献上了彼得大帝的礼物，当时款待他们的盛大宴会便在畅春园中举行。[81]

46

建于热河的一系列狩猎场更加宏伟——热河的名字来源于当地的一条河流。热河之于满人就像上都之于蒙古人，是满人非官方的夏都。热河位于内蒙古东部，距北京约 120 英里。1681 年，康熙皇帝在热河修建了狩猎场，后继者们则进行了扩建。为了方便当地的蒙古居民，其中还囊括了一个小镇与几座喇嘛庙。整片建筑群被称为木兰围场，周长约 1300 里，面积足以为各种猎物提供多样化的地形与环境。[82]

据马国贤记述，康熙皇帝曾率领 30000 人的军队与随从在热河进行狩猎，活动从五月初一直持续至九月底。在这里，皇

---

① 南苑行宫，原书为“Pazhao”，即马国贤原文中的“Pa-chao”。马国贤著作的中译本译者，据描述判断认为应译作“南苑行宫”，并注此音以示或有误译；本书亦采用了这一译法。参见《马国贤在华回忆录》，李天纲译，上海古籍出版社，2004，第 73 页。

② 马国贤（Matheo Ripa，1682 ~ 1745），意大利那不勒斯人，1711 年（康熙五十年）被派遣来华传教。他在中国一共居住了 14 年，横跨康雍两朝，是继马可·波罗和利玛窦等之后在华的著名传教士。

帝及他的贵客住在舒适的宫苑中，周围建有亭子、宝塔、桥梁、花园、人工湖泊与岛屿，所有的地方都装饰有艺术品。[83]热河共有两座单独的狩猎场，一座位于东侧，专供皇帝、后妃与太监使用；另一座位于西侧的狩猎场更大一些，是供宾客使用的。康熙年间，英国使节乔治·马戛尔尼（George Macartney）曾骑马在这座狩猎场中跑了几个小时，依然未能将园内的景色尽收眼底。据他描述，这座狩猎场“具有自然风光，植被繁茂，山峦绵延，地形起伏，内有各种各样的鹿，而且其余的猎物大多也不会对人造成威胁”。马戛尔尼补充说，这座狩猎场同样拥有许多便利设施、休憩处、宫殿与宴会厅。热河与上都一样，即使置于不同的时代与文化之中，也会是一座能被各国贵族阶级所接纳的狩猎场。实际上，马戛尔尼本人的教育背景便很具有典型性，而且与他所处的年代与地位相衬，他非常适宜地将这片建筑群称作“乐园（paradise）”。[84]

狩猎园的目的

在欧亚大陆，狩猎场作为用于狩猎与享乐的私人区域，是一种权力的象征。11世纪时，与瑟夫·哈斯·哈吉布（Yūsuf Khāṣṣ Ḥājib）曾对喀喇汗王朝（Qarakhanids，公元992～1211）——内亚地区的一个伊斯兰化的突厥政权——的统治者指出，修建狩猎场就像征占国土、慷慨大度与弘扬公正等行为一样，是统治权的一个主要特征。为了更有力地说明这一点，哈吉布将这些行为与古代的著名帝王联系起来，如恺撒、胡斯洛和亚历山大。[85]实际上，哈吉布关于狩猎场的劝诫是一种普遍的态度。在14世纪后期，约翰·曼德维尔（John Mandeville）

所写的虚构游记①曾风靡一时，书中生动地描绘了汗八里的大可汗所拥有的狩猎场以及其中包括的池塘、山峦、沟渠、果树、野禽与猎物。[86]在大约三个世纪之后，一个名为亚历山大·汉密尔顿（Alexander Hamilton）的英国人抵达印度。据他讲述，他听说埃塞俄比亚的国王——与祭司王约翰②具有模糊的联系——拥有一座宽阔的封闭狩猎场，其中有宫殿、河流、池塘、花园、果园以及“供野生猎物栖息的森林”。[87]这段描述实际上也是西方社会对乐园（paradise）的普遍想象，不仅囊括了乐园的所有必要元素，而且也适用于真实世界与想象文本中的任何一位有影响力的统治者。在这些例子中，传闻都很好地起到了增强权威的作用。正如成吉思汗的宫帐曾在大众记忆中留下的深刻印象，狩猎场的意象在跨越时空的传播过程中也变得更加庞大、华美与神秘。[88]

47

当然，在狩猎场的意象中，对猎物的追寻虽然是其中一个常见的特征，但绝对不是唯一或主要的构成元素。现在，我们有必要审视一下乐园（paradises）所能提供的全部功能。“乐园（paradise）”一词的可塑性能很好地映射其作为机构时的可塑性。有的时候，词语就像官衔与货币一样，会随着时间的流逝而迅速失去价值。公元前 2 世纪来自杜拉欧罗波斯③的一份

① 即散文体虚构游记《曼德维尔游记》(*The Travels of Sir John Mandeville*)。这本书是中世纪最为流行的非宗教类作品，为包括莎士比亚在内的西方文学家留下了深远的影响。

② 在祭司王约翰（Prester John）的传说中，遥远的中亚有一个富庶而强大的国家，其统治者是基督教祭司约翰·普利斯特，即《圣经》中拜见圣婴耶稣的东方三博士的后裔，亦被称作基督教约翰王。

③ 杜拉欧罗波斯（Dura Europus），叙利亚古城，曾是巴比伦的一个城镇与安息人的商业城市，后毁于萨珊王朝。

希腊商业文件显示，当时的“paradeisos”一词仅指代私人花园，这与之后突厥语中的“borduz”以及波斯语中的“firdaus”二词相同。[89]然而，在其他的例子中，这个词的含义却大大地增加了。虽然同样源于古波斯语的“paridaida”，但“乐园”一词在西方的传播过程中增添了各种各样的意义，甚至其中的很多——至少在表面看来——颇为矛盾。威廉·麦克朗（William McClung）认为，“乐园”一词既指代了物质充沛的世界，也指代了精神乐园的世界；它不仅象征了繁衍与乌托邦存在的地方，也是退化、堕落与逃匿之地。最后也是最重要的一点是，“乐园”一方面可以被看作原始朴素的自然环境的缩影，是不受人类限制的地方；而相反的，在另一方面，“乐园”也是经人工雕琢而成的作品，是由人类设计、重组与塑造的自然环境。[90]

在《圣经》传统中（《创世记》2.8－10和19－20），“乐园”一词显然具有强烈的宇宙论意义与关联。然而，正如拉斯·林布姆（Lars Ringbom）指出，这一点与古时伊朗的传统如出一辙。林布姆提出，在伊朗古代的传统中，他们的“世界帝国中存在着一个神圣的王之城，这座城是中心与原初之地，与之紧密相连的是万水千山的起源、各种植株的母体、火焰最初燃起的炉灶、王权的原点以及正确信仰的真正来源”。[91]

之后，伊斯兰世界重新发展了这些观点。在他们看来，波斯式花园就相当于《古兰经》中的乐园世俗版本。然而，这一世俗的乐园并不是一片荒野，而是有专人精心维护的，是人类为了享受而特别设计的自然环境。尤其值得注意的是，乐园中不仅绿树苍翠、流水潺潺，而且还有人工栽植的植物与荫蔽之所。[92]

在意识形态与宗教信仰的双重影响下，农业设施的广泛分布与狩猎场的各种职责也是预料之中的发展结果。在关于狩猎园的长篇论述中，色诺芬曾指出，阿契美尼德王朝的皇室“对农事的关注与对军事的关注是相同的”。由此，色诺芬还继续提出，阿契美尼德王朝的国王在其居住或定期前往的所有地区都建造了狩猎园，其中包括了“大地所能够提供”的所有佳物。[93]这些设施是“世界花园（world garden）”的代表，也正因如此，阿契美尼德王朝的王公贵族才会在此处仪式性地栽种一些农作物以确保土地的肥沃丰产。显然，这种做法来源于此前美索不达米亚关于“园丁国王（gardener king）”的观念。这一观念在新亚述和新巴比伦时期（Neo-Assyrian and Neo-Babylonian eras，公元前 9 ~ 前 6 世纪）得到了充分的发展，将国王看作伊甸园的守护者，负责管理生命之树与生命之泉。换言之，古波斯帝国的统治者承担了作为耕种者、狩猎者与播种者的神圣职责，有力地促进了其治下领土的农业丰收。[94]

为了履行这些宇宙论的职责——尤其是在核心区域的不毛之地中——水源是一个关键的问题。从前面的论述中我们可以看到，池塘、溪流与湖泊是构成狩猎场的重要元素。在东西方的许多狩猎场中，使用挖掘人工湖的土壤所堆积而成的假山都是最令人瞩目的一大特征。在建造这些设施的过程中，水利工程是不可分割的组成部分，并且涉及了各式各样的灌溉技术，包括畜力运输的水桶、制作精良的石壁沟渠以及由闸门控制的水塘等。[95]

农业诉求并非只是波斯式狩猎园的独有特征。公元前 3 世纪，孔雀王朝的著名统治者所拥有的皇家狩猎场位于巴特那（Patna）城外，其中便种有许多果树。在中国，上林苑等狩猎场也具有同样的特征。[96]此外，狩猎场的农业功效也并非主要属于仪式性功能，古波斯的狩猎园还是生产中心与官方粮仓。[97]实际上，古代的狩猎园甚至完全可以算作一个纯粹的经济机构。在托勒密王朝（Ptolemaic）统治下的埃及，波斯帝国的狩猎场（paradeisos）转型成为有专人管理的实用的大型种植园，主要栽种了水果、蔬菜，特别是葡萄；而在幼发拉底河沿岸的杜拉欧罗波斯，狩猎园则成了大型的果园。[98]

狩猎场的另一项农业功能也值得我们注意。众所周知，近数百年来，皇家植物园——如英格兰的邱园（Kew）——发挥了清算中心（clearing house）的功能，用于洲际和内部不同植物品种的交换。如今学者们也承认，这些交换活动具有重要的生态意义与经济意义。然而，这一现象既不是创新之举，也并非源于欧洲。[99]早在中世纪，这种类型的植物园便已经大量出现，而且似乎是各国皇室政权的固有特征。在伊斯兰世界，无论私人花园还是皇家公园，都是异域植物与有装饰性功能植物的传播中心。从中亚到北非，皇家公园都是庞大的植物交换网络的一部分。[100]但是，植物交换活动并不是随着伊斯兰教的崛起而兴起的。早在亚述帝国时代，一段关于亚述拿西拔二世的公开碑铭便记录了二世每次出征时都会收集新植物与树木的种子，并且文中还列举了他在皇家游乐园中栽种的几十种植株。[101]在东亚地区，也存在着同样的情况。公元前3世纪，中国汉朝的上林苑落成，其中同样栽种了各种异国的植物，尤其是水果和树木。这一传统一直延续至18世纪的中国，那时的康熙皇帝为了招待狩猎活动中的贵宾，在热河种植了草莓等有特色的农作物。[102]

在狩猎场的各种基本功能中，另外一项与狩猎活动有着紧密关联的便是山林管理。在近东地区，砍伐树木的行为由来已久。因此，可以预料的是，波斯式狩猎园实际上也是一片保护林区（timber reserve）。《圣经》中便有对此的指射（《尼希米记》2.8），而古典文献中的记载则更加明晰。阿塔薛西斯二世拥有一座满是松树与柏树的狩猎园，他于危机时刻下令让士兵将树木砍断。[103]诚然，毁坏一座狩猎场的方法就是砍伐其中的树木。[104]对一些后世的学者，如斯特拉波①和普罗柯比②而言，"paradeisos"一词与保护林区同义，主要用于在缺乏树木的环境中保护大片的稀有树种。[105]在古希腊与古罗马，文学作品中有大量关于伊朗植物与花园的描写，受其影响，当地人对树木和森林的兴趣也大大增加。[106]

由于皇家狩猎场是被保护的区域，这些设施也成为便捷而安全的储备场所，尤其是用于储存粮食。阿契美尼德王朝的狩猎园不仅种植农作物，而且还接受一定数量的粮食供给，包括水果，如枣、无花果与大量谷物等。[107]显然，在阿契美尼德王朝与萨珊王朝时期，狩猎园是一个复杂而极其重要的机构，通常兼具多项职能，包括水源管理与灌溉系统、正规花园、行宫、仪式中心、农耕用地、果园、森林、仓储设施甚至农民居住的村落等。而这一切都与外界相隔绝，四周建有围墙，并且设有严密看管的堡垒。[108]

皮埃尔·布莱恩特（Pierre Briant）曾在分析中指出，古代的狩猎园具有三项基本功能：①统治者或国王的居所，即中央权力向郊野的延伸；②农业丰收的模板，即通过灌溉、播种、栽种有益植物、保护林木等稀有资源的手段，合理地控制自然；③一种意识形态宣言，即将皇帝及其下属塑造为大地与

---

① 斯特拉波（Strabo，约公元前64~公元20），罗马帝国前期地理学家与历史学家，著有17卷本《地理学》。

② 普罗柯比（Procopius，公元500~565），拜占庭历史学家。

农民阶级的保护者，这样可以确保土地肥沃与农事繁荣。狩猎园的苍郁茂密与周围郊区的贫瘠荒凉形成了鲜明的对比，进而彰显了统治者控制自然的能力及其与宇宙的神秘关联，这也就是布莱恩特所说的“展示型意识形态（vitrine ideologie/showcase ideology）”。[109]

50

皇室的这些行为往往可以获得预期的回应。例如，普鲁塔克（Plutarch）① 便明确地将波斯国王“精心栽培”的狩猎园与“贫瘠荒芜”的周边区域进行了对比。[110] 此外，正如斯科特·莱德福特（Scott Redford）在近期研究中所指出的那样，在普鲁塔克的论述出现约1500年之后，塞尔柱帝国（Seljuqs，公元1038～1194）还在坚持使用完全相同的技术：他们在人造环境中担负着宇宙的作用，并且在园艺与狩猎、丰饶与安全之间建立起有意义的连接。[111]

实际上，这种利用土地的方式是非常普遍的。在前现代社会中，人造环境往往被塑造得与周边环境有着明显不同，而这始终是一种重要的推行意识形态的手段，这种大规模的景观也是赋予物理场所政治内涵的最有效和最引人注目的方式。[112] 狩猎场成为可以发挥这一功能的绝佳媒介的原因在于，它不仅记录了统治者所掌控的各种自然资源——如动物、植物与矿物——而且同时使人们想起统治者通过对自然环境的征服而塑造的——借用马格努斯·菲斯克肖（Magnus Fiskesjö）恰如其分的表达——一种“可以预测的荒野（predictable wildernesses）”。[113]

需要注意的是，上述内容并不主张其他地方的狩猎场都完

---

① 普鲁塔克（Plutarch，约公元46～119），罗马帝国前期的官员和传记作家，著有《希腊罗马名人传》。

全复制了古波斯式的狩猎园，而是指这些地方的狩猎场实际上具有许多（但不是全部）波斯式狩猎园的属性。例如，中国汉朝的狩猎场便具有很多与波斯式狩猎园相同的特征。的确，汉朝的狩猎场并不是地方的行政中心，但是那些位于首都的狩猎场仍发挥了类似的政治与经济功能——为运行这些大型设施而设立的复杂的官僚机构便是明证。这些设施的管辖权掌握在水衡都尉①手中，每一座狩猎场都由上林令及其下属负责管理。关于这些人员的职责，最详尽的记载来自于上林苑。据史料记述，这些人员负责管理鸟类、猎物、猎手与猎犬，掌控蔬菜、水果与木材的生产与分配，负责谷物的储存工作，监管皇家的畜群、渔场、船工以及负责修缮狩猎场内建筑的大量工匠。[114]此外，上林苑内还设有皇家铸币厂、外语学校与监狱，并且为处决囚犯、动物祭祀以及体育活动提供了场地。而且，这些狩猎场与古代近东地区的狩猎园一样，每值春季，中国的皇帝——至少偶尔——便会在这里仪式性地下地耕种，以确保国家的农业丰收。[115]

以上这些论述似乎已经有些偏离了狩猎的主题，我们也将就此打住。尽管许多作为狩猎场的设施中都有众多的果树、避暑的池塘与优雅的建筑，但其他一些留下相同记录的狩猎场却丝毫没有提及猎物或狩猎活动。可以说，后面这类狩猎场是完全用于供人享乐的设施。譬如，朗戈斯（Longus，约公元 2 世纪）② 在田园罗曼司《达夫尼斯和赫洛亚》

---

① 水衡都尉，官名，汉武帝时设立，掌上林苑及铸钱等事。

② 朗戈斯，希腊传奇小说家，目前已知的唯一作品《达夫尼斯和赫洛亚》讲述了两个弃儿自幼被不同的牧羊人收养，互不相识，后经爱神丘比特实施魔法，二人坠入爱河，在历经种种考验之后修成爱情正果的故事。

（*Daphnes and Chloe*）中刻画的狩猎场（paradeisos），或者克拉
51
维约①在描述其1405年出访帖木儿的都城撒马尔罕（Samarqand）时所提到的“果园（orchard）”。[116]有一些狩猎场似乎相当于早期的动物园，如马苏第②在报告中曾提及的公元10世纪巴格达的狩猎场，或是公元10～14世纪期间拥有大量动植物藏品的朝鲜的王室狩猎场等。[117]如果我们将所有这些园子都称为狩猎场显然是一种偏颇。实际上，这些园子是一种多用途的设施，有时也具有用于狩猎活动的猎物。[118]

这也就是我们为何会说，关于狩猎场的历史不仅有趣，而且具有启迪价值。今天的海德公园、温莎城堡、凡尔赛宫与叶卡捷琳娜宫，最初都曾是皇家狩猎场，之后才慢慢演化为其他类型的建筑。[119]这些地方具有可塑性的原因在于，狩猎场一般都具有非常多的功能，而随着时间的流逝，其中有些功能逐渐增强，有些则逐渐衰退。因此，在特定的历史条件下，这些功能中的某一项或许会成为主导的功能。由此，有些狩猎场变为了精致的花园，有些则变为了皇室居所或公共空间。

从另一个角度看，无论是狩猎活动还是狩猎场，在各种社会类型中都无法轻易或有意地保持孤立。原因在于，从官方出行到军事备战，狩猎活动与狩猎场都与其他重要活动有着紧密的联系。后面的章节将对这一话题进行更为深入的讨论。

---

① 克拉维约（Ruy González de Clavijo，公元1412年亡故），西班牙使臣，1403～1405年奉西班牙王命出使帖木儿的宫廷，后著有《克拉维约东使记》一书。

② 马苏第（Mas'ūdī，公元9世纪末～约公元956年），阿拉伯旅行家、地理学家和历史学家，又译麻素提，有“阿拉伯的希罗多德”之称，曾游历叙利亚、伊朗、亚美尼亚、黑海沿岸、印度河谷、斯里兰卡、阿曼和非洲东海岸，一生著作超过20部，绝大部分已散佚。

第四章　狩猎搭档

动物助手

52

在漫长的人类狩猎史中，动物助手出现得相对较晚一些。事实上，即便在以狩猎作为食物与收入的重要来源的古代社会，人们在狩猎活动中对动物——主要是狗——的利用依然非常有限。与之相比，田园主义者与农业主义者在改良动物行为方面更加富有经验，并且训练了多种动物作为狩猎活动中的狩猎搭档。在这里我们需要强调的一点是，在大多数情况下，这些新的狩猎搭档并未被人类驯化，而只是在人类的一定控制下帮助捕猎而已。

那么，为了在接下来的章节中更有效地讨论动物助手的问题，我们有必要界定一下相关的概念与定义。家养动物（domesticated animals）指的是生育周期、地域分布以及食物供给都由人类控制的动物群体。人类的控制会在社会层面与基因层面上改变驯化动物的形态、毛色与行为方式。换言之，在这种驯化过程中，物种长期生存的自然选择被人工选择所替代，其目的则是满足人类在经济、社会、文化或美学等方面的需求。[1] 除此之外，野化动物指的是已驯化过的动物被再次放归野外，而野生动物则指从未被驯化过的动物，① 至于驯化

---

① 野化（feral）与野生（wild）的区别：野化一般指家养动物被放至野外生活，这种动物一般并不是该自然环境中的原有物种；野生动物一般指在野生状态下生活的本地物种。

(tame) 一词的含义则可以借用罗杰·卡拉斯 (Roger Caras) 的表述来阐释，即“驯化动物虽然整体上仍是野生物种的一部分，但是其作为一个个体已经在行为学层面上适应了与人类亲近”。[2]

如果我们将这些定义应用于人类的狩猎搭档，或者至少应用至皇家狩猎活动中所用的比较常见的动物身上，那么只有两种动物，即狗与马属于家养动物。其他各类动物，如各种猛禽，或者猎豹与大象，都属于驯化动物的范畴。反过来说，这也意味着后者最初实际上是被人类捕捉到的——也就是在狩猎活动中被抓获的——而这一捕猎过程则构成了皇家狩猎文化的一部分。[3] 我们还可以从另外一个角度对动物助手进行有效分类：有的动物会直接参与并攻击猎物，如鸟类，或者猎豹和猎犬；而有的动物则不会这么做，如马和大象。后文中我们将会看到，尽管后一类动物有时也会被人类训练去攻击老虎，但是它们的主要功能，比如马匹，则依然是负责运输。缘于我们的研究目的，本章关注的重点是家养动物中的狗以及驯化动物中的鸟类、猫科动物及大象。之所没有把马匹列入研究范围之内，一是因为马既不会捕猎，也不是人类狩猎活动的捕捉对象；二是出于节约篇幅的考虑。笔者的研究还排除了一些真正的动物，如雪貂 (ferret/putorius)。雪貂的家养历史非常久远，或许可以追溯至公元前 1000 年，并且一直在西方被广泛地用于捕捉野兔。[4] 本章不对雪貂进行讨论的原因是，雪貂并不被人们当作一种高雅的动物，因此它无法成为皇家猎手的合适搭档。

53

在这里应当指出的是，大多数情况下，“搭档 (partner)”与“助手 (assistant)”两个词实际上贬低了动物在皇家狩猎活动中的重要性，错误地暗示这些动物主要是为人类猎手发现、驱赶和取回猎物。然而，实际的情况通常是恰恰相反的：是人类在为他们的动物搭档跟踪和驱赶猎物。因此，从人类的角度看，这种类型的狩猎活动在很大程度上是一个运筹帷幄的过程，是在安排和观看动物之间的搏斗与竞争。

从长期来看，皇家狩猎历史的一大发展趋势便是越来越关注在狩猎活动中所使用的各种被训练过的动物。腓特烈二世（Frederick Ⅱ）既是神圣罗马帝国皇帝（公元 1212 ~ 1250 年在位），也是一位著名的学者与驯鹰师（falconer）。他曾将狩猎活动分为三种基本类型：①使用无生命的工具或武器进行狩猎；②在动物搭档的协助下进行狩猎；③二者兼有的狩猎方式。[5] 当然，并无数据显示其中哪一种狩猎方式是最受欢迎的。然而，根据逸闻趣事中的资料显示，只使用武器进行狩猎的活动是比较罕见的。在谈及德里苏丹国的伊勒图特米什（Iltutmish，公元 1211 ~ 1236 年在位）统治时期的一位高级官员泰基·艾丁（Tāj al-Dīn）时，与他同时代的术扎尼称泰基在狩猎时只使用弓箭，并且“从不把猎豹（yūz）、猎鹰（yāz）或猎犬（sāg）带到狩猎场上”。[6] 显然，这段言论的表达方式透露出一个信息，当时的人们认为泰基的狩猎方式是与众不同的。在其他的例子中，皇家猎手时而使用武器狩猎，时而使用动物助手进行狩猎。关于这种现象，人们曾在史诗故事中对传说中的先祖、突厥部落乌古斯（Oghuz Turks）的模范统治者乌古斯汗进行过描述。其中，一则传说是这样记述的：“有的时候，乌古斯汗会带着猎豹与鹰隼（bāz）外出狩猎……而有的时候，乌古斯汗会前往野外独自与野猪（gurāz）进行搏斗。”[7] 显然在这里，狩猎方式是可以选择的，但是与动物助手一起进行狩猎是更加常见的一种手段。实际上，在核心区域中，狩猎活动经常被恰如其分地描述成依靠用驯化动物捕猎野生动物的过程。[8] 这种趋势的出现也具有合理的原因，那就是因为狩猎是一种危险的活动，所以在狩猎活动中使用动物替代可以保证人类一定程度上的安全。[9]

尽管在欧亚大陆范围内，人们对动物助手的关注可以说非常普遍，但是这种关注的历史发展与地理分布随着时间的流逝也发生了一些变化。在这里，古典时期的地中海世界再次成为

一个例外——这一区域的人们对狩猎活动中使用的驯化动物并未表现太大的兴趣。公元前5世纪，色诺芬创作了著名的狩猎指南《狩猎术》（*Cynegeticus*），而他在书中只记录了作为狩猎搭档的马和狗。在欧亚大陆的西部地区，这种情况一直持续至中世纪早期，即来自核心区域的国际标准开始对欧洲贵族造成重要影响之后，情况才开始有所转变。

犬　类

近期，人们再次审视了查尔斯·维拉（Charles Vilà）及其同事所提供的基因证据，证实了狼（Canis lupus）是家养犬类（Canis familiaris）的祖先。实际上，犬类可能经历过几次家养化过程，近期关于犬与狼的杂交育种实验也在一定程度上解释了为何犬类具有惊人的表征多样性。根据对基因资料的分析，犬类的家养化可以追溯至距今约10万年前。[10]

尽管古生物学家和考古学家承认狼是犬类的祖先，但他们认为犬类家养化的发生时间要晚得多。在对犬类文化史的重新建构中，朱丽叶·克拉顿-布洛克（Juliet Clutton-Brock）指出，犬类家养化的考古学证据最早出现于距今1.4万年的德

国。2000 年之后，有证据显示在黎凡特的纳夫坦（Nafutan）遗址中出现了犬类的踪迹；而截至距今 9000 年时，无论在新大陆还是旧大陆，家养犬类已经在所有人类社会中变得常见。朱丽叶提出，在狩猎活动中使用犬类由来已久，尤其是与长距离投掷类武器一起配合使用。最早的家养犬种大约出现于 4000 年前。[11]在罗马帝国时期，人们已经将家养犬类分成了狩猎类、守卫类、牧羊类与宠物类等基本类型。[12]

狗是人类最好的朋友——无论你对这一老生常谈的观点如何看待，不可否认的一点是，人类与狗之间有着直接而频繁的联系。其中，希腊人便十分清楚地意识到，犬类，尤其是猎犬，与主人之间的关系十分亲密，它们会展现极高的忠诚，甚至愿意为主人牺牲自己。[13]同样的情况也发生在中国古代，狗会去救主人的性命，或是在主人去世后也因悲伤而随之死去，体现着一定的正直感与道德判断力。[14]

当然，回应动物的这种奉献精神，很多人非常疼爱他们所养的动物。古埃及法老拉美西斯九世（Rames Ⅸ，公元前 1131 ~ 前 1112 年在位）的墓中便陪葬了他最喜爱的忠犬，当然这只狗也拥有自己的名字。[15]通过给动物起名字，动物变得更加个人化，并且具有了社会辨识度。这种行为也是非常普遍的：在中国古代、希腊古典时期、中世纪的伊斯兰教以及近代早期的印度，都有相关的文献记录。[16]在所有这些例子中，提及的各种犬类都称得上是猎犬，并且显然被认为是适合贵族生活的狩猎搭档。之后我们将会看到，这种情感也适用于皇家猎手与他们所驯化的其他动物搭档之间。

55

关于狩猎用动物品种的发展过程，最详细的历史记载是古埃及的格力犬（greyhound）。尽管有人认为格力犬是由狼直接家养化而来的，现在的学者一般也认为格力犬的直接祖先血统来自于非洲与西亚的贱狗（pariah dog）。无论事实究竟如何，在前王朝时期的埃及，① 东西部沙漠的岩画中便已经出现了类似格力犬身形的图像。在埃及后期的艺术作品中，常常会出现更加清晰的格力犬以及与之关系密切的萨路基猎犬（saluki）的身影。这些艺术作品所描绘的内容也展现了在前王朝时期末段至王朝统治时期这段历史过程中，格力犬在形态方面所发生的各种变化：最初的格力犬身形更加笨重，双耳竖立；后来其身形更加优雅，与我们现在所见到的犬种比较类似。[17]

尽管格力犬与萨路基猎犬之间有着紧密的联系，二者却是完全不同的犬种。这两种犬类容易令人混淆，因为它们都是靠视觉而非嗅觉进行追猎的视觉猎犬（gazehound），而且体形也比较相似，它们都拥有偏长的腿部，胸部较厚，这种体态非常适合在中东地区的开阔地形中快速奔跑；此外，这两种猎犬都具有较好的耐力。然而，二者的毛色有着明显的不同，而且耳部形状的区别尤其明显：萨路基猎犬的耳朵长而下垂，而格力犬的双耳短而竖立。[18]几乎可以确定的是，格力犬与萨路基猎犬是此后所有视觉猎犬的“基本原型”，包括阿富汗猎犬（the Afghans）和各种类型的猎狼犬（wolf hound）。[19]

从古埃及中王国时期（Middle Kingdom，公元前 2134 ~ 前 1785）开始，使用格力犬与萨路基猎犬进行狩猎的历史记载逐渐增多。一般而言，格力犬与萨路基猎犬被成群地系在缰绳

① 前王朝时期（Predynastic period），即约公元前 4350 ~ 前 3150 年时的古埃及。

上，或是陪伴手持弓箭的步行猎手打猎，或是在皇家狩猎活动中协助马车上的猎手捕捉狐狸、瞪羚、土狼、野驴与其他沙漠动物。[20]

尽管视觉猎犬是核心区域中非常出类拔萃的狩猎犬，却并非唯一的猎犬类型。公元前 1 世纪，西西里的狄奥多罗斯指出，虽然格力犬及其同类是最有名的猎犬品种，但是还存在着靠嗅觉追捕猎物的犬种。[21]其中，最为出色的是马士提夫獒犬。马士提夫獒犬（the mastiff）是一种体形庞大而强壮的警犬(sleuthhound)，其毛皮光亮、双耳软垂。最初，马士提夫獒犬被用于保护牧群，之后在美索不达米亚地区经训练后用于捕捉大型猎物；早期的艺术作品中对此有过相关描述。[22]

在古代近东地区，犬类享有一种特殊的地位，这一点在伊朗尤为明显。据外国旅行者和伊朗本国资料记载，各种类型的犬类都在伊朗拥有很高的地位。[23]与之相对，在伊斯兰时期，犬类被认为是一种不洁净的动物，其地位也迅速下降。[24]然而，尽管此时犬类的地位较低，却依然被饲养和应用于狩猎活动中。在当时，这是一种完全被人们接受的合法活动。[25]之所以在狩猎活动中存在这种例外情况，很有可能是因为穆斯林也像欧洲人和中国人一样，认可猎犬身上展现出来的那种忠诚与英勇。[26]无论如何，猎犬所享有的这种特殊地位也解释了为何 56 1670 年代在伊朗旅行的约翰·夏尔丹（John Chardin）等欧洲人曾记述称，除了在从事狩猎活动的宫廷贵族阶层中，人们很少能看到犬类的身影。[27]然而，在这一社会阶层内部，优良的猎犬被认为是财富与社会地位的象征，也是朝臣之间彼此馈赠的合适礼品。在一些伊斯兰社会中，这是一种受法律保护的财产形式。[28]

在伊斯兰时期，核心区域内的人们选择使用的犬类继承了古代流传下来的传统，是人们普遍接受的格力犬。在印度，情况同样相同。尽管格力犬并不十分适应当地的气候，穆斯林宫廷依然选择了这种“波斯猎犬（sag-i tāzī）”。[29]格力犬还是格鲁吉亚的基督教宫廷的主流选择。[30]也就是说，尽管基督教贵族与穆斯林贵族之间存在许多差异，他们对狩猎活动却抱有同样的热情，所选择的狩猎用动物也十分类似。

另一种视觉猎犬萨路基猎犬在核心区域内也十分常见。这种猎犬的名称最早出现在前伊斯兰时期的阿拉伯语诗歌中。尽管目前尚有争议，但萨路基猎犬这一称呼很有可能来自于“Salūqiyyah”一词，即阿拉伯语中的“Seleucia”。[31]在阿拔斯王朝统治时期，萨路基猎犬的使用非常广泛。这些萨路基猎犬进口自也门的一个可能名为塞卢格（Salūq）的村庄，是专门培育这一犬种的地区。[32]

萨路基猎犬与其他种类的猎犬都得到人们特殊的关照与爱护。作为一流的狩猎搭档，萨路基犬等享有特殊的膳食，在受伤和生病时还会得到兽医的治疗。母狗在产仔后享有“产假”待遇，小狗在成熟和首次参加狩猎活动之前则会接受训练。一般而言，任何年龄的猎犬被带至野外时都会拴着缰绳，以免过早地开始捕猎和引发骚动。[33]

在核心区域中，人们比较擅长的可能是使用视觉猎犬进行狩猎，捕猎的常见猎物是羚羊和瞪羚。[34]然而，有的时候人们也会组织猎狐活动。12世纪时，乌萨麦·伊本·孟基兹（Usāmah ibn Munqidh）在叙利亚北部的哈马附近便见证了一场猎狐活动。这场狩猎活动由摩苏尔和阿勒颇的统治者组织，活动中使用了马匹和猎犬作为辅助。[35]

在核心区域之外，大多数农耕社会的民族都拥有自己培育的猎犬品种。在希腊古典时期，地形起伏，植被繁茂，因此猎犬被训练为靠嗅觉捕猎，这一传统一直延续至拜占庭和中世纪的西方。[36]实际上，自中世纪起，欧洲，尤其是法国和英格兰，成为新型专有犬种的诞生地，其中包括追踪犬（trackers）、激飞犬（beaters）、指示犬（pointers）、蹲猎犬（setters）和寻回犬（retrievers）等。这些种类繁多的犬类或单猎或群猎，主要用于捕捉特定的猎物，如鹿、狼、水獭、熊以及掘穴动物等。[37]

关于古代印度和中国的本土猎犬，目前笔者所知的信息还较少。但是，这些地方是有猎犬存在的。在印度西北部地区，亚历山大大帝曾见到一种“有名的狩猎”品种，这种猎犬在见到猎物时并不吠，结群时甚至可以对抗印度狮。[38]中国的贵族同样会在狩猎活动中使用马匹和猎犬，在商代后期出现了专门的“猎狗”。[39]战国时期，位于黄河中段以南的小国韩国以及东北方向的燕国被认为出产品质最为优良的猎犬。[40]在汉代早期的墓砖上，甚至还绘有这样的图像：一群戴着项圈的大型犬呈现典型的准备攻击的姿态，其身躯稍弓，脖子前伸，一只前爪向下弯曲并抬起至离地几英寸高；在这群猎犬面前，是逃逸的鹅群与几只奔跑的野鹿。[41]由于猎犬十分重要且数量庞大，在汉代的上林苑中设有“狗监”，专门负责为朝廷监管猎犬的喂养与训练工作。[42]

57

然而，这种依赖于本地猎犬的模式并没有持续很长时间。自公元纪元以来，各类品种的猎犬开始在欧亚大陆范围内流动。截止到近代早期，已经出现了大规模的猎犬交易活动，后文会对这种情况继续讨论。

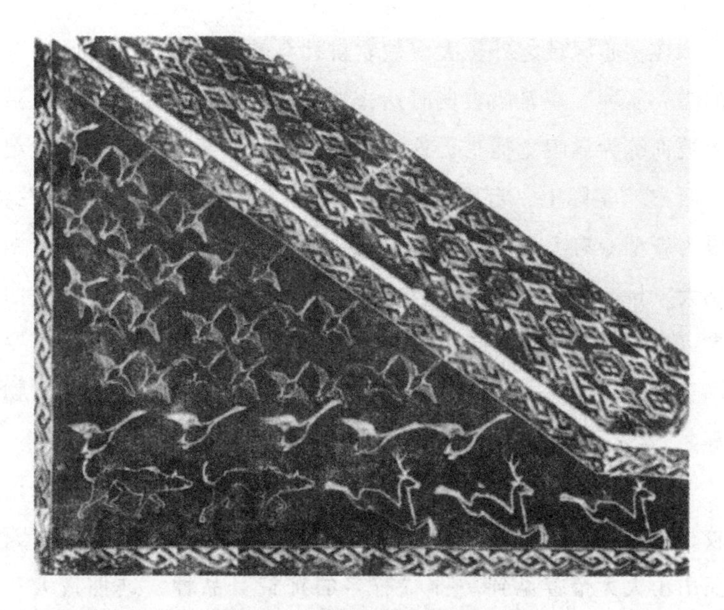

图 6　汉墓砖上的中国猎犬

资料来源：皇家安大略博物馆（Royal Ontario Museum）。

58

鸟　类

鹰猎活动（falconry）的起源，就像所有复杂的文化现象的起源一样，不仅难以界定，而且众说纷纭。在过去的几百年中，学者们倾向于认为近东、印度与内亚地区是这一活动形式的发源地。[43]

其中，人们最普遍接受的从事鹰猎活动的早期地区是埃及。基于图像证据与文字记载，多位学者提出古埃及人自第十九王朝时期（公元前 1350 ~ 前 1205）便开始从事猎鹰训练。[44] 实际上，埃及的确很像是鹰猎行为最早出现的地区。首先，由于古埃及拥有鹰神荷鲁斯（Horus）的传说，古埃及人对鹰极感兴趣；鹰的形象不仅反复出现在埃及的艺术品中，还经常被制成木乃伊；此外，人们还会豢养猎鹰和孵化鹰蛋。其次，猎鸟是埃及贵族早期十分喜爱的一种活动。这些埃及贵族使用弓箭、捕网、掷棒、回旋镖和活物诱饵来捕猎各种鸟类，甚至还会使用猫鼬（Herpestes nyula）和香猫（genet）——一种小型的麝猫类食肉动物——来辅助狩猎活动。然而，尽管具有这样良好的先天环境，仍无真正的证据显示埃及法老曾经使用鹰或隼进行狩猎。此外，需要强调的是，古埃及的艺术品、文学作品与历史资料关于皇家狩猎活动的记录极为详尽，近期学者也对之有过透彻的研究。[45]

目前，一般认为美索不达米亚是鹰猎活动的最早中心。与亚述巴尼拔（Ashurbanipal）相关的藏书资料可以追溯至公元前7世纪中期，里面写到美索不达米亚统治者曾经进行过鹰猎活动。此外，由于藏书中的很多资料来自于巴比伦时期，所以鹰猎活动的实际起源可能还要更早。[46]相关的图像证据也证实了这一结论。在一枚可能来自于公元前13世纪的亚述印章以及萨尔贡二世（Sargon Ⅱ，公元前721~前705年在位）宫殿内的浮雕作品中，都描绘了猛禽从猎手手臂上起飞追捕猎物的场景。[47]

关于欧亚大陆其他地方出现的鹰猎行为，尽管目前存有一些资料，但是具体的纪年依然存疑。[48]埃利安称，在印度人们会捕捉各种幼年的猛禽，如雕、鸢等，并通过奖励食物的方法训练其捕猎兔子与狐狸。在狩猎时，猛禽会被猎手放飞，并在完成猎杀任务后返回。埃利安所援引的资料来自于克特西亚斯（Ctesias），这位生活在公元前5世纪末的希腊医生曾在阿契美尼德王朝的宫廷中任职。他对印度和伊朗进行过许多研究，其中大部分已丢失，只有部分留存在后世作家的作品中。[49]尽管克特西亚斯留下的资料很少而且多少受到了一些曲解，其提供的信息仍然具有可信性，令读者感到在他所处的年代，鹰猎活动在印度已经是一种发展完善的消遣方式了。

在东亚地区，有模糊的记载称汉朝之前已有鹰猎活动，但令人信服的证据出现在公元1～2世纪。[50]一般认为，鹰猎活动并非中国本土发源，而是从内亚地区传至中原地区的——贝特霍尔德·劳费尔（Bertold Laufer）认为，前者正是鹰猎活动的发祥地。[51]在汉朝之后，据记载鹰猎是公元4世纪的将军吕光①的爱好，但是这种联系仅在其幼年时期有所提及，而且是作为其早熟的标志而出现的。但由此可见，鹰猎活动在那时至少并未被认为是一种罕见的活动。[52]唐代时，中国与朝鲜的贵族十分喜爱鹰猎，有时会像西方的传统一样在马背上进行狩猎活动。[53]我们继续把目光转向中国以东的地区——日本。据公元355年的史料记载，鹰猎活动传入日本是受朝鲜影响的结果，之后日本人成功训练了一只本土鹰隼供君主狩猎取乐。[54]显然，在欧亚大陆的东部地区，鹰猎活动在相对较短的时间内传播开来。

大约在同一时期，鹰猎活动传播至远西地区。亚里士多德曾多次提及一种鹰猎活动。他记述，色雷斯（Thrace）的人们会借助猎鹰来进行狩猎。这些人首先在灌木丛中击打，将小鸟驱赶至空中；等待猎物飞走后，猎鹰便会将其逼至地面，然后再将其捉住。作为奖励，猎鹰通常可以享用其中的一部分猎物。[55]这个故事以及其他类似的故事或许可以构成鹰猎活动的早期雏形，但是没有证据显示古希腊或古罗马人使用经过训练

① 吕光（公元337～399），字世明，氐族，十六国时期后凉的创建者，386～399年在位。原为前秦将领，骁勇善战。史载其幼年时不乐读书，唯好鹰马。

的猛禽，即人类控制的猎鹰进行狩猎。[56]当然，古希腊或古罗马人知道这种活动的存在，只是自己并不从事这一实践。因此，欧洲的鹰猎活动并非来源于古典时期。[57]一般认为，鹰猎活动先从西亚传播至巴尔干半岛，之后在公元后的最初几个世纪里，由凯尔特人或哥特人传入西欧。[58]无论如何，西欧地区关于鹰猎活动的最早的可靠记述可以追溯至公元 5 世纪中期。此后，西欧的文学作品与图像资料中出现了越来越多关于鹰猎活动的描述。[59]鹰猎活动从西欧继续向北传播，直至斯堪的纳维亚地区。在维京时代早期的考古文物与文学作品中，都有相关的证据可以证实这一点。[60]

在十字军东征之后——公元 11 ~ 14 世纪时——鹰猎活动在欧洲的流行达到了高峰。在这一时期，拉丁语系的基督徒（Latin Christians）受到了伊斯兰世界贵族传统的深刻影响。此后，鹰猎活动在西方一直保持着较高的地位，在 18 世纪初期之后，人们对它的兴趣才开始减弱。[61]

在拜占庭和东欧地区，鹰猎活动也很受欢迎。9 世纪时，年轻的圣徒康斯坦丁前去为斯拉夫人传教，他不仅热爱鹰猎活动，还拥有自己钟爱的鹰隼。[62]在俄国，经受过训练的鹰隼（sokol）与猎鹰（iastreb）最早出现在弗拉基米尔·莫诺马赫大公（Vladimir Monomakh，公元 1113 ~ 1125 年在位）统治时期。此外，创作于 12 世纪的《伊戈尔远征记》① 也多次提及鹰隼捕捉天鹅的场景。[63]俄国的鹰猎活动传统悠久，在罗曼诺

60

① 《伊戈尔远征记》（*Lay of Igor's Host*），古代俄罗斯民族的英雄史诗，也是俄罗斯最早的书面文学作品。史诗讲述了北诺夫哥罗德王公伊戈尔·斯维雅托斯拉维奇率军征讨屡屡来犯的草原游牧民族波洛夫茨人，结果惨遭失败的故事。

夫王朝的早期到达了顶峰。[64]

在激起人们对鹰猎活动的兴趣的过程中，阿拉伯人作出了巨大贡献，但在本国内，鹰猎活动却开始得较晚。一些基本的阿拉伯语术语，如“bāz”，即鹰隼，均源于波斯语。在中世纪的阿拉伯语史料中，鹰猎活动的“发明”一般被归功于伊朗的前伊斯兰时期的统治者。[65]但奇怪的是，在早期的波斯文献中，关于鹰猎活动只有少量的间接信息。据一则巴比伦文文献记载，在阿契美尼德王朝统治时期，有一种官职名称的字面意义即是“为国王管理鸟的人”。这类官员可以被认为是负责为皇室管理禽类，但更有可能是为国王喂养和训练猎鹰的专门人员。[66]巴比伦文的《塔木德》① 也进一步证实了这种解读方式。书中提到了鹰猎活动（shakārbāzay），而 B. H. 斯特里克（B. H. Stricker）则准确地指出这个词“显然起源于伊朗”。[67]此外，之后的阿拉伯语与叙利亚语资料也都提到了论述鹰猎活动的中古波斯语（Middle Persian）专著。再之后，亚美尼亚的编年史中也提到，公元前 5 ~ 前 2 世纪的亚美尼亚早期宫廷中，也有鹰猎活动与驯鹰师存在。[68]

从这些证据中我们可以得出这样一个结论——或许这一结论并不完整和清晰——在早期的波斯宫廷中，鹰猎活动曾是皇家狩猎活动的一小部分，之后阿拉伯人继续将它发扬光大了。无论如何，在前伊斯兰时期的阿拉伯语诗歌中，从未有关于鹰猎活动的描述。鹰猎活动最早出现于倭马亚王朝（Umayyadera，公元 661 ~ 750）时期的诗文中，早期的货币也证实了这一点：

---

① 《塔木德》（Talmud）是犹太教的第二部经典，意为“教导”，又称“口传托拉”，其权威性仅次于《圣经 · 旧约》。对犹太教而言，《圣经 · 旧约》是永恒的圣书，而《塔木德》则是犹太教徒生活中实用的经书。

在硬币上印有落在驯鹰师手臂上的猛禽的图像。据阿拉伯编年史记载，亚济德（Yazīd，公元 680 ~ 683 年在位）和瓦利（Walī，公元 743 ~ 744 年在位）两位哈里发都是狂热的驯鹰爱好者。[69]在阿拔斯王朝统治时期，鹰猎活动已经成为宫廷中皇家狩猎活动的重要组成部分，哈里发和贵族们会使用多种多样的猛禽进行狩猎，包括鹰隼（falcons）、苍鹰（goshawks）、雀鹰（sparrow hawks），甚至雕（eagles）等。[70]

这样，问题便回到了猎鹰本身与鸟类的识别上。几乎所有地方的鹰猎活动都会使用各种各样的鹰种，甚至包括猫头鹰！[71]有的时候，人们会同时使用不同的鹰种——如矛隼（gyrfalcons）和猎鹰（hawks）——以迷惑猎物，达到最大程度的捕猎效果。[72]不可避免的是，由于鹰猎活动中涉及了大量的猛禽，专有术语的问题便出现了。可以确定的是，中世纪的鹰猎活动指南对各种狩猎用鸟进行了仔细而准确的区分，而今天我们可以通过细致的文本分析与鸟类学知识对其进行复原。譬如，弗朗索瓦·维尔（François Viré）便成功辨识了阿拉伯语手册中出现的主要猛禽的名称。由于手册中的很多鸟类及其名称来自于伊朗文化圈，因此维尔的研究也有助于我们理解波斯语中的相关术语。[73]目前的问题在于，关于贵族鹰猎活动的很多信息来自于个人叙述和旅行记录，其中所使用的术语精准度有所欠佳。面对在这些资料中出现的“猎鹰（hawk）”等的通称，我们根本无法判定其具体所指的猎鹰品种。

61

另一个问题是不同语言之间鹰种名称的对应问题。马可·波罗曾说，忽必烈定期使用“大雕”进行狩猎，在这里他指的很可能是金雕或普通的雕，即“Aquila fulva”。[74]然而，蒙古人及其来自于诸多民族的臣民又是如何称呼这些鸟的呢？在这一方面，中世纪时期的一些多语言词典对我们的研究很有帮助。14 世纪时，在也门编纂的《王之词典》（*Rasulid Hexaglot*）中便提供了如下词语的对应词：阿拉伯语中的雕（eagle）写作“al-ʿuqāb”，相当于波斯语中的“ulah”、突厥语中的“qara qush”以及蒙古语中的“bürküt”。[75]因此，尽管仍有一些模糊不清，我们也能大体了解不同时空范围内所流行的各种鸟的种类，也获得了许多关于这些鹰类在获取、训练与调用方法层面的知识。

在审视猛禽的获取方法时，我们将把现阶段的研究集中至最初的一步，即在野外捕获猛禽。而后文将会从不同的角度论及其他类型的猛禽获取方式，比如皇室馈赠、贡品与购买等。

有经验的驯鹰师一般认为，被圈养的食肉类猛禽很难繁殖，因此必须依靠野外捕获。专家探讨的主要问题是，在方法上捕捉成年猛禽和幼鸟哪种更好。[76]关于这一点，人们众说纷纭，在实际操作中也不尽相同。腓特烈二世认为，从巢中捕获的猛禽幼鸟在长大后并不像野外长大的猛禽那样强壮或健康，原因是任何驯鹰师也不如猎鹰的父母懂得如何抚育幼鹰以使其正常发展。因此，雏鹰（eyass）——驯鹰中用于指代尚未离巢的雏鸟的一种术语——与野外捕获的成年猛禽相比，远不如后者强壮，在狩猎技术方面也无法相比。[77]在日本的驯鹰师中，类似的观点也非常普遍，即认为这两种不同方式抚育长大的猛禽之间有一些难以兼顾和权衡的因素。尽管在野外捕获的猛禽已经是富有经验的猎手了，但很有可能已经养成了自己的狩猎习惯和技巧，与驯鹰师的喜好或许会存有差异。与之相对，雏鸟更容易塑形，而且显然与驯鹰师之间可以缔结更加亲密的纽带。但是，日本驯鹰师也意识到，雏鸟也因此需要进行更加广泛而昂贵的训练，并且始终无法成为像野外捕获的猛禽一样成功的猎手。[78]

从近期的实践来看，人们对此的意见始终没有达成真正的一致。在阿拉伯，人们普遍喜欢使用野外捕获的成年猛禽，尤其是针对猎鹰；而在内亚地区，人们通常会选择驯养雕的雏鸟进行狩猎。[79]显然，在选择何时捕获猛禽时，文化传统与欲捕猎鸟种的生活习性是人们需要考虑的主要可变因素。

对于成年猎鹰而言，捕获的方式不尽相同。一般而言，人们会用鸽子或其他常见的猎物将猎鹰引诱至一个封闭的空间中，然后再用捕网或陷阱将其抓获。[80]有的猛禽还被认为是珍贵的商品。在中世纪的欧洲，这些猛禽的培育基地被严密看守，防止任何形式的干扰。而有的时候，如在19世纪的美索不达米亚，当地居民享有接近特定的猎鹰栖息地的世袭特权。[81]

62

在被捕获后，猎鹰会被比较粗暴地对待并经受严苛的训练。难得的是，在传统手册和之后的目击叙述中，关于这些训练活动都有比较完整的记录，其内容在欧亚大陆范围内基本一致。在所有的例子中，核心内容都是我们现在所说的“条件反射”，即按驯鹰师的意愿来逐步改造猎鹰的行为方式的一系列奖惩措施。[82]

其中，第一步首先是“人化（manning）”，即让猎鹰适应人类的陪伴，尤其是驯鹰师的存在。无论是古代还是当代的驯鹰实践，这一步通常包括了“遮蔽（hooding）”或“缝合（sealing）”，也就是暂时将鹰的眼睑缝起来。此外，鹰的活动也被多种方式所限制。[83]人化的过程需要花费几个月甚至一年的时间，在此期间，驯鹰师是猎鹰食物的唯一来源。

在鹰已经充分习惯人类的存在之后，驯鹰师将“再次训练”猎鹰按命令进行狩猎。在欧洲和伊斯兰世界的史料中，对这一技术的描述基本相同。[84]首先，驯鹰师会给猎鹰提供新宰的猎物，之后允许它猎杀送至面前的活鸟。最后，猛禽被放飞袭击跛行的鸟，以保证可以成功猎杀。在后面这一步中，有时猛禽是被拴在一根长长的被称为细皮条（creance）的缰绳之上的。就这样，猛禽便逐渐可以将高成功率和作为奖励的食物与人类的命令联系起来。到了这一步，我们便可以使用没有喂食的猛禽去野外进行实验了。

由于食肉类猛禽极受珍视且训练费用高昂，因此平时会受到人们细致的关心与爱护。驯鹰师会精心为这些猛禽进行清理，使用一些预防性药物，并请医生为它们治疗特定的疾病。传统驯鹰师可以识别多种猎鹰疾病，并且能够进行相应的诊断与治疗。他们会给猎鹰把脉，为其开具各种复合药和外国调和药。[85]可以肯定的是，这些治疗方法因文化圈而异。但正如之后我们将会看到的那样，由于驯鹰师经常在不同文化圈之间迁徙，他们所具有的兽医技能实际上也随之进行了传播。

对古今驯鹰师而言，一个长期存在的问题便是如何确保猛禽在自由放飞狩猎后仍会返回。尽管这些猛禽已被驯化，但是一旦被放飞到空中，控制起来便没那么容易了。对此，驯鹰师们采取了各种方法，如16世纪的俄国人喜欢使用鼓声来召唤猎鹰从狩猎中返回。[86]截至目前，最常见的方式是使用诱饵——诱饵既可以作为一个视觉标识，也可以在猛禽未能捕捉猎物时成为引诱其返回的奖励。19世纪时，波斯驯鹰师忽撒姆·阿杜拉（Ḥusām al-Dawlah）保持了自古代流传下来的传统。据忽撒姆解释，诱饵通常是用皮带系在长竿上的一块鲜

63

肉，自幼鹰进行训练时便会对之进行展示，并以其中的一小部分作为食物喂养幼鹰。此后，拴在皮带上的猎鹰会被置于离诱饵愈来愈远的位置，直至最终被释放。这时，猎鹰便会习惯于返回至诱饵处领取预期的奖励。[87]

尽管受到了种种训练，但猎鹰依然会从笼中逃走。因为这种情况反复出现，人们不得不组织专门的狩猎活动来寻找这些“走失”的鸟儿，而每只鸟的身上都会贴上“特制的标识（nīshān）”以防弄混和引起纷争。[88]在应对这些意外情况方面，蒙古人或许是准备最为充分的。作为游牧民族，蒙古人非常擅长寻回走失的家畜并归还给失主，而这种行为在帝国时期便被用于找寻猎物。元朝甚至还有一种被称为“阑遗监（boralki/buralki）”① 的特殊官员，专门负责归还包括逃走的鹰隼在内的各种走失动物。[89]

另外一种防止猛禽逃走的主要方法是与之建立感情纽带。驯鹰师精心照顾这些鸟儿，给它们提供喜爱的食物，还会为它们起名字，每当奖励猎鹰时便会用名字来呼唤它们。[90]通常而言，一位驯鹰师会从一只猎鹰被捕获之日起便开始负责管理它的生活。虽然这种方法的效果如何目前并无相关的数据或史料记载，但是人类显然会与驯养的猛禽之间建立感情。在突厥乌古斯的系列史诗《先祖阔尔库特书》（*Book of Dede Korkut*）中，描述的各种噩梦便包括了所养的鹰隼在自己手上死去的悲剧以及其他令人悲伤的场景，如与自己的战友或马儿分别，青春的逝去或是丢失一只鹰隼等。[91]帖木儿帝国的官员与阿拉伯

---

① “boralki/buralki”，蒙古语，音译为孛兰奚，或不兰奚，表遗失、无主之意，与古汉语中的“阑遗”同义，可以指代亡失人口、走失牲畜或遗失钱物。元代设阑遗监，负责收留阑遗、招主认领等。

酋长会为自己的猎鹰走失或死去而哀悼，其中一位阿拉伯贵族甚至为自己死去的猎鹰举行了葬礼，并将它葬在棺椁之中。[92] 对有些人而言，与猎鹰之间的亲密关系是无法用金钱来衡量的。在 20 世纪初的中国新疆，C. P. 斯克莱因（C. P. Skrine）遇到了一位柯尔克孜人，后者告诉他，即使给他一百两银子——在当地那时是很大一笔钱——他也不会与自己翼展可达 7 英尺的猎雕（qara qush）分离。[93]

鹰猎活动需要配备相当数量的装备，这些装备的标准在欧亚大陆范围内大多一致。除了诱饵，鹰猎活动还需要准备鹰脚带（jesses），即一种系在鹰脚上的带铃皮带，用于固定细皮条；响铃用于在隐蔽地形中追踪进行狩猎的猎鹰；罩布也是鹰猎活动的标准装备，用于在前往狩猎场的运输途中让猎鹰保持镇定。当然除此之外，驯鹰师还需要一副结实耐用的手套以供猛禽在捕猎时起飞和降落。[94] 有些鹰种需要使用特殊的专业装备。譬如，猎雕（hunting eagle）的体形非常庞大而且沉重，因此在运输中会被置于一根可以固定在马鞍或车座的叉形架子之上。直至近代，这还是内亚地区的一种常见行为。在一本公元 10 世纪的阿拉伯鹰猎活动指南中，这种设备被称为“dushākh”，该词起源于波斯语的“dūshakhah”，意为“枝杈（branched）”或“分叉（bifurcated）”。[95] 自然而然的，热爱这项活动的人们发明了一系列相关的词汇与专业设备。[96]

64

在野外放飞并部署猛禽的手法有很多种。据凯卡斯（Kai Kā ʿūs）叙述，皇家猎手在鹰猎活动中基本会在两种方法中二选一。一是让一位专门人员来替他放飞和控制猎鹰，从而彰显其仆役的技能；二是选择亲自放飞，进而展示其个人能力。[97]

当然，在实际活动中，王公也可以选择两种方式同时使用。

另一个需要进行选择的是放飞方式。在鹰猎活动中，人们既可以徒步放飞猛禽，也可以从船上放飞，或者像忽必烈一样从大象上放飞。但是，对欧亚大陆的贵族而言，最受欢迎和最常见的方式是从马背上放飞猛禽。[98]在中世纪的伊朗、俄国和英格兰等的图像证据中，都反复出现过男女驯鹰师骑在马上，手腕上立有猛禽的场景。[99]因此，空旷而开放的场地是最适合鹰猎活动的地形——这种地形对猎鹰、马匹和骑手都非常合适。[100]

图 7　手持鹰隼的莫卧儿帝国王公

资料来源：水彩画，绘于公元 1600～1605 年。美国洛杉矶县艺术博物馆，喜瑞玛内克夫妇（Nasli and Alice Heeramaneck）收藏。

当然，鹰猎活动中最常见的猎物就是除了猛禽之外的其他鸟类。在 14 世纪的也门，拉苏里王朝（Rasūlid）的皇室会使用各种鹰隼和猎鹰来猎取那些飞来南方过冬的候鸟。[101]这种情况非常普遍——在莫卧儿帝国，人们会先骑马包围白鹭群等猎物，之后再放出猛禽进行攻击。[102]

尽管鸟类可能是欧亚大陆很多皇室驯鹰师的常见猎物，但是更有吸引力的名贵猎物则是一般用马匹和猎犬才能猎取到的大型陆地动物。实际上，皇家狩猎活动的一大重要特征便是，在狩猎活动中使用的动物搭档经过“训练”后可以攻击的猎物要比这些动物原本在自然环境中可以对付的猎物要大得多。会出现这种情况是因为，包括莫卧儿帝国的皇帝与印度王侯等在内的皇家猎手认为这种“消遣活动”更加有趣，可以展现他们所训练的猛禽的“精神和勇气”。[103]

雕作为经过训练的肉食鸟中最大的一种，也是这类鹰猎活动的明显选择。在自然环境中，金雕通常捕猎的是野兔和土拨鼠，而这些猎物的体重最多只能达到金雕体重的 20%。[104]如果要对雕的通常行为模式进行转变，这一过程一般会经过严苛的重新训练。据夏尔丹讲述，1670 年代在波斯，人们在训练雕时会首先使用鹤等大型鸟类，之后进阶至更大的猎物，如羚羊和鹿。具体方法则是，“在兽皮内填满稻草，在其中一只的头部绑上一小块肉，再将其置于四轮车上。这样一边移动车子，野兽（雕）便会跟着吃肉，进而使之逐渐适应这种行为方式”。此后，驯鹰师会将单只或成对的猛禽带至野外，让其攻击猎物的头部或眼部，以达到让猎物行动变缓或四散分开的效果，从而便于猎手进行捕杀。夏尔丹总结称，这种技巧可以适用于除了野猪之外的大多数猎物，因为野猪会将“鸟撕成碎片”。[105]十年后在苏拉特，约翰·奥文顿（John Ovington）记录了完全相同的训练技术，即“在假冒的羚羊的鼻子上放置肉块”。此外，野外训练部分的内容也是一样的。[106]中国清朝和内亚地区也延续了这一传统，会训练雕去独立地攻击狐狸、狼、鹿和野山羊等。[107]

体形稍小的猎鹰也可以这种目的进行训练。穆斯林社会的狩猎指南中有相关记述，指导人们一步步地诱导猎隼（saker

66

图8　攻击野鹿的猎雕

资料来源：《东西伯利亚与西西伯利亚：七年探索与冒险记》(*Oriental and Western Siberia: A Narrative of Seven Years Explorations and Adventures*)，1858，第493页。

falcons/Falco cherrug）攻击瞪羚或羚羊。[108]在经过足够的训练和准备后，鹰隼和猎鹰可以在狩猎活动中协助人们猎取有蹄类动物；在成功猎杀一头猎物后，猎鹰获得的奖励则是血和肉。[109]安东尼·詹金森（Anthony Jenkinson）记述，在1550年代的布哈拉，猎鹰被用于攻击“野马（wilde horses）”，也就是东亚野驴（onagers），这样猎手便可以捕获并用手持武器将其杀死。[110]在有些时候，小型鸟——至少在印度——会被训练以接力的方式去攻击这类更大的猎物。因此，借用奥文顿的表达来描述，“在一只猎鹰向上飞行的时候，另一只猎鹰便会向下俯冲发起攻击”。[111]

在狩猎活动中，猎鹰和猎犬的串联部署方式也是很常见的。这种使用方式并非仅仅为了消遣或观赏，而是由于格力犬的速度尽管很快，但是仍然无法追上瞪羚或羚羊。因此，人们会使用猎鹰先行赶上猎物并使之速度变缓，进而方便尾随的猎犬进行捕猎。[112]

为了使猎鹰和猎犬互相协调和配合，这两种动物必须从早期便开始一同进行训练。古代驯鹰师和西方旅行者曾对这一过程进行了记述。[113]第一步，格力犬的幼崽被放在鹰隼的栖木架下喂养，二者共享食物并逐渐习惯彼此的存在。第二步，鹰隼被放飞攻击诱饵，而猎犬则跟去追逐。当猎犬接近鹰隼时，人们会阻止鹰隼的行动，并喂给它特别喜欢的食物。这一过程不断重复，而猎犬所跑动的距离则会逐渐增多。之后，猎鹰和猎犬会一起接受“控制型狩猎（controlled hunts）”的训练。在这种训练中，驯兽师会使用系绳或跛行的猎物，以确保猎鹰和猎犬可以成功地捕获猎物并获得奖励。最后，猎鹰和猎犬会被带至野外进行测试，捕猎野生羚羊或瞪羚。格力犬会很快地意识到鹰隼是它的帮手，便开始仔细观察鹰隼的行动。一般而言，鹰隼会对猎物发起三至四次攻击，如果这时格力犬还是无法跟上的话，鹰隼便会停止进攻并表示“不满”。如果配合成功了，那么猎犬会摁住猎物，但并不会杀死或摇晃猎物，以防误伤到鹰隼。

67

诚然，这种将猎鹰和猎犬配合使用的方法具有悠久的历史，而且非常普遍。这种狩猎方法在核心区域的文献中有很多记载，早期的日本也有使用。[114]在 11 世纪斯堪的纳维亚的一块符石上，便有关于这种方法的记述，而且南欧的腓特烈二世也曾经使用过这种狩猎手段。尽管如此，这种狩猎方法似乎并未像在核心区域中那样具有极高的流行度，这或许也与此种狩猎方法要求的空旷平坦的地形有关。自中世纪时期起，在欧洲，猎犬一般用于驱赶猎物——尤其是鸟——以配合鹰隼进行捕猎，在波斯也存在着这种狩猎方法。[115]

猎手们成功地改变了狩猎用动物的行为方式，并且对生活在自然条件下的动物的习性极为熟悉。这便引出了一个有趣的问题，即有关前现代时期自然知识的社会分布情况。如果用更直截了当的方式来表述，那就是谁才是那个时代最富有经验和能力的博物学家，学者还是猎手？对于这样一个复杂的问题，笔者无法全面地回答，但我认为，那时的猎手和驯鹰师所拥有的关于动物的经验和知识是非常准确的，而且通常不会受到书本上记录的老旧传统的束缚。在一定程度上，猎手本身也意识到了这一点。约公元 995 年，埃及法蒂玛王朝（Fāṭimid）的哈里发手下的一位匿名的驯鹰师创作了一部狩猎指南，指出狩猎活动是了解自然环境、动物物种、动物行为和解剖学的最好途径。[116]此外，这位驯鹰师还身体力行了这套理论。指南中的一个较长章节是关于苍鹰（Accipiter gentiles）的，即阿拉伯语中的“bāzī”。在这一章中，作者依次讲述了苍鹰的羽毛特征、身型、体重、训练方法、原生猎物以及如何在鹰舍中照料与饲养苍鹰，最后则记录了苍鹰的各种相关疾病的诊断与治疗方法。[117]

腓特烈二世以对自然的了解和对科学的热爱而闻名，这一点也为同时代的人们所公认。[118]1248 年前后，腓特烈二世撰写了一部关于鹰猎活动的著作，其中对鸟类分类、饲养方式、喂食喜好、迁徙行为、繁殖习性、生理学、病理学、鸟类羽毛以及鹰隼的捕获、训练与照料等内容进行了广泛的探讨。[119]现代学者曾多次提及腓特烈二世对鸟类观察的专注以及对古代权威——包括亚里士多德——的怀疑。[120]

68

腓特烈二世的著作或许可以被看作是伊斯兰世界与西方世界中关于鹰猎活动著作的巅峰。值得强调的是，这些著作随着时间的流逝而逐渐发展形成了一种知识传统，并且自前辈处借用了大量知识。会出现这种情况的一部分原因是，狩猎研究本身也被认为是学术研究的一个分支。[121]然而，尽管存在着这种趋向，自猎手群体中流传下来的经验传统从未被完全湮没。显然，莫卧儿帝国的君主贾汗吉尔（公元1605～1627年在位）便从接触猛禽的经验中直接学到了许多知识，并且细致地考察了猛禽的生理特征、嗉囊、喙、毛色、生殖器官、进食习性及其所捕猎物的行为等。[122]在驯鹰师忽撒姆·阿杜拉的身上，我们也可以看到同样的思考习惯。忽撒姆仔细地观察了最新捕获的猛禽的行为方式，将它与从先人处流传下来的智慧与学识比较，其中很多他都在直接经验的基础上予以摒弃。[123]

这种关于自然环境中某些方面的实践与经验知识，可以非常恰当地被类比于很多文化中都存在的纯学术传统。例如，中国有研究各种鸟类的传统，也就是“鸟类学”，其中甚至提供了简单的分类图解法。然而，总的来说，这些论述与直接观察相脱离，很少能超越动物知识学的高度，往往将鸟类作为人类罪恶与美德的例证。[124]这些缺陷并非只存在于中国。弗朗西斯·克林根德（Francis Klingender）认为，西方的动物学并没有受到13世纪科学复兴的影响。除了医学研究之外，基本没有出现关于自然环境的新观察。换言之，自然观察依然是属于猎手、农民、驯鹰师和艺术家的领域。[125]乔治·萨顿（George

Sarton）进一步证实了这一论断。他认为，在整个中世纪和文艺复兴时期，绝大部分“博物学家”——除了少数的显著特例之外——实际上都是负责翻译编纂古代与古典时期文本的文献学家。整体而言，他们对动植物本身并未表现很大的兴趣。[126]因此，很多关于自然的基本知识的第一知晓者是猎手、护林人和手艺人，并且直至几百年后才被记录到学术文献之中。[127]在欧洲，这种情况到了18～19世纪才有所改变。直至那时，田野工作才逐渐被人们认可，并最终在科学领域与更负声誉的实验领域中获得了受人尊重的地位。[128]

尽管以上概述只是为读者提供了一个基本印象和“柔性”观点，但是我认为这一议题本身也是一个合理而关键的问题，理应得到全面的论述。换言之，我们应当从跨文化的视角来探讨它。诚然，当前很多关于“西方”或“东方”的自然观念的论述本身都带有明显的教条式偏见，我们有必要通过与自然环境的真实接触对之加以重新评判，而狩猎活动只是这种真实接触的形式之一。

这就将我们引到了与鹰猎史相关的一个终极问题上，即社会分配。在这一点上，贵族阶级一直是人们关注的重点。但很显然的是，在各种皇家狩猎活动的类型中，鹰猎活动是目前为止最大众的一项。在过去的几百年中，使用猎鹰进行狩猎是草原地带的游牧民族的普遍行为，这种消遣方式最近在哈萨克斯坦又再次流行起来。[129]这些情况都表明，用于改变猎鹰行为的技术并非为宫廷或职业驯鹰师所垄断。而且，这种技术知识可以追溯至更加古老的时代。据古时蒙古资料记载，成吉思汗的祖父曾捕获并训练了自己的鹰隼（qarchiqai），他在灾年还使用这只鹰隼来寻觅食物；此外，成吉思汗的父亲也曾在消遣活

69

动中使用自己的鹰隼。[130]在蒙古帝国形成后，这种实践行为延续了下去。1250 年代，卢布鲁克在东方的草原地带旅行。据他记述，当地不仅有数量众多的矛隼，而且应用也十分广泛，并非仅仅局限于王公贵族当中。[131]

这一证据指向了伊朗、突厥斯坦以及阿富汗等地的定居人口所从事的大众鹰猎活动。[132]实际上，鹰猎活动被认为是卡塔尔当代的国民运动。[133]鹰猎活动在核心区域的流行，尤其是其大众性特征，可以从经济和逻辑角度进行部分阐释。各种类型的猛禽均是这些地区本土的动物，只需花费很少的成本便可以捕获到。此外，在完成训练后，猎鹰本身在某些程度上是可以自己完成觅食的。

但是，如果鹰猎活动在核心区域内是一种人人都可以负担的大众活动，其又是如何维持了作为贵族消遣方式的地位呢？答案当然是规模。贵族的鹰猎活动涉及了一个复杂的后勤结构，一种壮丽的盛景，并且需要专业驯鹰师的协助。此外，贵族的鹰猎活动还需要大量的猛禽，因为轮流两次放飞同一只猎鹰实在不符合王公贵族的身份。[134]贵族需要的猛禽数目比平民要多得多，统治者所需要的猛禽数量则超过其侍从。可以预料的是，热爱鹰猎活动的统治者会从各地收集各类猛禽；但同样的，即使对鹰猎活动并不那么狂热的统治者也认为，自己有必要拥有众多技术高超的驯鹰师，并且会积累大量的各类猎鹰。[135]

那么，究竟多少才算足够呢？在曼德维尔充满想象力的旅游记录中，中国的大汗据说拥有 15 万名驯鹰师，预计其所拥有的鹰隼也可以达到同样的数目。[136]当然，这个数字大得有些令人难以置信，但是这也表明数目是衡量遥远国度统治者权力的一种方式。更加实际一些的是马可·波罗的记述。据他描述，忽必烈在狩猎时带了“500多只”训练有素的猎鹰。[137]马可·波罗的记录与之后关于伊朗萨非王朝的鹰舍的描述完全一致——据夏尔丹称，笼中共关有800只猎鹰。[138]

衡量皇家鹰舍的另一则标准是所容纳猎鹰种类的多样性。为了彰显皇权威严，统治者应当拥有并且能够放飞所有已知种类的猛禽。从埃及的马穆鲁克王朝到伊朗的萨非王朝再到印度的莫卧儿帝国和中国的清朝，这一标准在欧亚大陆范围内广为适用。[139]正如任职于莫卧儿帝国宫廷的医生贝尼埃（Bernier）富有洞见地指出，奥朗则布在外出狩猎时携带大量的各类猛禽，“既是为了炫耀，也是为了用于野外活动”。[140] 70

12世纪末，提尔的威廉（William of Tyre）曾记录道，“在狩猎时，贵族喜欢使用呼啸飞过的猎鹰和鹰隼”。[141]实际上，这种喜爱背后隐藏着很多原因。首先，这种狩猎形式对体力的要求较少，人即使进入老年也可以继续进行。譬如，印度莫卧儿帝国的贾汗吉尔便随着年龄的增长而越来越喜爱这项运动。[142]其次，高品质的猎鹰是宫中极好的展览品。有一次，卢布鲁克在觐见蒙古可汗蒙哥（公元1251~1259年在位）时被要求等待一会儿，因为当时君主正在悠闲地观赏他拥有的众多猎鹰。[143]此外，拥有一只善于狩猎的猎鹰也是一件值得夸耀的事情，例如莫卧儿帝国的建立者巴布尔（Bābur，公元1526~1530年在位）便曾炫耀过自己心爱的猎鹰。[144]然而，在腓特烈二世看来，鹰猎活动属于最高贵的狩猎形式的原因在于，其中涉及了大量的相关技巧与知识。他认为，能够令一位驯鹰师享有盛誉且获得尊贵身份的并不是其所捕获的猎物，而是他最初对猎鹰的训练。[145]

大　象

尽管严格而言，大象并不是狩猎用动物——这一词语一般用于指代犬类、鸟类和猫科动物——但在这里我们将大象也纳入讨论范围的原因有三：首先，为了捕获大象，统治者需要组织大型的远征活动，这从意图和目的层面来看都是一种皇家狩猎活动；其次，在核心区域内的部分地区，大象在狩猎活动中被广泛地用作坐骑；最后，统治者对这些大型动物以及其他威猛野兽的外在控制，也构成了皇家狩猎活动的宏观框架与重要背景。

尽管印度象的体形比非洲象（Loxodonta africana）要小一些，前者却被称作了“Elephas maximus”。虽然这两种大象都被人类驯化了，但是人们对印度象的利用方法是最为系统的。自约公元前2000年的印度河流域文明起，人们便开始在战争中使用印度象，后来还由此延伸出使用大象从事林间作业。[146] 因此，大象也是参与改变与缩减自身自然栖息地活动的少数动物之一。

在古代，关于如何捕获与训练大象的知识流传甚广。亚里士多德指出，大象很容易驯化而且天资聪颖；在印度，人们会在驯化动物的协助下捕获大象并对其进行训练。[147] 几个世纪之后，斯特拉波对这一过程进行了详细记述。据他记录，首先人们会挖一个环形的深沟，其上只设一座窄桥以供进入。之后，人们会将驯化的母象置于中央，吸引其他大象前来。一旦成功吸引了大象，人们便会关闭窄桥，然后驯象师会利用驯化的母象将大象拴住并牵至圈舍中。斯特拉波补充说，在这里，人们会通过禁食和喂养的方式将大象控制起来。之后，驯象师便会

71

开始教习大象服从指令。[148]

在之后的游记和本土资料中，对捕获大象的方式有更加详尽的描述，这些描述与斯特拉波的记述基本相符。在印度的莫卧儿帝国时期，大象在战争、运输、狩猎以及国事等场合都发挥着十分重要的作用。因此，君主也直接参与了大象的捕获活动。在阿克巴大帝统治时期，猎手们会四处找寻象群的踪迹。在找到之后，猎手会使用各种技术和工具对大象进行捕获，包括伪装、包围、陷阱、沟渠与隐蔽的捕笼等，有时甚至会用套索进行捕捉。[149]然而，无论使用哪种捕获方式，人们都是先将困住的大象团团围住，再给其系上铁链，以便将其驯服并运往训练场所。[150]在斯里兰卡和东南亚地区，人们也使用类似的捕获方法捕象。[151]

在关于大象训练方法的记述中，作者基本上都强调了食物对惩罚和嘉奖的重要性，以及已经被驯化的动物在这个过程中所发挥的关键作用——这一点或是通过自由的搭档关系，或在约束的范围内进行。[152]这些记述还强调称，驯化所需的时间并不是很久。一般公认的是，斯里兰卡象（Ceylonese elephant）是最容易训练的象种——最早发现这一点的是普林尼（Pliny），之后的欧洲旅行者也曾提及这一点。[153]

大象的聪颖自古以来便为人们所共知。在西方，这一说法可以追溯至亚里士多德；之后，其他古典作家也都提到了这一点。[154]此外，这一点并非仅仅是西方人对遥远的异域物种的想象，而且也是周边民族的共识。莫卧儿帝国的宫廷对大象及其生理学特征和行为方式都十分熟悉和了解，伊斯兰统治者广泛认可并利用了印度人在处理和训练大象方面的特殊技能。无论是穆斯林统治者还是印度人都认为大象十分聪慧，他们在整体和个体层面上都对大象群体和个体表现了极大的尊重。[155]就像犬类会对主人表现极高的忠诚一样，在西方和印度本土都流传着关于人类与大象之间建立深厚感情的古老传说。[156]

几千年来，无论在大象的自然栖息地还是在邻近的区域中，印度象都被认为是一种重要商品。这也可以解释为何统治者试图把捕获大象的活动垄断在宫廷手中，以及为何统治者经常会亲自参与这些活动。[157]由于这些“国家级动物”对莫卧儿帝国而言非常重要，以至于阿克巴大帝每天都会将大象集合起来检查它们的数目、健康状况以及可用情况。[158]

由于大象的供给始终是一个问题，新成员的增补便成了一项长期需求。造成这种短缺情况的原因有多种。莫卧儿帝国的皇帝需要将一些大象“转移”给朝臣和官员，这不仅是宠信的象征，也是高层权力的象征。[159]此外，新捕获的大象中也有大量损耗。根据记载，1630 年在古吉拉特邦捕获的 130 头大象中，只有 70 头在运往沙贾汉（Shāh Jahān）的宫殿的旅途中存活下来。[160]

72

然而，最大的困难在于，大象很少在圈养状态下繁殖，而这不仅使得相关花费大大增加，也使后勤工作变得极为复杂。实际上，被捕获和训练后的大象需要被放归野外，在自然环境中进行繁殖之后再一次被捕获回来。[161]此外，由于养育大象需要大量的食物和空间，人们很难将大象集中于一个地方。针对这一问题的解决方法便是，朝廷将拥有的 1000 头左右大象在首都和遥远城市之间来回轮换，每个地方都可以容纳约 25 ~ 60 头大象。[162]

南亚和东南亚地区的统治者都乐于在驯化大象方面投入大

量的资金，因为大象在那时被认为是一种重要的军事资源和权力象征。对军事能力的衡量方法或许会随着时间的推移而发生改变。在古代中国和其他地区，统治者的军事能力表现在所拥有的马车的数量上；而对于21世纪的人们而言，统治者的军事能力或许就体现在所拥有的航空母舰或装甲师上面。[163]在南亚和东南亚地区，从古代至近代早期，人们用于衡量军事能力的标准始终是所拥有的战象的数量。公元1世纪时的普林尼和公元6~7世纪的中国佛教朝圣者都曾提及这一点。[164]自10世纪开始，穆斯林作家也对印度皇帝有相同的描述。在德里苏丹国时期（公元1206~1555），穆斯林在北印度地区的统治逐渐稳定下来，之后的穆斯林统治者也开始用相同的标准来衡量自身的军事能力。[165]最后，当欧洲人抵达印度莫卧儿帝国时，他们所使用的也是当地的这种标准。[166]

由于这种衡量方法被广为接受，印度和东南亚地区的统治者均不遗余力地显示自己的“大象权力（elephant power）”。在不计其数的游行、外交宴会、宗教庆典、娱乐活动以及与皇室相关的重要场合——如婚礼、加冕典礼和葬礼等——的仪式中，统治者都会展示自己所拥有的大象。[167]这些活动与现代的五一劳动节游行或海军阅舰式十分相似，目的在于对本国国民和外国旁观者彰显自己的军事实力。

部分邻国深受这种“大象权力”的影响，也开始在自己的军火库中增加战象的数量。在与敌人罗马拜占庭帝国的交战中，萨珊王朝将大象大量作为冲击型武器进行使用。之后，迦色尼王朝（Ghaznavids，公元977~1186）借鉴了印度模式，在伊朗和中亚地区广泛使用了战象。[168]另一方面，中国对大象的军事潜力只表现过有限而短暂的兴趣。公元6世纪和10世纪时，曾出现过关于中国战争中使用大象的零星记录。然后，这一传统在蒙古人统治时期曾显现过最后一次短暂的复苏；在出征缅甸期间，蒙古人逐渐对战象熟悉起来。[169]

在皇家狩猎活动中，大象的地位在很大程度上取决于其天然的分布范围。很显然，古代的印度皇帝会在野外乘坐大象进73行狩猎活动。在亚历山大大帝统治时期的史料记载中，西方社会已经对这一实践方式有所了解。[170]人们一般骑象捕猎的都是大型猎物。虽然德里苏丹国和莫卧儿帝国的王公贵族都曾在象背上成功捕猎过犀牛，但是这两个帝国真正擅长捕猎的还是大型猫科动物。[171]一些大象甚至被训练为在狩猎活动中直接进行攻击。17 世纪后半叶，尼克洛·马努西（Niccolao Manucci）曾在印度生活。据他记录，这种训练方法在虎皮或狮皮内塞满稻草后，用绳子将其拖动，骑象者则促使大象用腿和鼻子来攻击这只仿制品。[172]当然，最常见的方法是，许多大象先佩戴上保护垫，之后就像在围猎活动中一样包围猎物。最初，猎手们会从象舆（howdah）上用弓箭射杀狮虎，后来则改用枪炮进行攻击。这种狩猎方法十分有效——在 19 世纪早期，老虎只有逃至大象无法进入的地形中才有可能逃生。[173]

猫科动物

猫科动物（felines）因独立和凶猛著称，似乎是最不可能成为人类的狩猎搭档的。然而，目前人类已经成功地驯服了两种猫科动物，即猎豹（cheetah）和狞猫（caracal），并使其在人类的控制之下进行捕猎。若要解释人类为何能成功驯服猫科动物，我们有必要审视一下猫科动物的自然史与文化史。

出土的化石显示，早在 300 万 ~350 万年前，猎豹便已经出现在东非与南非地区了。50 万年前，一种体形较大的欧洲猎豹灭绝了。与其他猫科动物相同，猎豹的体形也随着地质学时间的发展而逐渐缩小。[174]尽管猎豹被认为是旧大陆的产物，实际上却可能是美洲狮（Felis concolor）的远亲，二者共同的祖先或许可以追溯至北美的中新世时期（Miocene）。[175]

猫科动物一般被分为三个属①。第一个即猫属（Felis），包括了大多数猫科动物，如美洲豹（cougars）、山猫（lynx）与家养猫等；第二个即豹属（Panthera），囊括了大型猫科动物，如狮、虎和豹。猎豹的分类学所属经常被人们修正，但是目前所有现存的野生猎豹和驯养猎豹都被认为属于一个单属即猎豹属（Acinonyx jubatus）。[176]其中，被称为“国王猎豹（king cheetah）”的猎豹品种拥有鬃毛和独特的毛色，身上不是原本的斑点而是斑点和螺纹。但即使是这种猎豹，也仅仅是猎豹属因隐性基因而导致的一种颜色变种。[177]因此，实际上被献给贾汗吉尔的那种身上带有“蓝色斑点”的白豹也是这种情况。更有可能的情况是，这种蓝斑白豹是一种基因突变后的猎豹，而非真正的白化变种。迄今为止，这也是此类猎豹中唯一已知的案例。[178]

在传统分类中，猎豹被纳入大型猫科动物中，其体形相当于较大的犬类。成年猎豹的体重大约在 100 ~ 110 磅，雄性的体形稍大于雌性。猎豹肩高 2.6 ~ 2.8 英尺，从鼻部至尾部的长度在 6.3 ~ 7.7 英尺。[179]猎豹是猎豹属唯一成员的原因在于，它拥有许多独特的物理特征，而这也可以解释猎豹所具有的卓越的捕猎能力。这些特征包括：适合在日间捕猎与能辨识

74

① 三个属即猎豹属（Acinonychinae）、猫属（Felinae）和豹属（Pantheriinae）。

水平运动的眼睛，较大的鼻孔便于在捕猎时快速呼吸，细长的尾部有助于在高速转弯时保持平衡，伸缩自如的爪子起到了“跑钉”的作用并可以增加抓地摩擦力，足垫坚硬而且似轮胎面一般具有凸起，纤腰和细长的下肢有利于在奔跑中增速。[180]

当然，猎豹最著名的特点还是它的速度。在这一点上，猎豹的决定性优势是其极为灵活的脊柱。猎豹的奔跑方式并非狭义的词面意义上的“跑”，而是采用了一种“旋转式疾驰（rotary gallop）”的方式。这种奔跑方式实际上由一系列弹跳构成，这种弹跳被称为“阔步（stride）”，长度可达21～26英尺。猎豹之所以能够在奔跑中达到高速，需要归功于其脊骨可以弯曲和伸展的卓越能力。弯曲状态下的猎豹身长是其完全伸展状态下的67%，而相比之下，马的奔跑速度可达每小时44英里，其弯曲状态的身长是伸展状态下的87%。[181]综合以上这些特征，猎豹的奔跑速度可达每秒29米，每小时约64英里。[182]这一速度只能在短距离冲刺时维持，距离为300～500码。

与鹰猎活动的发展历史类似，早期的学者们认为将猎豹用于狩猎最早始于埃及。目前一般认为，使用猎豹狩猎的实践方式在后来的亚述帝国时期传播至美索不达米亚，并由此再传至了伊朗、印度与中亚地区。[183]这一论述既非毫无依据，也在预料之内，原因是埃及人的确有驯化猎豹的行为存在。最早的证据来自于底比斯附近的巴利修院（Dayr al-Bahrī，near Thebes）著名的蓬特（Punt）浮雕。浮雕以图文并茂的形式记录了女法老哈特舍普舒特（Hatshepsut，公元前1473～前1458年在位）发起的一场远征。这场远征的目的地是位于非洲之角的蓬特国

(Land of Punt)。① 远征队伍带回了许多当地珍品与特产，其中包括两种完全不同的“黑豹（panthers)”。第一种黑豹是单只，很明显是体形更重的一种豹类（Panthera pardus)，被归类为“南方黑豹”。第二种黑豹为一对，拴有项圈和缰绳，被归类为“北方黑豹”。[184]这一时期的其余记录也同样显示，驯化的猎豹无疑在埃及是十分常见的。据记述，这些猫科动物并不像有些野兽一样被严格看管，而更像是一只与主人一起外出散步的安静而惬意的狗。然而，并无证据显示埃及人曾训练猎豹在人类的指挥下进行捕猎。[185]

其他的学者大多也认可埃及人在驯化猎豹方面的优势，同时也认为在古代的美索不达米亚，猎豹曾被用于狩猎活动。[186]甚至有人认为，最早训练猎豹进行捕猎的是苏美尔人；此外，赫梯人（Hittites）曾训练真正的豹子（leopard）参与狩猎活动。[187]另外，经常被人们援引为古代美索不达米亚有猎豹存在的证据的是，来源于乌鲁克第二时期（约公元前 2600 ~ 前 2360）的一枚圆柱形印章。这枚印章上描绘了人们在崎岖地形捕猎山羊的场景，其中有一个人牵着一头体形较大的长腿动物，该动物双耳尖而竖起，鼻口部细长，尾巴直立。然而，认为这只动物是猎豹的观点无法令人信服，原因如下。首先，上面所描绘的这只动物的形体更接近于一只大型犬，即马士提夫獒犬；而且猎豹与马士提夫獒犬的不同之处在于，猎豹的双耳更圆且下垂，鼻口部更短。其次，猎豹适合在空旷的平原上捕猎，而不是印章上所展现的山丘地带。[188]

75

① 约公元前 2000 年，索马里人在索马里半岛北部的沿海地区建立了蓬特国。关于蓬特国的资料很少，从古埃及的文献和神庙浮雕中可以知道，古埃及人把蓬特称作“神的故乡”和“神奇的香料之国”。

古典文献所提供的关于猎豹的部分信息缺乏说服力，而且存在曲解的现象。公元 2 世纪时，埃利安曾有一次提及了驯化猎豹，在另一次则提到印度国王拥有驯化的黑豹，第三次则提到印度有很多狮子，其中较小的狮子可以被训练为在人类的指挥下捕猎鹿类。埃利安指出，这些猫科动物“很善于通过气味来追踪猎物”。[189]虽然埃利安提供的这些信息部分有误，而且显然依据的是传言，但仍可以作为关于狩猎用猎豹的早期信息。印度本土有大量的猎豹，而日后的印度人也被认为是驾驭猎豹的高手。

同样，伊朗本土不仅拥有很多野生猎豹，而且非常重视皇家狩猎活动。此外，前伊斯兰时期的波斯国王还保持了用驯化的猫科动物进行狩猎的中世纪传统。伊朗的民族史诗《帝王纪》（*Shāhnāmah*）创作于 1010 年前后，作者是费尔道西（Firdawsī）。史诗在中古波斯传说的基础之上创作而成，讲述了萨珊王朝的皇帝巴赫兰·古尔①用猎豹（yūz）进行狩猎的故事。[190]13 世纪时，有一部编年史依据前代的本地传说，记述了与萨珊王朝皇帝伊嗣俟（Yazdagird，公元 632 ~ 651 年在位）同时代的陀拔斯单统治者借助鹰隼和猎豹连续进行狩猎活动的故事。在中古波斯语中，有个专门的词指代猎豹（cheetah），即“yōz（ywc）”，但是现在鲜有证据可以表明，在前伊斯兰时期的伊朗（或其他地方）人们曾经从事过这项运动。[191]

可以看出，使用猎豹进行狩猎与使用猎鹰进行狩猎的另一个类似之处在于，二者都在很长的一段时间内流行度有限，因

---

① 巴赫兰·古尔（Bahrām Gor），即巴赫兰五世，公元 421 ~ 439 年在位。古尔在波斯语中意为野驴。巴赫兰五世因平时喜好猎取野驴而有此绰号。

此见证度也很有限。对当代人而言，这种狩猎方式并不像训练有素的大象进行狩猎那样令人印象深刻——因为大象是很难让人忽略的。从现存的少量证据中，我们可以得出这样一个结论，那就是猎豹的驯化可以追溯至非洲之角（Horn of Africa）的较早时期，而在之后的某个时间点，生活在猎豹自然分布区内的人们开始训练猎豹参与人类的狩猎活动。唯一的另外一则推论是，随着伊斯兰教的出现，猎豹狩猎开始流行起来，而且也逐渐为人们所知悉。据文献和图像资料记载，这种趋势始于倭马亚王朝时期，在阿拔斯王朝时期已经传至核心区域包括伊斯兰国家和非伊斯兰国家在内的所有宫廷。[192]

在处理与猎豹有关的文化史内容时，一个明显的问题便是名称的繁多与混淆。在近代早期的亚洲地区，第一次见到猎豹的西方欧洲人使用了各式各样的名称来指代这种野兽，包括猎豹（hunting leopard）、驯化的黑豹（tame panther）、豹（pard）和雪豹（ounce）等。[193]然而，生活在猎豹分布区的各个民族通常都会将猎豹与真正的豹子（leopard）进行仔细的区分——后者对人类而言是非常危险的动物。譬如，阿拉伯语将豹子称为“al-namir”，将猎豹（cheetah）称为“al-fahd”。[194]在印度北部地区也存在着固定的术语，如莫卧儿帝国便使用波斯语中的“yūz”或同样不易出错的印地语名称“chītā”来指代猎豹。[195]幸运的是，这些为猎豹（Acinonyx jubatus）的捕获与训练提供了最佳信息的国家都使用了一套清晰的命名方法。

76

人们可以用多种方式捕获野生猎豹，包括陷阱、诱饵与捕网等，这些设备通常会设置在动物最喜爱的“抓痕树（scratching tree）”附近——一种野兽会留下踪迹的标识树。[196]人们更喜欢捕获的是成年的母豹，因为母豹为了养育幼崽而被认为更擅长捕猎。[197]人们在捕获时会略过年青的猎豹，因为如果年青的猎豹尚未学会如何在野外自己觅食的话，其对人类而言并无用处。大多数人认为，在皇家狩猎活动中所需的捕猎技巧是只有母豹才能教习其子女的。[198]

中世纪时期的阿拉伯狩猎指南并未给出具体的猎豹训练日程安排，但是在之后的印度传统中，训练时间据称需要花费三个月至一年不等的时间。[199]训练猎豹与人类共同狩猎的准备工作可以被分为若干不同的阶段。[200]

第一步，借用鹰猎活动中的一个术语，是“人化（manning）”。据阿拉伯狩猎指南记载，新抓到的猎豹会被戴上脚镣和头罩，不被允许吃饭和睡觉。在被训练得表现出服从之后，猎豹会慢慢地开始适应人类的存在，如经常被拴在热闹的街道或是被拴上缰绳带出去散步等。在印度，为了让猎豹适应人类的存在，人们会把猎豹带至村庄中，并花钱雇当地的妇女和儿童坐在被拴住的猫科动物身边长时间地对之轻声讲话。

第二步，训练猎豹去骑马。首先，人们会将猎豹交由驯豹师控制，并用食物引诱其跳到木马上固定的后鞍之上。之后，木马的高度会逐渐增加，最终达到与真马相同的高度。很快，猎豹便会将后鞍与食物联系起来。最后，猎豹就会逐渐习惯与驯豹师一同骑真马了。

在这时，猎豹的狩猎本能被再次唤醒了。自被捕获之后，喂养猎豹的便一直是驯豹师；此时，驯豹师会先在猎豹面前宰杀一只动物，之后允许猎豹将血液舔食干净。

然后，猎豹便可以被带至野外进行训练了。为了确保捕猎的成功，驯豹师会先从牧群中选出一只猎物，将其累至精疲力尽，之后再将除去头罩和缰绳的猎豹放出。在最终的测试中，猎豹被允许自己选择并尾随接近猎物，并在自由的追逐中将其杀死。

那些完成了捕获、训练和田野测试的猎豹会过上舒适的生活，在富裕的宫廷中尤其如此。与王公贵族使用的猎犬和猎鹰一样，猎豹会有兽医专门为其治疗各种疾病与伤痛。这些猎豹享用的伙食也非常好——在 13 世纪曼苏尔（al-Manṣūr）统治时期的一部狩猎指南中，作者援引了阿拔斯王朝穆塔瓦基勒（Mutawakkil，公元 847 ~861 年在位）在位期间一位狩猎主管的叙述：他声称，每天需要多达 7 磅羊肉才能合适地“养壮”一头猎豹。[201]这一叙述与阿克巴大帝所发布的法规内容是大概一致的，其中规定：一头一等的猎豹（yūz）每日享有 5 锡厄（ser）（约合 5 磅）肉；二等猎豹可得 4.5 锡厄肉；以此类推，八等猎豹可以获得 2.75 锡厄肉。尽管法规中并没有解释这种等级制度是如何实行的，但一般认为与狩猎成功率有一定的关系。在所有的案例中，每头猎豹都拥有自己的团队，一般是三至四人跟随一只骑马的猎豹，两人跟随在马车上进行狩猎的猎豹。阿克巴大帝拥有的千只猎豹都戴有精美的项圈与缰绳，配以金线织花的锦缎马鞍套。[202]

77

当然，这里最明显的问题便是，作为世界上速度最快的四足动物，为什么一只成年猎豹在野外被人们捕获后，能够适应人类的存在并被诱导而听从其指挥呢？对传统的猎手而言，答案是不言自明且非常普通的：类似猎豹这样的物种可以被人类驯服，因为它们天性十分聪颖。[203]当然，这一问题更加复杂而且很难轻易回答，对于一位历史学家而言便是如此。然而，由于对动物的驯化、训练与家养化过程在很大程度上是对动物之前具有的天然行为模式进行的控制与改造，因此我们必须寻找有关猎豹群居性特征的证据。笔者认为，了解猎豹在野外生存状态下所表现出来的社交关系与狩猎方式，可以有助于我们回答为何猎豹如此容易被驯化以及为何猎豹可以融入在人类指挥下进行的狩猎活动。[204]

猎豹的求偶时间比较短，因为它们容易受到狮子和豹子的攻击。因此，在不同性别的猎豹之间并没有形成长期的纽带关系。成年雌性猎豹的巢区较大，通常会与其他雌性的巢区重叠。大多数雄性猎豹也拥有自己的活动领域，但也有些雄性猎豹会进入其他雄性的领域。与通常单独行动的雌性猎豹相比，雄性猎豹一般会结成二至四头的群，这种现象被称为结盟（coalitions）。由于高速捕猎的方式并不适合团队合作，因此猎豹并不会以合作的形式进行捕猎，但一个同盟可能会维持多年，以共同守卫一片可以提供水源、藏身之处和具有开阔地形的领域。拥有自己的同盟的雄性猎豹通常身体更加健壮，体形也更大，而且似乎寿命也长过那些独居的雄性猎豹。

猎豹群居性的另一个证据是兄弟姐妹之间的行为模式。在离开母豹独立生活后，同代猎豹之间仍然会保持一定的交流。最后也是最重要的是，由于猎豹使用的捕猎技巧很难习得，幼崽待在母豹身边的时间会更久，多的可达 20 个月，由此也建立起非常牢固的纽带。

因此，尽管猎豹缺少狮子引以为豪的凝聚力，但并不能被看作是独居猫科动物的代表。猎豹之间能够建立起各种牢固的纽带关系，如母豹与幼崽之间，猎豹兄弟姐妹之间，以及雄性猎豹的结盟成员之间。无疑，这些纽带关系都为人类成功地将猎豹变为狩猎搭档确立了一些行为学层面上的基础。

78

塞伦盖蒂①的田野观察让人们了解了猎豹与生俱来的狩猎技巧，而这一点也是人类驯化猎豹过程中一个重要的元素。[205] 猎豹在捕猎时通常会先跟踪猎物，有时为了避免被发现，还会全身保持静止。在瞄准猎物之后，猎豹便开始小跑以增加动力，之后便开始全力加速。这段高速奔跑的距离一般会持续300～500码，而在这个时候，如果猎豹的行动失败了，它便会放弃捕猎——因为猎豹无法有效地散发热量，若是继续奔跑更长的距离，其体温将会过高而有生命危险。相反，如果行动成功了，猎豹便会赶上猎物——通常是瞪羚——再用前爪将其击倒。这也就是为什么，猎豹所攻击的猎物一般都比自己的体形更小一些。在猎物被击倒在地之后，猎豹便会扭住猎物的后颈，咬向气管使其窒息死亡。

猎豹幼崽一般在5个月大时开始跟随母亲外出捕猎。实际上，母豹与幼崽合作捕猎的失败率较高，大约在73%。究其原因，一是因为幼崽缺少经验，二是母豹需要保护幼崽不受其他肉食动物的攻击。与家养猫类相同，母豹会捕捉一些猎物——如疣猪和瞪羚的幼崽——供小猎豹进行练习。最初，小猎豹会对它们的猎物进行并无实际效果的攻击，最后由母豹负责将猎物杀死。一般而言，小猎豹需要训练一年或以上才能成功地自己捕猎。有趣的是，在前现代时期的中东和印度地区，猎手与观察人类控制猎豹捕猎的人们对捕猎内容进行了记录。根据这些记录复原，猎豹的捕猎过程是这样的：猎豹在捕猎时既会悄悄行动，也会依靠速度；一旦行动失败，猎豹便会放弃捕猎，而且会像有的人所说的那样，变得“怒气冲冲”。在这

---

① 塞伦盖蒂（Serengeti）位于东非裂谷以西，是坦桑尼亚最著名的国家公园。

种时候，驯豹师便会安慰猎豹，告诉它下次肯定会做得更好。[206]当然，这种“怒气冲冲”的状态也与猎豹需要降低体温有关。最后，驯豹师——如贾汗吉尔——清楚地知道，使用猎豹捕杀猎物并不是血腥之事——至少在开始阶段是如此——而是更注重“捕获”的行为。[207]

驯豹师与猎豹之间形成的纽带是二者在训练的过程中自然形成的副产品。据前现代时期的穆斯林与欧洲地区的史料记载，猎豹在被驯化后，其行为举止就像是一只友好的犬类动物。[208]阿克巴大帝曾经拥有的一只猎豹会在“不戴项圈或锁链”的情况下跟着他走动；18 世纪末期，在坎贝（Cambay）工作的一位英国官员查尔斯·马利特爵士（Sir Charles Malet）饲养的猎豹也有类似的行为，人们只有在担心它会攻击家养动物时才会将其拴住。[209]近期，因电影《狮子与我》（*Born Free*）而闻名的乔伊·亚当森（Joy Adamson）所养的猎豹幼崽变得十分驯服而且与她感情深厚，甚至在稍微长大后还会哄诱周围的人和它一起嬉戏。[210]正是因为猎豹很容易与人类建立纽带关系，所以人们对待被驯服的猎豹会像对待猎犬和猎鹰一样，往往为它们取各种名字。[211]

无论是早期的旅行者还是现代的田野动物学家，在对猎豹的行为进行评判时，大都一致认为这类动物不会对人类造成威胁。在塞伦盖蒂工作的生物学家兰德尔·伊顿（Randall Eaton）指出，猎豹攻击人类的案例很少见，而且一般是人类干预了猎豹的猎杀行为所致。根据兰德尔自己的田野经验，他本人偶尔也会被猎豹跟踪，但那只是在他跟踪猎豹时才会发生的情况；换言之，也就是在他蹲伏或俯卧时才会发生。只要他站起来，猎豹一般都会对他失去兴趣，他也从未遭到过攻击。

79

伊顿认为，在他站起来之前，猎豹将他误认作潜在的猎物。猎豹的这种行为与其捕猎方式是完全相符的，因为猎豹所捕捉的猎物体重通常只有其体重的一半，所以猎豹并不会袭击体形更大的动物，如成年人类。在另一处资料中伊顿曾提到，猎豹"不能猎杀大型的猎物，是由于它们以速度见长，而这一特长也弱化了猎豹的整体尺寸、力量与猎杀手段——牙齿与爪子"。猎豹的头部较小，故牙齿的尺寸也缩小了；它们的爪子为了适应奔跑，所以形状更类似于犬类而不是猫科动物。[212]因此，可以预想的是，在猎豹的大脑中人类并未被列入可能的猎物范围之内。

在皇家宫廷，猎豹去野外捕猎时会有自己的一套排场。在印度的莫卧儿帝国时期，猎豹在皇家营地中拥有自己的帐篷（chītā-khanah），有时还会被人用轿子（palki）抬着，配以遮阳用的顶篷。[213]在野外，猎豹会用不同的方式进行捕猎。有时，在空旷地带或是进行伏击时，猎豹会在地面上捕猎；但最常见的情况是，猎豹会从各式运输工具或是象背、骆驼背和马背上跳下发动攻击。[214]

凯卡斯曾建议王公不要与猎豹同骑一匹马，因为这种做法有损尊严，看起来"像是扮演了猎豹的侍从"。但尽管如此，这种行为实际上是非常普遍的。[215]使用猎豹进行的狩猎活动所需的基本装备包括鞍座、头罩和缰绳（qalādah，在波斯语中用于表示猎犬与猎豹的数量）。[216]在伊斯兰世界与中国的画作中，驯豹师一般会使用一根指挥棒（baton，有点类似较短的高尔夫球棍）来训练和控制猎豹的攻击。[217]

关于使用猎豹在马背上进行捕猎，最好的记述来自于夏尔丹。在描述 1670 年代在伊朗举行的一场狩猎活动时，夏尔丹提到人们使用了一种名为“Yourze（yūz）”的经过训练的猫科动物，而且这种动物“并不会攻击人类”。他继续描述，这种猫科动物戴有锁链和眼罩，坐在驯豹师身后且一同骑马。当发现猎物后，驯豹师便会撤去其眼罩和锁链，并将猎豹的：

> 头转向猎物的方向；如果猎豹看到了猎物，就会发出叫声，跳下马去，进而扑向猎物，将之制服；如果猎豹未能成功地捕获猎物，则通常会感到气馁，并且停止捕猎。这时，驯豹师需要走到猎豹身边对其表示安慰，表现出疼爱，并告诉它未能捕到猎物并不是它的错，之前没有让它正面面向猎物等。驯豹师认为，他［猎豹］能够理解这种说辞，而且会感到满足。[218]

尽管中世纪的专家曾对猎豹的速度进行过论述，但猎豹的狡猾及其对掩体和遮蔽物的利用，才是最吸引人类的一种特性。[219]最能体现猎豹的这些技能的是在一种名为“hackeries（印地语为 chhakra）”的二轮牛车上进行的捕猎，这也是印度国内一种常见的狩猎形式。[220]

关于这种使用猎豹进行捕猎的狩猎方式，最生动而详细的记述来自于欧洲的旅行者。对他们而言，这种狩猎方式非常新奇，因此十分值得评论。[221]根据这些欧洲旅行者在目击后的叙述，两名侍从会陪同戴有头罩和缰绳的猎豹，将之抬上由两头公牛拉动的二轮牛车。在印度乡村，牛车和公牛都很常见且并不具有威胁，因此可以顺利行至离羚羊群 200 码以内的地方。

图 9　手持指挥棒的驯豹师

资料来源：《帝王纪》（*Shahnama*），此画绘于约公元 1444 年。克利夫兰艺术博物馆，约翰 · L. 西弗伦斯基金会（John L. Severance Fund）收藏。

这时，猎豹的头罩和锁链被解去，它跳到地上，弓起身躯，利用能找到的任何掩体，开始偷偷地靠近猎物。一旦羊群显现警觉，猎豹便冲了出去，几步之内便扑向了锁定的猎物。通常而言，猎豹会先用爪子将猎物击倒，之后再抓住猎物的喉咙。在这个时候，驯豹师会赶过来，将被制服的猎物的喉咙割断，之

81

图 10　二轮牛车上的猎豹

资料来源：塞尔玛·海斯出版社（Selmar Hess），约 1900 年版，纽约。笔者收藏。

后在瓢中装满血，将之作为给猎豹的直接奖励。之后，驯豹师还会再切下一块腰腿肉给猎豹食用。

从这些记述中我们可以看出，驯豹师广泛地利用了猎豹天生的捕猎行为模式。在田野狩猎时，驯豹师所做的仅仅是将猎豹带至猎物跟前，松开缰绳，让猎豹循本性而为，之后再人为地终止猎杀。换言之，猎豹通常使用的捕猎技巧被削减了，而82 不是被加强了。在此前的训练过程中，猎豹唯一习得的新技能便是习惯人类的存在、骑马和乘牛车，以及将自己捕获的猎物献给人类。

尽管早期的驯豹师在经验层面上诠释和理解了将猎豹转变为狩猎搭档的过程，但是在当时的人们看来，这一行为依然很引人注目而且激动人心。很多皇家猎手都迷上了猎豹，甚至可以称得上达到了痴迷的程度。其中，花剌子模沙帖乞失（Khwārazmshāh Tekish，公元1172～1200年在位）的长子选择将乃沙不耳（Nīshāpūr）的封地与木鹿（Marv）的沙漠地区进行交换，原因是后者可以为他的猎豹提供更好的狩猎场。[222]此外，阿克巴大帝从年少时便开始使用猎豹外出畋猎，这一习惯也一直保持至他年老时；阿克巴大帝始终认为，猎豹是“上帝创造的奇迹之一”。[223]忽撒姆·阿杜拉是一位专业驯鹰师，在他的年代，皇家狩猎活动在逐渐消失。可甚至连他也认为，使用猎豹进行狩猎是固有而真正的“皇室运动”。[224]

用于狩猎的猫科动物还包括狞猫。虽然人们一般认为狞猫并不像猎豹那么高贵，但由于其广泛的自然分布，它仍然是狩猎活动的常见选择。即便在今天，我们仍然可以在旧大陆大部分类型的自然环境中——除了雨林地区之外——找到狞猫的踪迹。虽然狞猫由于耳朵呈簇状而常被称为“猎猫（hunting lynx）”，但实际上，狞猫与真正的欧亚山猫（Eurasian lynx）或欧亚山猫的新大陆近亲短尾猫（bobcat/Lynx rufus）之间并无密切的关联。有些分类学家认为，狞猫是其亚属狞猫属（Felis caracal，Schreber 1776）的唯一成员。[225]狞猫的英文名称“caracal”来自于突厥语的“qara qulaq”，意为“黑色的耳朵”。其他国家的语言如蒙古语也借用了这个词。[226]

目前尚不清楚狞猫是在何时何地首次被训练用于狩猎活动的。在阿拉伯语中，狞猫被称为“ʿanāq al-arḍ”。目前可以确定的是，至少在阿拔斯王朝时期，狞猫便已经因其卓越的跳跃能力而被用于捕猎鸟类了。[227]蒙古帝国时期，“猎猫”在欧亚大陆范围内广泛出现，从西西里一直蔓延至中国北部地区。[228]在之后的几个世纪中，使用狞猫进行捕猎的主要中心是印度。

在印度，狞猫的称呼包括突厥语的“caracal”和波斯语的“siyāh-gush”，意思亦为“黑色的耳朵”。[229]基本上，狞猫可以被看作缩小版的猎豹，在狩猎时也是戴着头罩，拴着绳子，坐在主人身后一同骑马来到野外，它主要用于捕猎鹤等大型鸟类和野兔、狐狸、羚羊等陆地猎物。[230]据阿布尔·法兹尔（Abū'l Faẓl）记述，阿克巴大帝很喜欢狞猫。此外，阿布尔还补充了重要的信息：“在过去，狞猫会攻击野兔或狐狸，现在则会猎杀黑鹿。”[231]在亚历山大·汉密尔顿的记录中，狞猫会跳到逃跑的猎物背上，之后“向前抓住猎物的肩部，挖出其眼睛，以利于猎手们更加轻松地狩猎”。[232]

狞猫与猎鹰一样，在成功地完成训练之后，其习惯攻击的猎物体形要大于自身原本在野外环境中捕捉的猎物。这也是另外一个通过训练动物来加剧竞争并强化“运动”的例证。

第五章　狩猎管理

狩猎管理机构

在核心区域中，狩猎活动是一件非常严肃的事情，追捕猎物很少会全凭运气而为。狩猎活动需要严密的组织、各种专业人员以及大量的资源投入。作为一种国家事务，狩猎活动一般值得而且也会受到统治者的密切关心与持续关注。因此，猎手与驯鹰师并不是卑贱的仆人，而是宫廷内地位尊贵的侍从与军队中掌有权势的官员。

皇家狩猎管理机构古来已有。古埃及的皇家狩猎活动最初由“监管员（overseers）”掌管；在之后的几个世纪中，还出现了负责管理狩猎活动的专职人员。[1] 同样的，萨珊王朝初期也设有这种专门职位，被称为“nakhchīrbed”，是一种与宫廷中最高级官员相关的职务。[2]在改信伊斯兰教之后，伊朗的狩猎活动负责人被称为“狩猎主管（amīr-i shikār）”，这个词源自阿拉伯语的“amīr”（意为“指挥官”）与波斯语的“shikār”（意为“狩猎”）。尽管它的词形缩短了，使用时间却非常长，一直延续至卡扎尔王朝时期。[3] 在莫卧儿帝国，猎手头领被称为“qarāvul bīg”，来自于蒙古语的“qara'ul”（意为“先锋”或“斥候”），以及突厥语的“beg”（意为“统治者”或“主管”）。[4]

狩猎主管一般手下掌管着一批专门人员。几乎所有身居高位的官员都拥有一位专人负责管理猎犬，从古希腊到中国的汉朝都设有这一职位。[5] 然而，家养犬的训练者并不像野兽的驯兽师一样享有盛誉，因为后者使用的技巧要神秘得多。在不同的时期与地域，驯鹰师都是最常见和最重要的职业之一。在阿拉伯语中，这种职位被称作“al-ṣayyād”，波斯语中为“bāzyār”；之后，这一术语又传入了格鲁吉亚。[6] 此外，在突厥语中这一职位被称为“qushchï”，蒙古语中为“siba’uchi”，在波斯、中国与朝鲜的文献中也可以见到它。[7] 猎豹看守不仅有一定的社会需求，而且具有极高的社会地位。在波斯语中，这一职位被称为“yūzbān”，在乌尔都语中为“chītabān”，突厥语中为“barschï”，蒙古语中为“barsuchin”。[8] 在核心区域中，这些术语是可以互用或杂糅使用的。例如“muqaddam-i bārschiāān”一词——意为“猎豹主管头目”——便综合了阿拉伯语、波斯语与突厥—蒙古语的元素。[9] 这种混用和杂糅的现象也展现了关联范围与皇家狩猎文化的相互交流情况。

84 除了以上专门负责管理某种特定的狩猎用动物的职位之外，还有一些职位用于指代与捕猎特定猎物有关的专职人员。在金帐汗国（Golden Horde）的蒙哥·帖木儿汗（Mengü Temür，公元 1267 ~ 1280 年在位）颁布的一则斯拉夫语法令中，提到了“buralozhik”（突厥—斯拉夫语的杂糅词语）这一官职，即负责管理野狼捕猎活动的官员；之后我们还会看到，有专门负责猎捕野猪与鹤的官员。[10]

官方职位可以为我们提供一些相关职责的信息，但是显然并不是全部信息。幸运的是，我们还有一份来自那时的官方政府的文件，其中详细记录了花剌子模沙（Khwārazmshāhs，公元 1077 ~ 1231）在位时期的狩猎主管所承担的各项职责。据这份史料记载，狩猎主管的主要职责是确保统治者可以在狩猎活动中捕获丰厚的猎物。文件中还记载了在技艺娴熟的助手的协助下，狩猎主管获取猎鹰、猎犬与各种猫科动物，并负责对它们进行训练，监管这些动物在狩猎动物围场（shikār-khānah）中的饲养与照顾情况。在狩猎活动的进行过程中，狩猎主管负责封锁狩猎场，确保合适的动物能够及时抵达场内，并在结束后及时撤离它们。史料最后总结，狩猎主管不仅需要具备与狩猎活动相关的知识，而且必须是统治者长期的贴身侍从方能担任。[11]

据相关记载，欧洲的猎手也存有类似的职责。他们被划分为不同的阶级，分别负责监管狩猎活动中使用的多种动物。[12]中世纪时期的中国，皇家狩猎管理机构以五坊为中心，负责管理动物围场的官员被称为“使”，其职责包括为朝廷提供猎犬与猛禽等。[13]通常而言，狩猎用动物的获得方式一般是赠予和购买，但是狩猎管理机构——尤其是核心区域内的狩猎管理机构——也会定期捕捉和训练本地的物种。[14]

皇家狩猎管理机构的另一项职能是调动各类人员，包括地方官员、狩猎场看守和助猎者等——这些都是驱赶式狩猎与围猎活动所需的人员配备。[15]最后，我们不能忘记的是，世界各地的皇家狩猎活动都形成了一套行为与礼仪准则，其中经常会涉及各种仪式、宴会和娱乐活动。[16]因此，一位合格的狩猎主管（jagdmeister）需要具备社交能力、技术知识与组织能力。

在寻找合适的猎手时，皇室的选择范围从未仅限于本地土生土长的人才，或是局限于与王室的种族或宗教背景相同的人。在印度的莫卧儿帝国，穆斯林宫廷更偏爱使用印度的驯豹师；此外，莫卧儿帝国还引进了一批克什米尔猎手与狩猎主管，以便他们在首都附近的狩猎活动中提供协助。[17]由于能够适当地综合多种技能的猎手备受推崇，因此在印度和俄罗斯莫斯科（Moscovite Russia）等地，这一职位变为了一种家族内部世袭的职业；而得到承认的猎手则倾向于在王公贵族与皇室宫廷之间流动。[18]

在对皇家狩猎活动的组织特征进行审视时，有一项特征似乎具有历史一贯性：狩猎管理机构一般是与皇室机构有关的下属机构，后者负责掌管统治者及其家人亲信的生活、享受与个人需求。有时，皇室机构与皇室政府同时运作；这类世袭制政权包括墨洛温王朝（Merovingians）和早期的蒙古帝国。然而，在很多时候，围绕着皇室机构会形成一个正规的官僚组织机构，负责接管国内的日常事务管理工作。但即使在后一种例子中，很多人也会同时兼任皇室方面与政府方面的双重职位。

85

在核心区域中，狩猎活动与皇室之间的关联由来已久。公元前2世纪，在亚美尼亚的安息王朝统治时期，统治者的皇室警卫、男仆、理事官与守卫人员中便包括了猎手和驯鹰师。[19]千年之后，迦色尼王朝的苏丹内廷总管（mushrif）的职责之一便是监管皇家马厩与照料猎鹰与猎犬。[20]在蒙古帝国时期，驯鹰师与驯兽师被认为是“国家栋梁”和“重要的官吏”，所有驯兽师都是皇家卫队（kesig）的成员，即同时在皇室机构中兼职。[21]在印度的莫卧儿帝国时期，皇室鹰舍的主管被称为“qūsh bīgī”，意为“群鸟之王”，而担任这一职位的官员被认为是国家的重要人物。同样的情况也出现在伊朗的萨珊王朝中。萨珊王朝的狩猎主管（mīr-shikār）隶属于皇室机构，在国事场合中会与军人一起列于王座的左侧。[22]在17～18世纪的布哈拉，"qūsh-bīgī kalān" 即 "总驯鹰师"，与皇家狩猎活动的主管以及皇家卫队的指挥官地位相当；在觐见时，总驯鹰师会站在王座的脚边，负责将文件递交给统治者。[23]

显然，在核心区域内，狩猎管理机构在宫廷等级中占据了一个明显而尊贵的地位。《胜利之书》（*Zafar-nāmah*）记录了帖木儿的征战史，在其中的一份底稿中有一幅插图，图中描绘了 1370 年帖木儿登基的场景。在这幅插图中，帖木儿的王座前由佩有纹章的扈从（arms bearer）① 侍奉，其身边站着的则是带着猎豹与猎鹰的猎手。[24]甚至在官僚传统细致而复杂的中国，同样也存在着一个"内朝"或"内廷"，这个机构一般与"外朝"或"外廷"——正规的政府管理机构——相分离，而且通常与其相对。因此从古代开始，猎手与狩猎场看守便是政府内部人士，而且通常是朝内极受尊敬的官员。[25]清朝的史料对此有清晰的记载：当时，与皇家狩猎活动关系紧密的机构包括皇室事务管理机构内务府，以及内务府的一个下属机构奉宸院。[26]

得益于这种组织结构特征，狩猎主管与皇室的关系十分密切。作为其职责的副产品之一，狩猎主管获得了经常与统治者交流的机会。因此出于需要，狩猎主管通常是统治者的心腹，并且得到了充分的信任。[27]

成功与安全

86

出于威严与国体的考虑，统治者需要确保能够为自己的宾客提供一场猎物丰硕而且安全的狩猎活动。在 16 世纪中期，

---

① "arms bearer" 即拉丁语中的 "armiger"，指的是有权佩戴纹章的扈从。

阿塞拜疆的希尔万沙（shirvānshāh）① 阿卜杜拉汗（ʿAbdullāḥ Khān）希望能给英国代理人安东尼·詹金森留下良好的印象，他让安东尼参加了一场鹰猎活动，并对朝臣下令确保安东尼能够获得“很多猎物与消遣”。之后，詹金森满意地记录道，“活动进展顺利，我猎杀了很多只鹤”。[28]

在一个井然有序的宫廷中，狩猎活动很少会依靠运气。其中的关键在于，人们能够在几乎排除了任何失败可能性的环境中“生产”猎物。据亚美尼亚编年史记载，为了举行一场“值得皇帝参加”的狩猎活动，人们需要“准备好”田野和森林。[29]这不仅需要仔细的勘查与对本地环境的了解，还需要看守人、守卫以及了解特定区域或保护区内的猎物情况的驯鹰师等。[30]莫卧儿帝国的狩猎主管一职被称为“qarāvul bīg”，意为“勘察大师”。这一职位很好地反映了狩猎主管的职责包括了报告猎物的踪迹——在印度，这是一项高度体系化的活动。1660年代，贝尼埃记述到，每当奥朗则布前往野外狩猎时，沿途经过的狩猎场看守都需要汇报当地可以捕猎的猎物种类及数量。之后，为了确保所选狩猎场的安全，皇室会在道路的两侧设置“卫兵（sentries）”，有时警戒线可长达4～5里格。一旦准备工作全部就绪，皇帝及其随从人员便开始狩猎了。[31]

出于便利与礼节的考虑，猎物可能会被驱赶或引诱至皇室宾客所等待的预定地点。在契丹统治时期的中国东北地区，“喊鹿人（deer callers）”会为皇家猎手引来猎物；在17世纪

---

① “shirvānshāh”也作“shīrwān shāh”或“sharwān shāh”，是9世纪中期至16世纪早期的希尔万统治者的称呼。

的暹罗，助猎者会将猎物驱赶至一片空旷的平原地带，而外国宾客则会在那里大肆捕猎，最终因“大获全胜”而心满意足地离开狩猎场。[32]在另外一种情况下，狩猎主管可能会事先定位并用多种方式控制住猎物，之后则等待皇家狩猎队伍的到来。[33]换言之，一场进展合理的皇家狩猎活动实际上经过了精心的策划。

在狩猎园和狩猎场中进行的狩猎活动就其本质而言是高度控制化的。在塔奇布斯坦（Tāq-i Bustān）的浮雕作品中，关于这一点有着清晰的解释。浮雕中的一片嵌板描述了猎鹿活动的场景，而且显然捕获的是波斯黇鹿（Persian fallow deer/Dama mesopotamica Brooke）；另一片浮雕则描绘了捕捉野猪的狩猎活动。这场“狩猎活动”发生在一个四周建有围墙的狩猎场内，其中设有畜圈。圈里关的鹿——大多是牧鹿——会被一只一只地放出来在场内奔跑，非常类似亚美尼亚驯牛大会上的套牛活动。马夫将奔跑的鹿赶至皇帝面前，皇帝则骑着奔驰的马用弓箭猎杀它们。野猪的狩猎活动也是在狩猎场中举行的，狩猎场的中央是湖泊或湿地。印度象将一大批野猪运至水边，皇帝则从船上射箭猎杀，旁边的一艘船上还有几位女子在弹着竖琴唱歌。[34]在萨珊王朝时期有一个被称为“warāzbed”的官职，意为“野猪大师”，推测可能与这些特殊的野猪狩猎活动有关。[35]在这两类情况中，被杀死的猎物都会被大象和骆驼拖走以供食用。整个狩猎活动的效果实际上与屠宰场相同，是一种生产肉类的工业过程，而不是一场专注于捕获猎物的狩猎活动。

尽管狩猎活动经过了细致的策划与管理，安全问题却依然存在。印度政治理论学家考底利耶曾告诫皇帝，只有在皇家猎

88

图 11　登基典礼上的帖木儿与猎手们

资料来源：《胜利之书》（*Zafarnamah*），约公元 1485 年。约翰·霍普金斯大学，约翰·加勒特图书馆（The John Work Garrett Library）收藏。

手严密守卫的地区开展狩猎活动才能避免危险的动物对人类造成威胁。[36]狩猎这些动物的活动需要非常特殊的手段、方法与防护措施，下面这个例子就很好地说明了这一点。1692 年秋，康熙皇帝的扈从遇到了一只熊，他们将熊从巢穴中赶出，之后骑马的猎人将熊赶到了一段隘路。在那里，皇帝用箭射向野熊，熊受伤倒地，康熙皇帝带着四名随侍的猎人上前用长矛将其杀死。[37]

尽管皇家狩猎活动的大部分内容都在人们的掌控之内，但对皇室成员而言仍具有一定的危险性。然而，这一点在对付大型猫科动物时却基本被消除了。在康熙年间，猎虎活动的过程便是先从笼中放出被关押的老虎，用诱饵引其前来，之后再用弓箭、火枪或长矛将其杀死。[38]与之类似，在公元前 7 世纪的美索不达米亚，被俘的狮子在皇家狩猎活动的一开始就被放了出来。[39]在印度的莫卧儿帝国，人们设计了一套更为安全的捕猎方式。贝尼埃在陪同奥朗则布外出畋猎时，曾对这种狩猎方式进行过描述。当人们发现狮子之后，便会将狮子与“头羊（Judas goats）”——在这个例子中是被拴住的野驴——一起控制在一个区域之内。据贝尼埃描述，当皇帝靠近行动区域后，最后一只野驴会被拴起来，其口内被塞入了大量的鸦片，目的是“让狮子感到困倦”。然后这一区域便被大网和警戒线封锁起来，由手持长矛的守卫看管。这时，皇帝便会骑着大象靠近被围困和下了药的狮子，最后用枪将它射死。[40]

无论我们如何评价这种狩猎方式，从狭义上来说，其结果是皇帝杀死了一头熊、老虎或狮子。这在很大程度上是一种政治表演——无论统治者是如何战胜这些勇猛猎物的，这些胜利都会被广泛地庆祝和用心地宣传。在后文中，我们将会看到这一点。

事　业

在皇家狩猎管理机构中任职的人员拥有各种个人获益和擢升的机会。很多统治者都对狩猎活动及其准备过程表现了直接的兴趣。基辅大公弗拉基米尔·莫诺马赫（公元 1113 ~ 1125 年在位）在对儿子的《劝诫》（“Pouchenie”）中说：“在狩猎活动中，我本人会直接负责调集猎手、侍从、鹰隼（sokol）与猎鹰（iastreb）。”[41]此外，据耶稣会会士的信件显示，阿克巴大帝不仅能叫出宫中所养的上千只野兽的名字，包括马、鹿、大象、猎豹等等，而且他本人还会仔细地监管这些动物的健康状况。看守和驯兽师会依据其完成职责的情况而得到赏罚。[42]因此，狩猎活动经常可以为相关人员提供一个在有权势的王公面前展现个人素养与技术水平的机会。在这些类型的政权中，正如马克·惠托（Mark Whittow）在评价拜占庭帝国时所言，“能够接近皇帝是最重要的事情”。[43]

89 对于一个有精力、有能力并且有野心的人而言，皇家狩猎管理机构是开展个人事业的绝佳地点。首先，这里的职位往往可能会增加一些特殊的尊称。[44]在核心区域内的等级社会中，这是一项重要的资本。此外，在皇家狩猎管理机构中任职可以获得更加实际的奖励。[45]最常见的是，统治者会对其中表现卓越的人员赏赐食物、衣物或钱财。[46]在14世纪的元朝宫廷，每年第一位用海青（gyrfalcon）① 捕捉到雪雁的皇家驯鹰师可以获得一锭银子。[47]在不那么常见的情况中，蒙古帝国早期的窝阔台可汗（公元1229～1241年在位）曾赏赐了几位年轻侍女给他手下负责掌管“猎豹等狩猎用动物的主管”。[48]赏赐内容的经济价值更高的是马穆鲁克王朝和莫卧儿帝国的统治者——他们会赏赐大量田地给喜爱的驯鹰师与猎手。[49]

在皇家狩猎管理机构中升职也是完全可能的，而且十分有利可图。晋升的原因可能纯粹是因为技术突出。薄伽丘笔下的

① 海青，又称海东青，是一种隼，金、元时的女真人与蒙古贵族有用海青捕猎的风俗。

一则故事中，在十字军远征中被俘的一位贵族基督徒引起了萨拉丁的注意，原因是这位贵族擅长训练猛禽。之后，他成了苏丹的驯鹰师主管。[50]这个故事无疑也反映了当时的时代基调。诚然，此种类型的技巧在当时的确受到了很高的评价，负有盛名的驯鹰师在死后的几个世代中都会被人们铭记和尊敬。[51]因为狩猎技术高超而得到晋升的人——如腓特烈二世的驯鹰师理查德·德弗洛尔（Richard de Flor）——可以获得巨大的财富与威望，其后代也能升为贵族。[52]

很多在皇家狩猎管理机构中任职的人员自出生之时起便获得了这些职位，这也反映当时的狩猎管理人员所拥有的崇高威望与社会地位。成吉思汗曾册封他的长子术赤为狩猎主管，而在伊丽莎白女皇（Tsarina Elizabeth，公元 1741 ~ 1762 年在位）统治时期担任这一职位的则是拉朱莫夫斯基伯爵（Count Razumovskii）——宫廷内一位贵族出身的显要人物。[53]

鉴于在皇家狩猎管理机构中担任要职的均是政治人物，因此这些人也为统治者承担了各种政治任务，其中便包括为宫廷提供安保工作和看管人质。[54]然而，即便是普通的猎手也可能被卷入高层政治之中。1251 年，一位普通的动物管理员发现了一场预谋推翻新继位的可汗蒙哥的政变计划。在政变失败后，这位管理员被赏赐了礼品和官职。[55]自然，其中也会有失败者。1615 年，一位刚刚晋升的狩猎主管（mīr-i shikār）被卷入了萨非王朝皇室内部的斗争之中，最终因支持了错误的派系而丢掉了性命。[56]

猎手所行使的政治权力可能是非正式或程序化的。公元前 239 年，在秦国统一中国的前夕，有一位名为嫪毐的高官负责掌管宫殿、马车、马匹、服饰、园林与狩猎场，并且在国家事

务中掌握具有决定性的发言权。[57]嫪毐所担任的职位无疑使他
90
拥有了与统治者接触的机会，而且可以趁机进谏，但是他的职位职责“在体制层面上”并不包括制定国家政策。此后，在核心区域内，情况开始有所不同了——猎手所行使的政治权力变得更加正式化。据萨非王朝末期的一本管理手册记载，狩猎主管（amīr-i shikār-bashī）的特定职责包括任命皇家驯鹰师，以及与另一位官员一同管理所有与狩猎活动有关的财政事务。位于狩猎主管之下的是皇室鹰舍（qūsh-khānah）的督察员以及各个地区的猎手。在任期间，狩猎主管可以从国库领取 800 图曼①的高薪，此外还以特殊费用的形式获得了其他收入。毫无疑问，狩猎主管是皇家狩猎活动的实际领导人；由于身居这一职位，狩猎主管还是异密（Amīrs）顾问班子（Jangī）的成员之一，在国家事务上会为君主出谋划策。[58]换言之，狩猎主管的政治影响与权威既是体制所赋予的，也是这一职位本身所固有的。

与瑟夫·哈斯·哈吉布反对人们从事几种职业，包括卧室侍从、厨师和驯鹰师——原因是他认为这些工作只能获得很少的收入，所从事的工作却十分辛苦。[59]在与瑟夫所处的 11 世纪的突厥斯坦，他的建议或许称得上合适，但是在大部分核心区域中，驯鹰师和其他猎手往往可以取得很好的事业发展，其中一些人还被调职或擢升为皇家狩猎管理机构之外的各种理想的高薪职位。约 904 年，亚美尼亚编年史家汤玛斯·阿尔兹鲁尼（Thomas Artsruni）对这种擢升传统进行了清晰的叙述。据他记录，在阿契美尼德王朝初期即亚美尼亚国王提格兰

① 图曼（tūmān），1932 年以前伊朗使用的货币，1 图曼 = 10 里亚尔。

(Tigran) 统治期间，在宫廷任职的两位玛代人 (Mede) 奴隶最初均是驯鹰师，之后转为斟酒人，最后获得了贵族身份并成为地方长官。[60]无论这一记载是否符合史实，但至少可以看出在一位 10 世纪的著书人眼中，这一晋升过程是非常正常的。更能说明这一点的是，这两个人的事迹在伊朗也得到了复制。在沙阿拔斯 (Shāh ʿAbbas) 统治期间曾有一位尤素福汗 (Yūsuf Khān)，出身为亚美尼亚基督徒和奴隶 (ghulām)，最初任职于皇家鹰舍，因擅长管理猎鹰等狩猎用动物，很快便成了狩猎活动的总管。从这一职位，他晋升为乌斯塔拉巴德 (Ustarābad) 的地方长官，并最终成了阿塞拜疆的希尔万地区的军队司令。另一个例子事关沙哈鲁·伯 (Shāhrukh Beg)，此人是突厥人，最初担任皇家鹰舍的总管 (mushrif)，最终成了皇家卫队的指挥官。[61]

在中亚和印度等地区，我们也可以在史料中找到类似的事业发展轨迹。[62]尤为明显的一个例子是迦色尼王朝与德里苏丹国统治时期，很多奴隶士兵都担任了猎豹管理员 (yūzbān) 和狩猎主管的工作，之后他们都成了王朝中重要的政治大员。[63]显然，与狩猎活动相关的职位是在通往高层职位的过程中历经的一站，也是成功的职业生涯的常见组成部分。

在狩猎机构中任职的人员还可以继续晋升获得更大的成功——虽然或许离核心区域并没有那么遥远，但是马穆鲁克王朝统治时期的多位狩猎主管便是如此。[64]在欧洲，尤其是法国，驯鹰师是极受人们重视的职业。13～17 世纪期间，总驯鹰师是最具有威望也是薪酬最高的职位。路易十三（公元 1610～1643 年在位）曾任命他的总驯鹰师阿尔贝·德·吕伊纳 (Albert de Luynes) 担任总管与首席枢密大臣 (prime minister)

91

的职位。[65]在欧亚大陆的另一端，猎手甚至享有更高的成就。1125年，完颜阿骨打家族建立了金朝，这个家族最初便是辽国最后几位皇帝所依赖的猎手，他们之后颠覆了辽代政权。[66]在整个旧大陆范围内，皇家猎手通常都非常接近权力杠杆，有时甚至可以参与其中。

支　出

关于皇家狩猎活动中所投入的经济资源与管理资源，尽管我们并不知道其中的细节，但是这无疑是一笔巨大的支出。从满人每年前往位于热河的保护区木兰围场时所需的大量复杂的准备工作，我们可以对这一支出情况有一定的了解。这些准备工作包括如下内容。

> 皇帝下达关于狩猎活动的圣旨；
> 前往保护区途中的后勤工作的组织；
> 遴选皇家狩猎队伍；
> 选派和训练参加此次狩猎活动的军队；
> 前往木兰围场的皇家仪仗队的组织工作；
> 派遣兵部尚书前往保护区进行狩猎活动的准备工作；
> 为皇家出行队伍安置和搭建帐篷；
> 形成驱赶式狩猎的狩猎圈与助猎者的组织工作；
> 皇帝带领宾客们进入狩猎圈；
> 记录狩猎活动中的猎杀情况以及对应的具体猎手；
> 派遣专门人员寻找并围困老虎以供皇帝射杀；
> 狩猎活动结束后为所有参加人员准备皇家晚宴。[67]

当然，这种规模的出行所产生的花费只占皇家狩猎活动全部支出的一部分。此外，还有许多固定的支出，如设施与人员方面的投入，包括狩猎场的修建与维护，猎手与守卫的薪资，以及狩猎用动物的购买与饲养等。

各种类型的狩猎设施需要投入大量费用。例如，腓特烈二世将狩猎设施与城堡、城市公园等一并纳入了他的修建计划。[68]在动物围场方面，有时也需要一大笔费用。16 世纪时，鲁特罗·德瓦（Rudra Deva）建议应当在白色的建筑中修建一座规划合理的鹰舍，四周配以干净而美观的设施；此外，应当为其中的动物配备各种舒适的设备，包括扇子、遮阳篷以及防止苍蝇飞入的纱窗。[69]有些统治者的做法符合了这些要求。在 17 世纪的伊朗，皇家使用的猎鹰被安置在富丽堂皇的鹰舍中以作展示；与之同时代的罗曼诺夫王朝的沙皇所拥有的多只猎鹰都住在单独的房间中，屋内装饰有墙纸和天鹅绒。[70]在印度，统治者所拥有的猎豹所居住的地方虽然没有那么华丽，但依然是体面的居所。[71]为了举办一场合适的皇家狩猎活动，还需要许多专业的装备。例如，在中国的元朝，朝廷便有专门机构负责制作皮制的鹰帽。[72]

92

皇家国库的另一项大型支出来自于其所拥有的大批狩猎训练师。1331 年，位于内蒙古南部的兴和遭受了严重的雪灾。为此，元朝将大批救援物资送至当地超过 11100 户的鹰坊及蒙古百姓手中。[73]尽管在这个数目中，并未区分开驯鹰师与蒙古人，但是将驯鹰师列入其中也可以反映其群体的庞大。乌马里①宣称，德里苏丹穆罕默德·伊本·图格鲁克（Muḥammad

① 乌马里（al-ʿUmarī），14 世纪初的埃及历史学家。

ibn Tughluq，公元1325～1351年在位）手下有“一万名驯鹰师（bāzdār）负责将训练有素的猎鹰带至狩猎场”，这也在一定程度上说明了狩猎机构的庞大规模——原因在于，王公贵族通常为每一只猎鹰都配备了一位驯鹰师。[74]开罗的法蒂玛王朝的哈里发哈菲兹（al-Ḥāfiẓ，公元1131～1149年在位）与萨非王朝的统治者苏莱曼大帝（Sulaymān，公元1666～1694年在位）都采纳了这种惯例，后者拥有800名驯鹰师。[75]当然，由于这些驯鹰师经常会作为王公贵族的代表在公众场合露面，因此还需要配置得体而昂贵的盛装。[76]

狩猎用动物的获取原本便是一笔很大的支出，而管理这些动物则需要更多的花费。由于所有狩猎用动物都是食肉动物，所以其对肉类——最昂贵的一种饲料——的需求非常大。关于这一点，我们有一些准确而具有影射意义的细节资料。1474年，意大利商人巴尔巴罗（Barbaro）见证了白羊王朝（Aq Qoyunlu）宫廷带着军队、帐篷、驮畜与狩猎用动物等离开大不里士（Tabrīz）时的情景，他所统计的数目对我们的研究非常有帮助。

猎豹100头
鹰隼200只
格力犬3000只
其他猎犬1000只
苍鹰50只[77]

巴尔巴罗并未列出这些动物所需食物的数量，但我们可以从其他资料中推测这一消耗量的大致规模。首先是猛禽类。当然，在野外捕猎时，猛禽可以食用自己捕获或是猎手捕杀的猎物。[78]最大的支出来自于猛禽在鹰舍中的喂养——即使是一位低级的王公，其所拥有的猛禽也可以达到 700 只。[79]在印度的莫卧儿帝国，猎鹰每天至少需喂食两次；据夏尔丹所言，在伊朗的萨非王朝，猛禽“一天到晚都可以吃到禽肉”。[80]这些定额需要相当大数量的肉类供应，对于一个常年缺少卡路里的社会而言尤为显著。中世纪时，法国设有一个专门的家禽场用于为猎鹰提供食物；17 世纪时，俄国的皇家鹰舍每天可以消耗 10 万对鸽子；在同一时期的暹罗国，国王拥有的猎鹰数目非常庞大，以至于“每天需要两整头水牛”才能满足食物供给的要求。[81]

猫科动物的食量更加难以满足。像阿克巴大帝这样拥有千头猎豹的皇帝，每天面临着需要置办价值 4000 磅肉类的花费支出。[82]但是，与皇室用大象的花费比起来，这些需求便是小巫见大巫了。乌马里所获得的资料准确地指出，德里苏丹国所拥有的 3000 头大象可以吃掉大量的大米、大麦与牧草，形成了只有“大国”才有可能承受的巨大的经济负担。[83]之后在莫卧儿帝国旅行的欧洲人也充分证实了这些论断，他们不仅提供了大象食物的详细花费——牧草和 30 磅甘蔗——还计算了每一头大象所配备的可能多达 10 名仆役所需要的花费。[84]

最后，我们不能忘记狩猎场中所安置的猎物。阿克巴大帝拥有的一座狩猎场中有大约 12000 只瞪羚（āhū），他曾经就这些瞪羚的喂养事宜颁布过详细的规定：除了平素食用的牧草之外，还要补充一些谷类，尤其是母羚。[85]

维持一个狩猎管理机构所需的支出总额鲜有记载。[86]但是，阿拔斯王朝时期的一些相关数据可以使我们一窥这项数字的庞大。9 世纪中期，每年仅在狩猎活动相关人员方面的支出便可达50万迪拉姆（dirhams）。[87]这项数目尚不包括动物及其喂养工作的相关花费。在之后的918年，阿拔斯王朝的预算列出了宫廷与政府的全部花销，在常规的单项花销中包括有“猎鹰、动物与野兽的饲养费用”以及用于“购买肉食性动物、禽类与动物装备”的全年花费。[88]遗憾的是，其中并未注明特定花销的数额，但是这些支出项目会被列入其中也表明其已是一笔不小的数目。

然而除此之外，我们还掌握一份来自印度的关于动物花销总额的报告。据马努西（Manucci）记录，达乌德可汗（Dā'ūd Khān，公元1715年亡故）——奥朗则布在德干地区的附属国首领——每年会支出25万卢比（rupees）用于管理狩猎用动物与异域进口的宠物。[89]由此可以推见，其宗主国在动物方面的花销必然数倍于这一数目。

姑且不论皇家狩猎活动中投入花销的具体数额，这一问题促使我们进一步思考一个问题，即经济与支付方式。在阿拔斯王朝与许多例子中，这一花销直接来自于国库。例如，在德里苏丹国统治时期，皇家养狗场会定期收到来自国库的资金资助。[90]在更早时，据可以追溯到公元前509～前499年的一块埃兰文石碑记录，阿契美尼德王朝会为皇家猎犬提供食品供给；其中的一项文件提到了68只动物，在另一项文件中则提到了26只。[91]据希罗多德记述，阿契美尼德王朝所拥有的诸多猎犬被分派至巴比伦尼亚（Babylonia）的四座大型村庄，由村民负责照顾和喂养它们，以此免去这些村民承担国家规定的其他义务。[92]

在其他地区，皇室也曾出于类似的目的免去百姓的税款。如中国的辽代，由于皇家狩猎活动的规模极其宏大，而且需要很多供给品，因此住在狩猎队伍营地附近的百姓被免于纳税，

94

以此来补偿狩猎活动为当地百姓带来的负担。[93]为了给皇家狩猎活动提供资金，政府可能还会征收一些特殊的额外费用。1289年，伏利尼亚（Volynia）的大公姆梯斯拉夫（Mstislav）以食品的形式对布莱斯蒂亚（Berestia）征收了一笔额外的“猎人税（lovchee）”，以此作为对当地叛乱行为的惩罚。[94]

在伊斯兰世界中，还有另外的一些选择。18世纪时，布哈拉的统治者在巴尔克（Balkh）设立了一笔以敬神为名的财政拨款（vaqf），其目的之一便是为总驯鹰师、猎手首领以及猎鹤人（ṣāyyadan-i kulang）提供专门薪资；这些资金主要用于为皇家狩猎活动供给食物、遮蔽设备与人力。[95]

显然，筹集资金的手段多种多样。由于大部分方法都涉及资金或稀有资源的转移，这一过程很容易在皇家猎手和动物管理者中滋生舞弊、腐败和滥用职权等行为。伊朗的蒙古宫廷受这些问题的影响尤为严重。在合赞汗统治时期（Ghazan，公元1296～1304），驯鹰师（qūshchiān）和猎豹看守（barschiān）可以从指定的区域获得所需的供给，而他们则借此进行无休止的勒索。这些官员有组织地多报其所照顾动物的数目，进而非法地索取巨额差旅费（ūlāgh）和粮草，对其所居住的区域或外出经过的地区带来了巨大的负担。依仗自己具有可汗的狩猎用动物守卫者的地位，这些官员还对那些不小心靠近或进入他们管辖区域的人们索取贿赂，一般会拿走受损者的钱财、坐骑和衣服。为了终止这一乱象，蒙古宫廷针对所拥有的1000只猎鹰（jānvar）和300头猎豹（yūz）制定并颁布了专门的定额标准，防止猎手对管辖区域进行无理的勒索。如若官员依旧不思悔改，则会受到严厉的惩罚。[96]然而，这些措施未能终止这些问题。1320年，阿布·萨亦德（Abū Saʿīd，公元1316～1335

年在位）颁布了一条蒙古语法令，取缔了驯鹰师和猎豹看守，以此来终止他们给百姓造成的压力。[97]

95 同样的，这些非法行径在中国也非常常见。在唐德宗（公元780~805年在位）统治末年，五坊的官员利用职权在民间勒索钱财，并且在酒肆有拖账欠账的行为。这种行径一直持续至德宗的继任者顺宗继位。[98]这种类型的犯罪行为很有可能广泛地分布于整个欧亚大陆范围内的狩猎管理机构中，成为进行皇家狩猎活动的一项间接支出。

中国的士大夫们（scholar officials）认为，这种行为的危害十分巨大，而且是皇家狩猎活动所导致的一项间接支出。自公元前4世纪的孟子开始，针对皇家狩猎活动的奢华支出——尤其是针对大型狩猎场与狩猎保护区——的批评之声便未曾平息。这些大型狩猎场与狩猎保护区剥夺了普通民众使用森林资源的权利，更有甚者，还会从民众手中征收大批的农业用地。[99]由于中国经济理论的最基本观点便是农业乃经济之本，因此这种土地的损失遭到了大量的批评。公元前195年，汉朝皇帝的重臣萧何曾提议，将狩猎场移交给民众用于种植农作物。百年后，桓宽创作了《盐铁论》一书，并在书中记录了关于经济政策的一系列辩论。在《盐铁论》中，桓宽不仅提出了与萧何相同的建议，而且指出这一做法有助于扩大征税基础。[100]有的时候，这类建议得到了采纳：在公元76、107和109年，上林苑和广成苑——洛阳附近的一座狩猎场——中的土地便曾在灾荒年代被分配给贫民耕种。[101]

在结束本章论述之前，中国的史料还为我们提供了一则关于皇家狩猎活动中巨额投入的信息。从汉朝起，中国朝廷官员便反复提议缩减皇家狩猎活动以及在礼服、马车、殿宇、宫苑、猎犬与马匹方面的支出。[102]他们认为，朝廷支出是经济紧张的主要原因，而皇家狩猎活动则是导致支出增加的主要因素。

尽管这些证据大多属于轶事类型，但是这些累积的证据指向了这样一个事实，即皇家狩猎活动消耗了大量的资源，包括动物、人力、管理与经济等方面。正如几代的中国士人所坚称的那样，皇家狩猎活动几乎不具有经济意义，他们的担忧与批评也证实了我们此前所得出的有关结论：皇家狩猎活动具有惊人的规模，因此我们有必要从政治学的角度探讨其所具有的重要意义。

第六章　环境保护

96

杀戮与赦免

在传统社会中——就一定程度而言现代社会也是如此——环境保护措施很少能长期持续或具有系统性。相反的，这些措施往往只是暂时的、部分的和分散的，而且是源于各类动机的。[1] 实际上，很多环境保护行为都是附带发生的结果，例如9世纪的唐朝皇帝为了寻求治愈顽疾，从皇家鹰窖中放生了许多猛禽；再或者，蒙古帝国早期的可汗为了庆祝登基而选择赦免囚徒，还会颁布法令宣布短期暂停狩猎活动等。[2] 很显然，虽然这类行为形成了赦免猎物的结果，但保护与赦免并非这些举措的主要目的。

有意识地关注环境保护的措施来源于狩猎活动以及人们想在未来继续狩猎的期望。对于皇家猎手而言，这是一个尖锐的问题。原因在于，猎手的狩猎手段会造成大量的杀戮。在皇家狩猎活动中，人们一方面想要积累战胜动物的次数，另一方面则想要保留畜群以进一步展现自己的狩猎才能——这两种欲望是一组长期存在的对立。由于皇家狩猎活动在本质上是一种政治行为，而且经常会在大众面前进行展示，所以皇家狩猎活动必须确保成功；而衡量其成功与否的最明显和容易理解的标准便在于猎囊，即捕杀猎物的数量。

在核心区域中，关于皇家狩猎活动的文学描写经常会提及大规模猎杀的场景。12 世纪末，尼扎米（Niẓāmī）在诗中写到，手持枪矛与套索的巴赫兰·古尔在捕猎后留下了“小山”式的被猎杀的野鹿与野驴。[3] 同时代的格鲁吉亚诗人鲁斯塔维利（Rust'haveli）曾提及“土地被血液染成了紫色”，以及活动中猎杀了“不计其数的野兽”。[4] 在另一部同时代的格鲁吉亚文学作品《维斯拉米阿尼》（*Visramiani*）中，作者宣称男主人公拉敏（Ramin）“猎杀了太多的猎物，以至于山中和平原上都没有足够的空间储存这些猎物了”。[5] 甚至在中国的文学作品中也出现过这样的场景。在公元前 2 世纪的一篇赋中，作者述称猎杀的规模太大，以至于皇帝的马车轮都沾上了“鲜血”。[6]

同样的，历史文献中也大致记述了围猎中所捕杀猎物的庞大数量。据朱维尼记录，蒙古人通常会为所猎杀的猎物保存一份记录，但是鉴于有时猎杀的猎物数目过大，所以人们只会记录捕杀的野兽与野驴，也就是那些比较名贵的猎物的数量。[7] 马可·波罗对忽必烈的狩猎活动也有同样的描述。据他记录，猎物的队列长度可达一日行程，之后则全部被赶至狩猎圈的中央集中猎杀。[8]

97

但是，确切的数字究竟是多少呢？猎杀的规模真的有那么大吗？在这一方面，史料提供的数据可以证实文学作品的记述。在康熙皇帝于中国东北（Manchuria）举行的一次围猎活动中，传教士南怀仁记录称，猎手在半日内共猎杀了 300 只牧鹿，而在更远的区域中则有 1000 只牧鹿和 60 头老虎。[9] 据夏尔丹记录，在伊朗的围猎活动中，猎杀的动物——包括野鹿、野狼、狐等——通常可达 800 只，但是据说有时猎杀的野兽数量会多达 14000 只。[10] 一位改信基督教的波斯人堂·胡安（Don Juan）记录了一个更近时期的历史故事，据说达赫马斯普

（Ṭahmāsp，公元1524～1576年在位）有一次组织了一场大型围猎活动，最终在“一天的狩猎活动”中杀死了30000只野鹿。[11]

以上这些数据可能会被认为是传说、旅行者笔下的故事或是文化偏见的副产品。然而，当地史料的记载也讲述了同样的情形。在阿克巴大帝统治期间，同时代的尼赞·艾丁·穆罕默德（Niẓām al-Dīn Muḥammad）记录了1567年初冬在拉合尔（Lahore）附近举行的一场大型围猎活动。在这场围猎活动中，助猎者将大约15000只猎物——包括野鹿、豺狼等——赶至一起，形成了“边长5科斯（10英里）的狩猎区域”。[12]虽然尼赞并未给出具体的猎杀总数，但是这一数字无疑是十分巨大的。除了这些被猎手捕杀的猎物，我们还需要考虑到的是，如此大量的动物在非正常状态下聚集会造成怎样的影响。这些动物中既包括食肉动物，也包括猎物，两类动物同时在数天内聚集在有限的空间中，无疑会导致很多动物因缺水、惊吓、意外以及恐慌和重定向的进攻行为引发的动物搏斗情形而死亡。

为了能够在未来继续展现皇威，皇室需要维持一定数目的猎物，这就需要进行一些限制措施。因此，皇家猎手群体开始有意识地采纳和推行一系列管理狩猎活动的相关规定。正如孟子指出，制定这些狩猎活动规则的目的是让猎杀行为变得更为困难，进而使狩猎活动变得更加具有挑战性。[13]

环境保护的基本规则被普遍接受和广为应用。其中，最基本也是最自然的猎物保护方法在于狩猎季节方面。普林尼和阿布尔·法兹尔都深深意识到，动物与人类不同，是拥有固定的繁衍季节的。[14]在中国，历史资料中也有关于采纳季节性狩猎的记载。早在公元前6世纪，东周列国便会根据繁衍季节来安排每年的狩猎周期。[15]在唐朝的一则法令中，这一点更为明晰。法令规定，“凡采捕渔猎，必以其时”，负责推行这一法令的则是隶属于工部的虞部。[16]在中国的清朝，即便是以繁殖迅速而闻名的野猪，也只允许在北京以北的地区依季节进行捕猎。[17]

98

当然，狩猎季节这一概念意味着对雌性动物和幼崽予以优待，这也是一项历史非常悠久的传统。欧洲的中石器时代（Mesolithic）文明中对赤鹿的捕猎非常严重，而对赤鹿残骸的研究数据显示，雄赤鹿被猎杀的频率要高于雌赤鹿或年长的牡鹿，因为雄赤鹿与牧群的繁衍关联性最少。[18]在欧亚大陆的猎手群体中，这是一种普遍的策略；在色诺芬关于狩猎活动的专著中，这一策略甚至被延伸至繁殖速度较快的野兔中。[19]在伊朗，这种智慧体现在日后出现的一项传统中：巴赫兰·古尔下令禁止捕杀四岁以下的野驴。[20]可以说，这是来自一位古代的英勇的皇家猎手对环境保护的支持。在蒙古人控制中国北方地区时，中国禁止在“孕期或哺乳期”猎杀任何禽兽，这一法令也适用于天山地区的回鹘人。[21]在印度的莫卧儿帝国，通常禁止猎捕的雌性动物有时还包括老虎——尽管这一政策的制定者贾汗吉尔本人有时会不遵守这一法令。[22]这种对雌性猎物的保护有时还会延伸至猎手所使用的狩猎搭档身上，例如伊本·芒里（Ibn Manglī）便主张猎豹可以被训练为只捕猎雄性的瞪羚！[23]

尽管贵族猎手们接受以上所有这些规定作为狩猎活动的准则，但是他们的狩猎方式却削弱了这些规定的效果。可以确定的是，有经验的猎手可以在狩猎时有选择性地放走雌性与幼崽；但是在围猎活动中，受这种狩猎方式的本质所限，猎手对不同的猎物并不会有任何区分。因此，解决方法只能是对狩猎活动进行限制并赦免猎物。在中国的周朝，猎网被改造为只能诱捕更少量的动物；而在蒙古帝国，在长者的恳请之下，围猎活动会在所有受困的动物被猎杀之前就被中止。[24]此外，清朝、萨非王朝和莫卧儿帝国也都实行了类似的政策。我们还掌握了一些数据：沙阿拔斯曾在围猎活动中释放了2000～3000只瞪羚，贾汗吉尔则在另一次围猎活动中释放了100只鹿中的半数；有一次，阿拔斯围困了大约2000只鹿牛羚（nilgao），但是仅猎杀了其中的300只。[25]统治者必须维持一个仁慈而无情的形象。王公就像神灵一样，最好的情形是既被人民所爱戴，也为人民所惧怕。

过度狩猎的内涵已被明确认识。那些猎物被“清空”的地区需要一定的时间来慢慢恢复。[26]据同时代的资料记载，拜占庭帝国的皇帝伊萨克·科穆宁（Isaac Comnenus，公元1057～1059年在位）经常在“自然栖息地”中狩猎，以“避免减少特殊保护区内的动物数量”。[27]元朝宫廷在有些地方狩猎的间隔在3～4年，而热爱狩猎的康熙皇帝则意识到，人们需要进行一定的轮换以保证猎物有足够的时间繁衍，因此他也减少了进行围猎活动的频率。[28]

99 皇家猎手通常会保护一些特定的猎物品种不受干扰，当然他们自己并不在限制范围之内。贾汗吉尔禁止在阿玛纳巴德（Amānābād）地区捕猎羚羊，奥朗则布禁止在首都附近捕猎鹤；在中国的辽代，只有皇帝才可以猎杀角鹿。[29]借用罗伊（Roe）的表述，在美索不达米亚的古马里（Mari）、中国的元朝以及印度的莫卧儿帝国，只有皇帝才可以“与狮子接触”。[30]

所有的大型猫科动物都被认为是皇家猎物，捕猎这些动物是只属于统治者的一种特权。

但是，这并非皇家猎手保护动物的唯一动机。在某些情况中，一些动物物种会被统治者列为保护的对象。在17世纪的锡斯坦（Sīstān），倭马亚王朝的统治者下令保护鼬鼠和箭猪，因为这些动物经常会杀死对人类造成威胁的蛇类。[31]在中国的元朝，关于鹤也有类似的详细记载。1299年秋，江浙地区遭遇了虫灾，朝廷使用了上千只秃鹫在地上和空中杀死害虫。作为回应，中书省获准传达了一条在该地区内保护鹤类的圣旨。这条禁令一直持续了超过五十年。[32]在以上两个例子中，古代政权均使用了我们现在称为“自然控制”的方法来处理害虫及其蔓延的问题。

另外一种常见的保证猎物供给的方法便是将狩猎权仅限于贵族当中，也就是限制猎手的数量。1071年，辽国朝廷立法禁止汉人狩猎。[33]大约同一时期，征服者威廉①在英格兰境内广泛推行了禁止捕猎野鹿、野猪和野兔的法令；几个世纪之后，忽必烈在中国北部地区与朝鲜也推行了大致相同的政策。违反这些禁令的惩罚是非常严厉的，包括刺盲或处死。[34]这些措施的明显意图之一是保护猎物，但通常也是为了防止普通大众持有武器。作为本国国内的少数族群，诺曼人、契丹人和蒙古人并不希望大众拥有使用武器的经验。

这种隔离政策素来不能完全施行。除了难以监管的偷猎行为，皇家猎手还不得不多次允许平民拥有狩猎权，甚至在皇家

---

① 征服者威廉（William the Conqueror），即威廉一世（公元1027～1087），法国诺曼底公爵，后被加冕为英格兰国王，建立了诺曼王朝。

森林中开展狩猎活动。在一些时候——例如在 14 世纪的法国——这是一个有关习俗和法定先例的问题。[35]在另一些情况中，则是为饥荒所迫。譬如，1291 年，由于各地饥荒而担心引发社会动荡，忽必烈撤销了禁止捕猎的法令。[36]有的时候，允许平民狩猎是皇室博爱的象征。例如，在印度的莫卧儿帝国，皇家狩猎保护区只有统治者在附近出现时才会戒严，当统治者不在附近时则允许平民用捕网猎取一些小型的猎物，如鸟和兔。[37]但是需要注意的是，由于贵族阶级将狩猎活动作为一种战斗训练，因此即使在这些例外中，皇室也绝对不会鼓励大众使用军队式样的武器来猎捕大型猎物。

100

猎物管理

一场成功的皇家狩猎活动通常伴随着对自然环境的管理。为了保证稳定的猎物供给，人们需要控制狩猎活动并长期保护、改进或改造猎物赖以繁衍生息的自然环境。为了达到这些目的，传统社会主要采取了两种基本类型的措施：畜养牧群和保护动物栖息地。

蓄养喜爱的猎物的行为具有悠久的历史。在公元前 12 世纪～前 9 世纪的亚述帝国，皇家铭文曾骄傲地宣称，统治者所捕获的野兽“形成了牧群”。有些动物被祭祀给神灵，其他的动物——尤其是异域的动物——则用于展示，但是基本的猎物如野鹿、瞪羚和野山羊则会被“放在山中”——这明显指的是畜牧行为。[38]在近代早期，欧洲宫廷也推行了类似的政策。16 世纪的法国国王全部是狂热的狩猎爱好者，他们试图在自己的狩猎场中繁殖异域的猎物，如来自拉普兰（Lapland）的驯鹿和来自鞑靼（Tartary）的野雉。[39]在这一方面成功得多的是盎格鲁—诺曼的贵族，他们从英格兰进口黇鹿并将其引入了爱尔兰的南部与东部地区。[40]在内亚地区，游牧民族是迁徙动物方面的专家，他们进行了一些非常长期的畜牧活动。成吉思汗曾下旨，让长子术赤将一大批野驴（gūr-khar）从钦察草原转移至锡尔河附近的费纳客忒河（Fanākat）沿岸。一段时间内，这些动物被用于娱乐活动中的追捕和捕获，等王公贵族对此厌倦后，每一位都会在这些动物身上加上标签，然后将其放生，以供未来的消遣活动使用。[41]

在核心区域中，也有大量证据显示畜牧活动的存在。贾汗吉尔在这一方面尤为积极。当时，由于赤鹿的分布只局限于两个区域，故贾汗吉尔捕捉了一些赤鹿送往其他地区蓄养。在另一个例子中，贾汗吉尔在萨满纳噶尔（Samanagar）附近的围猎活动中捕获了404头野鹿，并且将这些野鹿送往法特普尔（Fathpur）的平原地带放生。之后，又有84头野鹿被送往了这一地区，并且还在鹿鼻上穿环作为"标记"。[42]更令人印象深刻的是与贾汗吉尔同时代的伊朗皇帝沙阿拔斯。约1619年，在阿拔斯写给贾汗吉尔的一封信函中，他对莫卧儿帝国的统治者所赠送的印度鸟表达了感谢，并希望可以获赠其他的动物品种——一头有角野牛和一对繁衍用的羚羊。之后，阿拔斯告知贾汗吉尔，他在法拉哈巴德（Farāhābād）栽植的一片森林（jangal）已经非常繁茂，这也是他写信索取更多印度品种动物的原因。[43]阿拔斯选取法拉哈巴德作为在伊朗部分地再现印度的做法是非常合适的，因为法拉哈巴德位于马赞达兰（Māzandarān），靠近里海沿岸的塔俊（Tajūn）河口。这里的气候炎热潮湿，生长着浓密的灌木丛与森林。

101

同样的，在中国也有猎物看守与畜牧的传统。在周朝和汉朝的狩猎场中，这一点尤为明显。[44]在后来的几个世纪中，满人在北京北部的湿地中蓄养了大量的野猪以供皇帝消遣。[45]

如果将这些不同的证据综合起来看，其中似乎蕴含了一些当代猎物管理的相关概念，但是这些行为并非现代意义上关联、整合或认可的政策。在大部分意义上，这些规定实际上是统治者个人倾向的结果。从长期效果来看，更为连续和远为有效的是那些保护、扩展、改进或创造了有利于猎物的栖息地的措施。应当强调的是，这些行为并不一定是有意所为，反而有时是为了垄断或至少部分地控制自然资源——尤其是水源和森林制品——而导致的副产品。贵族阶级的猎禽史便可以很好地说明这种动机的混杂性。由于水禽可以提供很多娱乐活动，皇家猎手采取了各种策略保障有足够的水禽作为猎物供给。腓特烈二世在意大利东南部的福贾（Foggio）附近的湿地建立了一片鸟类禁猎区，而印度与波斯的贵族则小心地在湖泊与池塘中蓄养了鱼类，以此吸引常见的鸟类猎物并为它们提供食物供给，如鹤和鹭等。[46]另外一种措施是契丹人使用的，之后蒙古人也予以采纳。这种方法便是在水域周围种植各种谷物，在吸引野禽的同时还可以确保在今后的狩猎活动中可以猎取到肥美的猎物。[47]除了保护和强化自然水域，有些热爱狩猎的皇家猎手还会自己创造水域。公元 5 世纪时，亚美尼亚的国王修建了一些人工河道，并表示其目的是吸引“大量的野禽以供沉迷于狩猎活动的贵族阶级娱乐消遣”。[48]同样痴迷于此项运动的还有成吉思汗时期的王公贵族，他们在蒙古中部与突厥斯坦的不毛之地修建了人工水塘，借此“聚集”水禽。[49]19 世纪早期，希瓦汗国（Khiva）依然延续了这种行为：当时的统治者在灌溉水渠的沿岸挖凿湖泊，以便于在湖上捕猎水禽。[50]

以上例子的主要目的是通过提供合适的栖息地来聚集猎物。然而，“水槽（tank）”的例子却是一种不同的情况。水槽是印度建造的一种可以吸引水禽的设施。这种水槽相当于一个大型的蓄水池，是南亚次大陆范围内一种常见的设施。[51]自史前时期起，这些水槽便已经出现了，而早期的文学作品与碑文也广泛记载了其在皇家活动中所发挥的作用。[52]在之后的德里苏丹国与莫卧儿帝国时期，穆斯林王公和印度王公都曾整修旧水槽和修建新水槽。[53]

在郊区与城镇附近的交通线沿途，有一些水槽非常庞大，其周长在2～10英里。人们通过修建大坝和改道溪流修建起水槽，其四周通常会砌有石头以防止漏水，四周栽满树木以减少蒸发。[54]这些宜人的人造环境自然会吸引各种各样的水禽与皇家猎手前来。[55]然而，尽管这里是一个吸引人的狩猎地点，这却绝非是人们修建水槽的最初或主要目的。正如很多欧洲旅行者正确意识到的，水槽实际上是一种蓄水手段与灌溉设施。游船、娱乐、捕鱼和猎禽都只是衍生而来的次要功能。[56]

102

如果说印度修建的水槽在意料之外带来了良好的水禽狩猎活动，那么可以说中世纪西方的森林保护行为则带来了意料之内的良好的猎鹿活动。德语中有意地区分了“Waldgeschichte”与“Forstgeschichte”两个词，前者意为自然森林的历史，后者则指的是受人类管理的森林的历史。[57]实际上，“森林（forest）”一词本身便蕴含了这些内涵：“forest”源于拉丁语的“foris”，意为“外面”，可以指代普通法律管辖范围之外的任何类型的土地，既包括林地，也包括荒野、草原甚至是农业用地——以上这些土地类型均受制于管理皇家狩猎活动的专门律法。[58]在中世纪的英格兰，森林这一术语被直接等同于国王在各个郡县单独开辟的狩猎保护区，是拥有“野味（venison）”——任何野兽的可食用肉类——的地方。[59]因此，“森林”的概念并非源于自然森林的历史，而是源于狩猎活动。自然而然的，朝廷警惕地控制着森林资源。具体而言，森林中的“绿植与野兽（vert and venison）”，即所有提供了所需的遮蔽与食物的植被和野兽，都受到国王律法的直接保护。在这一体系中，森林与皇家狩猎场是同义的——狩猎场只不过是四周设有围墙的森林而已。当然，没有国王或其代理人即林务官（foresters）的批准，任何人都没有权利在皇家森林中使用其中的树木、牧草或猎物。出于必要，林务官既是猎物看守同时也是执法官，不仅协助运行一个独立的宫廷体制，而且负责监管违反森林法的各类行为，以罚款的形式为皇家财政增添了多种收入。

尽管盎格鲁—萨克逊的国王进行狩猎活动并且拥有自己的猎物保护区，他们并不是郊区大块土地的唯一使用者，因此实际上剥夺了平民利用森林资源的权利。随着诺曼人征服了这里，森林制度被从法国引入。威廉及其儿子们通过“植树造林（afforestation）”大大增加了皇家狩猎保护区的范围，而且经常会将现有地区的平民驱逐出去。正是出于这些政治经济层面的考虑，诺曼王朝的国王成为其治下“自然”栖息地的坚定维护者与拓展者。

在欧亚大陆范围内，“受人类管理的森林的历史（Forstgechischte）”遵循了一条类似的固定道路。中世纪早期的国王如墨洛温王朝的统治者拥有许多保护区与护林官，一直警惕地守卫着其中的猎物与森林。[60]但是，在这一较早时期，

103 北欧地区依然存在着许多荒野，因此统治者经常会鼓励民众在

这些大片土地中定居和开荒，因为这种做法可以为宫廷带来长久的经济收益。[61]然而，由于自中世纪后期起荒野的数量开始下降，统治者开始更加专注于保护和垄断剩余的森林资源。与之相对，这种情况导致了大量入侵皇家林区寻找猎物与植物行为的产生。在诺曼王朝统治下的英格兰，偷猎者来自于社会各个阶层，包括了贵族、农民、牧师和法外之徒等。[62]为了应对这种非法获取猎物、木材或地被植物的行为，相关的皇家律法越来越严格和残酷，甚至还包括了死刑。[63]

无论如何，在北欧地区，皇家狩猎活动与环境保护行为之间的关联十分密切。尽管中世纪的贵族与现代的环境保护论者在其目的与世界观等层面上有着根本的区别，但是前者也是经验丰富而且真心诚意的“自然环境保护主义者（conservationists）”。此外，中世纪的贵族花费了大量精力保护英格兰与法国境内的猎物栖息地。在封邑众多的德国，有众多的林务官（Forstmeisters）和狩猎主管（Jagdmeisters）负责管理猎物，组织皇家狩猎活动和保护森林资源。逐渐的，这些林务官和狩猎主管甚至还进口了一些新品种的树木和灌木丛以改善猎物的生存环境。慢慢的，“植树绿化（afforestation）”这一术语不再指代为了狩猎保护区而拨用土地的本义，而是演化出在荒地中栽植新森林的现代含义。[64]

核心区域的生态环境与狩猎技巧有着很大的差异，其狩猎技巧适宜空旷的乡下而不是林地。尽管如此，皇家狩猎场依然是不准人们进入的禁区，只有在统治者允许时才会例外。在突厥斯坦与印度等地，皇家狩猎场是禁忌之地，非法侵入者会遭受严厉的惩罚，甚至被没为奴隶。[65]在伊朗的政治生活中，也存在着类似的保护动物栖息地。阿契美尼德王朝的各地统治者均拥有自己的护林官，而之后的帕提亚人（Parthian）出身的亚美尼亚国王胡斯洛三世（公元 330 ~ 339 年在位）则在阿扎尔河（Azal River）附近栽植了一片橡树林，用以吸引狩猎用的猎物与鸟类。[66]与沙阿拔斯在法拉哈巴德栽植的森林相似，这片橡树林的开辟拨用了土地并种植了新的植被——换言之，实现了“植树绿化”一词的双重含义。

在古代中国，狩猎活动与林业之间也有着紧密的联系。这一点主要表现在狩猎场和狩猎保护区中自然资源的大众接触问题上。孟子曾试图说服当时的统治者，一位英明的君主不会建造大型的皇家狩猎场并将人民隔离在外，也不会将杀死君主的野鹿的人当作杀人犯对待。与之相对，孟子主张由政府控制的狩猎保护区应与人民共享其中丰富的自然资源，尤其是薪柴与小型猎物。在他看来，这不仅是治国良策，也是经济之道。[67]负责维护这些森林的官员自一开始便与猎物管理事务相关。[68]

104

在汉朝前与汉朝时期，掌管山林的官员被称为“山虞”或“虞”，负责砍伐林木、保护狩猎区、驱赶猎物以及为皇家狩猎场提供猎物等方面的工作。[69]

此后的朝代不仅在政治层面上关注狩猎活动，而且也遵循了先例。元朝和清朝两代的朝廷都十分留意保护自己所有的森林，尤其是首都附近的林地，并颁布法令禁止在皇家狩猎保护区中捕猎。负责在保护区中巡逻的是猎物看守，有时皇家卫队也会参与其中。[70]清朝的主要狩猎保护区位于木兰围场，在这里举行的最后一场皇家狩猎活动发生于 1821 年；在此后的几十年中，这座狩猎场一直保存完好。但不久之后，偷猎者、伐木人和缺乏耕地的农民不断地侵扰木兰围场，导致它迅速衰落；截至 1906 年，木兰围场的森林覆盖率只剩下最初规模的 5%。[71]

然而应当注意的是，在欧亚大陆范围内，人们保护森林的动机是各不相同的。例如在中国，一个长期的问题是由于山上滥砍滥伐而导致的水土流失，这在孟子所处的年代便已经是一个严重的问题了。[72]与之相对——与欧洲和某些程度上的中国相比——对前现代时期的日本而言，林业与贵族狩猎活动之间仅有微小的关联。总体而言，森林是建筑用木材与燃料来源，是为密集型农业提供肥料的一种植物资源。[73]但无论人们保护森林的主要动机是什么，猎物的栖息地都得到了一定程度的保护——尽管正如格拉肯（Glacken）所言，这些环境保护行为都是在“不知不觉之中”发生的。[74]

然而，还存在着另外一种形式的无意识的环保行为。这种行为可以周期性地协助缓解猎物所面临的各类侵扰，而这种行为便是社会混乱状态。虽然社会混乱状态可能会在人类社群中造成灾难性的影响，但是却常常对野生动物及其栖息地有益。这种社会混乱可以具有多种形态，譬如由于中东地区的旱灾或俄国的瘟疫导致了国内人口的减少与土地荒废无人耕种，反而使许多适宜猎物生存的自然栖息地得以恢复。[75]政治层面的失误有时也具有类似的效果。在佩尔萨特（Pelsaert）所记述的一则例子中，印度莫卧儿帝国的过度税收政策导致许多农民逃离当地，因此导致“田地无人耕种，逐渐变为了荒野”。[76]

然而，战争对自然环境的益处甚至要更大。在激烈的战乱时期，军队的调用与贵族成员的伤亡都会减少皇家狩猎活动的频率与规模，而这将会促进猎物数量的恢复。[77]此外，战争导致的人口总量减少也有利于猎物的生存。在乔治二世（公元1072～1089年在位）统治期间，格鲁吉亚人不断地被塞尔柱人骚扰，历经了许多困难的处境。约 1080 年前后，突厥人一年一度的夏季远征活动导致了边境地区众多民众的死亡、逃逸或奴隶化。据一部格鲁吉亚编年史记述，当时的事态变得非常糟糕，以至于“在那段时间里，田中既无人耕种也无人收割，105 乡下的田地被荒废，逐渐变回森林；这些地方不再有人居住，而是被猎物和野兽所占据”。[78]同样的事情也曾发生在中世纪俄国边境的森林—草原地带。当时常住人口的频繁逃逸使得自然植被得以恢复，这种情形被地理学家亚历山大·沃耶伊科夫（Aleksandr Voeikov）称为“非自愿的造林行为（le boisement involontaire）”。[79]这种自然环境的复原现象吸引了野生动物前来，据 1389 年的目击者记录，在顿河中游等曾经的农业用地中，唯一的居民已是“麋鹿、野熊等类似动物”。[80]虽然就某种程度而言，这些说法有可能是文学创作的惯用手法，但是这些描述也反映了一种生态现实，即自然可以以非常快的速度再次征服那些无人看管的耕地。

在有些例子中，长期的军事斗争甚至可能在交战双方之间制造出“无人地带（no man's lands）”。这些地带占地辽阔，持续时间长，对野生动物的生产十分有益。在新大陆，所谓的“战争区（war zones）”中的大片土地将对立的美洲印第安人（Amerindian）的各个部落领地分割开来，有效地保护了猎物及其栖息地，尤其是大型动物如野鹿和野牛——这两类动物在长期处于部落控制下的地方通常较为稀缺。[81]现代的类似案例是 DMZ①，这是横跨整个朝鲜半岛的一片狭长的无人之地，现

① DMZ 指将朝鲜半岛一分为二的非军事区，即宽 4 公里、长 248 公里的军事缓冲区，朝鲜与韩国在分界线两边各自部属重兵。这一区域与外界隔绝超过 50 年，而且不准平民进入，因此变成了野生动物的天堂。

在已等同于濒危动植物或在韩国其他地区已灭绝的动植物的保护区。[82]

战争对猎物的赦免不仅体现在制造缓冲区，将士兵从狩猎活动中调离，以及因饥荒、疾病和逃难而导致的人口减少上。这种赦免作用实际上更加冷酷：战争中的伤亡人口常常沦为觅食的食肉动物的食物，这一点在古代的文献中常有提及。[83]在这一点上，狄奥菲拉特（Theophylact）的报告很具有代表性。据狄奥菲拉特记述，578 年拜占庭帝国在与萨珊王朝的对战中失利，很多波斯方面牺牲的军士都被留在田野中未被掩埋，最终成了经过的野兽的盘中餐。[84]在东方，长期的战乱导致了明朝的覆灭与清朝的崛起，中国南方省份的人口减少产生了人类腐肉与更多的森林，而这导致老虎的数量开始增加。[85]同样的现象也曾出现在越南战争期间，当时东南亚地区的老虎数量出现了暂时性的复苏。[86]

关于战争与猎物保护之间复杂而且有时出人意料的关系，再举最后一个例子，那就是德里苏丹国的政策。首先，与欧亚大陆范围内的其他统治者相同，德里苏丹国的统治者拥有正规的狩猎保护区和荒原，这些地区均不允许农民进入。然而，这里最引人深思的就是这些狩猎保护区最初的创建方式。至少在其中的一个例子中，菲罗兹沙阿（Fīrūz Shāh，公元 1352 ~ 1388 年在位）曾“打着狩猎的幌子”对印度克塔尔地区（Katehr）进行了全面的掠夺，而这一行为所导致的结果显然也是预料之内的：当地人纷纷逃离，“留在那里生活的只剩下了猎物”。[87]

以上论述并非认为战争一定是对野生动物有益的，而只是指出这种情况可能会发生，而且还是常常发生。

106

文化限制

在这一点上，大多数用于确保未来猎物畜群数量的措施均有意或无意地来源于统治阶层的行为、决议与政策。换言之，这些措施大多来自于皇家猎手。然而，更大框架之下的文化实践与文化准则同样影响了这些皇家猎手，对他们的狩猎行为进行了一些额外的限制。

最明显的是，宗教信仰、宗教习俗与宗教机构对狩猎活动加以限制并在一定程度上保护了野生动物。面对这些限制，包括最有权势的统治者在内的统治阶层即使并非总是会遵循，也不得不对之加以考虑。有些限制措施以正面法令的形式出现，例如在伊斯兰律法中，动物作为上帝创造的生物是拥有灵魂的，拥有使用公共水源的权利。[88]其他的很多限制措施则是以禁令的形式出现的。在中世纪的西方，狩猎活动与猎鹰训练由于实践和理论原因而遭到了神职人员的反对。首先，狩猎行为是一种世俗活动，神职人员不应参加；其次，这种活动不仅花销巨大，而且让人分散精力。[89]虽然这种限制并不能阻止贵族阶层从事狩猎活动，但是教会可以在其所拥有的土地中限制狩猎活动的进行，实际上相当于为动物和鸟类创造了避难所。

即使在核心区域内，这种情况也有发生。1170 年，格鲁吉亚的国王乔治三世出台了一则宪章，宪章严格限制皇家驯鹰师进入底比利斯以北的一座修道院所属的土地，只允许其在极短的时期进入特定的地点。[90]这种类型的动物避难所非常常见，有一些甚至更加具有限制性。在麦加周围，狩猎活动是绝对禁止的。在禁地（ḥaram）——一种神圣的区域——内，立有圆柱作为标识，在这里任何形式的杀戮行为都是禁止的，无论是针对人类还是针对动物的杀戮。即使是最微小的生物的意外死亡也是需要注意避免的，唯一的例外是面对危险动物时进行的自我防卫。[91]

在近东地区的宗教中，只有一种宗教信仰完全禁止人们进行狩猎活动，那便是摩尼教（Manichaeism）。摩尼教的创建者摩尼（Mani，公元 216 ~ 276）将狩猎活动等同于邪恶和罪恶，据称他曾偶遇多位外出打猎的王公，并让他们回心转意选择皈依。现代的评论家认为，摩尼对狩猎活动的拒绝源于他对各种形式的生命的尊重以及他对贵族奢华生活方式的反对。[92]由于摩尼教是一种被打压的少数派宗教，因此很少有机会推行它所推崇的信条。在减少对动物的杀戮方面更为成功的是印度本土诞生的宗教，尤其是佛教与耆那教（Jainism）。

在佛教教义中，自然具有重要的宗教意义；随着时间的流逝，自然的价值会逐渐增加。中国与日本的一些佛教流派甚至讨论，无知觉的生物——如植物与树木——是否可以达到成佛（Buddhahood）的境界。尽管并非所有的信众都讨论了如此深入的问题，但是基本都认为动物作为一种有知觉的生物，能够达到开悟（enlightenment）的状态。因此，动物在佛教徒中获得了一种特殊的道德地位，在耆那教信徒（Jains）中也是如此。[93]

佛教禁止杀生的信条广为人知。这一戒律的推行与一个人 107 的名字有着紧密的联系，那就是阿育王（Aśoka）——孔雀王朝（约公元前 274 ~ 前 232）的伟大统治者。据传说记述，在击败了东南方的羯陵伽国（Kalingas）之后，阿育王由于对这场血腥的战役感到嫌恶，转而投入了“法（dharma）”① 的怀抱——通常认为是皈依了佛教。之后，阿育王在其治下用古代印度初期地方语（Prākrit）颁布了多部法令。在法令中，阿育王宣布他将终止狩猎活动，取而代之的则是道德视察与指导；此外，他还将停止摄入大部分作为营养来源的肉类。[94]

这些禁止杀生的行为以故事的形式广为流传。在创作于公元 2 世纪的《阿育王传》（*Legend of King Aśoka*）中，贵族阶级遭受的悲惨死状一般被归因于前世所犯下的狩猎罪行。书中宣称，这些过去的罪恶只有通过遵循佛教教义才能洗清。[95]此外，隐士、美学家、神职人员和婆罗门都会定期进行反对狩猎活动的布道，尤其是针对统治者。[96]他们会指出，佛陀曾用自己身上的一块肉救下了一只被统治者的猎鹰攻击的鸽子。[97]这些人的宗教信仰可以在其治下的土地上推行：印度拥有众多的僧院与修道院，这些地方成为动物的避难所，而这一传统也随佛教一起传至了北部与东部地区。[98]有的时候，世俗的统治者也在劝诫下接受了这些教义。据中国史料记载，在 7 世纪早期，北印度的卡瑙季（Kanauj）的国王重新启动了阿育王的禁令，在统治范围内禁止任何形式的杀戮。[99]

这些戒律随着佛教的传播，也蔓延至北部与东部地区。在内亚地区，印度的梵文传说被翻译为藏文与回纥文，这些翻译作品均宣传了狩猎活动作为一种邪恶之事而应被禁止的思想。[100]约公元前 300 ~ 公元 1000 年，在于阗的东伊朗王国，多位统治者据说都曾经酷爱狩猎与格斗，直至在佛教教义的启发

---

① 在古印度，“法”的梵文是“dharma”，巴利文和俗语作“dhamma”。阿育王主张以“法”治国，在阿育王碑文中，“dhama” 的意思主要与宗教伦理相关，而非现代意义上的法律。

下才开始放弃杀戮行为。[101]在古回纥语的各式忏悔中，任何的杀戮行为都被认为是一种罪恶，并且有意将猎手（tazaqchi）、驯鹰师（qushchi）与捕鸟者（itärchi）列为罪人，这种观点在中国的唐朝也广为流传。[102]

以上这些行为或许会被认为不过是空洞而伪善的宣言，但是毫无疑问的是，佛教教义的确影响了统治者对动物和狩猎活动的态度。630年，玄奘在西去印度时经过了西突厥帝国的领土。在伊塞克湖（Lake Issyk Kul）与塔拉斯河（Talas River）之间的一个地方，玄奘见到了一片野鹿荒野。在那里，众多动物在可汗的全面保护之下得以不受干扰地生活。[103]同样，契丹人的统治者也回应了——至少选择性地回应了——佛教教义对动物的关心。辽代朝廷在重要的佛教节日时禁止狩猎，并且多次将所有的猎鹰放生，短暂地中止过鹰猎活动，这种行为在朝鲜和日本也曾零星出现。[104]

108

另外一种印度宗教耆那教在对杀戮的憎恶与对动物福祉的关注等方面走得更远。[105]能够体现这一点的是令外国旅行者感到惊讶的动物之家（goshals）与动物医院（pinjrapole）。这些设施的原型来自于公元前3世纪阿育王时期，主要出现在——但不局限于——印度西部地区，并且与耆那教的信徒有着紧密的关联。[106]这些动物之家与动物医院的服务对象既包括家养动物，也包括野生动物。外来者在第一次看到这些设施时都会感到困惑或认为不可理喻，尤其是因为这些设施甚至还会收留虱子和跳蚤等害虫。[107]其中的一个例外便是英国人詹姆斯·福布斯（James Forbes）。1772年，他参观了位于苏拉特的一座耆那教动物医院。尽管詹姆斯认为这栋设施“十分奇异”，但仍然清晰而准确地记录了医院的性质与功能：在医院的墙内设有各种病房，一些供生病和受伤的动物恢复，另一些则供年迈的动物安度晚年。这座医院中收容了家养动物与野生动物，包括猴子、鸟、乌龟，等等。[108]

与耆那教信徒相比，印度教教徒的立场虽然更加温和，但是他们的宗教信仰显然对其态度与狩猎行为产生了深刻的影响。鲁特罗·德瓦所著的狩猎指南便很好地体现了这种模糊性。在书中，德瓦颇为费力地为狩猎活动进行了辩护，将之等同于传统而正式的动物祭祀活动；他认为，如果人们沿袭圣人的做法，在狩猎活动开始时在林中野兽的额头点上清水，那么狩猎活动就会变成一场值得肯定的宗教行为，而不是针对生物的罪恶屠杀。[109]因此，王公贵族的狩猎活动始终伴随着质疑之声，而且与伊斯兰国家的王公相比，印度的皇家狩猎活动有更多关于哪些动物可以猎杀的规定，尤其是针对孔雀等在印度教中具有象征意义与宗教意义的动物。[110]此外，有些规定远远超过了这些限定。1708 年，汉密尔顿在奥里萨（Orixa/Orissa）遇到了当地的一位印度统治者，后者对在自己领地内捕猎大量猎物与野禽的行为作出了严格的规定。据汉密尔顿记述，野兽“都非常的温顺，因为除了王公之外无人敢猎杀它们；唯一的例外情况是统治者签署了手写许可证时，但是这种许可证很难获得”。[111]有的时候，大众情绪也会支持这类限制措施。1803 年，孟买发生了一起卡扎尔使节的侍从猎杀鸟类的事件，事件引发了民众与印度士兵之间的争斗，最终导致一名波斯官员死亡。[112]

在这种环境下，即使是穆斯林统治者和阿克巴大帝这样的狩猎爱好者也不得不对猎杀行为感到疑虑，并且有时会对狩猎活动表现模糊的态度。然而，最终阿克巴大帝还是批准和认可了“在战斗和狩猎活动中”出现的杀戮行为。[113]阿克巴大帝的儿子与继任者贾汗吉尔，同样也对狩猎活动抱有类似的道德顾忌，他曾发誓拒绝猎杀动物，这一誓言从1618年一直维持至1622年。[114] 109

印度宗教对中国有着深远的影响，此外本地的文化与意识形态思潮也阻碍了狩猎活动的发展，促使人们在一定程度上同情和尊重动物王国。关于皇家狩猎活动的劝诫性争论便可以体现这一点。唐太宗（公元626～649年在位）是唐朝的第二位皇帝，他曾经因一个儿子太过沉迷于狩猎活动而对其予以降职，之后还严厉斥责其老师权万纪未能起到应有的劝诫职责。对此，另一位朝廷官员刘范答道：“房玄龄事陛下，犹不能谏止畋猎，岂可独罪万纪?”于是，皇帝虽然十分愤怒，但是仍收回了之前的批评之词。[115]这段对话展现了多层含义。首先，很显然，在当时的朝廷，投入狩猎活动的时间是一个具有争议的话题，而且当时因花销问题还出现了削减狩猎活动的呼声。其次，中国朝廷大臣经常反对狩猎活动的目的不一定是出于保护自然的初衷，而是因为他们想要阻止皇帝长时间地远离首都，脱离士人的影响，进而与一些“不良分子”如军人、边境官员和外国人相伴。

在唐朝，另外一项限制皇家狩猎活动的举措便是，“如果动物的皮毛和羽毛不能用于制作衣物，或者其肉不适合用于祭祀的话”，那么皇帝便不会捕猎这些动物。[116]换言之，一般的规则是，猎物必须具有可用性，人们不能纯粹为了“消遣”而猎杀动物。

另外一种有力的保护因素来自于对预兆的笃信，这种笃信能够阻止某些狩猎活动的进行。譬如，公元前63年，汉宣帝

（公元前 74～前 49 年在位）下旨规定首都长安周围的郡县不得在春秋二季射杀迁徙的鸟类，因为皇帝认为这些鸟儿是超自然的神灵，可以提供关于未来的信息。[117]这个例子很好地说明了，虽然精神上的约束可以暂缓狩猎活动的进行，但并不能永久地终止这项运动。

除了这些具体的——有时比较特殊的——动机可以减轻猎物所面临的压力，还有一些普遍的观念可以提升动物的地位并为之进行辩护。在早期的中国佛教典籍中，人类与动物处于一种相互的道德关系中。进一步固化了这一信条的是“志怪文学”。这些短篇故事描述了一些奇异现象，其中的动物具有人性，可以在相互性的基础上与人类进行交流，暗喻了动物与人类都是同一个道德社会的成员。[118]这种信条逐渐发展出“放生”行为，综合了佛教教义与中国思想中的轮回转世与因果报应等内容。放生活动在明朝时达到了巅峰，其主要关注用于屠宰的家养动物和小型野生猎物。[119]因此在中国与印度，动物具有一定的道德地位；与之相对，在基督教世界中，动物被认为是不具有灵魂的。这种信条层面的差异不仅导致人们对待动物的方式不尽相同，而且也暗含了人们看待自然的普遍态度——在本章的末尾部分，我们将展开针对这些问题的讨论。

110

濒危物种

在审视环境保护与皇家狩猎活动之间的深层关联时，我们可以从两类物种，野驴与猎豹的相关文化史的角度细致切入。这一角度有助于我们关注与濒危物种和物种灭绝相关的一些关键问题。

野驴（onager）也称为亚洲野驴（Equus hemionus），包括

六个地理种族或亚物种，覆盖了从中东至蒙古的整个欧亚大陆。此外，还有一种关系稍远的西藏野驴（Equus kiang）。有的学者认为，古代的近东地区曾将家养化的野驴用于拉车。但是在克拉顿－布洛克（Clutton-Brock）看来，这是几乎不可能发生的事情，因为野驴本身性情暴躁而且十分难以驾驭。[120]但正如瓦尔罗指出的，这种情况也有可能是将古代的野驴与马、驴进行了杂交。[121]

在前现代时期，亚洲野驴在小亚细亚地区非常常见，远至西南部的埃及—努比亚边境都可以见到其身影。[122]中世纪时，叙利亚境内的亚洲野驴一度数量众多，但在18世纪时逐渐灭绝了。[123]截至19世纪中期，野驴分布范围的东段仍然存在着一定数量的亚洲野驴与西藏野驴。如今，野驴的数量已经极为稀少，被列入了濒危物种名单。除了在土库曼斯坦和印度仍然残存有少量野驴，目前只有中国新疆的自然保护区与准噶尔戈壁中仍分布有较大群落的野驴。[124]

那么，我们应当如何解释野驴数量的长期减少呢？一方面，野驴与其他野生的有蹄类动物相同，都被认为有害于农作物，这一观念古已有之。[125]此外，野驴一直是人类的食物来源。在公元前一万至前六千年，里海东岸的中石器时代文明将瞪羚和野驴作为主要的猎物，如今发掘的很多遗骨都证实了这一点。[126]进入有史时期后，突厥斯坦、印度与叙利亚仍然喜欢食用野驴肉。在这些国家中，野驴肉被认为是一种珍馐，这种习俗一直保持至19世纪。[127]此外在中东地区，人们认为野驴的寿命较长，因此将野驴作为一味药品；野驴蹄和野驴脑成为药剂配料，野驴肉则被认为可以增强人类体质。[128]

111

尽管以上这些都可以认为是人类猎杀野驴的正当原因，但是不可否认的是，在欧亚大陆范围内贵族们仍然出于“消遣”的目的而猎杀了相当数量的野驴。野驴在阿拉伯语中被称为“ḥimār al-waḥsh”，在波斯语中是“gūr-khar”或“khar-gūrah”，在突厥语和蒙古语中为“qulan”。在核心区域内外的诸多著作中，对于野驴以耐力和速度著称的特点有着广泛的记述。[129]同样重要的是，野驴被认为善斗，其积极防守的特点促使人们将其带至君士坦丁堡的竞技场，与猎豹和狮子进行角斗。[130]此外，野驴作为一种群居动物，在皇家猎手眼中是忠实而勇敢的动物。在一部关于阿尔达希尔（Ardasher，公元 227 ~ 240 年在位）① 的中古波斯语罗曼司中，野驴为了家族和幼崽选择牺牲自我而毫不犹豫地保护整个群体；因此，野驴被认为是一种高尚的对手，也是值得皇家猎手捕猎的猎物。[131]

由于以上这些形象，在来自核心区域——包括亚美尼亚语、格鲁吉亚语、阿拉伯语与突厥语——的资料中，野驴被塑造为一种受贵族偏爱的猎物，只有像巴赫兰·古尔那样的伟大猎手，或是像狮子那样勇猛的野兽，才能将其制服。[132]因此，在欧亚大陆范围内，皇家猎手在一千年来一直不断地追逐野驴。在古代的美索不达米亚、早期的中国以及整个穆斯林时期，野驴都是皇家狩猎活动的捕猎对象。[133]据斯特拉波记述，在公元 1 世纪时的草原地带，萨尔马提亚（Sarmatian）的游牧民族曾经捕猎野驴，后来的蒙古人也非常热爱这项运动。[134]

猎捕野驴的方式有很多种。在公元前 5 世纪后期，因为野驴可以轻易地超过骑兵，所以色诺芬采用了马匹接力的方式追捕野驴。[135]穆斯林的狩猎指南中还推荐了另外一种常见的捕猎

---

① 即阿尔达希尔一世，波斯萨珊王朝的开国者。

手段，沙阿拔斯便曾经使用过这种方式：猎手先射箭使野驴的速度变缓，之后再用矛或剑等人类格斗使用的兵器刺死猎物。[136]有时，猎手会在围猎活动中捕获野驴。1634 年，沙贾汉在旁遮普举行了一场围猎活动。猎手们在野驴时常出没的水坑附近包围了一群野驴，其中的很多野驴都被俘获，应当是充当了补充畜群。[137]

毫无疑问，野驴是狩猎活动的重点捕获对象。但是，是否皇家猎手将野驴"捕杀殆尽"的呢？这似乎可以解释野驴现今所面临的窘境。然而，在得出这一结论之前，我们还需谨慎思考。首先，在皇家狩猎活动的全盛时期，并无野驴数量减少的证据。此外，中世纪晚期与近代早期的记录者曾多次提及，在伊朗、印度与内亚地区分布着大量野驴。[138]若要在这一问题上得出结论，编年史与地理学资料同样非常重要。例如，有一种可能是，野驴是 18 世纪时在叙利亚因捕猎而灭绝的，但是在中国西部地区，野驴数量减少的主要原因则是栖息地的受损与缩减。还有另外一种可能，由于使用传统方式猎杀野驴非常困难，因此近代的火器造成了明显的影响。再一种可能是，自 20 世纪中期起，随着现代化政权因循苏联模式，施行增强草原生产的举措，导致野驴在对草原的竞争中失利。对于这些不确定因素，只有立足于当地的细致研究才能提供一些新的线索。　112

奇特的是，虽然目前尚不清楚皇家猎手是否应为野驴——他们偏爱的猎物——的数量减少负责，但是他们在猎豹——皇家猎手喜爱的食肉动物与狩猎搭档——的数量减少中所扮演的角色却很容易确定。更具体地说，有证据表明，贵族猎手应当为猎豹在部分自然分布区内的灭绝负主要责任。

在公元纪年初期，猎豹生活在东非平原，这里也是如今野生猎豹的最后一片主要堡垒。此外，猎豹还曾出现在北非、伊朗、突厥斯坦南部以及印度西北部地区。自中世纪至近代早期，猎豹在伊拉克、伊朗、阿富汗和马赞达兰（Māzandarān）遭到大规模诱捕，至20世纪时已在这一区域灭绝。[139]然而，最近在卡维尔沙漠①还发现了残存的极少量亚洲猎豹，有30~60头。目前，已有一支国际团队开始对这些猎豹进行研究。[140]印度猎豹一直生存至19世纪，那时人们依然大量捕获猎豹并训练其参与当地贵族的狩猎活动。[141]截至20世纪中期，野生猎豹已在南亚次大陆范围内灭绝；最后的三只猎豹于1948年被人目击，并被科威吉（Korwai）的大君②猎杀。[142]

尽管有时人们会出于消遣和获取皮毛的目的而猎杀猎豹，但这并不能令人信服地解释猎豹在核心区域内的数量锐减。[143]一个更好的解释是，人们无休止地捕捉猎豹并将之训练为狩猎搭档使用。例如，我们知道，伊朗的蒙古合赞汗③拥有300头猎豹；此外，据阿克巴大帝儿子的证言，其父“曾收集了1000头猎豹”。[144]如果我们考虑到，猎豹作为接近食物链顶端的食肉动物实际上在广阔的区域内分布稀少，那么如此大量地捕捉猎豹则会对其动态数量造成明显的影响。此外，我们还要在一定程度上考虑到猎豹在豢养时很难繁殖这一事实，这样才

---

① 卡维尔沙漠（Dasht-i-Kavir），波斯语中意为“大盐漠”，位于伊朗北中部的干燥盆地里。

② 大君（maharajah）是梵文中对统治者的称呼，意为“伟大的君王”。

③ 合赞（Ghazan，公元1295~1304年在位）是统治波斯的伊利汗国的蒙古可汗。成吉思汗的孙子旭烈兀在波斯建立了伊利汗国（1256~1335），他的另一个孙子忽必烈则在中国建立了元朝（1271~1368），这两大家族同属成吉思汗后裔。

能合理地权衡人类在猎豹数量减少中发挥的作用。

关于猎豹数量的减少，人们提出了多种原因。之前有种观点认为，基因多样性下降是野生猎豹数量减少及其在豢养状态下低繁殖率的主要因素，而这种观点现在遭到了人们的质疑。目前认为，野生猎豹数量的减少是因为其幼崽被狮子和豹子捕食，这在核心区域内的传统猎手中是尽人皆知的事实；此外，其他原因还包括猎豹栖息地的减少以及豢养状态下的不当管理等。[145]可以证明后一种观点的是现代动物学文献记录，据称第一只在豢养状态下出生的猎豹出现于1956年的费城动物园。[146]这些困难所造成的结果便是，目前在豢养状态下尚不存在可以自给自立的猎豹。[147]

113

目前，熟悉猎豹繁殖行为的田野工作者所推荐的解决方式是：人们必须提供机会让豢养状态下的动物与潜在的伴侣进行自然接触，包括让雄性为争夺雌性而展开竞争，由此激发动物的发情期，延长求偶追逐时间，采用正常的饮食而不是喂养。那么，也就是说问题并非是基因层面上的，而是管理层面上的；解决方式需要人们创造出成功繁殖所需的合适的物理条件与社会环境。[148]正如许多动物学家所指出的那样，猎豹尽管很容易驯服，却无法通过家养化的第一个测试，即在豢养状态下产生繁殖能力。如果人们在早前阶段能够克服这一问题的话，那么猎豹现在很有可能会是一种非常常见的家养动物。[149]

自很早的时期起，人们便已经意识到猎豹有在豢养状态下难以繁殖的问题。其中，贾汗吉尔曾记述，在其父在位期间，曾有一只雄性猎豹逃离锁链，与一只雌豹交配并致使后者产下三只幼崽，之后这三只幼崽都顺利长大。贾汗吉尔记录下这一事件是因为他认为“这是一件奇事”。这的确是一件奇事，因为这似乎是目前已知的印度猎豹在豢养状态下繁殖的唯一记录。[150]

如果我们将目前关于猎豹繁殖行为的知识与贵族狩猎活动相结合，那么就可以对印度猎豹数量的减少提供一个可能的原因。据史料记载，莫卧儿帝国的皇帝在寻找捕获的猎豹作为狩猎搭档时，其广泛的诱捕计划与其余地方实施的措施相同，主要目标都是成年猎豹尤其是雌性猎豹。[151]这就意味着，每一只被捕获和训练的猎豹都是永久地脱离了繁殖群体。然而，这还并不是造成的全部损害。由于雌性猎豹被认为是最优秀的猎手，而未受训练的幼崽则被认为毫无用处，因此被留在野外环境中自我保护的幼年猎豹只能存活很少的一部分——甚至有可能一只不剩。换言之，贵族对猎豹的处理方法与其针对猎物的总方针相悖——那就是选择赦免雌性猎豹与幼崽。此外，我们必须要考虑到诱捕和运输动物时的困难，即这一过程会导致很多——可能是数不尽的——动物的伤亡。而且，如果我们在莫卧儿帝国宫廷所捕获的 1000 头猎豹之外，再加上前现代时期印度的无数下级王公和贵族所捕捉和使用的猎豹数量的话，那么可以有理有据地认为，几百年来，野生猎豹的繁殖队伍每年都会减少极大数量的成员。

最后，为了充分解释猎豹数量锐减的问题，我们需要简要地提一下这一点，那就是有相当数目的猎豹被送到了其自然分布范围之外的中国、蒙古与西欧地区。总体而言，虽然创造野化品种或许可以促进某些动物物种的分布扩展，但是这种情况并不适用于猎豹。[152]与之相反，其他国家对猎豹的兴趣只是加剧了猎豹所处的窘境：由于人们无法培养出自给自立的豢养猎豹，因此替代的猫科动物必须从遥远的国度进口，从而进一步

114

减少了野生猎豹的数量。尽管这种观点可能是一种略显简单化的观点，忽略了一些其他因素；但是这至少可以说明，对于世界上仅存的可以进行繁殖的野生猎豹，即那些生活在东非的猎豹，它们在这片区域内是从未被训练在人类的控制之下进行捕猎的。

从狭义而言，虽然伊朗和印度的贵族并未将这一自然分布区中的猎豹“猎杀殆尽”，但是他们所诱捕和训练的猎豹数目极大，以至于对猎豹的动态数量造成了灾难性的影响，这也在根本上改变了与猎豹相关的地理与历史。

自然观念

本章的结尾我们将讨论一些与前现代的环境保护和自然观念有关的普遍问题，尤其是透过皇家狩猎活动的棱镜对其进行些许审视。一个明显的问题便是，是谁在进行环境保护呢？如果我们将环境保护看作一种出于长期利益而有意识施行的短期限制行为的话，那么历史上最为积极的环境保护者很多都是政治权贵、皇家猎手及其所控制的政治机构。通过立法、狩猎机构与相关仪式等手段，英格兰与欧洲其他国家的贵族都致力于在其所统治的领地内保证持续而良好的狩猎活动。[153]之后，随着欧洲的对外扩张，这种由政府推行的环境保护措施也对外传播到了新大陆。[154]

然而，这些环保观念和实践行为并非西方独有的特例。在中国，环境保护在很大程度上是一种政府发起的行为。正如伊懋可（Mark Elvin）指出，中国的环保措施所采取的形式是通过政府或朝廷对自然产品——包括木头、猎物以及鱼类——进行垄断或准垄断。[155]显然，在这里发挥作用的不仅仅是对自然的热爱之情或由狩猎活动激发的利己主义。在中国、欧洲以及二者之间的国家中，皇家狩猎活动和环境保护措施都是贵族阶级控制各类经济资源的途径。虽然这种情况可能主要适于以集约型农业为基础的复杂社会类型，但是其是否也适合较小规模的采集型社会、农业型社会与田园型社会呢？在社会科学家、环境保护论者与发展研究专家中，这是一个极具争议性的话题。在最近的讨论中人们强调的一点是，更加富裕的社会阶层会出于狭隘的私利而采取一些环境保护措施，并且有时还会强迫其他人一同施行。[156]作为一种普遍化的特征，这种观点也可以适用于皇家狩猎活动以及随之而来的环境保护措施。

115

在我们审视环境保护行为的动机时，不可避免地会涉及普遍的意识形态与自然观念的问题。意识形态经常会被提及并被看作是人类与自然之间关系的主导力量。有的时候，人们会用意识形态诠释非常具体的行为，如这种行为是有害的还是有益的；有的时候，人们会用意识形态解释西方与世界其他地方在自然观念方面的根本差异。在这些讨论中，人们认为关键的差异是随着基督教在西方世界的传播而出现的。这种学说指出，自中世纪晚期起开始出现这样一种观点，即人类作为上帝按自己的形象所创造的生命，有权利甚至有义务控制自然环境，而自然环境则是神为了人类的利益而创造的。这种思想导致了技术进步以及其他改造自然行为的更大成功。[157]如果这种学说所言为真，那么基督教作为一种意识形态可以被认为是全球历史变化——既包括好的方向也包括坏的方向——的关键动因。

显然，意识形态与各种世界观对人类与自然之间的关系造成了一定的影响。但是在一些学者看来，政治因素、人口因素以及技术因素才是控制地面上发生之事以及地面本身变化的主导力量。例如，中国的宇宙观中关于人与自然平衡的观点几乎不具有“可操作性”，也就是说，这些观点并不能对人们从自然系统中汲取资源的日常实践进行指导。[158]其中，段义孚（Yi-fu Tuan）的观点非常重要。他指出，“环境观念与环境行为之间”的相互作用从来都不是直接的，实际的行为与自然哲学的观点很少会保持一致。[159]换言之，尽管道家关于人与自然和谐相处的观点经常得到西方人文学者的赞赏，但是这些观念实际上并未能阻止严重的环境问题发生，如滥砍滥伐、水土流失和物种灭绝等；同样，主张人类拥有对自然的控制权的《圣经·旧约》训谕也实际上并非是“导致”了这些问题的原因。[160]

因此，尽管存在着一些对自然表现关怀态度的意识形态，但是复杂型社会一般都未能遵循其行为准则来行事；这些社会大规模地改造自然，所造成的意料之外的后果往往是负面的，甚至可以说是灾难性的。这种意识形态指导失败的例子并不难找。毕竟，信奉佛教的国王经常会出于消遣或利益的目的而外出狩猎。[161]在西方国家，尽管罗马人声称自己尊崇和敬畏地球，称其为他们的“大地母亲（mater terra）”，实际上却使用所掌握的工程技术对地球进行了大规模的改造。[162]

正如查尔斯·鲍勒斯（Charles Bowlus）指出，西方世界中认为人类应当并且能够控制和操纵自然的观点实际上是特定历史条件下的一种副产品，综合了欧洲中世纪晚期在生态、经济、人口与心智等层面的各类变化；换言之，这些观点并非来源于一些古代广为流传的“犹太—基督教传统（Judeo-Christian tradition）”的固有规训内容。[163]人们猜测，意识形态之所以会成为一种常见的解释，是因为宇宙观等内容一般会很

116

方便地记载在学术传统中。由于这是一个研究透彻和索引清晰的范畴，因此人们很容易再次发现这些信息。与之相比，涉及人与自然之间实际活动的信息要散乱得多，因此也更加难以获得。

此外还需要注意的重要一点是，即使在同一文化传统内部甚至是同一部文学著作中，其表现出来的自然观念也并非是连贯或一致的。譬如普林尼关于人类在自然中所处地位的观点便非常模糊，当然《圣经·旧约》中的一些相关记述也是如此。[164]正如凯茨·托马斯（Keith Thomas）指出，《圣经》中关于统治自然的训谕（《创世记》1.26－30）并未形成所谓的“西方人”的行为方式，而是在具体的历史背景中将这种行为方式合理化。同样重要的是，在需要的时候，同一段《圣经》引文（《创世记》2.15）可以用于支持另一种——甚至是完全相反的——博爱而“环保”的自然观念。[165]

这种明显的矛盾状况需要人们的解释。在文人社会中，古典而权威的文本似乎可以作为一种灵感与意识形态的来源。一些关键段落被人们反复引用，留下了永久性的印记，致使在一段时间内某种单一一致的观念主宰了人们的思想与行为。然而，这实际上是一种曲解，使我们无法正确地理解历史变化的含义。实际上，在任何历史节点，社会本身都具有多种选择，具有可以用于替代的组织模式、行为模式与意识形态模式。菲利普·萨尔兹曼（Philip Salzman）认为，有些替代模式是显性的，而有些替代模式则是隐性的；换言之，有些模式是“当下运行的”，有些模式则是“处于保留之中的”。只有当具有一定的相关性，而且被特定的历史事件唤起时，这些替代模式才会发挥作用。正如菲利普正确地指出，这并不一定是出于暂时利益而对便捷的正当性进行有意或愤世嫉俗的调用；相反，这些替代模式带来了一定的弹性与流动性，提供了一种适应方式。简而言之，这些替代模式是隐藏在变化背后的动态机制。[166]

由于与自然接触的准则和自然本身都处于流动的变化之中，因此那种统一的、内在一致的、无所不及的自然观念也几乎是不可能存在的，或者可以说是并不吸引人的。可能的情况是，在既定的文化传统内部，关于自然的矛盾性观念是一种有益的条件，因为这些“矛盾”并不像人们通常所认为的那样会导致文化体制的崩塌，反而似乎是这些文化传统能够源远流长的原因。在皇家狩猎活动中，这种模糊性和不一致性体现得尤为明显：一方面是出于消遣和观赏目的而对动物进行的恐怖屠杀，另一方面则是非常理智而清醒的环境保护措施。突厥语与蒙古语中的“qorugh/qorigh”一词很好地反映了这种矛盾性，这一术语既可以指代修道院周围禁止狩猎的区域，也可以指代贵族大量猎杀动物的狩猎场或狩猎保护区。[167]

最后，让我们回到猎手在物种濒危或灭绝中所扮演的历史角色这一问题。可以肯定的是，过度猎杀的情况确有发生，近代的资料记录也证明了这一点；许多海洋哺乳动物和陆地动物也都因过度捕猎而灭绝了。[168]这种认为人类可以肆意掠夺自然的观念在德语的“Raubwirtschaft”① 一词中体现得非常清楚，有些物种提供了羽毛、皮毛和象牙等可以满足人类装饰需求的产品，因此这些物种所遭受的大面积捕捉情况尤为严重。[169]在大部分情况中，这种类型的破坏主要是商业型猎手造成的。然

① “Raubwirtschaft”意为“掠夺性经济”。

而除此之外，生存型猎手（subsistence hunters）出于完全不同的目的也造成了严重的损害。肯特·雷德福德（Kent Redford）近期对亚马逊盆地的研究表明，在这一地区越来越严重的“去动物化（defaunization）”过程中，生存型狩猎活动每年猎杀约5700万只动物，而商业型狩猎活动只在这一总数之上增加了几百万只。[170]历史上，动物和鸟类数量的大面积减少一般与人类首次侵入“朴素的”生态系统有关。在太平洋水域内，这一现象尤为明显，例如这里的很多鸟类——包括新西兰的大恐鸟——都是因为人类的侵入而灭绝的。[171]值得注意的是，在这些例子以及其他一些例子中，灭绝现象的始作俑者都是生存型猎手，而不是商业型猎手。无论在什么情况下，造成物种数量减少的原因都不仅仅是狩猎技术或是搜寻食物、皮草和狩猎纪念物。在贾雷德·戴蒙德（Jared Diamond）的分析中，人类因素在动物灭绝这一问题中呈现多种形式；除了过度猎杀，还包括了破坏栖息地、引入天敌和竞争者或疾病以及其他各种衍生效应。[172]

那么，皇家猎手在这个过程中又扮演了怎样的角色呢？现在已经灭绝的北欧和中欧的大型野牛曾经是中世纪国王喜爱的猎物，那么其灭绝是皇家狩猎活动造成的吗？[173]具体的问题一向是难以回答的，因为一个物种的灭绝一般都是一个非常复杂的问题。以中国南方的岭南大象为例，其灭绝时间为公元1400年前后，原因则可能包括了狩猎活动、气候变化与栖息地受损等。[174]除了这些困难和复杂问题，一个比较明确的数据事实是：大多数物种的历史灭绝的主因都是农业发展，而不是皇家或平民猎手。

正如丹尼尔·希勒尔（Daniel Hillel）指出的，农业是造成环境变化的主要人为原因之一，长期以来导致了地球生物多样性的减少。[175]耕种者对野生自然的控制过程是一种“长期历史（la longue durée）”的现象，是通过克服无数的阻碍而逐渐取得的成功，因此在某个具体的时间点难以被人发现。与之相对，贵族阶级对自然环境的操纵经常会被宣传和记录下来，因此在短时期内相对而言更加明显。作为具体时期的“历史事件”，我们倾向于赞美或谴责皇室与自然之间的对立冲突，却忽略或美化耕种者的相关行为——尽管迄今为止，农学家在土地上留下的印记是最为深刻的。在处理这些问题时，我们必须时刻牢记，无论何种类型的农学家，其所从事的都是一个简化自然（simplifying nature）的工作。

118

18 世纪著名的博物学家乔治·布丰（Georges Buffon）曾论述了人口扩张、农业密集化与野生物种减少之间的关联，早期的旅行者也曾提及与这一问题相关的具体例子。[176] 1627 ~ 1629 年间，托马斯·赫伯特（Thomas Herbert）曾在伊朗生活，他发现尽管捕猎老虎的行为还时有发生，杀戮的情况却日益减少。托马斯解释，城镇和耕地的发展导致了大量树木被砍伐，破坏了位于里海南岸的马赞达兰的老虎栖息地，因此现在老虎的数量极为稀少。[177]在大约同一时期，中国南方的岭南地区的老虎数量也陡然减少，其原因也可以归结至农业从事者征用土地导致老虎栖息的森林遭到了破坏与分裂。[178]同样的命运也降临到了很多狩猎用动物的身上。波斯黇鹿由于长时间的狩猎活动在 19 世纪时已经极为稀少，仅在胡齐斯坦（Khuzistān）的零散小块区域有所分布。近代的一位调查者认为，受种群压力和土地不足的极大影响，现存的波斯黇鹿面临着彻底灭绝的危险。[179]

大多数人或许还在急切地等待有朝一日，各个国家“将会铸剑为犁（shall beat their swords into plowshares）”（《以赛亚书》2.4），但是这对动物王国而言并非一个光明的前景。比起宝剑，犁头所造成的物种濒危与灭绝情况要更多。[180]

第七章　人的标尺

狩猎与阶级

狩猎活动可以用多种方式定义人类。换言之，狩猎活动是一种标识，可以帮助人们同时确定最高贵和最卑贱的人类阶级。作为一种人的标尺，狩猎活动是一种灵活而细微的标准，其类型与目的都是非常重要的因素。这些不同之处可以创建很多的阶级制度，我们需要将其置于具体的案例中进行分析，审视不同类型的狩猎活动体现的文化、种族与社会身份。

在远西地区，公元 1 世纪时塔西佗①曾写道，像费恩人②这样完全以狩猎活动为生的民族，其“生活堪称十分野蛮和悲惨”。[1] 大约五个世纪之后，普罗柯比（Procopius）在评价居住在遥远北方的图勒③的斯克里斯菲尼人（the Scrithiphini）时称，他们的“生活方式与野兽类似”，因为他们只会捕猎，不会栽种任何“地上的可以食用的”植物。[2] 在东方的伊斯兰世界，11 世纪时葛尔迪齐（Gardīzī）的记述也表达了相同的倾向：在提及南西伯利亚的忽里人（Khūrī/Quri）时，葛尔迪齐

---

① 塔西佗（Tacitus，约公元 55 ~ 120），古罗马杰出的历史学家、政治家和演说家。

② 费恩人（the Fenni）被认为是现代芬兰人的祖先。

③ 图勒（Thule）原指古希腊航海家皮西亚斯（Pyseas）在公元前 4 世纪发现的最北部的岛屿或海岸，后用于指代位于世界北端的国家。

认为那是一个野蛮的民族，因为他们只吃猎物肉，只穿野兽皮毛制成的衣物。[3] 这些评论者均认为，以狩猎活动为生的生活方式是原始性的主要标识；在这些来自于结构复杂的农耕社会的文人阶层眼中，人们的生活不应与自然太过亲密。显然，那些生活方式与自然环境距离过近的人无论在文化层面还是道德层面都被认为属于下层阶级，这也是欧亚大陆范围内的一种普遍观点。[4]

因此，对于高级的文明形式而言，被迫转而采用依赖狩猎的生活模式意味着一场彻底的灾难。10 世纪时，君士坦丁·波非罗根尼图斯（Constantine Porphyrogenitus）① 曾提到，西伯利亚的一个地区被不里阿耳人（Bulghars）破坏严重，以至于在之后的七年中，那里只剩下 50 人“以狩猎为生”。[5] 同样能说明这一情况的是《蒙古秘史》中对成吉思汗青年时代的描述。据书中记述，在其父亲死后，年青的铁木真——日后的成吉思汗——兄弟与他们的母亲只能靠打鸟、捕鱼和挖草根维持生计。当然，田园型社会可以接受靠狩猎觅食的行为，但是完

120 全依靠这一手段为生会被认为是一种衰弱的象征，在蒙古社会中它代表了家庭的贫困与政治地位的丧失。[6]

在这种文化等级制度中，狩猎活动扮演了一个明显的角色，而这种等级制度很容易并且频繁地与种族概念发生关联。在中国传统中，官方的历史记载经常会重复这样一点，那就是在传说中的黄帝的后裔中，那些分散至“辽阔的荒野”中以“放牧和狩猎作为基本生活方式”的群体最后成了游牧民/野

① 即君士坦丁七世（Constantine Ⅶ，公元905～959），马其顿王朝（又名亚美尼亚王朝）的第四任皇帝，被认为是欧洲著名的“学者型皇帝”。

蛮人；而那些留在原地从事农业生产的群体则成了汉人。[7]这种“狩猎 = 游牧主义 = 异质”的等式不仅在中国一直存在而经久不衰[8]，同样也出现在了西方社会中。5 世纪时，普里斯库斯（Priscus）指出，匈人——西方人眼中典型的游牧野蛮人——便来源于一支狩猎民族。[9]

在满人的例子中，我们可以看出狩猎活动是怎样在“猎手”群体中成为一种自我认知的重要标准。1720 年，贝尔这样记述：康熙皇帝十分欣赏在长城之外进行的狩猎活动，提倡人们不要依赖耕地生活，而要增强体质，“防止在汉人中变得懒散和柔弱”。[10]据贝尔记录，康熙皇帝曾动情地讲述了用融化的雪水所沏的茶、在篝火上烤制的新鲜野兽肉以及可以猎取到的熊掌——在中国，熊掌是一种稀有品，也是一道与古代亚洲北部的熊崇拜有关的菜肴。[11]对于像清朝皇帝这样外来民族出身的中国统治者，在狩猎活动中前往长城以北的地区意味着回归至理想化的自然环境，回归到原初的文化根源，可以再次唤醒和巩固他们的种族身份与民族团结。

在特定的群体中，以狩猎活动为标识来区分不同阶层的做法早已有之。在中世纪的欧洲，贵族身份与狩猎活动之间的紧密联系便是一个明显的例子。[12]当然，这一点在核心区域中也是如此。在穆斯林传统中，关于早期的波斯统治者——尤其是胡斯洛·阿努什尔瓦（Khusro Anushirvan，公元 531 ~ 559 年在位）① 等萨珊王朝的统治者——的教诲型故事一般都以狩猎活动为叙述背景。[13]对于国王而言，狩猎是一种与身份相称的活动；这些国王的行为也为阿拔斯王朝及其后继者提供了一种政

① 阿努什尔瓦意为“不朽的灵魂”，是波斯人为胡斯洛一世所增加的尊号。

治模式。但是，狩猎活动并非社会分层的唯一标准。在薄伽丘的论述中，男性贵族和女性贵族的美德包括美丽、举止、智慧和运动技巧，如控制马匹与猎鹰。[14]在核心区域中，也存在类似的观念。8世纪时，中古波斯语著作《坦萨尔书信》（*Letter of Tansar*）被翻译为阿拉伯语，之后被再次译为新波斯语。书中在区分贵族与工匠、商人等时所使用的标准包括衣着、马匹、高级住宅和“狩猎活动”。[15]

毫无疑问的是，伊斯兰世界对这些准则的接受与应用也被记载下来。1330年代，著名的旅行家伊本·拔图塔①遇到了一位来自赫拉特（Herat）的贵族马里克·瓦尔纳（Malik Warnā）。伊本称瓦尔纳“是一个杰出的人，天生喜欢权位，喜欢狩猎、猎鹰、马匹、奴隶、侍从和造价昂贵的皇室衣着”。伊本写到，这样的人在印度宫廷中通常都能获得一定的职位。[16]关于这一点，伊本所言非常正确。大约两个世纪之后，巴布尔再次用这些标准衡量了不同的人，从学识能力到驭鹰能力再到端酒能力。[17]显然，这是一种思维惯性。对于这些作者而言，狩猎技巧在确立上层阶级的社会地位方面的关键作用不言而喻。

121

然而，狩猎活动并不仅仅是一种贵族地位的象征。正如马塞尔·斯伊鲍克斯（Marcelle Thiébaux）指出的，在中世纪的西方，人们认为“狩猎活动具有令从事者贵族化的效果”。[18]同一时期的阿拉伯世界显然也持有这种观点。当然，并非所有类型的狩猎活动都被认为是英勇的或贵族化的。在早期的阿拉伯

---

① 伊本·拔图塔（Ibn Baṭṭuṭah，公元1304～1377），阿拉伯旅行家，出生于今摩洛哥丹吉尔。

语诗歌中，英勇的猎手一般骑着骏马，身配投枪或长矛；这些猎手从不使用弓箭，也不会将猎物从伏处惊起。能够提升社会地位的狩猎活动必须是一场真实的狩猎活动，猎手会与猎物在近距离进行对抗。[19]狩猎活动的式样——正如任何式样一样——会随着时间和空间的变化而改变。随着鹰猎活动的传播，这种活动与贵族文化之间的联系变得越来越紧密。欧洲中世纪的文学、律法与插图中，都有这方面内容的描述。在一些情况下，鹰猎活动还被看作骑士精神的延伸，象征了骑士在爱情和战斗中的追寻。[20]意料之中的是，猎鹰与驯鹰师的形象出现在罗斯人（Rus）的早期货币与王公印章中；在中国的辽代，律法禁止平民进行鹰猎活动。[21]在贵族狩猎活动中，使用合适的动物助手是至关重要的，这一点在哈沙尼（Qāshānī）的记述中体现得非常清楚。哈沙尼称，与猎犬一起狩猎、从事鹰猎活动以及身骑快马“对国王、苏丹、要人与可汗而言是快乐与友谊的来源”。[22]

对于哈沙尼的这一言论，欧亚大陆任何地方的贵族应该都不会表示异议。同样，他们应当也会赞同中国史料此前的一条记载——一位唐朝的王公据称“性好畋猎”。[23]在核心区域内，这种喜好非常常见，有时还会得到一定程度的放大。萨珊王朝的皇帝卑路斯在位期间（Peroz，公元459~484），编年史家拉扎尔·帕佩茨（Lazar P'arpec'i）在谈到自己所处年代时曾提到，深受敌对家族鄙薄的亚美尼亚贵族家族——玛米柯尼安人（Mamikoneans）——在野外狩猎时展现了自身固有的美德与价值。拉扎尔写道，“在箭术方面，玛米柯尼安人十分专业且箭术精准；在狩猎活动中，他们行动迅速，射杀水平堪称一流；他们的左右手都十分灵巧，身姿始终挺拔而优雅”。[24]也就是说，玛米柯尼安人本身具有的天然的贵族品质在狩猎活动中有所体现，而这一点是其宿敌无法否认的。

同样的，试图冒充贵族身份的暴发户也必须从事野外运动。一个明显的例子便是中国汉朝时的四川成功商人卓氏。在122 积累了充足的财富之后，卓氏开始追求“田池射猎之乐，拟于人君”（意为直接模仿当时的王公贵族从事射箭和狩猎等野外活动）。[25]

毫无疑问，狩猎活动是冒充上层社会地位人士最明显和引人注目的方式之一，可以有效地展现一个人的财富与贵族举止。约 1677 年，生活在伊斯法罕的约翰·福莱尔（John Fryer）记述道，在萨非王朝宫廷的皇家狩猎场与狩猎保护区中，“每天晚上，所有的城中名流都会骑马在其中来回穿梭，臂上均立有猎鹰；这些贵族控制着骏马，比赛射箭、狩猎、使用猎犬或猎鹰，展示自己的装备和侍从的英勇，以及自己对野外活动的热爱”。[26]自然而然的，在这些公开的展示中，贵族所持的猎鹰也会经过精心的装扮，其所戴的头罩都华美地装饰有金珠、流苏、珍珠和其他名贵宝石。[27]

确立社会地位的另一项同样重要的因素便是能够拥有闲暇时间。德国医生恩格伯特·肯普弗（Engelbart Kaempfer）生活在苏莱曼一世（公元 1666 ~ 1694 年在位）统治下的伊朗，在他看来，苏莱曼大帝每日都在闲暇中度过：他或是举行宴席，或是与亲信狂饮作乐，要么就是带领大批人马在乡下狩猎。[28]尽管这种明显的享乐行为引起了肯普弗的谴责，但是苏莱曼大帝本人很有可能对这种现状非常满意。皇室与贵族一生都有时间享乐。在罗马帝国晚期，在地方拥有土地的贵族十分喜爱使用镶嵌有狩猎场图景的铺路石，这种常见的图案很有可能便是通过形象地描绘闲暇时间的活动来展现贵族阶级所拥有的财富。[29]

不带私欲的狩猎行为更能彰显一个人的贵族气质，尤其是为了帮助他人而不惜以身犯险的行为。在古希腊传统中，神灵和英雄会与传说中的动物对战，如生性凶猛的狮子和体形庞大的野猪，这种对抗也是他们的“职责（labors）”之一。[30]也就是说，狩猎活动可以作为一种公共事业；19 世纪时，英格兰贵族便是如此定义猎狐活动的[31]——实际上，他们并不是第一个这么做的人。正如我们在后文中将看到的那样，古代的国王和中世纪的苏丹也经常会提出相同的观点。

尽管狩猎活动可以在多种方面使一个人贵族化，但是出于经济利益而进行的狩猎活动却有着相反的效果——贵族阶级将不同类型的狩猎活动进行了根本的区分，即有的可以提升社会地位，有的却会降低社会地位。这种观点在印度统治者鲁特罗·德瓦的身上体现得尤为明显；他宣称，只有以狩猎为生的“下等人”才会在捕猎时使用陷阱或圈套。[32]在伊斯兰世界中，关于狩猎活动的正式宣言经常会强调，狩猎活动是统治阶层从事的一种合法活动，其目的是为了游乐、消遣和放松。[33]更能清晰地体现这一观点的是法蒂玛王朝的一部狩猎指南，其提供者是哈里发手下的一位主驯鹰师。书中的论述提出，猎手只能被分为两类，一种是为了生计而狩猎的下层阶级，一种则是“为了享乐”而狩猎的王公贵族。[34]与之类似，凯卡斯宣称，王公从事狩猎活动的目的“是为了消遣而不是为了获得兽肉”。[35]如果是出于后一种目的而狩猎的话，这种行为是会遭到嘲笑的。历史学家米尔扎·海达尔（Mīrzā Ḥaydar）曾如此描述 15 世纪内亚地区的一位猎手所面临的窘境：这位猎手“不得不

123

外出打猎以为婚宴提供食物”，而且“为了获得肉而杀死了许多羚羊”。之后，作者讥讽地总结道，“由此，人们可以想象剩下的食物会是何种情形了”。[36]这个例子并不是说猎物不能作为皇室宴席或贵族婚宴的食物而呈上；与之相反，有些猎物始终都是一种可以接受的食物。以野雉为例，从地中海沿岸一直到中国，这种禽肉都被认为是一种珍馐佳肴。[37]前例中的关键之处在于，贵族阶级绝不可以被认为是由于生活艰难或生存所需而进行狩猎活动。

狩猎活动之于社会地位的关键作用在另外一个例子中也可以得到证实，那就是土地价值的评估。在描述伊朗、中国与印度等地的州省与地区时，马可·波罗经常会简短地提及当地的人口、物产、贸易、城市以及狩猎场的品质。[38]在马可·波罗所处的年代，这种对某个地区的可狩猎情况的持续关注并不罕见。在中国的战国时代，南方的楚国被认为具有得天独厚的条件，因为其治下包括了云梦泽地区，那是一片满是犀牛、老虎、野牛和野鹿的辽阔荒野。[39]在大约同一时期，帕提亚王朝①的建立者安萨息斯（Arsaces，公元前247～前212年在位）将其主要城市之一的达拉（Dara）安放在一个易于防守、土地肥沃、水源充足并且猎物众多的地区。[40]

突厥斯坦附近的土地也是以类似的标准衡量的。中世纪时，据当地的传说记述，布哈拉最早即有人定居是由于这一区域有水源、树木和“充足的猎物”。[41]在外高加索地区，土地价值的衡量基准也是如此。公元5世纪末，帕佩茨在讨论亚美尼亚东部地区时，提出了衡量一个理想而兴旺之国的标准，即具

① 帕提亚王朝在中国史籍中按王族的姓氏被称为“安息王朝”。

备“人类生存、享乐和消遣的必需资源”。这些资源包括水源充足的平原、肥沃的土壤、矿藏、花卉、药物植株、草原牧场、辛勤的农民、技艺精湛的手工业者、山中充足的猎物以及可以吸引水禽的沟渠。[42]在邻国格鲁吉亚的贵族看来，对土地价值的衡量标准包括了草原、水源、葡萄园、磨坊、田野和狩猎场。如果缺少最后一项，即狩猎场的话，将会构成一个严重的问题，甚至值得为之而战。[43]

在莫卧儿帝国的观念中，衡量一个地方价值的主要标准是农业生产力与狩猎场的质量。[44]这些衡量标准影响了统治者的所去之处，甚至会影响其所考虑征服的土地。约公元前1200～前1050年，即中国的商代晚期，情况也并无完全的不同。吉德炜（David Keightley）分析，商代宫廷认为其治下领土既是耕地也是贵族可以“外出畋猎”的狩猎场。最能说明这一点的是“田”字的用法：其既可用作名词表示“田野”，也可以用作动词表“狩猎”之意；后一种含义的数量在甲骨文中占据优势。[45]在这些环境下，政治统治与狩猎活动很难加以区分。 124

君王美德

然而，狩猎活动并不仅仅是社会地位的标识，也是衡量君主的一种主要途径，包括身体健康与政治军事权力。塔西佗关于核心区域内民众对君王期望的评述能很好说明这一点。在其中一则评述中，塔西佗记述称帕提亚人非常不信任沃罗尼斯一世（Vorones Ⅰ，约公元7～12年在位）——虽然他是本地人出身。原因在于，沃罗尼斯一世的行为方式不仅沿袭了罗马风格，而且他“很少在狩猎场上露面”。在另外一则评述中，塔西佗提到亚美尼亚人非常欢迎一位外国人——本都王子吉诺（Zeno）① ——成为新的国家统治者，原因是吉诺“非常喜爱狩猎”。[46]可以确定的是，虽然塔西佗本人距离这些事件的发生时期较远，但是他的评述所传达出来的基本信息是不可否认的，那就是很多人将王权与体能和功绩紧密地联系在一起，而这些体能和功绩通常是通过皇家狩猎活动证实和展现出来的。

与王权相关的体能标准以及认为君王具有超乎常人的能力的观念可以追溯至古埃及时期，那时的法老被认为拥有不同一般的运动能力；此外，在苏美尔王朝统治时期，君王也被认为具有像猎手一样的极快速度与精湛技巧。[47]一千年之后，统治者依旧照例被描绘为专业而杰出的猎手。在突厥斯坦的乌兹别克汗阿卜杜拉二世（ʽAbdallāh Ⅱ，公元 1583 ~ 1598 年在位）以及卡扎尔王朝的统治者纳速剌丁（Nāṣir al-Dīn，公元1848 ~ 1896 年在位）在位期间，同时代的人们都赞扬了他们无可比拟的狩猎技术。[48]与统治国力鼎盛时期的庞大的蒙古帝国的蒙哥可汗一样，阿卜杜拉二世和纳速剌丁都被认为是“天生的”猎手。[49]

在核心区域内，这一对等关系可谓不言自明，并且在艺术、诗歌与政治论著中都有广泛传播。[50]核心区域内的观念所遵从的逻辑也是相同的，即如果统治者必然是一位娴熟的猎手的话，那么娴熟的猎手也可以成为统治者，原因是二者所需的技艺和气质即使不能说是完全相同的，也可以称得上是十分类

---

① 即古亚美尼亚国王阿尔塔西亚斯三世（Artaxias Ⅲ，公元 18 ~ 35 年在位）。

似的。卡尔皮尼便接受了这种关联关系，而且在阐释蒙古帝国的崛起时也援引了这种观点。他详细论述道，成吉思汗与宁录①一样，“在成为君王之前已是一位伟大的猎手了；他先是学会了如何笼络人心和像锁定猎物一样锁定人”，之后“才进入其他领域。凡是他能够俘获并纳入麾下的人，都绝对不会再放他们离开”。[51]换言之，作为一位非常成功的猎手，成吉思汗吸引了大批跟随者并最终缔造了自己的国家。游牧民族出身的沙得（Shad）被认为是11世纪的突厥部落寄蔑（Kimek）的建造者，他的崛起历史也遵循了类似的发展轨迹。最初，沙得通过卓越的狩猎技术获得了一批追随者，然后才开始了征战的历程。[52]作为这一主题的延伸，莫卧儿帝国时期流传着这样一则传说，那就是阿杰米尔（Ajmīr）附近的印度统治家族是一位著名猎手的后裔，这位猎手的功绩引起了当地王侯（rajah）的关注，任命其担任了深受信任的国务大臣一职。在王侯死后，猎手便成了新任的统治者。[53]

125

迄今为止，最为著名且流传久远的猎手传说还是萨珊王朝的创建者阿尔达希尔（Ardashir）② 崛起的故事。在早期的波斯传说中，阿尔达希尔身上的君王品质自初始时便已经显现出来：每天，阿尔达希尔都会外出狩猎（nakhchīr）和打马球（chōbēgān）；由于天赋异禀，他总会胜过众人。[54]

对核心区域内的后继政权而言，萨珊王朝继承了古波斯的政体传统，其统治者也成为后世皇家猎手的典范。这种典范作

---

① 宁录（Nimrod）是亚述战神和猎神，曾以英勇猎户的形象出现在《圣经·创世记》第十章中。

② 阿尔达希尔（Ardashir，公元224～240年在位）在公元224年击败帕提亚人建立了萨珊王朝。

用的具体例证便是巴赫兰·古尔（Bahrām V Gor，公元421～439年在位），其传奇的一生同样广为流传。据早期的阿拉伯语史料记载，巴赫兰五世是通过抢夺王袍而获得王位的。当时，王袍被置于两只凶猛的狮子之间，古尔用锤矛杀死狮子并夺得了王袍。面对古尔的技巧与勇气，他的对手不得不选择退缩，民众也心服口服地接受了他的统治。[55]在伊朗，巴赫兰五世的事迹与相关回忆延绵存于无数的故事、传奇和诗歌当中，这些作品在以波斯语为文学语言的地方广为流传。[56]

尽管中世纪的伊斯兰世界通常会赋予昔日帝王以特殊的品质，尤其是卓越的狩猎技能，但这绝非唯一的特质。[57]与人们对贵族的衡量标准一样，对王公的衡量标准虽然也随时空迁移发生一定的变化，但是始终保持着一定的连贯性，暗含了存在一种跨文化的预期标准。有的衡量方式是从外部施行的，有些则显然来自于内部。关于“外部评价”的例子，我们可以首先看一下约瑟夫斯（Josephus）对犹地亚①的国王希律（Herod the Great，公元前37～前4年在位）的评论。这番评论撰写于约公元75～79年，约瑟夫斯在其中长篇大论地论述了希律王的文化成就，并且作了如下补充。

> 希律的才能与其身体素质相匹配。在狩猎活动中，希律始终一马当先，他卓越的骑术使他脱颖而出。乡下有许多野猪和大量的牧鹿与野驴；有一次，希律曾在一天之内猎取了40头野兽。作为一名斗士，他所向披靡；观众总

① 犹地亚（Judea），又译朱迪亚，古巴勒斯坦南部地区，包括今以色列南部及约旦西南部。耶稣在世时，这一地区是由希律王室所统治的王国，也是罗马帝国叙利亚行省的一部分。

是惊叹于他投掷长矛的精准和射箭时的百发百中。[58]

几个世纪之后，一位不知名的编年史家曾著文赞扬伏利尼亚大公弗拉基米尔（公元 1268～1288 年在位），称其不仅十分熟悉宗教与世俗事务，为人英勇诚实，对教会与穷人非常慷慨，而且还是“一位技艺娴熟的猎手”。[59]《维斯拉米阿尼》一书中对这些期望进行了适宜的总结，认为一位有潜力的统治者应当具有人格魅力、毛发茂密（如蓄有胡须）、身体强壮、英勇善战、善于骑射、熟知棋艺和乐理等知识；作为一名执政者，理想的国王应当能够保卫领土、传播正义、帮助穷人、知酒善饮、乐善好施、博学多知并且长于狩猎。[60]

126

早期国王的自我评价比较少见，此处只有斯特拉波的一段论述。这段论述基于早期的希腊文献，来自于被亚历山大大帝击败的阿契美尼德王朝的最后一任统治者大流士三世（Darius Ⅲ，公元前 336～前 330 年在位）的陵墓，其墓志铭上这样写道：“我忠于我的朋友们；我的骑术与箭术被证明优于他人；作为一名猎手我所向披靡，无所不能。”[61]我们姑且不论这段碑文的历史真实性，我们所关注的是这样一段宣言在那个时代是近情近理和可以相信的；持有这种态度在古代帝王——尤其是波斯帝王——中间是意料之中的事情。

若要参考一个较为可信的王室自我评价，我们可以将目光转向一篇格鲁吉亚国王的墓志铭。瓦赫坦六世（Vakhtang Ⅵ，公元 1711～1714 年与 1719～1723 年在位）是卡尔特利①的统

① 卡尔特利（K‘art’li），格鲁吉亚东部的历史地区，位于库拉河谷，15 世纪后半叶至 18 世纪时为卡尔特利王国。

治者，晚年被流放至阿斯特拉罕（Astrakhan）。这段墓志铭是他亲自授意写成的，共列出了其所达到的以下主要成就。

> 重修宗教庙宇
> 修复祭服
> 修建了一座有镜子的新宫殿
> 引入印刷工艺并加倍了书籍的印刷
> 扩建灌溉工程
> 在一个湖泊中蓄养鱼类
> 在山中狩猎，猎杀野鹿和野狼
> 编纂法典
> 为格鲁吉亚的民族史诗《虎皮武士》（*The Man in the Panther's Skin*）添加注释
> 教习手下的侍从学会宫廷礼仪[62]

以上这些功绩非常具有代表性，展现了人们对古代帝王的期望，即建构和鼓励宗教信仰的发展并为之立法，扩大纳税基础，以及从事狩猎活动等。

在现在的人们看来，将猎杀野鹿与引进印刷术放在一个层面上相提并论是一件奇怪的事情，但是这种做法似乎从未困扰过瓦赫坦六世。在他看来，狩猎活动并不是与统治能力或个人发展无关的事情。学识造诣、道德修养与身体能力是彼此相连、相互支撑、融为一体的。这一点在色诺芬对帝王的预期中也有所体现。色诺芬认为，狩猎活动及其蕴含的危险性不仅是衡量君主身份的主要标准，也是检验男子气概的最佳方法。尤为切题的是，色诺芬将狩猎活动中所需的技能与勇气等同于诚实、好学、自律与公正诸美德。[63]此外，学识水平也在考虑的范围之内，因为一位技术娴熟的猎手必须熟悉自然，并且能够始终循势而为。迪奥·克利索斯顿（Dio Chrysostom）认为，这是一种绝佳的心理训练与教导方式。[64]印度的王侯鲁特罗·德瓦也持有相同的意见。在他著述的狩猎指南中，他反复强调狩猎活动是一种知识性挑战，涉及的情感与心理素质与政治统治中的需求相同。[65]

考虑到这种心理状态（mentalité），我们也可以预期到伟大的帝王通常也会是一位早熟的猎手，有些帝王尤其如此。在回纥文版本的关于乌古斯汗的史诗中，主人公在仅仅出生40天后便开始从事狩猎活动了。[66]更加合理一些的记录是，居鲁士大帝在少年时便可以像成年人一样骑马、射箭和猎杀猎物，而年轻的合赞汗也曾经凭借骑术与鹰猎技术技惊四座。[67]显然，虽然很多与王权相关的品性都被认为是与生俱来的，但这些品性仍需要摆至台前并通过训练和经验进行打磨。

无疑，王公贵族自幼便被父亲鼓励参加狩猎活动。阿蒙尼姆亥一世（Amenemhet Ⅰ，约公元前1991～前1962年在位）在对儿子的“教导”中极为推崇狩猎行为并夸耀了自己的狩猎成就，如捕获过狮子和鳄鱼等。[68]弗拉基米尔·莫诺马赫在对儿子的“训诫”末尾处告诫他们不要害怕“死亡……战争或野兽”，应当“直面上帝的考验，完成一个人应做的事情（muzh'skoe delo）”。[69]完成这些“应做的事情”所需的技艺可以通过多种方式获得，有的方式是非常随意的，如主动提出随成年人一起去狩猎。在传说故事与历史资料中，这种现象非常常见，尤其是准备继承王位的胸怀大志的王子。[70]

历史上也存在着更多正式的训练方法，或者说这才是一般的常规做法。在埃及，法老图坦卡蒙（Tutankhamen，约公元前 1334～前 1325 年在位）曾在宫廷内的学校中接受教育，固定的课程内容包括狩猎和猎禽。[71]在公元 4 世纪末的亚美尼亚，教师与仆人会教习贵族儿童学习关于狩猎与鹰猎活动的知识。[72]一个世纪之后，格鲁吉亚伊比利亚国王瓦赫坦·格加斯兰（Vakhtang Gorgaslan，king of Georgian Iberia，约公元 446～510 年在位）命令负责教育其子的老师在约里河沿岸的乌扎马（Ujarma）城进行教习，因为“他认为这个地方有利于进行狩猎活动和蓄养羊群”。[73]尽管这段文字非常简洁，但是表达的意义却很明确，那就是这一地区拥有充足的自然资源，如草原和羊群，因此不仅可以为王室学校提供支持，而且其所拥有的大量猎物也可以提供很好的“教育机会”。

在伊斯兰世界中，自早期的阿拔斯王朝时期起，王室和贵族成员便会接受关于“贵族骑士精神（al-furūsīyah al-nabīyah）”的教育，也就是在马背上所需的各类技艺，如对战、射箭、打马球和狩猎等。[74]更为重要的是，相同的实践行为在清朝统治的中国也出现了。在那里，年轻王公在成长时期会花费大量时间按照家族成员和侍从的指导习得这些技能。[75]

128

有的时候，年轻的王公会自学成才，至少在传说中经常有这样的记述。在亚述语版本的《吉尔伽美什史诗》（*Epic of Gilgamesh*）① 中，主人公经历了一系列的考验。在这段准备时期中，他在沙漠中依靠猎杀危险的野兽为生，食其肉，穿兽皮制成的衣服。[76]据贾斯丁（Justin）讲述，本都（Pontus）未来

① 《吉尔伽美什史诗》是迄今最为古老的文学作品之一，被誉为“最早的英雄史诗”，主人公吉尔伽美什是传说中的苏美尔国王。

的国王米特里达特二世（Mithridates Ⅱ，公元前124～前88年在位）也有过相同的经历。在米特里达特二世还是公认的继承人时，他便经常前往森林；在那里他迅速地学会了如何狩猎和躲避危险的野兽，而这些“生存型训练”使他获得了作为君主所需的过硬的身体素质与心理素质。[77]更为可信的记述是，同时代的记录称在中亚的莫卧儿帝国，年轻的贵族阶级经常会主动前往荒野独自生活，他们食用羚羊肉，身着羚羊皮。这种行为被认为“充满了男子气概与英勇气质”，据称有一位苏丹赛德汗（Saʿīd Khān，公元1486～1537年在位）也曾经有过这样的行为。[78]尽管这些记述不一定完全符合史实，但这些行为也是一种典型的惯例，遵循了古代波斯为年轻人参军和从政所作的准备传统。[79]

鉴于狩猎活动是贵族教育的核心部分，最初的一次猎杀会进行庆祝，这是一种重要的过渡性仪式。在乌古斯史诗中，为了庆祝王子第一场成功的狩猎活动，人们举行了一场食用马肉、骆驼肉和羊肉的奢华盛宴。[80]成吉思汗在年幼的孙子忽必烈和旭烈兀完成了第一次猎杀后，将猎杀动物的脂肪涂抹在他们的手指上，这也是欧亚大陆范围内一种常见的仪式。[81]之后，在合赞汗获得了第一场狩猎胜利时，人们也举行了同样的仪式。在这次活动中，施行涂油礼的是火鲁赤·不花（Qorchi Buqa）——一位神射手（mergen），此举显然是为了将其精准的箭术传递给年轻的王子。[82]

在某些狩猎文化中，第一次猎杀是经过一定的设计的。加洛林王朝时期的诗人厄莫杜斯·尼格卢斯（Ermoldus Nigellus）告诉我们，虔诚者路易（Louis the Pious，公元814～840年在位）——查理曼大帝的儿子与继承人——面前送来了一只被捕获的母鹿，他“拿起与年幼相称的武器，从背后刺向颤抖的野兽”。[83]这种从年轻时便开始的狩猎活动通常可以延续至老年时期。墨洛温王朝的国王洛泰尔（Lothar）在位五十年间一直狩猎，最终也是在狩猎活动中身染疾病而去世。[84]查理曼大帝的经历也是如此——直至他71岁前后去世那年，他仍然在坚持狩猎。[85]1241年12月，蒙古可汗窝阔台尽管因身体欠佳而被劝阻不要狩猎，却仍然外出畋猎，并在饮酒庆祝狩猎胜利时去世。[86]另外两位著名的统治者沙阿拔斯和康熙皇帝在年迈和身染疾病时，即使需要被轿椅抬去狩猎场，也坚持要参与狩猎活动。[87]

就某种程度而言，以上这些行为可以用对狩猎活动的热爱来解释，是一种与剥夺了人生乐趣的老年化过程进行的个人斗争。乌古斯汗关于自己狩猎生涯结束的一段悲叹，有力地表达了这种不可替代的损失与失落。

129

> 虽然我的心依旧向往狩猎
> 然而由于年迈，我不再拥有勇气。[88]

然而，除了个人因素之外，这种行为背后还有其他的原因，即一种重要的政治维度。正如孟子睿智地指出，皇家狩猎活动是统治能力的展现，是营造活力和权威形象的手段。[89]狩猎活动可以有力地驳斥关于统治者健康欠佳、能力不足或已经去世的传言，而这些传言经常会引起政治内讧与继承权斗争。简而言之，皇家狩猎活动是一种展现王者风范和控制能力的途径。

那么，为了增强可信度，统治者或附庸风雅者需要经营一个狩猎事业。梁孝王统治着西汉属下的一个世袭封国，他炫耀自己政治资本的方式是修建了一座占地超过300平方里的大型狩猎场，在狩猎时的排场也是“拟于天子”。[90]与之类似，伊本·阿拉伯沙（Ibn ʿArabshāh）曾这样描述一位有野心统治鲁姆的锡瓦斯地区（Sīvās/Sebastia in Rum）的人：此人喜爱读书，但是“走路方式却模仿军人的样子和举止，为了效仿王公的生活方式还会去骑马和狩猎”。[91]因此，统治者在逃离祖国时会随行带着一些手下的猎手，凭此可以在流亡中组建起一个具有信服力的政府。例如，1682年，位于格鲁吉亚西部伊梅雷蒂（Imeretʻi）的第四任国王阿尔奇尔（Archil）前往俄国避难，他当时带有一支庞大的扈从队伍，其中便包括了驯鹰师（sokolniki），罗曼诺夫王朝为此也提供了部分援助。[92]

有时，狩猎活动与王权之间的关联太过紧密，以至于统治者不得不在自己身体不适或并无兴趣的情况下仍然前去狩猎。契丹人的皇帝辽景宗（公元968～983年在位）虽然由于幼年疾病而无法骑马，但仍然会遵循古代的狩猎惯例在一年四季中断断续续地打猎。[93]拜占庭帝国的皇帝们——尤其是在科穆宁王朝（Comneni）统治时期——通常都十分喜爱狩猎活动，唯一的例外是米海尔七世（Michael Ⅶ，公元1071～1078年在位）。米海尔七世是一位十分不喜爱狩猎的猎手，据同时代的人记述，他总是想让猎物逃跑，每当猎物被击倒时他便会移开自己的目光。[94]显然，米海尔七世会前往狩猎场是出于胁迫，是为了满足他人的期望和维持一个合适的形象。

狩猎活动作为男性活动的印象广为流传，这种印象在严格的数据层面上也很有可能是正确无误的。但是在历史上，同样有女性猎手存在。据希罗多德记述，在西部大草原生活的伊朗游牧民族撒乌罗玛塔伊（Sauromatae），其中的女性经常会随丈夫一起或是独自骑马捕猎；此外，色诺芬也曾称赞过男性与女性猎手的美德。[95]在很多社会中，贵族女性被认为应当参与皇家狩猎活动。在乌古斯史诗中的一则故事里，有一位公主或妃后（qatun）非常善于骑马、射箭和狩猎，因此成了一位与丈夫般配的贤妻。[96]契丹统治者的妻子也都普遍从事狩猎活动，如贾汗吉尔的妻妾在围猎活动中会用枪猎杀野鹿，还骑在大象上击倒过老虎。[97]尽管有一些出身高贵的女性是由于周围的预期才参与了狩猎活动，有一些女性却是出于个人喜好而狩猎。1835 年，英国旅行者范妮·帕克斯（Fanny Parks）在阿格拉（Agra）附近遇到了姆卡·比干穆（Mulka Bigam），她是当时莫卧儿帝国皇帝的侄女，当时正带着猎豹一起在有篷的牛车中狩猎：她在享受这项运动的同时，也遵循了穆斯林世界的礼仪准则。[98]

130

女性统治者通常也会参与狩猎活动，这是意料之中的事情。阿克巴大帝在位期间，加拉普尔（Jalalpūr）的统治者是一位印度女性，她也是一位活跃的狩猎爱好者。[99]与其相同的还有基辅罗斯著名的公主奥丽加（Ol'ga，公元 945～969）。[100]此后，伊丽莎白女皇（公元 1741～1762 年在位）与叶卡捷琳娜二世（公元 1762～1796 年在位）也经常从事狩猎活动——尽管这项活动具有一定的危险性，尤其是在以“极快的”速度于森林中策马奔驰时。[101]在叶卡捷琳娜二世的例子中，她作为一位外国女性，显然是在尝试沿袭俄国的社会惯例，试图使自己显得精力充沛和强健有力。这种有所控制的男性化行为也体现在对格鲁吉亚女王塔玛尔（T'amar，公元 1184～1212 年在位）的记述中。在塔玛尔女王统治期间，史载其是一位狂热的狩猎爱好者；与之相关的行为还包括将塔尔玛女王与其他男性品质联系起来，如教堂艺术作品中经常会描绘她与战神一起出现的场景。[102]

尽管狩猎活动是核心区域统治者的一项任务，但还有另外一种看法认为狩猎活动可能会达到过量的程度，即对狩猎活动的热爱有时会变为一种沉溺其中的行为，可能会导致自我的毁灭并给国家政权带来威胁。[103]为了缓解这一问题，出现了一些关于这类统治者的劝诫性的故事。例如，在巴赫兰·古尔统治初期，他因沉迷于狩猎活动而不理国事；据说，在巴赫兰·古尔采纳忠言改变自己的行为方式后，其政权才止住了迅速衰落的步伐。[104]格鲁吉亚的编年史也严厉地责难了两位统治者，分别是乔治二世（Giorgi Ⅱ，公元1072～1089年在位）与塔玛尔女王之子乔治·拉沙（Giorgi Lasha，公元1212～1223年在位）。这二人均因为无休止的狩猎而忽略了自己作为王公应有的责任。[105]契丹、蒙古与莫卧儿帝国的一些统治者也曾受到过同样的批评。[106]有的时候，甚至连罗马帝国的皇帝也会在这方面过于放纵。君士坦斯（Constans，公元337～350年在位）是一位狩猎爱好者，在他外出畋猎时，其手下的主要军官成功地谋划了针对他的刺杀行动。[107]可以预料的是，有时渴望权力的扈从也会有意鼓励统治者过度狩猎。普里斯库斯宣称，拜占庭帝国的皇帝狄奥多西二世（Theodosius Ⅱ，公元408～450年在位）的顾问与宦官便怂恿其“猎杀野兽”，并由此得以掌控皇室权力。[108]

与之相对，富有责任心的宫廷与政府官员会试图削减过量的皇家狩猎活动。在中世纪时期的中国、伊利汗①统治下的伊朗与印度的莫卧儿帝国，有关官员提出了两个基本观点：一是 131

① 伊利汗（Il-qan），意为附属的汗或从属于大汗的汗，曾是一种相对于“大汗”或“合罕”的名号。中亚各兀鲁思的统治者曾长期沿用低一等的“汗”的名号，后旭烈兀把自己的政权称为“伊利汗国”。直至合赞汗在位期间，伊利汗的名号才不再具有从属意义。

狩猎活动会减弱统治者在更加重要的事务上的注意力；二是这项运动本身具有一定的危险性，会将统治者暴露于一系列威胁之下。[109]的确，狩猎活动的举行期间是一段危险的时间。首先，正如后文将会详细论述的那样，狩猎活动是阴谋与政治谋杀喜欢选择的场合。当然，另一个主要的危险来自于活动本身，接下来我们将论述这一点。

招致危险

狩猎活动不仅是一项体力挑战，也是一种心理挑战，这一点广为人们接受。迪奥·克利索斯顿认为猎手必须能够骑马和奔跑，直接与猎物进行搏斗，并且忍受严寒酷暑与饥饿干渴。[110]除此之外，印度政治思想家考底利耶还在这项考验单内增加了野火与在荒野中迷路的情况。[111]在 5 世纪的梵文戏剧《沙恭达罗》（*Shakuntala*）的第二幕开篇，宫廷小丑一边叹气一边对观众高声说道："可恶！可恶！可恶！我受够了与喜爱运动的国王为伴。"接下来，小丑继续抱怨在野外度过的大量时间，包括那些无法舒适安眠的夜晚、匆忙的饮食和体力的耗尽。最后，他向热爱狩猎的君主请求，在艰苦的狩猎活动中休息一天。[112]

除了以上所说的严酷条件，猎手还面临着死亡的可能。凯卡斯曾提醒读者，很多王公都死在了野外。[113]尽管皇家狩猎活动经过了精心的策划，但仍会时常导致致命情况的出现。在出征期间沾染的疾病曾导致多位拜占庭皇帝、俄国大公与穆斯林苏丹的死亡。[114]射偏的投射物有时也会产生受害者，此外还有不定的"意外事故"也会导致重伤或死亡的出现。[115]或许最常反复出现的危险便是从马背上摔下来。一位在唐朝朝廷任职的突厥将军曾告诫唐太宗（公元626～649年在位），即使在皇家狩猎场内骑马“追逐野兔”也具有一定的风险。[116]这位将军的建议非常有道理，因为据已知史料记载，狩猎活动中有过相当多数量的与骑马相关的伤亡情况，包括：鲜卑首领、外出征战的国王、拜占庭帝国的将军、伦巴德（Lombard）国王、格鲁吉亚君主、蒙古可汗、疏勒（Kashgar）王公以及一位在暹罗的格鲁吉亚猎手。甚至连著名的巴赫兰·古尔都曾在所骑的骏马落入深坑时险些丧命。[117]

野兽作为一种明显的危险来源，造成的伤亡情况似乎要少一些。牧鹿和麋鹿有时会令皇家猎手受伤或丧命，但是这种情况非常罕见。[118]更为常见的场景是猎手在千钧一发之时得以侥幸逃生，这也是他们喜爱给下一代讲述的谈资。在对儿子的劝诫中，弗拉基米尔·莫诺马赫称赞了狩猎活动的优点，并将其风险最小化。虽然如此，他也提到自己在一生的狩猎生涯中曾被抛至野牛角上、被牧鹿刺伤、被麋鹿踩倒、遭到野猪的袭击、被野熊咬伤，还曾被一只不知名的野兽掀落下马。[119]

132

当然，这其中的秘诀在于具有——或是看起来具有——英雄气概，因此才能够在这些惊险的经历中幸存下来。狩猎活动在一定程度上可以带给人荣耀，因为正如普林尼所言，人类被认为是“所有动物中最弱的一种”。[120]很多野兽都比最强的人类还要更快、更壮、更大。此外，人们认为很多动物具有比人类更为敏锐的感官；与之相比，人类的视觉、听觉与嗅觉都不在同一个层次。[121]因此，与动物最强悍的特质进行对抗而且还能从中胜出的话，总是可以为个人带来特别的声望——因为这种对决的体能挑战性要超过任何人类之间的竞争。在前伊斯兰时期，据称陀拔斯单的一位王公曾追逐一只牧鹿，一直追了

40 英里，最终在游过一条河后将猎物杀死。[122]在这个过程中，这位王公在动物所擅长的领域——速度与耐力方面——获得了胜利，因此他获得了后世的称赞。

但是最重要的一点是，狩猎活动是验证王公勇气的一种方式。据希罗多德记述，克洛伊索斯（Croesus）的儿子阿图斯（Atys）是吕底亚（Lydia）的国王，他在得知父亲不希望自己参加一场危险的狩猎活动时表现得非常沮丧。阿图斯回应称，战争与狩猎活动不仅是获得荣耀的主要途径，也是向朋友、家人与臣民证明自己勇气的方式。他问自己的父亲，如果他不参与狩猎活动，那么当他走在市场上时该如何面对自己的子民呢？[123]很多王公想必都经历过这种压力，因此才会不顾理智的判断与生存的本能，不得不选择与野兽进行搏斗。

其中，搏斗的方法之一便是在封闭的空间中与被俘的动物对抗。这种方法的“好处”是有在一旁观赏的观众，之后这些观众会对外宣扬猎手的事迹。据中国史料记载，汉朝时一位年轻的朝臣曾被放入老虎坑中以检验其自称的英勇；外国旅行者也曾记述，在 16 世纪晚期的莫斯科公国宫廷，手持长矛的贵族曾在大坑中与野熊对战。[124]在这种比赛中获胜不仅可以为猎手带来名誉，有时也能带来赦免。在亚美尼亚的传说中，曾有一位名为斯姆巴特（Smbat）的贵族参与了一场针对拜占庭帝国皇帝莫里斯（Maurice，公元 582 ~ 602 年在位）的叛乱。因此作为惩罚，他被投入了竞技场的野兽群中。然而，令所有人惊讶的是，斯姆巴特杀死了一头熊、一头公牛和一只狮子，并当场因其英勇的行为而被赦免。[125]

当然，更为常见的情况是在狩猎场中与动物进行对决。在这些情况中，年轻的勇士会选择猎取现存的最凶猛有力的猎物。在欧洲，人们可能会选择野熊或野猪；而在内亚地区，野生的（更有可能是野化的）大夏骆驼（Bactrian camels/shutur-i ṣaḥrāī）通常被认为是最适合王公同时也是最具有挑战性的狩猎对象。[126]当然，每当有大型猫科动物存在时，其都会自动地成为检验猎手英勇程度的试金石。辽圣宗（公元 983～1031 年在位）曾骑马用弓箭连续快速猎杀了两只老虎，得到了人们的诸多赞赏。[127]

133

自然的，在历史资料和传说故事中，能够徒步手持武器独自与猎物进行搏斗的猎手可以积累更多的荣耀。[128]因此，对一个人英勇程度与力量的终极测试在于此人能否或多或少地在没有协助的情况下战胜地面上最令人畏惧的猎物，即大型猫科动物。

据编年史资料记述，阿拔斯王朝的哈里发艾敏（al-Amīn，公元 809～813 年在位）曾经用匕首杀死过一只狮子，而伊拉克的塞尔柱帝国的苏丹基雅斯·艾丁（公元 1134～1152 年在位）据说曾在“没有任何生物帮忙或协助的情况下”杀死了多只狮子。[129]尽管这些记录的准确性有待商榷，但此后来自于印度莫卧儿帝国的记述则有力地证明了与大型猫科动物的对抗已经或多或少地成了宫廷惯例。这种惯例似乎是从阿克巴大帝当政时开始的：在阿克巴还是一位王子时，他便曾徒步挥剑杀死了一只雌虎；在继承帝位后，据称他曾经只携带火器在地面上猎杀老虎。[130]公元 1609 年前后，17 岁的沙贾汉在父亲贾汗吉尔面前用剑杀死了一只狮子，但当时有一位印度侍从进行了协助。[131]据贝尼埃记述，奥朗则布曾命令儿子马哈木（Maḥmūd）在不使用常规捕网的情况下猎取狮子，他宣称自己在当王子时便已经能够做到这一点了。马哈木通过了这场顺从与勇气的考验，“仅损失了两至三位随从”和一些“被踩踏”的马匹。贝尼埃指出，在这之后，严厉的奥朗则布对儿子表现了更多的偏爱。[132]

即使这些与动物的对决是发生在有人协助的情况下或是部分受人控制的环境中，也可以在极端情况中被认为是鲁莽的行为。但是需要记住的是，这种对决只会发生一次：如果狮子获胜了，那么不可能再出现另一个回合的较量；但如果王子获胜了，他可以在余生中不断回味这个瞬间。谁会去质疑一位曾经击败过狮子的人的勇气呢？

英勇行为的宣传

对于一场成功的狩猎活动而言，使用弓箭的技术是必须具备的知识。在从中国至近东地区的史料中，这种技能作为隶属于皇家猎手的品质曾多次出现。这类说法是针对匈人帝国、萨珊王朝、塞尔柱帝国与哈剌契丹（Qara Qitai）① 的统治者所言的，这些统治者均被认为在箭术方面具有一定的“天赋”。[133] 然而，他们的部分技术水平已经超过了自然的范畴，进入了超自然的范围之内。在一次箭术示范中，巴赫兰·古尔挑战用一支箭射穿野驴的蹄足与耳朵。他所使用的方法是，先朝野驴的耳内扔一颗鹅卵石，之后在野驴试图将石子弄出时，古尔射出一支箭同时刺穿了这两个器官。这一轶事最初出现在 9 世纪末的阿拉伯语作品中，之后在波斯文学及艺术作品中一直流传至 19 世纪中期。[134]

134

① 哈剌契丹在彭大雅所作《黑鞑事略》中被音译为“呷辣吸绐”，用以指代耶律大石所建的西辽。因为在突厥—蒙古语中，“qara”意为“黑色的”，故彭大雅自注曰“黑契丹”。

在古代猎手中，更加广为流传的是用一支箭同时杀死多只猎物的传说。巴赫兰·古尔曾同时射倒了一只野驴和一头狮子；在印度的洛迪王朝时期（Lodi dynasty，公元 1451 ~ 1526），一位朝中贵族据称一箭杀死了两只狼；乌兹别克汗阿卜杜拉也曾一次杀死过两只野驴；康熙皇帝还曾一箭杀死了两只山羊。[135]然而，这方面的纪录保持者当属契丹的皇帝辽圣宗，据称其曾用一支箭射穿了三只野鹿！这一令人震惊的事迹成了辽代科举考试题目的内容，这也是一种非常新奇的宣传统治者狩猎技能的方法。[136]

在这里，主要的问题不是这些事迹的真实性，而是这些传说故事的受众。可以确定的是，上层阶级本身非常关心这些事情。正如色诺芬指出的，即使在核心区域之外，贵族的对话通常也集中于“年轻岁月、狩猎功绩、马匹与情史”等方面。[137]当然，在核心区域之内，贵族们更是不停地炫耀自己高超的狩猎技术，争论自己所猎杀的猎物数量。[138]

狩猎技术无疑是贵族自我形象的一个重要组成部分，但是普罗大众对之的接受度有多少呢？编年史所记载的功绩将统治阶级的卓越技术传递后世，但是其选择用于向臣民宣传这些技能的方法折射出对大众认知的敏感，反映了贵族阶级认为人民大众非常关注统治者在狩猎活动中的表现。

在讨论狩猎活动中的表现时，一个明显的事实便是猎取猎物的数量，即猎袋的大小。这一数字相当于用以证实一个案例的原始数据，其来源是贵族阶级之间的争论和公共关系运动中“公布”的数据。在现代西方社会中，能够证实一个人狩猎技术与社会地位的胜绩与记录是有着详尽记载的。例如，英国贵族德·格雷勋爵（Lord De Grey）在自己的“记分卡”上详细记录到，他在1867～1923年间共猎杀了25万只野鸡、15万只松鸡和10万只鹧鸪。当然，格雷能够达成这一猎杀总数是因为有成群的助猎者协助将猎物驱赶至他面前，也就是说他参与的是一种针对鸟类的围猎活动。[139]对于英国贵族而言，这不仅是一种展现自己对自然环境与治下土地的主宰力的方式，同样也可以对外国领土施加压力并将其所有权合理化。[140]

然而，这种实践方式是非常老旧的。在欧洲出现国家政体之前，这种行为早已在欧亚大陆的其他地区消失了。这种对猎物数量的关注最早出现在亚述帝国。几个世纪以来，亚述帝国的统治者用心地将皇家猎袋（即皇家狩猎活动中所猎取的猎物）——至少是大型猎物——的数据制成表格。据一则皇家文献铭文记述，亚述拿西拔二世（公元前884～860年在位）曾猎杀了450头狮子、390头野牛和200只鸵鸟——后者也是唯一被认为值得记录的鸟类猎物。[141]法老的猎袋中包括狮子、大象与野牛，这些内容都被记录在历史上著名的圣甲虫（scarabs）① 上，就像日后的纪念币一样传播开来。[142]在前伊斯兰时期的哈德拉毛（Hadramawt）的一则铭文中，还出现过这一主题的一种变体。铭文上自豪地公布了国王及其宾客共同猎杀的猎物数量，关注点已从皇家猎手的个人技艺转移至皇家狩猎活动的集体成功——换言之，也就是转移至统治者的组织能力之上。[143]

中国的早期统治者对猎物数量及其记录表现了同样的关注。商代的君主用甲骨文仔细记录了所猎杀的水牛、野猪与野

① 圣甲虫俗称粪金龟，在古埃及被认为是太阳神的化身与灵魂的代表，象征着复活与永生。圣甲虫常用于陪葬，此外也会被制成首饰和雕像。

鹿的数量。[144]之后的周朝同样延续了对狩猎活动的记录。有一则记述宣称，周穆王在一次大型狩猎活动中猎取了420头野猪和野鹿、2只老虎与9匹狼，这些都是比较可信的数字。[145]诗文中的清晰记述表明，在汉朝之后的皇家狩猎活动中，人们会广泛地记录猎取猎物的种类、猎杀手段、参加的军队及个人的总数。[146]这种做法一直持续至元清两朝：人们不仅会细致列表记录杀死的猎物数量，而且会标明猎手个人的猎杀情况。[147]

在核心区域，统治者更加不遗余力地全面记录所猎杀的猎物，并且经常会将这一内容纳入宫廷编年史的记录中。贾汗吉尔曾记述了其父阿克巴大帝用一把独特的枪所猎杀的鸟类和野兽的数目；另一则史料则记录了沙贾汉的猎袋，包括他针对某一只动物所击发的总射击数等。[148]这种情况之所以可能出现，是因为自阿克巴大帝起，宫廷中负责记录狩猎活动的人员（vāqi'-navīs）会专门记录“狩猎队伍的成员”与“所猎杀的猎物”。这种行为的结果使我们得以知悉关于莫卧儿帝国皇帝的狩猎成绩的大量信息。比如沙贾汉，我们现在便知道他在某一特定时间内所猎杀的猎物种类，其间击发了多少次射击，以及猎杀某种猎物的日常记录有多少等相关信息。[149]

贾汗吉尔成功的狩猎活动的数据更为详尽，充分展现了核心区域中贵族阶级狩猎活动的心理状态（mentalité）。与其他皇帝一样，贾汗吉尔的记述方法与类别划分差别极大：有的时候，他记录的是一场大型狩猎活动中全部猎手猎取的猎物总数，并且会依据猎物的品种进行划分；而有的时候，贾汗吉尔的记录针对的是某一个单日内狩猎队伍所猎杀的猎物数量。[150]在其他的情况中，贾汗吉尔会记录自己在一场狩猎活动中或是某一个单日中所猎杀的猎物数量，其分类手法有时依据猎物品种，有时则会通过猎杀手段进行划分。[151]我们还会看到一些长期的数据。据贾汗吉尔本人宣称，他的"狩猎记述"非常完整和详细，囊括了自12岁第一次狩猎直至在位的第11年，即1580~1616年间的记录。可以说，这种做法的结果非常引人注目：在贾汗吉尔参与的狩猎活动中，猎手们一共猎取了28532只猎物，其中他本人猎杀了17167只猎物，这些猎物包括：

136

86只老虎

889只鹿牛羚

1670只各类品种的羚羊

各种野熊、猎豹及其他

13464只各类品种的鸟。[152]

在大英帝国的中心——印度——有许多类似的先例存在，如德·格雷勋爵对狩猎活动表现出来的那种狂热。

莫卧儿帝国的皇帝还展现了另外一种特征，这种特征与19世纪至20世纪期间的"伟大的白人猎手（Great White Hunters）"① 非常相近，即关注所猎取猎物的尺寸。贾汗吉尔和奥朗则布都非常在意所捕杀猎物的身长与体重，尤其是其中的大型猎物，它们通常会被仔细地测量和记述。有的时候，体形最大的猎物还会被宫廷画师画下来。[153]

在邻近的伊朗，沙阿拔斯与同时代的贾汗吉尔一样，也让王室官员全面地记录了自己所猎杀的猎物"总数"。[154]更有趣

---

① "伟大的白人猎手"，指的是来自欧美的大型猎物职业猎手，主要于19~20世纪期间在一些非洲国家猎取大型猎物。这个名称尤其强调这一职业的种族性与殖民性。

的是，效仿者与叛军也有同样的行为。据孟希（Munshī）记述，1609 年阿塞拜疆的远郊地区有“一些丧心病狂之人冒充君主”。孟希称，这些人的主要欺骗手段是准备许多动物，而且“有意设计得像是猎手捕获的猎物一样”。因此，这些伪装伎俩在小型村庄中获得成功，伪装者得到了皇室的待遇，直至最终被发现和处决。[155]显然，在大众看来，王公形象是与狩猎技术相关的。

一位编年史家在悼念伏利尼亚的弗拉基米尔大公时曾称，弗拉基米尔是一位“优秀而英勇的猎手”，他曾在没有侍从帮助的情况下独自猎杀过野猪与野熊，这一点“在全国范围内”人所共知。[156]如果事情是如此显而易见的，那么皇家猎手若希望将自己的技艺与英勇传达给民众，这一点又该如何达成呢？首先，部分民众看到了一些狩猎活动，另一部分民众则目睹了统治者携带猎袋胜利归来的场景。此外，在识字能力有限的社会中，口口相传必然扮演了一个重要的角色。在印度的莫卧儿帝国，统治者的英勇事迹广为流传；那些并未亲眼见证这些事迹的人也会很快听闻这些故事，而且很有可能还是经过大肆修饰的版本。[157]

在波斯文学盛行的伊朗及其临近区域内，宫廷诗歌是歌颂统治者的美德、力量、技艺、勇气与正义感的重要途径。在伊斯兰时期，宫廷诗人经常会将君王的狩猎技艺比拟于传说中的鲁斯塔姆①，或是神话化的据说可以徒手击败狮子的巴赫兰·古尔。针对这些狩猎成就的歌颂既可以通过口头传播，也可以

① 鲁斯塔姆（Rostam）是伊朗古代传说中著名的民族英雄，是诗人菲尔多西（A. Ferdonsi）在史诗《王书》中刻画的勇士，拥有狮虎的神威与无穷的力气。《王书》共五十章，其中鲁斯塔姆及其儿子苏赫拉布的故事最为脍炙人口，被认为是史诗中的史诗。

通过书面流传，并且始终将统治者作为勇士的成功与其保卫和

137 拓张领土的能力紧紧联系在一起。[158]前现代世界的政治形象与现代世界的政治形象一样，都经过了人为的设计与加工。

更加重要的是视觉传播方式所发挥的作用。正如普里西拉·索塞克（Priscilla Soucek）记述，皇家狩猎场与其中的动物是东亚与西亚地区的艺术品经常会描绘的主题，常会出现在银器、织物、绘画、插画、浮雕与砖瓦等处。很明显，这些艺术品的构想与创作大多是为了将统治者的狩猎技艺传达给各类受众。[159]多媒介的展示方式不仅可能出现，而且非常常见。巴赫兰·古尔的狩猎成就在波斯的民族史诗《帝王纪》中得以永世流传，而且在很长的一段时间里都会出现在伊朗及临近地区的银器与砖瓦图案上。古尔完全成了狩猎活动的代名词，因其特定的成就而得到广泛的认可。[160]诚然，这种皇家猎手的英勇形象在核心区域内以图像和文字的形式广为流传。

这类图像很多保存至或曾出现在当代或近代的文献中。可以说，这种宣传方法出现得很早。在约公元前1550～前1070年的新王国时期（New Kingdom），古埃及的浮雕中便出现了统治者猎杀大型猎物——尤其是狮子——的场景，他们有时乘坐马车使用弓箭，有时则手持兵器步行。[161]在宣传法老的英勇狩猎行为——尤其是猎取大象的事迹——方面，这种宣传手段显然是非常成功的，因为希腊传说中著名的早期埃及国王奥西里斯（Osiris）① 便凭借这些功绩以及记载了这些“出征活动”的“铭文柱（inscribed pillars）”而被人们所铭记。在之后的

① 据传说记载，奥西里斯在世时曾为埃及法老，后为其弟所害，死后成了冥界之主，是埃及人在另一个世界的主管。

几个世纪中，希腊的托勒密人延续了这种行为方式。这也证明，奥西里斯所塑造的形象十分深入人心，可以有效地合法化国王对当地民众的统治。[162]

同样，古代美索不达米亚的狩猎宣传也给希腊人留下了深刻的印象，这一点主要是通过两河流域的半虚构的皇后塞米拉米斯（Semiramis）① 的一生来展示的。据传，塞米拉米斯在宫殿的墙上装饰了很多自己狩猎时的场景，以此来有意宣传狩猎活动。在其中的一幅场景图中，塞米拉米斯骑着骏马，手持投枪杀死了一只猎豹。[163]当然，美索不达米亚生产了大量此类的政治艺术。甚至可以说，美索不达米亚人是集中展示图像宣传手段的早期专家，形成了一个完全整合的体系。据艾林·温特（Irene Winter）分析，在新亚述时期即公元前9～前7世纪时，宫殿墙壁上的浮雕被用于讲述特定的活动，主要是战争，也包括归顺和进贡的场景、宗教仪式以及皇家狩猎活动等。其中，最早的一幅浮雕作品出现在尼姆鲁德（Nimrud）首都的宫殿接待厅中。浮雕上描绘的狩猎场景展现了国王降服凶猛野兽——大多是狮子——的场景，而且这些场景会以“系列”的形式出现，即包括了从追逐到猎杀直至最终的饮酒庆祝胜利。所有这些展示都是为了给大厅的访问者——如皇室宾客、外国使节或属下臣民——留下深刻的印象，认为统治者积极地参与了这些重要的活动，具有强健的体能与精神力量。[164]

138

这些浮雕作品还有可能以公开铭文的形式与文本相结合。尼尼微（Nineveh）的宫墙浮雕上配有简短的后记，对活动的

---

① 塞米拉米斯是希腊传说中的亚述女王，据说她是叙利亚女神德尔克特的女儿与亚述王尼努斯之妻。在亚述王死后，塞米拉米斯统治了两河流域，重建了巴比伦和其他诸城。

性质与内容进行了描述。同样的，这些文字内容大多涉及了战争和狩猎的场景，而且国王在其中始终以胜利者的形象出现：统治者不仅征服了人类敌人，洗劫对方的城市，处决敌国的领袖，而且对我们最为重要的是，统治者还会刺杀狮子，如抓住狮子的耳朵和尾巴，用锤矛砸碎它们的头骨。其中的一则后记还传达了让人无法忽视的政治信息：埃兰的国王被“愤怒的狮子”追逐，逃至敌对的亚述帝国向亚述巴尼拔（公元前668～前629年在位）请求援助。亚述帝国的国王参与干涉，在一群狮子中杀出血路，最后救下了畏缩的埃兰人。[165]

皇家狩猎活动中猎取狮子的方法或是猎手骑马并使用长矛，或是在马车上使用弓箭，这两种方法都以图像的形式反复出现。在任何一种场景中，一旦国王出场追逐狮子，那么狮子的命运便被锁定了。可以传递这一事实的场景如下：一侧是正在倒地死去的狮子，另一侧则是国王在攻击另一头狮子。[166]在皇室印章的图案上，也有君王左手抓住狮子的头，右手用匕首刺进其胸口的描绘。这些图案出现在黏土制成的印玺上，在考古挖掘中经常出土。[167]根据浮雕刻画的内容，狩猎活动之后的场景是将死狮放在祭坛之上，由国王负责祭酒；附上的铭文则记录了猎杀的猎物数目。[168]

伊朗人沿袭了美索不达米亚使用的部分图像与宣传手段。在伊朗南部的萨－马什哈德（Sar-Mashad）有一座纪念石像描绘了一位萨珊王朝的统治者——有可能是巴赫拉姆二世（Bahrām Ⅱ，公元276～293年在位）——与两只狮子搏斗的场景。这座石像与亚述帝国的浮雕相同，描绘的场景是一只狮子已经死去，另一只狮子则被皇帝的宝剑狠狠刺死。[169]很多个世纪之后，保加利亚第一帝国（the first Bulgarian empire）的统治者——有可能是特尔维尔（Tervel，公元701～718年在位）——在首都普利斯卡（Pliska）附近的悬崖岩面上制作了一块大型的浮雕，其上描绘了他用长矛刺死狮子的场景。[170]虽然在那个时代，狮子已在巴尔干半岛灭绝了将近一千年。然而，狮子灭绝的事实更能展现这类形象所具有的巨大影响力——长期以来，这种形象一直被等同于皇室的权威。

古代传播这种信息的另一种新型视觉媒介是金属制品，主要是银器，即所谓的“萨珊”银器（“Sasanian” silver）。一般而言，这些银器上的图案描绘了不同统治者骑马手持弓箭狩猎的场景，马蹄下则布满了死去和濒死的猎物。有一些银器描绘了统治者个人与大型猫科动物——如猎豹和老虎——搏斗的场景。[171]在普鲁登斯·哈珀（Prudence Harper）看来，在邻国领土中发现这些银器的频率可以将我们引向一个可能的推论，即由于这些银器上通常装饰有描绘皇家狩猎活动获得成功的图案，因此很有可能是官方赠送给属国与敌国的物品，目的是传递关于萨珊王朝君主英勇与力量的信息。[172]

139

绘画也是宣传狩猎活动的媒介之一。据阿米安·马塞里（Ammianus Marcellenus）目击称，公元362年，罗马军队在底格里斯河沿岸的赛琉西亚附近的一片丛林中露营，这时他们发现了“一座宜人的荫凉建筑，这座建筑的每一部分都沿袭了那个国家的传统习俗，装饰有描绘了各种狩猎活动猎杀野兽的场景；在他们的国家中，绘画或雕塑只会描绘各种杀戮和战争的场景”。[173]在伊斯兰时期，旅行者也曾见到类似的绘画作品：法蒂玛王朝的大型公共宴会厅中装饰着狩猎图，黑羊王朝（Qara Qoyunlu，公元1380～1468）的大型会堂位于大不里士外，其庞大的穹顶壁画上描绘了皇家狩猎活动与战斗的场

图 12　亚述巴尼拔向死狮倾倒祭酒

资料来源：尼尼微城的浮雕，大英博物馆受托（Trustees of the British Museum）。

面。[174]

中国的清朝也出于同样的目的利用了绘画艺术。在乾隆年间（公元 1736～1795），皇帝亲自发起了强调军事价值的大型纪念艺术活动；其中包括了对阅兵式的描绘、军队出征与归来的仪式以及在木兰围场举行的秋猎活动。这些安排都隶属于一个更大的、经过精心策划的宣传活动。在这些宣传活动中，视觉展示方法发挥了重要的作用，其通过借用合适的军事美德，指导并激励了当时与后世的臣民。[175]

战利品是另一种记录狩猎胜利的途径。这种做法很有可能是一种非常古老的实践；与之相关，远古人会保存动物的牙齿、獠牙和骨头用于装饰、仪式与巫术等活动。[176]在现代西方社会中，战利品的展示通常与动物标本的制作和牛角鹿角的收集有关。[177]然而，在核心区域中也存在着这些行为的显著先例。在马里克沙阿（Malik Shāh，公元 1072～1092 年在位）的统治下，塞尔柱帝国达到了巅峰。为了宣传自己的狩猎技术，马里

140

克用统治领域内的瞪羚和野驴的蹄足修建了多座塔楼。[178]沙伊斯玛仪（Shāh Ismāʻīl，公元1501~1524年在位）在阿塞拜疆的库伊（Khui）修建了一座名为道剌塔（Dawlah Khānah）的宫殿。据一位意大利旅行者描述，这座宫殿中装饰有三座周长8码、高15~16英尺的角塔，其修筑材料便是国王及大臣们所猎取的鹿角。[179]规模更为宏大的实践来自于伊斯玛仪的继任者达赫马斯普，他将约3万只野鹿和赤鹿的头骨纳入日后萨非王朝的首都伊斯法罕的最高塔的顶部。[180]同时代的阿克巴大帝将成千上万只鹿角置于从阿格拉至阿杰米尔的每隔几英里的路墩上。据目击者言，所有这些鹿角都是阿克巴大帝狩猎时所猎取的，遵其命令"作为世界的纪念碑"而展示出来。[181]

这些为了宣传狩猎胜利而采取的长期、广泛而昂贵的措施强烈地反映了这样一个事实，那就是民众十分关注皇家狩猎活动以及统治者的狩猎能力。当然，由于这种特定的证据并不是来源于民众本身，我们也应当从反面对之进行一些解读；但是，欧亚大陆范围内的统治者一千年来一直误读民意——实际上民众对此并不感兴趣而且不为所动——的可能性是微乎其微的。在第九章中，笔者将提供更多有关这种解读正确性的论据。

第八章　政治动物

141 动物的力量

狩猎活动并非仅是一场考验技艺与勇气的体力挑战，而是涉及了一个更大的议题，即掌控动物——这种被广泛认为具有灵性、速度与力量的生物——的能力。因此，狩猎活动是一种与灵性有关的活动。各种神灵负责照看作为猎物的动物，有时甚至会化身成动物的模样出现；他们传递着规则与各种禁忌，当然还会依照猎手是否遵循这些规则以及猎手为狩猎活动所作的相应心理准备而对其进行奖励和惩罚。[1]

在大部分传统社会中——无论是狩猎型社会、田园型社会还是农业型社会——人们普遍认为动物是神秘的。由此，可以预料到的是，动物也成为人类话语中最常使用的符号。动物的体能一直作为人类能力的衡量标准，动物的名称与形象被用于表达政治概念，动物还多次在横幅、旗帜、徽章和纹章上作为团结的象征出现；[2] 动物具有的灵性之力与宗教信仰、宗教实践与宗教仪式有着深刻的联系。

此外，动物还具有另一种重要属性，即诠释和效仿人类行为的能力。从《伊索寓言》到奥威尔的《动物农场》，动物比喻被广泛援引和应用于人际关系的探究和渲染中。也就是说，一个人如果能够理解动物，那么他不仅能够理解自然（nature），也可以理解人类的本质（human nature）。

动物寓言的集合典范要属《五卷书》①，一部起源于约公元4世纪之前的印度系列动物寓言。《五卷书》的梵文版本先是被翻译为中古波斯语，又译为阿拉伯语，之后被翻译为包括蒙古语在内的欧亚多国语言。[3]动物以及相关寓言所生成的奇事在阿布尔·法兹尔对印度各类动物的评价中有所体现——在印度诞生了许多此类的寓言。阿布尔在评价中写道："在这个国家中，动物的惊人能力及其毛色的美丽多彩已经超出了我有限的描述能力。此前的罗曼司作家曾充分讲述了动物的非凡特征，然而作者并未提及他自己也未曾见过或听过的叙述准确的见证人。"[4]

142

无论动物故事采用的是书写还是口头的传播形式，在多样的文化背景中，这些故事不仅具有娱乐性，而且能够发人深省，因此始终带有一种教化的目的。动物在指导人类方面所传递的有益信息——如果人类能够理解动物的话——被不断地重复和证实。在色诺芬看来，猎鹰与野狼的行为方式能够教授给骑兵军官很多知识，包括队伍的突袭、掠夺和撤退等；普罗柯比认为，动物的领土意识本能传达了关于人类对母国依附感的重要信息。[5]在野兽身上，我们能够发现很多智慧。汤玛斯·阿尔兹鲁尼的续写者②宣称，9世纪早期的亚美尼亚宫殿与教堂中装饰着很多有关各类野兽及其"努力生存"的场景图案。他认为，这些图案"深受智者的喜爱"。[6]

---

① 《五卷书》（*Pañchatantra*）是梵文写成的古印度故事集，最早可能产生于公元前1世纪。全书分为五卷，故此得名。

② 汤玛斯·阿尔兹鲁尼曾撰写《阿尔兹鲁尼家族史》（*History of the House of Artsruni*），虽然书中有作者的家族偏见，但仍然是亚美尼亚至公元936年为止的主要史料来源；其后，一位匿名作者续写该史到公元1121年。

寻觅智慧的人通常会关注动物反常的尺寸、形状与行为，这些内容与其他重要的历史事件一样，都在编年史中有所记载。[7] 这种对非常规的自然现象的关注不难理解：动物被认为是一种信息来源，可以预知未来的事件，象征了吉兆或厄运。随同薛西斯（Xerxes，公元前 486 ~ 前 465 年在位）的军队一同前往希腊的骡子在途中产下了一只具有雌雄两种器官的幼崽，预示着军队在未来会遇到困难，皇帝忽视了这一异常的凶兆并最终导致了失败。[8] 无论这一记述是否符合史实，希罗多德记录的这一轶事都显示，人们长久以来一直在通过动物来解读未来这种最了不起和最为隐匿的知识。

动物占卜不仅具有无数种形式——如犬吠、马嘶声、奶牛的花色以及蛙声——而且在时空范围内分布极为广泛。这种类型占卜的依据是假定动物行为与未来的文化或自然事件之间具有某种联系。这种占卜形式并不是得到启示式的预言，而是“揭露”一些模糊的联系。在世界宗教转向依靠从另一个世界获得关于未来末日的启示时，大众文化依然从自然——尤其是动物——身上寻找即将发生之事的征兆。在商代的甲骨上经常会出现占卜者的提问，如我今天应当做什么，而不是关于人类精神命运的问题。尽管专家可以掌握关于自然征兆的知识，但是很多时候这些知识存在于大众领域内。[9] 对我们而言，最重要的是认识到，由于这些征兆可能非常明显，所以很多人都会试图解读这些征兆，因此大部分民众会将动物与实用智慧联系在一起，认为动物体内蕴含了神灵或宇宙的力量，是后者进行言说的媒介。

143

动物行为中最常被认作征兆的便是它们结群或分散的倾向。亚里士多德指出，占卜者对这种现象极感兴趣。[10] 在古代的中国和近代早期的印度，蛇类的反常聚集被认为是一种征兆，有时甚至会被认为是一种吉兆。[11]

由于鸟类被认为与天空相关并且有结群的行为习惯，因此出于这些明显的原因，是最常被用于预言的动物品种。在旧大陆，使用鸟类进行占卜是一种十分普遍的占卜方式。在古希腊，神灵被认为是无言的，其言说的方式是通过鸟类完成的，如鸟鸣叫的声音、飞翔的方式、姿态与活动等。[12]罗马人与古希腊人通过鸟类进行占卜，这种行为一直持续至中世纪的欧洲。[13]南亚与东南亚地区的穆斯林与印度人也通过鸟类的飞行进行占卜，特别是鸟类的鸣叫声。之后，西藏人也沿袭了这种占卜技巧。[14]在早先的中国，鸟类的结群、飞翔与羽毛花色均被作为天赐的预兆予以解读。[15]

这些占卜方式尽管为大众所实践，却并非局限于无知大众的迷信行为。统治阶层的贵族同样相信而且还经常借助于这些占卜方式。公元前489年，楚国的国王遇到了一大群迁徙的候鸟，他立即让手下的历史学家/占卜者对此进行了解读。亚历山大大帝遵循雅典式信仰，追寻着猫头鹰直至在埃及获得胜利。[16]此外，从古代叙利亚的国王到匈奴的单于、萨珊王朝的君主、罗斯大公和莫卧儿帝国的皇帝都曾在治理国家时求助于鸟类的指引。[17]

无疑，鸟类是人们喜爱使用的媒介。然而，任何一种动物都有可能成为一种先兆的象征、神灵的媒介或是蕴含和显露宇宙的力量。鸟类、鱼类以及刺猬等动物行为方式的改变或许可以很好地预言气候变化或自然灾害，如干旱和地震等。[18]同样，动物也是更高层次力量的传递媒介。有的时候，动物可以带来救赎或胜利。野象在印度北部发现了一座圣地并在那里放置了花朵，使人们得以进一步发现这个地方；在中世纪早期的欧洲，上帝利用野生动物指引基督徒军队前往一个隐匿的河滩，进而取得了最后的胜利。[19]在其他的例子中，动物成为正义和报应的施行媒介。在很多传统与民间文化中，动物被认为具有评定正误的能力，其行为传达了某种神意或天兆。[20]有时，受到人们信任的家养动物——尤其是马——会转而攻击和杀死其主人，尤其是那些邪恶的国王或不忠的官员。[21]

动物本身具有很多对人类有益的强大力量。这些强大力量包括药材和巫术所需的配剂——传统医师从未对此进行过清晰的区分。在传统药学中，来自于动物的配剂扮演着重要但并不是主导的角色。牛黄是各种动物——尤其是反刍类动物——消化道内形成的结石，由于被认为具有神奇的性能而在天气巫术中被用作雨石。人们对牛黄治疗作用的笃信更加广为流传，使得中世纪时期涉及牛黄的跨洲交易十分活跃。[22]

144

此外，还有很多其他更容易在本地获得的动物制品进入了医疗领域。除了各种植物制剂与矿物制剂，古代的基督教与穆斯林的医药传统还使用了无数种动物制品——如刺猬肝、山羊尿、白犬粪和晒干的海胆等。[23]鸟类也在这一领域有着贡献。基于“同物相补（like begets like）”的远古信条，人们认为将鹰胆与蜂蜜混合后抹至眼部可以使视力变得敏锐。[24]同样，在中国古代传统中动物制剂也非常常见，中医还根据“自然来源”将它们分为了不同的范畴，如四足类、禽类和虫类/鱼类。[25]

其中，鹿茸和牛角这两种动物制品由于被认为具有强效而脱颖而出。在中药领域内，软毛样的鹿茸具有很高的地位。[26]更为珍贵的是“独角兽”的角，这不仅是各式毒药的解药，而且能治愈诸多疾病。[27]独角兽角的概念及其特殊属性很快便被转移到了犀牛角上，针对犀牛角的贸易也开始得非常早。[28]从古至今，牛角在中国都被认为是一种春药；而在西印度群岛，牛角始终是治疗中毒、蜂毒和各类杂症的上等药物。[29]

在以上的例子中，如果经过合适的准备与摄入，动物身上的一部分可以带来强大的效力，也就是可以转移至作为容器的人类身上。不仅如此，人们还认为动物的灵性精髓与身体能力也可以全部转移至人类身上。这种转移的过程通常——但并非一定——是通过狩猎活动实现的。在中南美地区，杀死一只美洲豹——地区内最高等的捕食者——可以提升一个人的社会地位，而食用美洲豹肉的行为则将动物的身体与精神品质转移到了猎手身上。[30]这种通过巫术的手段转移动物能力的行为非常普遍，古埃及便有此类转移行为的痕迹：法老在捕猎狮子后，在战斗中也会沿袭"眼神凶狠的狮子"的特质——如果不是外貌的话——这种看法在希腊人中流传甚广。[31]

人们更为熟悉的另一种现象便是狂战士（berserks）。正如迈克尔·斯派德尔（Michael Speidel）近期指出的，这种现象的分布范围已经超出了斯堪的纳维亚人和凯尔特人生活的领域，在公元前1300～公元1300年间的欧亚大陆西部区域内都曾出现过。这种战争形式的一个决定性特征便是士兵极为近似熊或狼等凶猛的动物；狂战士被认为——而且无疑也自认为——是沿袭了动物的形体和行为方式的"转形者（shape-shifters）"。[32]这种转移过程采用了多种多样的方式。对凯尔特人而言，士兵在战斗前会将头发向上梳成马鬃、熊毛或狼毛的式样，或是像动物一样完全裸体地投入战斗。[33]最为常见的情况是，狂战士会身着猛兽兽皮参加战斗，如在中东地区是身穿

145

狮皮和豹皮，在北欧地区则是熊皮。因此，“berserkir” 或 “熊皮（bear shirt）” 的名称指的是那些像疯狂而强壮的食肉动物一样嘶吼着冲入战场的人，区区人类并不能对他们造成伤害。这种现象在斯堪的纳维亚的英雄传奇中被称为 “狂战士的狂怒（berserker rage）”。[34]在这些地区，这种战斗狂暴的情绪通常涉及药物或酒精的使用，目的是激起食肉动物式的兽性。[35]

米尔恰·埃利亚德（Mircea Eliade）认为，由于在很多传统文化中，动物被认为连结了人与宇宙以及神话的过去，因此人类与动物之间的关系是多维且极具影响力的。这些观点认为，“穿上动物的兽皮便意味着成为那种动物”。米尔恰认为，这种模仿的行为通常是一种脱离身体的体验机制，一种萨满式的精神探寻或是一种出于狩猎和开战目的而获取动物力量的方式。[36]此外，在人们采用动物的形态或行为时，其作为一个整体变得比各部分的总和更为强大，所杂糅的各种生物也更加有力、狡猾和危险。[37]这些生物一般被认为代表了某种具有超常能力的神灵或恶魔，对其的笃信在欧亚大陆范围内具有十分悠久的历史。[38]

因此，在前现代社会中，动物与动物专家——无论是驯鹰师还是狂战士——都具有成为统治者的政治与军事潜力。能够在特定的情景中控制——或是在专家的协助下表面上控制——某些种类的动物的能力是一种政治资本，因为这种能力展现了对自然世界和精神世界的双重影响力，被认为是一种在人类群体中分布并不均衡的能力。因此，统治者非常想要拥有和控制各种政治动物及其训练者。南亚和东南亚地区典型的政治动物白象便是这样一个例子。

人们普遍认为白色的动物是吉祥的象征，可以为持有者带来好运。古时的伊朗人、突厥人、契丹人以及蒙古人都因仪式或祭祀用途而搜寻这种颜色的动物。[39]然而，迄今为止最受人们推崇的是浅色的大象。在欧洲人抵达东方时，白象崇拜的中心地区是勃固（Pegu），一个位于现在缅甸南部的王国。据记述，在16世纪晚期，勃固的统治者拥有四头白象，当时居住在首都的所有外国人都被要求前去观看和欣赏这些白象。这些白象并不仅仅是奇物珍品，还是一种国家动物，国王在这方面享有严格的垄断权。[40]作为这一地区的复杂政治戏剧的中心角色，白象在整个东南亚地区都有需求，而且有时甚至会在国家之间挑起紧张局势和战事。[41]

146

在印度的政治文化中，我们可以找到这种对白象强烈需求的原因。在印度的神话和宇宙观中，任何颜色的大象都具有重要的地位，是宇宙中至高无上的支柱。在印度教和佛教的图解中，大象经常被描绘为生命的守护者，可以带来兴旺、繁荣与健康。大象还与主要类型的液体相关，因此白象被认为具有特殊的能力，可以召唤云彩、季风、雨水与复苏。自然而然的，大象成了王权和威严的象征，是大地福祉的守护者；大象不仅是统治者在臣民面前展示自我的移动式王座，也是面对敌人时的移动堡垒。[42]

大象与王权的观念也传播至印度文化圈之外的地方，自古时起便为遥远国度的民族所知。在埃利安生活的时代，西方世界中便已流传着印度国王寻找白象的记载，伊斯兰世界也认为白象在印度与伊朗的萨珊王朝是一种王权的象征。[43]在中世纪的波斯传说中，白象由于天生便可以辨识和接纳真正的皇权，因此会在统治者面前鞠躬行礼。[44]

位于今缅甸西北沿岸的阿拉干（Arakan）王国详细记载了关于白象的政治活动与大众回应。在 17 世纪早期，阿拉干王国拥有一头极为俊美的白象，这头白象得到了精心的照顾与安置，配以华丽的服饰，会在特定的场合隆重出场。[45]据同时代的耶稣会传教士的信件记载，这头王室白象得到了缅甸各族人民的普遍尊敬，而且据称其名气“传遍了整个东方世界”。每当这头白象在国事场合中参与游行时，都会吸引大批人前来观看，带来了巨大的欢乐。由于这只白象具有广为流传的神力，因此莫卧儿帝国的阿克巴大帝十分觊觎，意图成为“白象之主”。[46]

阿克巴大帝和核心区域内的其他统治者一生中的很多时间都是在动物的陪伴下度过的，如他们的坐骑、猎物、狩猎伙伴和政治道具等。狩猎活动作为彰显帝王对野生自然力量控制权的一种方式，是政治正统性的重要来源；但是，这种活动本身并不足以彰显王权；除了对动物的物理层面的掌控，真正的王权还需要在道德与精神层面上展现对野兽的控制力。

掌控动物的能力

正如诺伯特·伊莱亚斯（Norbert Elias）指出，统治者的身边必须有最为尊贵的人士陪伴和忠诚侍奉，这样才能有效地传达他们对人类世界的统治。[47]在笔者看来，统治者的身边同样必须要有最为威严的野兽陪伴和顺从侍奉，这样才能有效地传达他们对自然世界的统治。

147

对野生动物的控制是“非自然的”，始终彰显特殊的神力或魔力，这种力量或正或邪。后一种邪恶力量的典型代表便是女巫及其手下的“妖精（familiar）”。然而，还有更多可以从正面角度来评价这种控制的例子，如操控野兽的人可以给普罗大众提供很多重要的帮助，而大众只能通过普通的途径来控制常见的家养动物。

出现这种情况是由于动物被认为是来自于神灵或文化英雄的馈赠，后者顾名思义拥有超越凡人的力量。无论面对着多么凶残或强壮的野兽，神灵可以驯化任何野兽的能力均无人质疑。例如，在美索不达米亚，女神作为大众崇拜的核心人物，可以驯服狮子并将其变为伙伴和侍从。[48]

与动物交流的能力是另一种彰显这种控制力的途径。具有与动物交流能力的人类就像可以使用人类语言的动物一样，无法被纳入既定的范畴之内；此外正如罗伯特·坎帕尼（Robert Campany）指出，这种行为明确地跨过了极少有人能够跨越的界线。[49]在蒙古人与穆斯林的传说中，与鸟类沟通的人可以理解反常的征兆或掌握与天国使者沟通的特殊方式。[50]这种类型的反常行为夸大了个人天赋或个人能力，只能用神秘知识、超常能力或与其他世界和存在层面的特殊联系来解释。

所有信仰中的圣徒都会跨越界限建立联系。在中世纪的西方，基督教中的圣徒被认为是上帝在地球行使权力的媒介。圣徒通过各种神迹来展现这种能力，其中主要包括治愈病人、预知未来、影响天气和控制强大的家养动物——此外，效仿在狮穴中的但以理（Daniel），圣徒也会控制凶猛的野兽。中世纪的圣徒言行录中记录了许多野兽听从僧侣指挥的故事，如帮助整地的野狼和犁地的牧鹿。据基督教传说记载，这些动物在被驱逐出伊甸园后陷入野生状态并成为野化动物，是“再次家养化的野兽（redomesticated beasts）”。[51]

以圣徒圣弗朗西斯（Saint Francis of Assisi，1182～1226）

为代表，很多人据称拥有控制动物的能力。野兽作为“仰慕圣徒的臣民”是圣徒言行录中描绘的传统主题，如在传奇故事和中世纪诸多艺术作品中都出现过圣耶柔米（Saint Jerome）从狮掌中摘去尖刺的情节。[52]

在东方的基督徒中情况也是如此。在亚美尼亚和叙利亚的传说中，圣徒会与狮子或野熊一起旅行；在后一个例子中，野熊杀死了圣人的驴子，因此不得不替代驴子成为新的“侍从”。[53]在俄国，圣塞吉尔斯（Saint Sergius，1314～1392）曾前往荒野证明自己，在那里他掌握了一种神力，可以使熊来到他的身边从他的手中吃食。[54]在这些例子中，控制动物的能力是大众信仰的衡量方式之一，最明显的体现便是在俄国传说中，能够出于娱乐目的训练野熊的人被乡民认为具有超凡的力量。这种将魔力与控制野生动物的能力联系在一起的行为自然会遭到东正教教会的反驳——后者自称垄断了这种能力。教会官员和世俗道德家都严厉地谴责驯兽人及其所掌握的黑魔法对普通民众的控制。[55]

148

在伊斯兰世界中，宗教人士展现了与基督徒相对应的类似能力。这一点并不令人惊讶，因为二者援引了同样的《圣经》先例与动物寓言中再现的异教徒原型。其中典型的例子是马吉德·艾丁（Majd al-Dīn）的经历，此人是设拉子（Shiraz）的宗教法官；在伊本·拔图塔的复述中，马吉德在教旨问题上与阿布·萨亦德（Abu Sa'īd，公元1316～1335年在位）发生了冲突。作为惩罚，他被苏丹投入了野狗群中。但是当这些巨大的猎犬——经过特别训练的处刑者——靠近马吉德时，“猎犬开始在其面前摇尾讨好，完全不作出任何攻击”。自然的，阿布被这一景象所震慑，在马吉德面前鞠躬致敬，慷慨地给予其赏赐，并接受了他的教导与精神指引。[56]最常见的情况是，这些控制动物的超凡能力的故事被赋予到苏菲圣徒——伊斯兰传说中的人民圣徒——身上。[57]这也再次证明了，此类观念广为流传并为人们所笃信。

印度或许诞生了最为老练甚至堪称专业的擅长控制野生动物与危险生物的圣人。其中，最负有盛名的是驯蛇人。1580年代，林叔腾（Linschoten）在提及这些游方人士时称其为占卜者和巫师；据他描述，这些人“携带了很多活蛇，而且知道如何蛊惑它们”，使蛇不会袭击人类。[58]几个世纪之后，范妮·帕克斯（Fanny Parks）曾遇到通过精心地定期喂养而“驯化”了鳄鱼的游方人士。[59]

在更靠东方的地区，对动物的控制方式更加接近于地中海模式。18世纪早期，亚历山大·汉密尔顿曾游历过位于马来半岛南端的马六甲。他宣称，当地的宗教综合了伊斯兰教与异教信仰，拥有“许多可以用咒语驯服野生老虎的杰出巫师，他们能够命令老虎在背上驮着自己去任何其命令的地方”。[60]通过神力/魔力的方式来驯服野虎的行为具有悠久的历史。在公元4世纪的中国，一位道教的隐士曾以一只老虎为仆；一个世纪之后，一位佛教僧侣使一只食人虎“弃恶从善”，接受了佛教的教义，不再破坏当地而改为保护当地的村民。[61]

149

虽然我们并没有来自这些较早时期的民意测试，我们却掌握了一些有关大众想象与民众态度的有益导向，由此我们可以得出这样一个结论，那就是在平民和贵族眼中，对野生动物的控制力都自动等同于灵力（spiritual potency）。如果说这种类型的控制力必然会指向灵力的话，那么这种灵力一般会涉及神秘知识与神的厚爱，是所有统治者都渴望、觊觎和宣称拥有的能力。

古代的帝王典范，如女神和圣徒，都被认为拥有直接与动物进行交流的能力。在日后的传说中，圣明的君主——如所罗门王或黄帝——可以命令野生动物与自己的军队一起行进，野兽则会遵循指令并待在指定的位置。[62]在关于亚历山大大帝的波斯语罗曼司中，上帝赋予亚历山大大帝控制动物与其他自然力量的能力；在中世纪波斯语（medieval Persian）版本的乌古斯传说中，早期的统治者之一图门汗（Tümen Qan）可以听懂所有动物，尤其是狼的语言。[63]

统治者所控制的动物类型十分多样，而且通常有特定的时间与地区，如 14 世纪时占婆（越南南部）的虔诚的鱼，以及 18 世纪时马拉塔（Maratha）驯化的喜爱音乐的羚羊。[64]但是更为常见的情况是，这种控制力往往被应用于危险的野兽身上。典型的例子来自于公元 1000 年前后的阿拉伯语记录，据称西苏门答腊的室利佛逝国（Srīvijaya）的统治者驯服了当地的鳄鱼，使之不再对臣民造成威胁。[65]

另一个常见主题涉及的是保护统治者不受伤害的动物守护者。在一则传说中，忠诚的牛、马和鹿守护着就寝时的本都的米特里达特（公元前 2 ~ 前 1 世纪）；在另一则传说中，蝎子与家猫击退了针对亚历山大大帝的威胁。[66]大型猫科动物同样在皇家守卫方面有所贡献——至少协助塑造了皇室无坚不摧的形象。据传，在位于呼罗珊（Khurāsān）与阿姆河以北地区的萨曼王朝（Sāmānid），统治者艾哈迈德二世（Aḥmad Ⅱ，公元 907 ~ 914 年在位）的卧室中有一只训练有素的狮子，保卫他提防心怀不轨的仆人。[67]在很久之后的 1780 年代，英国居民中流传着这样一则传言，即印度西南部迈索尔（Mysore）的苏丹蒂普（Tipoo/Tipu）在睡觉时有四只老虎负责守卫。[68]我们可以推测，拥有狮子和老虎作为忠实的朋友意味着会让敌人犹疑不决。不管怎么说，很多统治者的周围都布满了看似驯服的大型猫科动物。

印度教和佛教传说将狮子与王权紧密地联系在一起。[69]在贾斯丁对庞培乌斯·特罗古斯（Pompeius Trogus）的概括中，印度孔雀王朝的创建者桑陀罗科多斯（Sandrocottos），即旃陀罗笈多（Chandragupta，公元前 321 ~ 前 297 年在位），很早便被认为具有皇家威严，原因是他不仅有狮子为友，还有一只野象成为他的侍从。[70]这一主题在之后的印度戏剧中也曾再次出现。在《沙恭达罗》的第七幕中，国王偶然遇到了他未曾谋面的儿子。凭借年轻人背上的王室胎记及其控制野生动物的能力，国王认出了自己的儿子。诚然，这位青年极为擅长控制野兽，尤其是“驯服”了一只狮子的幼崽，以至于其养母称他为“驯服一切的人（All-Tamer）”。[71]

150

格鲁吉亚的女王塔玛尔（公元 1184 ~ 1212 年在位）同样也对各种动物具有“磁性的吸引力”，尤其是与狮子结成了非常特殊的亲密联系。据当时的历史学家记述，有一次希尔万沙送给塔玛尔女王一只狮子幼崽，尽管这只幼崽比大多数同类都更加庞大和凶猛，塔玛尔女王依然亲自将其养大：“当幼崽被带至宫殿时，它立刻对塔玛尔女王表现极大的喜爱和仰慕，即使戴着双重挽具其依然挣脱了束缚，将头放到女王胸前并舔她的脸颊。如果被束缚或控制住，幼崽的眼泪就会像灌溉土地的溪流一样滚滚流下。”[72]统治者对这些野兽的控制力具有多种形式。在之后的传说中，倭马亚王朝的哈里发阿卜杜·阿马里克（‘Abd al-Malik，公元 685 ~ 705 年在位）在宫内所养的狮子继承了主人的脾性，因此当一位侍臣出于喜爱而接近它时，拴着锁链的野兽露出了獠牙，试图用爪子抓他。[73]这些狮子知道主人的心思，展现了与主人的团结一致。

无论人们是否相信这些国王控制兽中之王的故事，有一点毋庸置疑，那就是在核心区域——有时也包括核心区域之外的地区——的皇室宫廷中常出现“驯服的”狮子，而且它们的数目还很多。这种对狮子的驯化行为古已有之：在古埃及，狮子作为“宫廷宠物”存在，公元前13～公元前12世纪期间的多位法老都曾被描绘在王座旁或骑马乘车时有狮子为伴。[74]在此后的数百年中，拜占庭帝国、塞尔柱帝国与萨非王朝宫廷内都有狮子存在，有时其还会与老虎及猎豹一起出现。[75]

为了能够有效地传达政治信息，宫廷内的猫科动物需要在合适的布景内经过精心设计后再予以展示。公元917年，拜占庭帝国的使者抵达巴格达接受哈里发的接见时，他被引领经过了展示的100头狮子：路的两侧各有50头狮子，每头狮子均戴有钩环、项圈和口络。埃及的法蒂玛王朝宫廷拥有10只老虎，它们会与100名侍从一起列队行进。[76]在萨非王朝统治期间，宫内有2只用金锁链拴住的狮子，每只狮子面前都摆着盛水的大金盆。[77]更引人瞩目的是，元朝宫廷的狮子经过了特殊的训练；据马可·波罗称，在被带至可汗面前时，狮子似乎“知晓可汗是天子”；或者借用一下鄂多立克的描述，狮子会“向天子鞠躬行礼”。[78]

当然，有的时候，野兽也会逃脱驯兽师的掌控，导致朝臣惊恐地四散逃窜。[79]然而，有的时候，大型猫科动物会被有意允许在朝内四下走动，以此检验朝臣的勇气和忠顺。据罗伊记述，贾汗吉尔所拥有的一只狮子允许人们摸它的头；沙阿拔斯自己养了一只驯服的狮子为宠物——阿拔斯认为这一点可以证明他的勇气，还曾特别要求在场的莫卧儿帝国的使者将这一点传达给该国的统治者。[80]

然而，还有远为严厉的考验方式。据约翰·茹尔丹（John Jourdain）目击称，贾汗吉尔最喜爱的活动之一便是“带来一只野狮，让其在［宫内的］人群之间随意走动，目的是看看是否有人敢于直面狮子”。那些可以做到这一点的勇士会得到皇室嘉奖和偏爱。当然，作为一种检验勇气的测试，还有另外一种经过了精心设计，以限制危险和控制后果的测试活动。参与对决的人都配备有“手套和一英寸半的小短棍”。更重要的是，“国王”会在造成任何实质性伤害之前终止活动。因此，当贾汗吉尔决议“与狮子对决”时——当然是在驯兽师的协助之下——他给民众留下的印象便是国王不仅可以掌控人类，也可以掌控狮子。[81]另一个类似的测试被目击出现在19世纪早期迈索尔的一位王侯宫内。据英国官员巴斯尔·霍尔（Basil Hall）称，这位王侯在宫内养有两只“饮食无忧且训练有素”的皇室老虎，这两只老虎被允许由侍从牵着四处游走。这一点给欧洲宾客带来了很大的困扰，但是并没有让当地人感到不安；霍尔注意到王侯“从眼角”撇看着不安的英国人，“为自己花招成功”而露出了笑容。[82]

显然，为了成功实现这些戏剧性效果，即在不造成大型伤亡的情况下展现自己的皇家威严——造成伤亡将会彻底损毁这些行为的全部意义——人们需要有已遭驯服的猫科动物以及“能够为王公训练用于取乐的狮子”的驯兽师。[83]宫廷内的确有很多这样的专家，宫外也有为了获取商业利润而训练狮子的驯兽师。在欧亚大陆的部分地区，这种职业在一定程度上属于家庭手工业。1415 年，一位出使到赫拉特的中国使节记录了驯狮的过程——在阿姆河沿岸这种行为依然存在——并指出这种训练不一定都能成功。[84] 17 世纪中期，塔韦尼埃（Tavernier）在艾哈迈达巴德与阿格拉之间的城镇锡德普尔（Sidhpur）附近见到了驯狮活动，他被告知这一过程需要花费五六个月的时间。据塔韦尼埃描述，这一训练方式实际上是条件反射的另一种范例：四或五只狮子的后腿被牢牢地拴在柱子上，之间距离约十二步；另外，有一根绳子绕在狮子的脖颈上，由驯狮人掌握；之后，人们受雇前去观赏这一景观，每当狮子试图向人群移动时，便会被小石子砸，驯狮人也会向后拽套在狮子脖子上的绳索；慢慢的，狮子便适应了人的存在，而且被训练得不会太过接近人。[85] 经过了这套训练的狮子会得到经验丰富的驯狮人的精心喂养和呵护，并且可以在宫廷内进行展示。

当然，另一种主要的国家动物便是雄伟的大象。正如马苏第在公元 10 世纪中期时指出，大象由于体形、力量、智力、用途、寿命、威严、贵族性及不肯认下层人为主人的禀性，成了一种合适的选择。[86] 这一评价虽然是在动物的自然分布范围之外作出的，但是与生活在自然分布范围之内的人们的意见完全相符。阿克巴大帝在阿富汗长大，他认为这些野兽给予自己很多力量："当我来到印度时，大象极大地引起了我的注意；我认为，对大象的卓越能力的利用预示了我的绝对统治力。"[87] 在莫卧儿帝国，大象是华丽与威严的主要来源，是一种统治与征服的手段。[88] 因此，作为国家动物与皇权的象征，无论在印度人还是穆斯林中，对皇室大象的控制权已成为政权中权力角斗或皇位更迭的一部分。[89]

152

大象主要在两个领域内发挥了自己的纯政治功能。在前往乡下的视察和狩猎活动中，大象负责驮运统治者和高级官员。正如奥文顿指出，在印度，身居要位之人几乎都是骑象外出的，目的是“维持其地位与身份的威信”。[90]然而，大象最引人注目的角色还是在皇室宫廷中。在宫中，皇家用大象每日都要参加仪仗游行。卫兵更换仪式是一等的政治舞台，需要使用最好的大象。17 世纪末，福莱尔（Fryer）称斯里兰卡象是最常被捕捉的品种，此地的大象因擅长“下伏”而闻名，可以“恭顺地将脖子置于两脚之间”。[91]因此，评价大象的标准并不是其体形或毛色，而是表现能力。

在印度，这些展示具有悠久的历史。古典作家如亚里士多德和普林尼均熟知印度的大象游行及其政治重要性，这一知悉程度本身也很好地反映了大象表演的影响力与效果。[92]1330 年代，伊本·拔图塔曾在德里宫廷中见过一次大象表演，他很好地抓住了这一活动的精髓，记录称这些大象——共有 50 头——被“训练得向苏丹鞠躬行礼，而在大象低头时，皇家侍从便大声喊道‘真主啊（Bismillah）’。”[93]

来自于莫卧儿帝国时期的史料记述了很多细节，为我们展现此类活动的内在运行机制。据塔韦尼埃复述，奥朗则布的宫廷内有常规的仪仗游行活动。在这项活动中，统治者会检阅这些为了特定目的而长期精心训练的家养大象。每只动物轮流上前至距统治者五十步之内的距离，行鞠躬礼并将长鼻放在地上，之后再抬头三次。在这之后，统治者会检查大象的健康和饮食状况。[94]观看这些驯象表演的观众都经过了仔细的挑选，一般是使节、国家官员或地方首领；在奥朗则布举行的对外公开展演（durbar）中，还会有经过选择的臣民与请愿人参加。[95]

作为一种夸张效果，展演需要让观众认为是统治者的命

153

令——或者甚至是统治者的存在——让大象做出了恭顺的举动。[96]此外，很多观众认为——当然也是展演有意而为的——这些外表干净而且身着华服的大象是自己主动出场的，就像训练有素的士兵前来守卫报到一样。这种观点显然来自于1611年茹尔丹对贾汗吉尔统治期间的大象游行的观察。在描述发生在阿格拉的皇家守卫活动时，茹尔丹称宫廷贵族被分派承担24小时轮换的守卫任务。每天下午5时会举行一场卫兵更换仪式，这时当班的守卫“完成了保卫国王的职责并离开”。茹尔丹之后提供了非常有帮助的一段补充。

> 国王的大象同样负责守卫，而且会像人类一样为国王效劳；原因在于，每当国王看向它们时，它们都会立刻将长鼻举至头顶向国王致敬，之后才会离开——它们不会在国王看向它们之前走开。然后，大象会按照等级依次行进，作为侍从的大象在前，作为妻子的母象在后。每一只皇家大象都拥有2~4头年轻大象作为侍从，身后跟随着两头作为妻子的母象。所有的大象身上都装饰有天鹅绒与金线制成的布和其他的昂贵材料。[97]

当然，所有这一切都经过了精心的设计，目的是展现统治者对大型野兽的控制力。象群在各个领域均复制了人类的对应方面，包括行为、举止以及对指挥系统的公开接受。正如埃利安指出的那样，大象卫士的仪仗游行以及随之表现出来的敬畏都是因为管理员与驯象师交替传达了皇家命令。[98]但是，尽管我们揭露了这些行业秘密，这些景象依然非常引人瞩目；无论这些活动经过了怎样的设计，它们依然可以吸引注意力，获得人们的称赞，造成盛大的景观。

与这些仪式化的展示相关，此后的传说故事经常会涉及莫卧儿帝国皇帝与“不驯服”的大象之间的对决，这进一步证实了皇帝对这些大型野兽的掌控力。这些故事最初出现在阿克巴大帝统治时期，在之后的复述中无疑也经过了大量修饰，最终逐渐形成了文学创作的传统主题。在每一个故事中，莫卧儿帝国的皇帝必会在宫内降服一头连职业驯兽师都完全无法控制的发情公象；一般的，皇帝会骑到发情的野兽身上，迅速便能将其控制住。[99]精神权威、道德支配与威严仪态获得了胜利，等级原则与秩序再次恢复如常。

拥有大量大象的东南亚地区也普遍将大象作为一种国家动物。这些地区的情况与印度相同，均以战象为军事实力的衡量标准，而“驯服的大象”则被当作经济安宁的衡量方式。[100]此外，东南亚地区大象的展示方式也与印度大致相同：一是皇室大象游行，二是用于保护统治者的大象卫队。[101]在东南亚地区，对这些动物的控制力是王权的关键组成部分，如1680年代前往暹罗的波斯使节所目睹的一幕便很能彰显这一点。当时，国王拥有的大象中有一头突然发起狂来，它将象夫驮至丛林中，“破坏了笔直的道路”；国王极为愤怒，下令将象夫和大象双双处死。[102]显然，这种情况被认为是一种不可饶恕的欺君之罪；违背了这类原则的行为将会遭到可怕的惩罚，大部分时候是因为损害了——至少是暂时损害了——精心经营的秩序、等级与统治的图景。

154

很多时候，从中国北部到罗马，大象在其分布范围之外的地区也发挥了国家动物的功能。恺撒大帝和希拉克留（Heraclius）都曾用大象游行来庆祝军事胜利。[103]倭马亚王朝也拥有皇室大象，其中有一只还在约公元667年被赠送给阿尔巴尼亚（阿塞拜疆）的高加索王公朱安舍尔（Juansher）。当原产于印度的大象抵达阿尔巴尼亚时，当地人感到惊讶不已；之后，由于大象已经经过了特别训练，它也对当地的王公表达了“敬意”。[104]这一传统在阿拔斯统治初期依然得以持续。那时，经过精心装扮的大象会将王公贵族运送至宫廷，此外大象还会参加胜利庆典活动。[105]迦色尼王朝与印度相连，该王朝大量地将大象作为国家动物使用，之后还将这种行为传至塞尔柱帝国。[106]

在东亚地区，中国的宋朝专门在太仆寺之下设立了养象所，负责训练和喂养皇帝拥有的驯服大象。[107]如前所述，元朝宫廷同样拥有大象，而其继任者明清两代也在窖中养有几十头训练有素的大象，它们会在皇帝及外国使节抵达北京城门时行礼和吼叫。[108]尽管这些展示显然被认为属于严肃的国事场合，但我们必须注意到，大象从未完全成为中国宫廷生活的一部分；大象展演在中国宫廷中始终是一种次要活动，不像在印度或暹罗那样是吸引人注意的主要活动。

动物在皇室宫廷中还发挥了另外一种作用：以动物竞技与格斗为特征的娱乐活动。这种活动具有相当悠久的历史。罗马的竞技场与之后的拜占庭帝国都会定期举办斗兽活动——当然是人与兽之间的角斗。[109]在欧亚大陆的其他地方，人类参与斗兽活动的现象虽然并不常见——除了作为一种惩罚的方式——但是动物之间的角斗十分常见。在古时的伊朗、印度与中国，统治者会让狗、狮子、老虎、野猪、野牛、公羊与大象之间进行血腥的角斗，致使一只或多只动物死亡。[110]诚然，导致动物死亡是这些活动的目的，如果并未出现伤亡，则角斗会被认为

155

是一场令人失望的失败活动。

在之后的几个世纪中，这些娱乐活动一直广受欢迎，成为核心区域与东南亚地区宫廷文化的常见部分。这类娱乐活动的基本类型之一是不同动物物种之间的角斗。例如，莫卧儿帝国会让老虎与公牛、猎豹与野猪、狮子与大象、大象与水牛以及狮虎与牛羊之间进行角斗。[111]有的时候，如罗马，这些活动会作为公共娱乐活动而举行。在1830年代，印度东北部的阿瓦德（Oud/Awadh）的国王组织了一场包括了野熊、水牛、犀牛以及老虎的角斗，当地共有数千名观众见证了这场活动。[112]

另外一种主要的角斗活动涉及的是同一品种的动物。这类活动同样可能非常血腥，但并非一定是以斗死为目的的角斗。活动中所使用的动物多种多样：莫卧儿帝国宫廷有公鸡角斗、骆驼角斗、水牛角斗、山羊角斗以及野猪角斗等。[113]更为流行的——至少在一段时间内如此——是羚羊（āhū）角斗。这些角斗活动中有很多针对胜者的打赌游戏，依据则是阿克巴大帝所建立的非常细致的规则——阿克巴大帝本人非常喜爱这项运动，还曾经在一次比赛中因“担任裁判”而身受重伤。[114]

迄今为止，最为壮观和持续的同一物种内的角斗活动发生在大象之间。17世纪时，在印度的旅行者曾多次描述过这些对决，它们通常是在阿格拉的红堡（Red Fortress）中举行。[115]据马努西描述，沙贾汉非常喜欢各类动物角斗活动，其中最喜欢的便是大象角斗。马努西称，因为动物非常昂贵，因此这些角斗活动受到了严格的控制。[116]但是可以想象的是，这类角斗活动是很难控制的。正如芒迪（Mundy）所言，在战斗白热化时，人们“无法用语言控制”这些大象；在出现这些情况时，人们通过使用燃放烟火的方式来把“大象分开”。[117]

在组织者与观赏者看来，这些角斗是一种娱乐活动，为宫廷增添了盛景和威严，可以彰显皇室拥有无数的动物资源与驯兽师。在某种程度上，宫廷组织的不同动物物种之间的角斗仅仅是在内部复制了人们在外面狩猎的活动模式，即作为猎物的动物与作为捕猎者的动物在角斗场内“搭配”，以供贵族阶级观赏取乐。但是，事实不仅仅如此。有一些角斗活动——尤其是大象角斗——属于贵族运动，这种运动归莫卧儿帝国的统治者垄断，是真正属于国王的运动。因此，这些动物角斗活动成为统治能力的显著标识——即使获得允许，也很少有人能够负担得起。当然，这些角斗活动也用于向外国观赏者展现服从于主人——国王——的本国野兽的力量与凶猛程度。

156 如前所述，在前现代时期的欧亚大陆，很多人——或者说大部分人——都认为动物是正义与天罚的传递媒介，国王也出于同样的目的利用了这一点。当然，将犯人投入兽群中处决的行为由来已久，而且非常常见。由于这些处决的死状非常恐怖，因此无疑被认为是一种强有力的威慑手段，经常会成为公开展示的场合。

在西方的历史记忆中，这种惩罚方式与罗马有着紧密的联系，后者的确也曾以这种方式处决犯人。[118]这种记忆流传甚远，以至于几代的犹太教信徒与基督教殉道者被投入狮群，成为宗教迫害的一般性象征。[119]尽管其他地方也曾使用大型猫科动物处决犯人，但是大象由于其自然分布范围，成为许多地方所选择的处决方式。在印度，朱罗国（Chola，公元 888 ~ 1267）的印度统治者、德里苏丹国与高康达（Golkanda）的穆斯林统治者都曾将逃税者、叛军与敌军送至“大象脚下”处决；在莫卧儿帝国统治时期，政治犯和普通犯人也面临着相同的命运。在这一时期，这种处决方式在东南亚地区享有盛名。[120]

使用大象作为处决者的原因在于，大象与狮子不同，可以在经过训练后用多种方式处死犯人。在18世纪早期的暹罗，犯人会先被抛至空中，之后再被大象踩死；在德里苏丹国，犯人先被扔到地上，之后再由苏丹下令将其用“象牙上固定的尖刃”切成碎片。[121]这里的关键在于，虽然大象实际上是由驯象师控制的，但在处决时似乎可以对统治者的情绪或命令作出回应。这种方法也使得最后时刻的暂缓处刑成为可能，因此可以让受到惊吓的幸存者变得驯服而感恩。在暹罗，大象被训练为“以极慢的速度”将犯人“在地上翻滚，目的是避免其受到重伤”。[122]阿克巴大帝曾多次使用这种技巧来惩罚“叛军”，最后再将这些受到惩罚的犯人赦免活命。[123]这种控制方式还协助形成了一种严酷的考验方式，那就是如果被惩罚的叛军能够成功抵御大象，那么他便会被宣布释放。[124]

在以上这些例子中，动物处决不仅仅是终结生命的一种权力，而且也让人类变得仁慈起来。同样，人们在这些场合中目睹皇帝控制非常强大的野兽，而且后者似乎始终会依其指令行事。这或许也可以解释，为何在大象自然分布范围之外的地区——如萨珊王朝、拜占庭帝国和帖木儿帝国等——大象处决有时也比较流行。[125]

综上所述，动物在精神与身体层面都对人类构成了挑战。在人类世界与动物领域之间，有无数能量、灵力与信息的流动，而那些可以理解这些流动并加以利用的人，便被“自然而然地”区分开来。那些能够猎杀、捕捉、控制野兽并能与之交流的人本身必然具有强大的身体力量与精神力量，这也使

157 得他们高于一般的人类，成为人类的统治者。正如国王对动物的控制能力与狩猎技艺得到了广泛的宣传，国王对野兽的道德制约与精神支配也得到了普遍的传颂。通过这些宣传，统治者宣示了自己对自然界的控制力和对某些自然力量的使用。[126]

这种皇室权威观念在诺特克（Notker）对加洛林王朝的创建者矮子丕平（Pepin the Short，公元 747 ~ 768 年在位）① 的描绘中体现得淋漓尽致。诺特克的论述发表于事件真实发生的 10 世纪早期之后，宣称当某些军事领袖对丕平三世表现忤逆时，他曾让一只凶猛的狮子扑向一头公牛，之后让手下的军官将狮子拉开或将其杀死。所有的军官都表示了拒绝，宣称此事非人力所能为。随后，丕平有力地一挥宝剑，将两只野兽都杀死了。这时，所有质疑丕平的军官都跪倒在他脚下，宣称他是"整个人类社会"的正统统治者。诺特克补充道，这是因为"丕平不仅控制了野兽与人类，还赢得了一场不可思议的战斗，战胜了邪恶的力量"。[127]在这里，全副武装的统治者在保卫自己的疆域时击败了人类敌人、狂野自然与邪恶力量，这一切都在统治者对大型野兽的控制中得到了证实。

皇室对动物的直接——或看上去直接——控制力还具有另外一种目的，那就是为了塑造政治权威而渲染自然世界中存在阶级，以及统治者处于金字塔的顶端。这种塑造行为具有多种形式，可以通过许多方式进行表达。如果说统治者支配了整个人类阶级的话，那么君主的动物则支配了整个动物阶级。统治者拥有的动物是最好的动物，而且与统治者一样，必须始终是处于支配地位的胜者。骄傲和威严不仅在于拥有最好的动物，

① 矮子丕平（Pepin the Short）即丕平三世。

也在于能够一贯正确地挑选出最好的动物。这通常意味着，动物角斗就像皇家狩猎活动一样，经过了精细的安排以达到预期的结果。[128]

莫卧儿帝国尤为重视这种动物阶级，将其看作宫廷内部政治权威的一种模式。在皇家动物中，始终存在着处于首要地位的动物，即某个动物领域内部的领袖。象群中存在着头象，类似于守卫警官；此外，在猎豹中也存在这样的头领。在莫卧儿宫廷，大型猫科动物的首领之一是一只名为纳詹（Najan）的猎豹，能够获得这一地位的原因是，在一次捕鹿活动中，纳詹曾越过一段25码长的峡谷将猎物扑倒。目睹了这一景象的朝臣都感到十分惊讶，不禁为之喝彩。为了纪念这只猎豹的功绩，每当它进入宫廷或狩猎场时，都会响起特殊的鼓声。[129]莫卧儿帝国的皇帝就像宣传自己的狩猎功绩一样，宣传自己猎豹的成功；在皇室宫帐中，也悬挂着描绘猎豹功绩的画作。[130]

然而，这种模式不仅仅确立了自然界中的等级制度，或是将统治者描绘为动物能力的可靠评价者；它还促使统治者能够调和野生动物与驯化动物之间的关系，协调和处理自然与文化之间的关系。在中世纪波斯语版本的亚历山大罗曼司中，这种重要的君王责任被体现得淋漓尽致。在这部罗曼司中，古代印度神话中的统治者普鲁斯（Porus）曾下令，“将大象和狮子置于”都城的中心广场。[131]真正的国王——也就是国王的典范——可以将野生自然纳入人类文明的正中心，把自然列入阶级序列中，并将其驯服。在这一点上，奥朗则布的做法略有不同，但非常有效。据马努西目击称，皇帝“为了证实自己的公正和宣传自己的功绩，每天都会派一头凶猛的狮子穿过［首都的］

158

主广场，陪在狮子身边的，则是一头自出生后便一起长大的山羊。此举是为了表明，皇帝的决议是公正而平等的，不带有任何的偏移。这种活动会在朝内进行，臣民也可以知悉皇帝的公正”。[132]这一活动不仅象征了君主的公正处事与一视同仁，也同时有力地展现了统治者对野兽的控制力——因为在秩序和和谐面前，山羊必须压制住自己想要逃跑的本能，而狮子也必须控制住自己的欲望。正如安德鲁斯（Andrews）指出，奥朗则布总是与各种不同的动物一起出行，目的是展现自己像古时的所罗门一样，具有控制食肉动物（dad）与食草动物（dam）的能力。[133]实际上，这种做法具有非常悠久的历史。在亚历山大大帝征服巴比伦时，当地长官曾前来献上（已被束缚住的）食草动物和食肉动物，此举也意味着他已经承认，阿契美尼德王朝对自然力量的控制权已经被传递给另外的人了。[134]

更为基本的展现来自于土库曼的白羊王朝统治者乌宗·哈桑（Uzun Ḥasan，公元1453~1478年在位）。乌宗把栓有锁链的野狼带至都城的广场上，之后在围观者面前将其放出；与此同时，国王的侍臣已经经过了特殊的训练，还配有相应装备，以控制狼群和防止其造成大规模的伤害。[135]这里传达出的信息稍有不同，即人们不能忘记自然是一种需要皇室束缚的威胁，这一点也是近代早期的东南亚地区宫廷举行象虎之间角斗的目的。在这些角斗活动中，驯服而经过训练的大象象征了秩序与王权，而老虎则象征了不可控制和反叛。在这些活动中，老虎一般都或多或少身有残疾，因此大象——国王的手下——必然能够获得最终的胜利。如果大象未能提供一场好的表演，那么它的驯象师则会因给国王蒙羞而遭到严厉的惩罚。换言之，角斗活动的关键是老虎必须要被杀死。[136]

皇帝对动物的关注及其对动物行为的掌控，直接关系到宇宙王权（cosmic kingship）的概念。欧洲模式的多种形式的宇宙王权——或者称神权君主制（divine right monarchy）——直至晚近才出现在世界各地，如大洋洲、欧亚大陆、非洲和美洲等地，也就是各个时期中有复杂型社会和政体出现的地方。诚然，在分布范围与持续时间方面，多种形式的宇宙王权是全球历史范围内最为成功的政治意识形态体系。宇宙王权的政治基础认为，某一个特定的统治者或统治家族拥有更大的宇宙或宗教框架中的部分力量；反过来说，这样的统治者能够与超验力量沟通，并对之造成影响。问题在于，这种假定的影响力如何才能施用并取信于人？自然界的基本力量——如风、雨或地壳变动——只能通过祈祷、祭祀与巫术等仪式与之交流。然而，动物却是一个不同的议题：人们可以控制、威慑、驯服、训练甚至杀死动物。因此，动物在很多时候经常会成为自然的替身，被用于塑造、展示和记录统治者与宇宙的联系、影响以及相关责任。非常矛盾的是，最容易控制和看管的动物，恰恰是体积最为庞大的大象和被认为是最强大的动物杀手与英雄猎物的狮子；与之相反，小型的动物，如兔子和昆虫等，更不用说还有微生物，反而不仅造成了更多的损害，而且要更难以控制。没有任何一个国家或现代政权曾成功地消灭啮齿动物，但是有很多国家将大型食肉动物逼至灭绝，或成功地控制其数目。[137]

159

古代的国王与现代的政治家一样，都是量力而行，表现关怀之心，倾向于用短期结果来解决问题，规避那些长期的、开放的或是没有明显解决策略的问题。这种倾向在亚述语版本的《吉尔伽美什史诗》的一段文字中体现得淋漓尽致。

比起大洪水，

还是关注那只出现的威胁人类的狮子吧！

比起大洪水，

还是关注那只出现的威胁人类的野狼吧！[138]

这段悲叹中所表达的政治意味十分明显：暴雨无法被平息，但是给人们造成麻烦的野兽却可以被捕获。

第九章　正统性

动物与意识形态

160

在本书中，关于正统性的意识形态可以被分为两种基本类型：一种是由牧师与学者所系统阐释的政治准则，这种意识形态往往借助于哲学、神学与宇宙论的支持；另一种更为分散的意识形态类型的言说途径则是大众宗教与大众文化。显然，国王在定义与展现自我时会援引正式的官方理论，但是同时他们的行为也被民众关于国王的期望所塑造和修正。我认为，皇家狩猎活动在很大程度上展现了官方准则与大众观念之间的动态关系。

尽管动物、皇家狩猎活动、国家形成与正统性之间的多维关系非常复杂，而且在特定的历史背景下具有鲜明的形态与特征，但是依然有一些共通的特征超越时空的限制而显露出来。其中最主要的特征便是——如前文所述——各种类型的动物都被认为具有灵力（spiritual force）或/和宇宙论意义，而且很多动物——如在古埃及——都受人崇拜，被认为是神灵本身或至少是传递天意与神旨的媒介，而其中很多都有政治性的内容。[1] 这一点在回鹘人的民族神话（ethnogenetic myth）中得到了充分的展现。据神话记述，当公元840年回鹘人被赶出蒙古时，他们正是通过跟随家养动物与野生动物的叫声而来到了天山山麓，从而发现了新的家园，即别失八里（Besh Baliq）。[2]

在很多国家的文化中，鸟类被认为是天神喜爱使用的信使，而它们所传达的信息同样是政治信息。在各种鸟类中，埃利安认为猛禽是最受神灵喜爱的，也是政治化程度最高的鸟类。[3] 在欧亚大陆范围内，民族与国家的缔造神话中经常出现猎鹰的身影，其形象多为远古图腾、社群守卫者、政治成功的预兆、上天的使者、神灵的显现和文化英雄等。[4]

更加具体地说，在亚洲北部与中部地区，鹰被认为具有特殊的力量与属性。作为太阳之鸟和神旨的象征，鹰具有丰富的内涵：鹰在一定程度上缔造了其他的强大生物，如从最优质的猎犬到萨满巫医——后者在仪式中身着的鹰羽道服象征了精神的旅程。[5] 自然而然的，鹰也具有重要的政治功能。在突厥人看来，鹰是一种宇宙力量，与上天（腾格里，tengri）有着紧密的联系；在突厥语中，鹰的称呼之一“bürküt”或许可以追溯至“berk qut”一词，意为“确定的好运（sure good fortune）”，这是草原世界王权的必要组成部分。[6] 然而，鹰的政治角色并非只局限于草原地带。在阿契美尼德王朝治下的伊朗、早期的希腊与拜占庭帝国，鹰是帝王权力的象征，预示了政治权威与军事运势的变化。[7] 甚至，在罗马的政治仪式中，对皇帝的神化行为便是从皇室的火葬柴堆顶放飞一只鹰，意为将统治者带至天堂，与其他神灵一起得到人们的崇敬。[8]

由于动物拥有神力并可以传达神意，狩猎活动本身被认为是一种精神交流也就并不令人惊讶了。在传统社会中，狩猎活动始终具有意识形态内涵。古代宗教——如萨满教——与狩猎活动之间有着不可分割的联系，原因在于，所有的自然生物——尤其是猎物——都具有潜在的灵力。因此，在西伯利亚的森林中，猎手在汲取自然资源时必须也“返还”自然，也

161

就是说，猎取猎物的行为是在交互的基础上进行的经过了精心安排的精神补偿。[9] 在草原地带也有类似的规则实行。契丹皇室夫妇会仪式性地猎取野兔以敬拜太阳神，并将捕捉到的第一只天鹅作为祭品献给宗祠。[10]对突厥人和蒙古人而言，无论集体狩猎还是个人狩猎都被认为具有灵性，因此始终需要借助大量自然的力量，其途径包括各种净化仪式与禁忌、祭品、乞灵活动以及对山、森林与猎物的感谢仪式等。[11]

这些意识形态关联在常规世界中非常常见。据皇室铭文记载，由于亚述帝国的统治者很好地完成了自己的宗教义务，因此神灵赐予其“野兽”并“命令”他们前去狩猎。[12]因此，皇家狩猎活动是宗教约束的王权组成部分。诚然，政府机构需要皇家狩猎活动。在之后的几个世纪中，国王的猎鹿活动是一种极为重要的仪式性行为，涉及了对土地、山与河的祭祀。这些仪式性的猎鹿活动在伊朗的萨珊王朝、朝鲜的高句丽王国与公元 7 世纪时的日本都曾出现过。[13]有趣的是，在从中国汉朝到印度莫卧儿帝国的史书中，人们经常用追逐难以捕捉的野鹿来比喻对皇权的追求。[14]

尽管在不同客观环境与宗教信仰的影响下，皇家狩猎活动的意识形态内容有所差异，但是其间的平行关系却非常引人注意。在核心区域与草原地带，人们对“好运”的理解达成了普遍的共识：好运并非是“一般的”运气或是掷骰子的巧合，而是一种特殊的给予，是通过精神世界获得的成功。在这些文化中，高水平的狩猎活动既被认为是一种技术习得和体能成就，也被认为是对自然力量的控制，这种控制力受到超自然和魔法的影响。因此，狩猎活动中的特殊技能展现了一个人所具有的特定的精神力量，而这种能力则可以被转移至政坛之中。[15]

162

在古代近东地区与之后的草原民族中，这种能力是帝王意识形态的核心部分。这种能力看起来也是宏观意识形态的一部分，后者包括了普遍权威、上天赋予的统治权、君主的皇室荣光以及极为特殊的好运。在中古波斯语中，这种荣光（glory）被称为“khvarənah”，在突厥语中为“qut”，在蒙古语中为“suu”。[16]狩猎活动展现统治者的胜利，而这种胜利恰恰是神灵的意旨。

这种对等关系具有非常悠久的历史渊源。正如沃尔夫冈·德克尔（Wolfgang Decker）指出，“在埃及的皇室信条中，成功的猎手可以等同于战无不胜的勇士”。[17]在美索不达米亚，这一信条得到了进一步的再定义和阐释。埃琳娜·卡森（Elena Cassin）称，长久以来在美索不达米亚，国王与神灵都同狮子有着紧密的联系。[18]亚述帝国时代的文字与图像资料清晰地显示，对公元前1000年的统治者们而言，狩猎活动不仅是一种宗教政治职责，而且作为皇家猎手最具有“皇家气派”也就是最具有个人魅力的时候，便是他与狮子单独格斗的时刻。这种格斗活动是一种测试和考验，可以确定君主是否适合统治。此外，在与狮子的格斗中，获胜的君主可以同化被击败野兽的部分关键特质，并将这些狮子般的品质——如勇气、力量与凶猛等——带入之后的战场中。由于狮子是未驯化世界的王者，战胜狮子可以让君主的统治领域超越有秩序的文明世界（mātu），延伸至广袤的无秩序的野蛮荒野（erṣetu）。在这一基础上，亚述帝国的君主们宣称自己是“世界”的统治者，掌控了“世界的四方”。

因此，国王与狮子同荒野之间的关系是非常关键、复杂和看似矛盾的。一方面，野生的非家养动物孕育了国王的力量，赋予其成功进行军事行动的关键精神力量；另一方面，以狮子为代表的野生动物对有秩序的驯化世界造成威胁，这一世界需要获得保护，以对抗来自自然界与超自然界的邪恶力量。因此，猎杀狮子的行为成为在自然威胁及其关键的孕育功能之间保持合理的平衡的动态机制。由于皇家猎狮活动是一种重要的精神事务和政治事务，这一活动变得高度仪式化——换言之，猎狮活动的每一部分都经过了细致的策划，为了保证能够稳定地为狩猎活动供给猫科动物，人们甚至像“畜牧”一样养殖了狮群。[19]

163

图 13　阿契美尼德王朝的柱形印章

资料来源：纽约摩根图书馆（Morgan Library，New York）。

公元前 6 世纪，在古代伊朗人征服美索不达米亚时，他们也沿袭了诸多此类的观念。阿契美尼德王朝的柱形印章直接效仿了亚述帝国的原型，描绘了皇室英雄站在斯芬尼斯之上，手持可怜的狮子的后腿将之倒悬的景象。正如前文所述，在萨珊王朝的银器上，经常描绘的场景是统治者/英雄在瞄准一只狮子的同时，还有另一只狮子在背景中死去。[20]在这些场景中，国王被描绘为战无不胜的形象，他处于权力的顶峰，其神授的皇室荣光或好运以光环或光晕的形式呈现出来；这些场景借助于更加易于移动的媒介，所传达的意识形态主题与塔奇布斯坦以及伊朗国内其他地方的岩壁浮雕完全相同。[21]

164

图 14 持枪和光晕围绕的沙贾汉在狩猎

资料来源：《帕德沙本纪》（*Padshahnama*）。The Royal Collection © 2005. Her Majesty Queen Elizabeth Ⅱ.

这种战无不胜、受皇室荣光保佑的国王形象持续了几个世纪之久。在伊斯兰时期的伊朗，这些观念在艺术品中亦有所再现，并且完全内化入邻国如亚美尼亚和格鲁吉亚的政治文化中。[22]此外，由于皇室荣光的概念同狩猎活动和动物有着极为紧密的联系，因此也曾出现在伊朗早期游牧民族的宗教信仰中，并且通过粟特人的介入而被传至突厥。[23]这种皇室荣光与狩猎和动物之间的联系一直延续至近代早期的印度莫卧儿帝国等地。正如贝尼埃记述，在奥朗则布统治时期，皇家猎狮活动必须以胜利收尾，原因是失败预示着“国家将会遭遇无限的厄运”。因此，若有被困的狮子逃离的情况发生，人们会几日几夜进行追捕，直至将狮子捕获并猎杀。[24]就像战无不胜的英雄一样，国王必须永远保持胜利的姿态，也正因如此，国王的狩猎“运”是精心营造的结果，绝对不会完全凭靠运气。

威　胁

对正统性的追寻并非仅限于意识形态方面。政治始终具有地方性和纯世俗的维度；譬如，是谁负责在春天将门口街上的坑洼修复好，或者更加切合我们的主题，是谁将给村庄带来麻烦的老虎除掉？这些都是非常基本的实际政治，涉及纳税人所得到的服务。为了最有效地探讨这一问题，我们可以从威胁本身——既包括真实的也包括想象的——入手，关注动物对传统社会所造成的威胁。反过来，这将引领我们去探讨大众对自然与皇家狩猎活动的态度问题。

165

野生动物对人类利益造成的威胁以多种方式呈现出来，如家中的害虫、与家养动物争夺饲料的动物、与人类猎手争夺猎物的动物，以及最重要的，会侵袭庄稼、牲畜与人类的动物。

东非地区的马拉维的近期历史，很好地展现了所有这些问题如今依旧是很多现代人所关注的问题。[25]在更加遥远的过去，相关信息虽然要少得多，但是仍为我们提供了一幅极为类似的图景。

让我们从害虫开始，一直谈到最令人畏惧的生物种类。显然，啮齿动物是人类常年面对的挑战。害鼠（Bandicota benegalensis）是印度体形最大的鼠类，它们在长期肆虐于当地的食品店中，被民众认为是“危险的敌人”。[26]有的时候，野兔也会因侵扰未收割的庄稼而给当地造成饥荒；在罗马帝国时期的巴利阿里群岛（Balearic Islands）或中国的元朝，受灾的民众都曾经要求政府提供支援和采取行动。[27]

另一种肆虐在欧亚大陆大部分地区的害兽是豺狼（Canis aureus），这是一种成群觅食的群居性动物。豺狼出现在印度、突厥斯坦、伊朗与外高加索地区，它们在夜间侵入村庄与城市觅食，杀死家禽，损害庄稼，破坏新建的坟墓并吞食尸体，豺狼群共同的嚎叫声也制造了可怕的噪音。[28]

这些野兽虽然对人的生活造成了威胁，但并不威胁人类的生命或身体；然而，野猪却在这两方面都造成了巨大的威胁。[29]一位早期的亚美尼亚编年史家曾抱怨野猪对田地与葡萄园的多次侵扰。他提及，为了减少野猪的肆虐和恢复损失，人们有时会采用求助于灵力的做法。[30]此后，曾于1688~1723年间在东印度群岛一带旅行的汉密尔顿记述，由于野猪连根拔起并损害了太多的庄稼，因此从位于波斯湾的巴士拉到南亚次大陆的东南部地区，野猪对从事农业来说一直是一个严重的问题。[31]

野猪造成如此严重的问题是因为其生性贪婪，同时也因为野猪极具侵略性，而且行动难以预测。在《维斯拉米阿尼》中，传说中的国王莫阿巴德（Moabad）在露天庭院里被从林中闯入宫帐的巨型野猪杀死。[32]在历史记载中，野猪也是同样凶猛的。拜占庭帝国的皇帝莫里斯曾在巡行途中遭到野猪袭击，惊险地免于受重伤。[33]野猪作为极为危险的猎物也并非徒有虚名。色诺芬在论述狩猎活动时曾多次描述在捕猎野猪时会遇到的极大危险，此后的伊斯兰与基督教世界的作者也都证实了这一观点。[34]因此，野猪能够在古老的传统中享有神话地位，田地经常受野猪侵扰的农业从事者对它十分惧怕，也就并不怎么令人惊讶了。[35]

166

正如布罗代尔指出，在衡量野生动物所造成的威胁与恐惧时，我们必须牢记一点，那就是在公元 1800 年前后世界人口的爆炸性增长之前，在所有的人类定居点、乡镇甚至大型城市附近，都能看到各种类型的荒野。[36]这些“荒地（wastes）”拥有各种食肉类动物，对人类安全构成了非常实际的威胁。这并不是说，野生动物袭击非常普遍，以至于已经成为人类死亡的重要原因，而是说此类突发事件比较常发，已经营造了一种持久的威胁与惧怕的氛围，因此民众支持各类控制野兽的措施。

在中世纪的西方，人们不需要前往森林之中便可以见到狼；狼群多次侵扰城镇和进入教堂，对受惊的人群毫不在意。[37]在冬季，据称饥饿的狼群曾多次进入俄国的村庄，导致当地村民不得不纷纷逃命。[38]艾伯塔斯·马格鲁（Albertus Magnus）曾颇具权威地告诉读者，一旦狼群曾杀死过一个人，它们便会“由于人肉的甜美而再次搜寻人类的踪迹”。[39]即使在面临更大威胁的地区，狼群依然是一个严重的问题：公元 912 ~ 913 年，大批狼群涌入了巴格达市内；1835 年，阿格拉附近有一个孩子在公共场合被狼杀死。[40]狼群开始习惯于侵扰人类的主场，这着实令人感到不安和惧怕。

当然，大型猫科动物是最令人惧怕的食肉动物。真正的豹子（leopards）——尽管其体形并不比猎豹（cheetahs）大多少——尤为危险，因为其在野外便经常猎杀比自己体格大的猎物，所以在攻击人类时也丝毫不会犹豫。在12世纪的叙利亚，一位法兰克人士兵在教堂外被豹子杀死；在17世纪的印度，豹子多次在夜间袭击拉贾布尔（Rajāpur）沿岸的城镇马拉巴尔（Malabar）；在19世纪，一只豹子在德里北部的一座村庄的马窖中杀死了多只驴子。[41]豹子与狼一样，有时也会进入人类居住的空间觅食。

在很多人看来，老虎是最具有威胁的食人动物。自很早时起，老虎的凶残和嗜人肉的习性便已在西方传播开来。公元1世纪时，古典文献中便记载称印度的老虎“几乎有狮子的两倍那么大”，或是老虎的尾巴上有可以致人死亡的刺。自然而然的，这些动物以及邻国赫尔卡尼亚（Hyrcania）的动物都被认为是“食人动物”，即“martichoras”——一般认为是波斯语中的“mardkhora”一词，意为“杀人者（man-slayer）”。[42]

长期以来，人们对大型猫科动物的食人行为存有误解。实际上，人类并不是老虎通常会捕猎的对象。反常发生的较多食人事件，是由于人类干扰了捕食者—猎物之间的自然平衡。在老虎能够捕捉到通常猎物并拥有足够的生活空间时，它们会避免与人类接触。也就是说，食人动物并不像人们通常认为的那样，是因为年老体衰而转而猎取更易获得的猎物。查尔斯·麦克道格尔（Charles McDougal）认为，这一点在食人老虎的地理分布上有所体现。老虎食人事件集中于近代的中国南部、印度与马来半岛等地，这些地方无一不经历了人口增长与动物栖息地的破坏；而在大型猫科动物拥有生存空间的西伯利亚等

167

地，则没有出现老虎食人事件。[43]

在欧亚大陆南部地区，人类与老虎的对立由来已久。在汉朝之前的时代，中国人便认为老虎是特别嗜好人肉的食人动物，这一形象在唐朝得到了进一步的发展。[44]此后，马可·波罗经常提到在中国南部的郊区与靠近主要人口聚居中心的地方，人们面临着来自"狮子"——意为老虎——的威胁。[45]外国旅行者对印度的描述也与之非常类似。据他们描述，在路上、小型村庄、大城市附近以及沿海平原沿线——尤其是恒河三角洲一带——都能遇到极具攻击性的老虎。在这些地方，老虎均造成了当地居民的伤亡并形成了一种令人恐惧的氛围。[46]

在这种对特定动物的恐惧背后，还存在着一种来自于野外野生动物的普遍的威胁感，即阻碍人类活动与威胁人类生活的野生自然。这一点在各种来源的早期旅行文学中表现得尤为明显。中国的佛教徒曾提及，在印度恒河沿岸以及连接主要城市的道路上，野生动物会带来各种危险。[47]著名的阿拉伯旅行者伊本·拔图塔建议人们组队前往巴士拉城外的宗教庙宇，原因是人们会遇到"野兽"；此后，他还提及了一次发生在印度的人类与犀牛之间的摩擦。[48]后一场对峙最能说明问题，原因是虽然这些动物试图避开人类，但是它们仍然遇到了人类，并因为被当作一种威胁而遭到人类的猎捕。

1680年代，萨非王朝遣往暹罗的使节在报告中宣称，因为当地地形和森林中满是危险的野兽，在暹罗境内出行一般都需要乘船。如果在陆地上行走，人们需要设立警卫，而且整晚都需要有专人生火。即使在河面上，人们也要面临来自淡水鳄鱼的威胁，它们偶尔会吃掉不够警觉的旅人。[49]表面看来，在荒野中和在城市之间旅行就像是一场军事行动，而有趣的是，这就是欧洲人笔下描述的东南亚地区。从马可·波罗到阿尔弗雷德·华莱士（Alfred Wallace），西方人曾提及筑有防御工事的营帐、对营火的需要、成群出行的必要性以及在乡下各处潜伏的极度危险。[50]据汉密尔顿描述，在18世纪的勃固，犯人会被直接放逐到森林中生活一段时间，在那里他们很快便被凶残的野兽杀死。[51]在印度的许多地区，借道而行的人会使用当地的导游，后者指出有必要提前探路，升起篝火并设置警卫，以防备危险的动物靠近。尽管如此，导游仍然建议人们在树上休息。[52]

168 1630年代，葡萄牙传教士塞巴斯蒂安·曼里克（Sebastian Manrique）曾在孟加拉和阿拉干之间植被茂密的山区乡下旅行，他对各种预防措施作了详细的记录。虽然拉姆（Ramu）的莫卧儿帝国官员为他们提供了约30名武装士兵和两头大象，他们实际上仍然是一路战斗着来到了阿拉干。一路上，他们不停地发射毛瑟枪以驱赶路上的野兽，每晚睡觉时则把自己绑在树上。曼里克补充说，这些极端的措施是当地居民经常采用的方法。在旱季，村民每晚都会升起巨大的篝火以赶走野兽。[53]

在旅行文学的记述中，伊朗的情况虽然要稍好一些，但自萨非王朝时期起，常会有警告提醒人们注意在山中与平原上可能会遇到的众多大型猫科动物与野熊，为了安全起见还是需要结群出行。[54]但是，这些旅行者记述的可靠程度究竟有多少？当地居民感受到的威胁究竟有多强？这些问题并不容易回答。可以确定的是，一些叙述记述的是旅行者之间流传的传说，也就是说他们只是在重复关于遥远地方的一些谣言，而自己并未亲自去过那些地方。[55]尽管我们可以不相信这些记述，但是那些亲自去过这些地区的旅行者的言论就是另外一回事了。无疑，这些记述中含有异域环境所引起的夸张、误解和恐惧。但是即便如此，这些恐惧也并非是凭空产生的。在一定程度上，这些记述反映并折射了当地的情况与人们的忧虑。例如，1670年代早期，阿贝·卡雷（Abbé Carré）在前往印度的旅途中两次经过了美索不达米亚，他详细记录了在底格里斯河与幼发拉底河沿岸遇到的来自野猪、豹子和狮子等动物的诸多危险，以及这些动物给当地居民带来的威胁。[56]其中，阿贝着重强调了一直存在的来自狮子的威胁，尤其是记录了当地民众的情绪和皇家猎手的行为。在这里，我们将以之作为一种测试案例，用于比较当地资料和外国旅行者的记述。为了合理地进行比较，我们必须首先考虑皇家猎手的另一重身份，即动物管制官的角色。

动物管制官

在本节中，我们将再次探讨统治者对正统性的宣示。前文中，我们论述了由政府支持和传播的官方意识形态类型；在这里，我们将从另外一个角度讨论这一问题，即统治者的行为如何依循了臣民所表达的兴趣、信仰与预期。必须承认的是，用这种方法探讨正统性问题实际上很受局限，原因是这一角度并不包括在更大范畴内对正当性与许可性的考量。虽然如此，这一有所局限的关注却可以很好地适用于我们的直接需要，即审视社会阶层及其特定功能之间的联系。正如约瑟夫·熊彼特（Joseph Schumpeter）指出，这些功能必须“由一个阶层来付诸实行”。[57]对我们而言，这就引起了两个基本问题：第一，贵族阶层自身是否认为皇家狩猎活动是这样的一项责任？第二，贵族阶层属下的臣民是否认为皇家狩猎活动是一种必要而值得期望的公共服务？

169

在阿拔斯统治时期，贵族阶层可以比较令人信服地宣称，他们进行的狩猎活动所猎取的动物既是害兽，也是一种威胁。[58] 这种对公共服务的宣言在阿契美尼德王朝的统治者的行为中表现得更加明显，后者曾派出军队剿灭在苏萨（Susa）和米堤亚之间肆虐的蝎子；此外，一位倭马亚王朝的总督曾协助摩苏尔附近的一个地区“铲除”了同样的虫灾。[59] 人们还以公共利益之名猎取了很多更大的猎物。古王国时期（Old Kingdom）① 的法老曾杀死啃食破坏尼罗河沿岸农田的河马。[60] 我们还可以在之后的英国贵族的猎狐活动中找到皇家动物管制官的踪迹。这种狩猎活动——正如其爱好者自中世纪起所宣称的那样——实际上是一种社会服务，消灭了捕食小土地所有者家禽与羊羔的“害兽”。[61]

可以预料的是，猎虎活动也通常以类似的形象出现。汉朝的一位将军只要听说附近有老虎出现便会前去捕猎，这与印度早期统治者的行为相同。[62] 之后，莫卧儿帝国的皇帝和当地的统治者曾使用多种方式——如毒药、经过训练的水牛与大象、枪支——来控制老虎的数量。[63]

皇家猎手还参与了另外一种更加广泛的针对特定区域内“不受欢迎”动物的战斗。据说，中国战国时代的统治者除去了当地危险的野兽；1264 年，马穆鲁克王朝的苏丹拜伯尔斯（Baybars）清除了雅法（Jaffa）北部的阿苏夫（Arsūf）森林里包括狮子在内的所有猛兽。[64] 格鲁吉亚的国王在这一方面的成就更加引人注目。17 世纪时，格鲁吉亚的君主及其朝臣在王宫外射杀了上百只被围住的狐狸、豺狼和野狼，此举获得了

---

① 强盛繁荣的埃及古王国时期大约是从公元前 2686 ~ 前 2181 年，包括第三到第六王朝。

围观民众的赞许，展现了君主对公众利益的维护。[65]鲁特罗·德瓦认为，统治者“因为杀戮了虎狼等凶残的动物，保护了地里的庄稼，杀死了牧鹿等其他动物”而获得了“宗教功绩”。[66]

毫无疑问，皇家猎手们不遗余力地对自己的狩猎活动进行正面描述，将之塑造为对臣民的无私服务行为。若要探究民众对统治者履行公共责任的态度，那将是一个更加困难的问题，我们需要首先审视一下大众对荒野自然的态度。

当然，我们无法进行大众民意调查，但是我们掌握有对大众各式自然观的描述。首先要注意的是，并不存在一个单一的、主宰的或统一的观点；大众观念显然是受环境影响的。虽然如此，在很多情况下，均有证据充分显示人们对自然世界——尤其是对野生动物——持有恐惧与敌对的态度。 170

这一点在关于民众针对害兽的“抵抗”运动的记录中体现得非常清晰。有的时候，这些运动表现为一般化的反击行为。早期的亚美尼亚人经常毒杀野猪、熊、狼和野驴。1772年，印度西南角的特拉凡哥尔（Travencore）组织了大型的围猎活动，目的是杀死被认为会威胁人类的林中野兽。[67]在另外一些时候，人们会对特定的物种表现愤怒。在公元1世纪的意大利，某地的人们每年会与蝗虫“交战”三次；在利姆诺斯（Lemnos）岛也有类似的情况发生。[68]直至19世纪，蒙古牧民还经常与狼发生摩擦；牧民对狼仇恨至极，以至于他们不仅要杀死狼，还要用绳索抓住狼后活剥其皮。[69]

同样，老虎也得到了特殊的关注。有的时候，动机就是简单的仇恨。1861年，华莱士在爪哇记录称，当老虎杀死一个年轻男孩后，当地人组织了一场大型狩猎活动，最终杀死了那只“有罪的”野兽。[70]在其他时候，还出现了更加一般化的预防性的进攻行为。例如，有记载暗示在亚历山大大帝在位期间，印度人曾试图通过毒杀和尽量杀死幼崽的手段来控制老虎的数量。[71]更加确切的记录是，在19世纪早期，印度河上游地区的居民通过自设陷阱和诱饵来捕捉老虎；此外，他们还鼓励配有武装的西方人杀死这些食肉动物。[72]在17~18世纪的中国南方的岭南地区，人类与老虎展开了一场漫长的斗争。随着当地人捕猎老虎，老虎的栖息地遭到了损毁与破坏，缺少常见猎物的老虎才转而开始袭击人类。这种情况造成了一种动态关系，人们对森林和老虎的恐惧进一步深化。最终的解决方式也非常直接：没有森林，也就没有老虎。[73]

詹姆斯·福布斯（James Forbes）花费了二十年时间在印度各地旅行。他曾提及人类与野生动物——尤其是老虎——相遇的频率，以及这些野生动物对村民、旅行者和在荒野附近游荡的人所造成的威胁。例如，盐场工人便经常受到这些动物的袭击。甚至，在"隐蔽地"出征途中掉队的士兵都经常会成为老虎的受害者。自然而然的，这种情况在生活在森林和丛林附近的人们心中滋生了一种强烈的恐惧感。据福布斯描述，这些人每晚都会躲藏在村内，就像准备迎接敌军的进攻一样。[74]

这些恐惧感有多种多样的表现方式。在中国西南地区的山区中，民间曾传说，为了抚慰山神，人类将成为祭品，而山神则会化身为一只老虎。[75]此外，与远西地区广为流传的古老的狼人传说一样，中国和印度也同样流传着虎人的说法。[76]1330年代初，伊本·拔图塔在印度北部地区的瓜里尔（Gwalior）进入了一个受老虎侵扰的小镇，当地每晚都会有一只老虎侵入并将人带走。伊本说，当地人纷纷传说尽管镇子有围墙并且关闭了大门，但这只老虎依然能够四处游荡；当然，有的人则称

171

这只老虎实际上是一个能够变身为野兽的拥有特异功能的人，目的是寻觅受害者的鲜血。[77]面对这样令人恐惧的生物，只有法术防御才真正有效。即使面对的是真正的老虎，人们也会使用法术。1670 年代，福莱尔（Fryer）记述称，在“老虎”数量众多的马拉巴尔海岸，当地人请婆罗门给自己施以魔咒，以避免遭受老虎的攻击。[78]有趣的是，之后的英国人认为老虎与皇家狮子不同，前者是一种残忍而贪婪的动物，尤其嗜食人肉，“本质上是食人动物”。[79]这种情况很有可能真实地反映了英国人的印度经历，以及当地人对这类猫科动物的态度。

在前现代时期，各民族对荒野的看法有着明显的差异。然而，前工业时代的非西方民族对荒野的态度则通常表现得较为类同和温和。然而，实际的情况却要复杂得多。当然，大多数狩猎—收集者（hunter-gatherers）并不认为自己与自然分离，他们倾向于认为自然是“慷慨”或“给予”的，就像慈祥的父母或祖先一样。但是这种观点并没有完全得到农业从事者的赞同，后者经常认为自己立足于森林之外，将森林看作一种需要征服的危险敌人。简而言之，农民与荒野的关系不同于狩猎—收集者，其并不完全建立在互惠的关系之上，而是包含着一些竞争与对立的元素。[80]这并不令人惊讶，因为农业对自然而言，堪称是历史最悠久和最难以制服的敌人。自然而然的，正是这些农业从事者——如农夫、地主、农民和农学家——制定了各类相关的定义，界定了杂草和害虫的范畴，确定哪些生物才是应当被除去的。有些物种，如乌鸦或野生的有蹄动物，因为被看作是庄稼和牧场的竞争者而不受欢迎；其他的物种，如狼或大型猫科动物，则被认为对人的生命安全造成了威胁。因此，皇家狩猎活动可以很容易地契合农业从事者的世界观，有时还与耕种者的强烈意愿完全相符，如控制某些动物的数量，甚至对之予以根除。一则穆斯林狩猎作品中的故事便很好地反映了这些观念。在这个故事中，一位波斯农夫恳请国王除掉一只在附近肆虐的狮子，而这位未提及姓名的君主为了行好事，立刻下令让当地的官员“找出这只狮子并将其杀死”。[81]

关于这类民众期待统治阶级来控制危险野兽的证据，在很多资料中都有出现。据希罗多德称，吕底亚的国王克洛伊索斯的臣民曾对统治者抱怨称，一只巨熊扰乱了当地的经济，之后则在统治者的协助下将其杀死。[82]孟子曾记述，在公元前4世纪时，一个名为冯妇的人擅长打虎，因此得到了农民阶级的称赞。[83]契丹君主也曾回应热河地区村民的请求，驱赶了杀死牛群与居民的老虎。[84]在这一背景下，贾汗吉尔猎杀大型猫科动物的动机最为明晰，或许还可以让我们更加均衡地看待这一活动。在一些时候，狩猎活动是一种提前规划完毕的体育活动，人们事先会派斥候来探定老虎的位置。在另外一些时候，人们只是巧合地遇到了老虎，依照机遇将其设定为猎物。虽然如此，皇帝也经常会依循当地人的请求而特地前去消灭在乡下或道路附近“食人”的老虎和狮子。[85]

172

臣民显然期望皇室或其代理人积极地承担起控制自然入侵的角色。可以预料的是，当欧洲帝国在亚洲不同地区取代了本土统治者，当地人会自然而然地认为新的政权仍会继续履行其作为皇家动物控制人的义务。在《哈里·布莱克与老虎》(*Harry Black and the Tiger*)等小说中，作者描写的“伟大的白人猎手”在实际生活中也有真人对应，如乔治·奥威尔在英属缅甸担任政治官员时，愤怒的当地人曾要求他“必须”去杀死一只肆虐的雄象，而奥威尔本人则十分不愿意去完成这项任务。[86]

问题自然便引向了：为何民众在自己本身具有杀死这些野兽的能力的情况下，还要去请求统治阶级来履行这些服务呢？这背后可能有若干个原因。首先也是最明显的原因是，这是一项非常危险的工作。其次，捕猎单只动物或更加宽泛的捕猎活动需要耗费很多人力，会让村民长期远离自己的田地。大体而言，很多农业从事者可能认为普通人负责控制家养动物，而宣称自己具有掌控力的统治者则应当负责对付那些野兽。

然而，这只展现了情况的一部分。皇家狩猎活动也许可以很好地满足大众的利益，但其本身也可能成为一项巨大的负担。贵族猎手在田地中骑行时会踩踏庄稼，有时甚至踏伤村民，这种标准的皇家猎手形象也是史实的一部分。早在公元前5世纪，色诺芬便曾提醒猎手同伴们在耕地上时要注意躲避“正在生长的庄稼”。[87]中国汉、辽与元的史料都曾记载皇家猎手干扰农业活动的事件，并多次记录了颁布的禁止这类扰民行为的法令。[88]在其他时候，如中世纪中国和格鲁吉亚的史料都显示，由于平民被要求为皇家狩猎活动提供补给并担任助猎者，因而引起了诸多民愤。[89]贝尼埃曾记述了1660年代莫卧儿帝国的皇家狩猎活动给臣民造成的辛劳。他记录称，尽管“一群猎犬可以得到这些［猎手］的关注和喜爱，他们却对很多穷苦之人的遭遇漠不关心；很多穷人被迫跟随无情的君主［奥朗则布］追寻猎物，却被遗弃不管而死于饥饿、炎热、严寒和劳累”。[90]

173

因此，臣民有足够的原因憎恨和惧怕皇家狩猎活动。那么，我们该如何评价公众对狩猎活动的态度，或者如杰克·古迪（Jack Goody）在另一语境中所言的“大众文化的分量”

呢?[91]这一简单的阶级冲突模式可以解释的内容太少，省略了过多的内容。原因在于，统治者与被统治者之间的关系是多面而动态的，包括了从冲突到合作在内的一系列可能性。在文化层面，正如雷德菲尔德（Redfield）指出，构成任何文明的宏大传统与微观传统都是相互作用和彼此支撑的。贵族文化的元素会渗入大众阶层，很多民间信仰与习俗也被贵族阶级与知识分子所借用、重新阐释并提供了合适的学理基础。[92]正如安德鲁斯所说，现实的两极形成了一个整体，“在相互作用中彼此滋养”。[93]这一动态变化在政治层面尤为明显，从属阶级关于正义的概念核心是一种活跃的相互性，即詹姆斯·斯科特（James Scott）所说的“道德经济（moral economy）”。因此，下层阶级的抵抗运动或叛乱活动的一般目的是迫使统治者履行自己的责任，也就是属民眼中的“互惠准则”与“行为标准”，而不是去破坏或取代其统治地位。[94]

可以预料的是，任何由政府或朝廷支持的大型活动都有潜力影响臣民对互惠性的认知，进而激发起他们的道德评判意识。皇家狩猎活动不可避免地会引起各方的回应。如果狩猎活动侵扰了农业，那么有可能会引发人们的不满情绪；但在其他的情况中，如果统治者拒绝猎杀一头有害或危险的野兽，也同样会激起不满的情绪。因此，贵族阶级的准则与大众阶级的准则之间有着持续而强烈的相互作用，在下层阶级中产生了一系列情感预期，并反过来影响了统治阶级的举止与行为。

大众对皇家狩猎活动的态度，与大众对自然的普遍态度相类，认为其既是一种孕育，也是一种威胁。这显然是一种相当大的矛盾。对当地村民来说，皇家狩猎活动是一把双刃剑。皇家狩猎活动一方面是一种额外的负担，另一方面则可以控制不受欢迎的动物的数量。甚至，皇家狩猎活动还可以带来特殊的奖赏。马戛尔尼宣称，据可靠来源的消息，在山东的一座村庄遭受洪水袭击时，曾在此地狩猎的乾隆皇帝出于个人情结，在听闻消息后立刻给当地幸存者送去了特殊抚恤。[95]

现在，我们需要更加仔细地审视官方意识形态与实践政治学之间的关系，在其中探寻正统性的踪迹。在这一方面，我们可以回头看一下皇家猎手的猎狮行为。这种活动始终具有强烈的意识形态意义，因此也是大量官方宣传的适用对象。

174

古代，狮子在核心区域范围内均有分布，通常被描绘为牲畜的巨大威胁，以及侵袭村镇的食人动物。[96]在古埃及，狮子因其造成的损失和威胁，常年干扰地区的经济发展。从这个角度看，法老之所以经常夸耀自己能够捕获大型猫科动物，目的不仅是证明自己的勇气，也是为了展现皇室对重要的“政策”问题的关注。[97]在美索不达米亚也有同样的情况发生，其中关于狮子的意识形态展现得尤为充分：在这里，人们同样认为狮子对人类和经济造成了威胁。这种思想也体现在寓言、史诗和法律条文中，如探讨放牧人掌管的牲畜被狮子杀死时应负何种责任的问题。同样具有代表性的是，亚述的皇家铭文和印章都明确记载了，由于狮子对放牧人和牧群造成持续的威胁，因此狮子数量的增长必须得到控制。[98]

在之后的几个世纪中，古典作家的记述给人们留下的印象是，美索不达米亚有大量的狮子存在，希腊与罗马军队也经常会遭遇狮群。[99]诚然，这一地区作为危险致命的狮子“肆虐”中心的名声已然在外。公元 3 世纪，一部中国断代史在谈及美索不达米亚（大秦）时写道：“终无盗贼寇警。而道多猛虎、师子，遮害行旅，不百余人，赍兵器，辄为所食。”①[100]在之后的一个世纪，另一部断代史再次重复了这类警告，并补充称在乡下由于狮子的肆虐，人们只有乘车方能通过。[101]

在当地人看来，狮子肆虐是一个严重的问题。这种忧虑情绪表现在，除了英雄式的皇家格斗活动，还经常出现更加实用和经济的杀死狮子的方式。巴比伦诗歌中曾提及用陷阱捕捉狮子的方法；色诺芬则宣称，在叙利亚人们普遍使用狮子爱吃的食物为诱饵将其毒死。[102]此外，在公元2~3世纪的罗马统治时期，驻扎于杜拉欧罗波斯的军队中便有“ad leones”存在，显然指的是擅长猎狮的军人。[103]

一般认为，这些问题、态度和技巧在伊斯兰时期都得到了复制。在12世纪的叙利亚，狮子经常会出现在居民区附近，它们袭击并杀死人类，致使当地人要求贵族阶级猎杀狮子。[104]在美索不达米亚，尤其是河畔一带，情况也大致相同。据阿拉伯资料记述，狮子集中出现在幼发拉底河沿岸，使旅行者滋生了恐惧情绪，这在历史资料和诗歌作品中都有清晰的显现。[105]此后，欧洲的资料也以严肃的笔触描述了这一情况，直至19世纪中期狮子最终在这一地区灭绝为止。[106]

175 伊斯兰统治者控制狮子数量的方式非常有趣。阿拔斯王朝的哈里发艾敏（公元809~813年在位）延续罗马人的先例，组织了一支特殊装备的军队用于捕猎狮子，配有网状分布的侦查员负责寻找和汇报狮子在首都巴格达附近地区的出现情况。[107]更引人深思的是，在倭马亚王朝和早期的阿拔斯王朝，哈里发曾将印度信德（Sind）地区的吉普赛人及他们的水牛

① 《后汉书·西域传》。

(Bubalus bubalus L.)——一种早期的南亚家畜——运至美索不达米亚，让他们在叙利亚边境沿线和南部的卡斯噶尔(Kaskar)建立起牧群，以驱赶一支逐渐壮大并构成威胁的狮群。为了完成这项任务，水牛的牛角上戴有特殊的套子。[108]甚至有可能出现的情况是，水牛除了杀死狮子，还会与狮子竞争位于河岸的栖息地。如果狮子可以被看作是一种“害兽”，那么以上这个例子也是针对不受欢迎物种的较早而创新的自然或生态控制实验。

在南亚次大陆地区，狮子的“问题”呈现不一样的态势。这里的狮子数量要少一些，显然一般是老虎占据了舞台的中心。早在16世纪早期，这一地区的狮子数量便已经愈加稀少了。[109]19世纪时，由于“英国人对猎狮活动的热衷以及政府购买狮头的高价”，狮子的数量进一步减少。[110]尽管如此，印度狮(Punthera leo persica)依然存活了下来；现在，古吉拉特邦的吉尔（Gir）森林中约有250头印度狮，它们与当地村民之间仍会发生争斗。[111]

在莫卧儿帝国时期，猎狮活动既是一项皇室义务，也是一种皇室特权。1617年，生活在印度西部曼都（Mandu）的托马斯·罗伊（Thomas Roe）多次被一只狮子骚扰，最终贾汗吉尔给予他许可将这只狮子杀死。[112]然而，更为常见的情况是，莫卧儿帝国的皇帝似乎乐于在乡民畏惧和害怕狮子的时候，公开展示自己的猎狮活动。这些狩猎活动有时以血腥的对决收场，狮子会被众剑刺死。[113]

当然，这一切都会令人想起古代近东地区的皇家猎狮活动，后者会事先设计一些格斗活动，以展现国王控制野生自然的能力。[114]这一点显示，意识形态与实践政治处在平行的轨道之上，二者构成了一个整体。意识形态可以存留千年的原因在于，它有效地影响了大众信仰，而且对大众预期非常敏感，能够依其行事。

阶级与自然

当代国家会谨慎地调节民众与自然之间的交流。现在，有大量相关规定专注于这一问题，其形式表现包括捕鱼、狩猎、176 伐木、土地与水源使用的各项法律。在现代人看来，这种调节作用的典型体现便是环境影响报告书（environment impact statement）。尽管大致趋势倾向于限制人类与自然的互动，现代国家仍然支持和鼓励人们通过农业和水力发电系统等形式大规模地管理自然。这种二元对立的现象也折射了更加传统的国家态度与政策，那就是，这些国家在保护和保留自然环境的同时，也花费了大量精力来管理和限制自然。为了达成这些目的，前现代时期的国家耗费了大量资源和能源来调节人口与环境、文化与自然之间的复杂关系网。

这些调节行为可以分为三类进行分析。第一，仪式性调节。国家意识形态一方面通常与抵御自然力量的仪式行为有紧密的关系，另一方面也会试图使用这些自然力量。第二，使用大量的行政力量控制人们对自然资源的接触与使用。虽然国家并不能完全垄断来自于大自然的馈赠，之后也会选择与民众分享部分的自然资源，但是国家仍然始终在尝试最大化自己的自然占有量。第三，物理手段也是一种重要而明显的调节方法，如大坝、沟渠、排水工程、梯田和绿化等。

有的时候，这些不同形式的调节手段是用于帮助自然抵御人类的侵袭；有的时候，则是为了让人类免遭自然的蹂躏。实际的动机与手段随着时间的迁移而发生改变，但是进行调节的责任始终是上古、传统和现代时期的国家的关注重点。因此，我们必须在更大的政治框架内对皇家狩猎活动进行定位。

这些考量将我们再次带回至平民大众和贵族阶级的自然观问题上。当然，自然具有多重品性，也有很多副不同的面孔，但其中最为明显的特征还是侵略性。这一点在历史轶事与文学创作中经常出现。每当文化——这种人类施加的秩序——退去或是处于混乱之时，自然总会迅速回归。《俄国编年史》（*Russian Primary Chronicle*）中插入了一段无名氏所写的布道文，其中评价了1093年钦察（Qipchaqs）发生的皇家动乱与侵扰。据其描述，由于国家政治陷入无秩序状态，“所有的城市都荒废了，乡村也是如此；我们穿过昔日放牧牛羊与马匹的田野，如今这里四下空旷；田野已经杂草丛生，成了野兽的栖息地”。[115]900年之后，乌克兰历史学家米哈伊洛·赫鲁舍夫斯基（Mykhailo Hrushevsky）也提到了相同的情境：5世纪末期，被鞑靼人肆虐过的第聂伯河下游地区“完全无人居住，几十年来都被遗弃为野兽的家园”。[116]

这样的意象的确有力地描绘了衰败的景象，定义了终极形式的挫败。《以赛亚书》（13.21－22）中的先知曾预言在巴比伦毁灭之时，这座城市会以野生动物的形式被自然占领。[117]实际上，人类对破坏性的动物侵袭的恐惧感是一个不断反复回归的主题，在之后几个世纪的编年史记载中多次出现。在描绘公元504～505年间，以得撒（Edessa）附近地区遭受萨珊王朝入侵后的场景时，叙利亚历史学家约书亚（Joshua）记录称，在那之后此地再次遭受了一次野兽的入侵，尤其是被大量尸体吸引而来的野猪。这些野兽的数量和侵略性逐渐增高，开始进

177

入村庄，先是杀死儿童，后来也殃及成人；当地村民为了自卫，不得不在职业猎手的帮助下与这些野兽进行战斗。[118]亚美尼亚历史学家德拉萨纳科特（Drasxanakertc'i）也记录了一个类似的故事。据他记述，在他生活的年代，也就是10世纪早期，由于政治混乱、战争、寒冬和收成不好，各地均引发了饥荒、土匪和社会解体等问题。随着混乱和死亡吞噬了亚美尼亚的城市，尸体的数量逐渐积累，遍布街道和广场，很快便引来了野兽，尤其是野狼。狼群在足够的食物供给下迅速繁殖，开始捕食活人。社会阶层不再受到尊重，"弱者和温顺之人都被这些野兽的利爪所扑倒"。[119]

同样令人恐惧的是，随着社会秩序的崩塌，连那些长期家养化的动物都可能再次复归至野生状态。据历史学家狄奥尼西奥斯（Dionysius）记述，公元541～544年间，在经历了使农村人口骤减的查士丁尼大瘟疫（the great Justinian plague）之后，叙利亚和美索不达米亚诸地便曾经出现过这样的情况。[120]

这些关于早期动物侵袭和野性复归的故事，以文学作品的形式多次反复出现。更重要的是，在中东的许多地方，野兽在昔日人口减少的废墟中游荡，不断地提醒人们，自然曾多次战胜了人类施加的秩序。[121]

在缺少稳定的政治权威与安全的时代，自然可以迅速地重新收回此前的失地，这一点在17世纪格鲁吉亚历史学家瓦胡什季·巴格拉季奥尼（Vakhushti Bagrationi）的一篇文章中体现得尤为明显："在萨非王朝的统治者达赫马斯普一世（公元1524～1576）去世之后，亚历山大二世（公元1574～1604年在位）在平静中继续生活。在这一时期，卡赫基（Kakhet'i）地区人口众多，很难找到合适的狩猎场所。亚历山大非常热爱狩猎，他曾说‘只有卡赫基被毁掉了，我们才可能获得大量的猎物’。这一幕在他的孙子泰姆拉茨一世（T ‘eimraz Ⅰ，公元1606～1616年及公元1623～1632年在位）统治时期实现了，但后者已经无暇狩猎了。”[122]这些故事，无论是真实发生的，想象的，或是人们希冀的，都长期存在于人们的历史记忆中，持续传递着这样一条信息：在社会秩序缺席的情况下，文化空间很快便会还原为自然空间，森林和沙漠中的野兽则充当了自然派出的入侵军队。

崩塌与还原的主题既是一种常见的文化手段，也是一种社会与生态现实。在中国，政权的更迭通常会为自然的迅速扩张提供条件。洛阳是北魏的大都市与最后一代都城，在朝廷于公元534年迁都邺城时突然遭到遗弃。当十三年之后，杨衒之再次来到这里时，他震惊地发现洛阳的遗址中蔓布着野藤，街上满是荆棘，废弃的建筑中则是野兽与鸟类。[123]同样在这个世纪，中国经历了另外一段朝代更迭的政治混乱时期，东部沿海城市杭州附近的寺院土地也迅速地还原为荒野。[124]这种类型的还原现象构成了中国环境史的常见特征，大多数人或亲身经历过这种没落，或曾听闻过与之相关的悲惨故事。 178

在南亚次大陆地区，相关历史文献资料要少得多，本书所能提供的例证只能限于最近几个世纪。由于这些记录来自一些非常机敏的观察者，所以也很能说明问题。福布斯（Forbes）记录称，1781年时，古吉拉特由于饥荒和社会混乱，大量野狼开始袭击元气大伤的流动人口。同一年，福布斯在艾哈迈达巴德以南的托尔加（Dholka）遇到了土匪暴动，这场暴动来势凶猛，持续时间长，以至于“只在城镇附近还有耕地留存，遥远地区的平原则呈现各种猎物肆虐的森林景象”。四年之后，在江布尔（Jaunpur）发生的另一场饥荒为当地的狼群提供了大量尸体，以至于这些狼群就像10世纪亚美尼亚的同类一样，数量翻倍并开始袭击活人，甚至包括那些派往当地消灭狼群的武装军队。[125]一个多世纪之前，贝尼埃曾见证了政权崩塌之后的类似的复原现象。他引用了恒河三角洲一带的岛屿为例，该地区一度满是兴旺的村庄与蓬勃的农业，近期则再次被自然所占领。据贝尼埃记述，这一自然复原现象的根源是来自阿拉干（若开）的猖獗的海盗活动，它使本地人逃离此地；很快，这些岛屿变成了一片"可怕的荒野"，满是羚羊和野猪，进而引来了老虎。贝尼埃称，这些野兽在岛屿之间通过游泳的方式往来，它们捕食岛上的剩余人口，甚至包括驾船的船夫。正如贝尼埃指出的那样，专制政府也可能导致民众逃离，致使大量的土地复原为"可怕的荒野"和"遍布荆棘与野草的平原"。[126]在17世纪初的勃固，耶稣会士也意识到同样的问题，并将丛林与老虎的增长归咎于无能而腐败的政府。[127]

在以上援引的所有例子中，文化都败给了肆虐的自然，从更高的层次下落至原始而不稳定的存在状态。对我们而言，有必要确认这种更高的层次最初是如何达到的，至少也要对神话中的相关叙述有所了解。换言之，在自然对文化发起挑战之时，人们探寻解决方法的行为是否激起了历史记忆与相关模式？答案颇令人惊奇，那就是在欧亚大陆范围内，现存的多种模式是统一的。

179

在这一方面，生活在中国西南地区的瑶族的神话就非常典型。在神话中，射师羿能够控制自然灾害，保护人们不受野兽侵扰，使农业生产成为可能。[128]古代的文本，无论是历史资料、神话故事、民间俗约或是三者的结合体，通常都会将人类定居生活的起源和“最初”或原始的层次，与对自然的英雄式掌控能力联系在一起，始终认为这种对自然的控制力是文明生活的先决条件。[129]

在有关“层次形成的记述”方面，中国提供了一个清晰的例子。在古代的中国人看来，原始人完全受自然的摆布，因此复杂型社会、国家和高等文明的崛起，往往被描绘为人类为了抵御来自野兽、洪水与饥荒的侵扰，而获取了工具与技术的故事。这些才能的主要拥有者是一些昔日的贤君，如尧、舜和禹。这些明君可以控制河流，将威胁人类的野兽驱赶至遥远地区，使人们能够定居生活。然而，一旦这些统治者逝去，随之而来的便是混乱状态与糟糕的政府，野兽也再次归来。于是，周公旦——第一任周王的大臣——不得不驱赶老虎、豹子、犀牛和大象，将它们赶到遥远的地方，以便让文明再次繁荣起来。在孟子生活的公元前4世纪，这些神话中的文化英雄——如尧、舜、禹——变为了历史人物，被人们认可是实际存在的统治者；与之相对，周公则成为儒家心目中的理想大臣。[130]

因此，对中国人来说，驾驭自然与野兽的个体使得最初形态的国家变为可能。同样，在古代的近东地区，《圣经·旧约》(《创世记》10.8－10) 中描绘了另外一位动物管理专家宁录 (Nimrod)，他是“上帝身边一位强大的猎手……是耶和华的神意”。在之后的基督教传说中，宁录成为人类历史上第一位强大的统治者。[131]与中国的例子相同，即使在已有既定文化秩序的情况下，人们仍然需要保持警惕，因为新的威胁会持续出现；因此，在《吉尔伽美什史诗》中，英雄为了保卫一个现存的国家，必须杀死由愤怒的女神从天国派下摧毁以力

(Erech) 古城的公牛。[132]在古时伊朗的传统经典《阿维斯塔》(*Avesta*)① 中，复原 (reversion) 也是一个核心主题。在传说中，詹姆希德 (Jamshīd/Yima-xsharta) 被描绘为黄金时代的统治者，在其治下，人与自然得以和谐相处；但是，一旦詹姆希德由于对上帝不敬而失去"皇室荣光 (khvarənah)"之后，便出现了失控、不和与堕落的情景。[133]

在中世纪的伊斯兰世界中，模范统治者沿袭了所有这些传说。据阿拉伯资料记载，宁录被称为巴比伦和世界的第一任国王；作为"驯鹰大师"，他可以驾驭老鹰飞翔的力量。[134]伊斯兰世界对所罗门王也非常熟悉，后者的智慧延伸到了自然与野兽的身上。180 (《列王记》4.33)[135]伊斯兰世界大量援引了波斯传说，这些传说宣称其"圣明"的统治者——霍尚格②与法里敦③——可以控制动物。[136]这些事迹在艺术作品与皇室宣言中都非常常见。藏于托普卡珀宫 (Topkapi Sarai)④ 的《王书》插图中描绘了迦约玛德 (Gayomard) ——伊朗创世神话中的第一任国王——端坐于王位之上，四周是他的侍从，面前则有各种大型猫科动物摇尾乞怜。[137]

因此，贾汗吉尔等穆斯林统治者提出关于自己控制自然的言论也并不令人惊讶了："在我统治时期，野兽已摒弃了野蛮行为，老虎变得非常温顺，会在人群中不戴任何锁链或束缚结队而行。

---

① 《阿维斯塔》亦称《波斯古经》，意为知识、谕令或经典，是古代波斯琐罗亚斯德教的圣典，也是波斯最古老的诗文集，其中包含了原始神话、帝王传说、民间故事、历史纪实和宗教祭仪等各类内容。

② 霍尚格 (Hoshang) 是古代波斯神话传说中伊朗皮什达德王朝的一位国君。

③ 法里敦 (Farīdūn) 是印度与伊朗神话传说中的人物，是前阿契美尼德王朝的创建人。

④ 托普卡珀宫位于伊斯坦布尔，又称旧宫，是15~19世纪奥斯曼帝国的中心，收藏着土耳其历史上许多珍贵文物和文献，现为博物馆。

老虎不会伤害人类，也没有任何野性或惊慌。”[138]尽管这种言论显然是不真实的，但贾汗吉尔的说法仍然可以在欧亚大陆范围内深深根植一个成功君主的形象。正如我们看到的那样，萨珊王朝的君主频繁地描绘自己与大型猫科动物格斗的场景，以及自己捕猎那些破坏田野庄稼的野鹿和野猪的仪式性狩猎。在塔奇布斯坦的岩壁浮雕上，国王愤怒地猎杀这些野兽，而这一场景与土地的肥沃和丰饶有着紧密的关联。因此，作为狩猎者的国王发挥的是一项重要的宇宙论职能，同时扮演了农业生产者与牧人保护者的角色。[139]巴赫兰·古尔驱逐不受欢迎的野兽的能力俨然为后代的统治者提供了先例，如 7 世纪陀拔斯单的一位统治者便颇有争议地将境内的所有危险野兽赶尽杀绝了。[140]这里最关键的问题是，中世纪世界的很多人都只看到了这些故事的表面含义。其中，伊本·拔图塔重申和肯定了这些传说，宣称古代的国王拥有特殊的体力，可以对抗和杀死大只野兽，尤其是狮子；与之相对，普通的凡人即使有一支武装军队相助，也无法面对这种局势。[141]

贯穿这些传说与言论的常见主题是：从历史起源之时起，模范统治者和成功的国家便可以控制自然，将野兽拒之门外。那么，之后国家的臣民认为政府有责任控制具有侵略性的自然，这种想法也并不那么令人意外了。

这种控制政策，无论从神话还是皇室宣传的角度看，都专注于“可以移动的自然”，即食肉动物与奇特的大只野兽。[142]从马杜克①到因陀罗②再到圣乔治③，神话故事中经常可以见到

① 马杜克（Marduk）是巴比伦的庇护神。

② 因陀罗（Indra）为印度教神祇中的东方守护神。

③ 圣乔治（Saint George）是基督教传统中四大美德之一“勇敢”的象征和化身，被尊为战斗圣者与保护圣人。

英雄用屠龙的方法展现自己的勇气、体能与魔力。这些虚拟的生物是各种动物的混合体，这些反常的特征代表了混乱，英雄战胜这些生物则象征了将一切恢复至有序状态。[143]这些加强版的生物——如长有翅膀的狮子——常常出现在很多古代的艺术作品中，包括早期的草原地带、古代近东地区和罗马时代晚期的地中海区域。[144]在古典时期末期，这种类型的艺术再现逐渐消失，皇家格斗活动在中世纪的史诗中得以继续延续。乌古斯汗从扬名天下，到开始政治生涯，直至建立自己的国家，整个过程都取决于他历经千难万险，找到并杀死了一只欺压当地人的神兽（kïat）。[145]

181

这类主题的经久不衰可以告诉我们，真实的野兽与想象的野兽一般是如何进入这些社会的，尤其是在面对来自自然的持续威胁时，皇家猎手在维护文化的过程中所扮演的核心角色。因此我们可以认为，在古代近东地区，从埃及到外高加索的乌拉尔图（Urartu），统治者通常被看作是一位守护者，负责保卫牧群与臣民远离恶敌、混乱与猛兽。[146]在美索不达米亚的各种称呼中，尤其是亚述语中，君主被称为“天下的守护者”、“忠实的守护者”、“人类的守护者”、“四海的守护者”、“伟大的守护者”和“主守护者”。皇室铭文中明确表示，这一称呼是由神灵赐予统治者的。[147]

我们只能通过审视国家在抵御自然方面发挥的作用，来间接地评价这些言论的可信度与大众接受度。正如前文所述，这也是国家的中心功能之一。正如南希·福克（Nancy Falk）指出，在古代印度，“荒野与王权之间有着复杂的关系”。统治者和未来的统治者都需要与荒野进行接触，进而征服、安抚、控制和使用自然的原始力量。这既是对君王统治能力的考验，也是一种能力的证明。统治者的处理方式有多种，如在丛林中建造的皇家游乐园（ārāma），其可以阻挡凶猛的荒野生物（yakshas），成为王权的仪式性场所。[148]与古代美索不达米亚的皇室狮子格斗一样，这些处理方法被视作印度国王的重要任务。原因在于，荒野的活力一旦被植入政府体制之内，便能够为后者注入力量——虽然荒野依然会是一种干扰和威胁。因此，正如大卫·舒曼（David Shulman）指出，荒野具有双重本质，它既会构成威胁，也可以进行滋养，而国王的责任便在于调和这种双重性之间的辩证关系。[149]实际上，这是一种普遍接受的规范。玛丽·赫尔姆斯（Mary Helms）提出，在传统社会中，拥有政治领导权的人通常可以连接起文化、驯服、成熟的领域和自然、野性、原生的世界。这些统治者既充分挖掘荒野的物理和精神资源，同时还对之予以限制，防止荒野侵蚀驯化的世界。[150]

可以预料的是，动物作为荒野的化身，被看作是对人类利益与安全的永久威胁。古典作家总结了这些野性王国中独特敌人的长篇罪状，其中除了大型食肉动物，还包括蚊子、蝎子、蜘蛛、鼹鼠、啮齿类动物、蛇、麻雀和狒狒。这些动物都会侵扰人类，破坏耕地，让人无法居住。印度到埃塞俄比亚再到地中海地区，都深受其害。[151]这些动物就像人类敌人一样，被认为会入侵和征服人类的世界。在亚历山大大帝去世后不久，马其顿邻国的安塔里亚特人（Antariatae）便因为青蛙和老鼠成灾而不得不离开了自己的国家。[152]在胡斯洛一世阿努什尔瓦（Khusrau Ⅰ Anushirvan，公元531～579年在位）统治期间，①

182

① 胡斯洛一世是萨珊王朝最著名的皇帝之一，在波斯被称为“Anushirvan”，意为“不朽而高贵的灵魂”。

大量豺狼侵入伊朗，折射出帝国的衰弱以及警觉和改革的欠缺。[153]约公元前316年，秦国占领四川后，一只白虎开始杀人，很快其他的老虎也加入进来，据说杀死了1200人。接着，新的统治者——也就是秦王——以“武力”介入并击败了这支强大的大型猫科动物队伍。[154]近代的马戛尔尼指出，中国的长城不仅是针对人类敌人的防御工事，也用于阻挡“来自鞑靼荒野的无数凶猛野兽侵扰中国的富饶省份”。[155]

与这些观点相一致的，是将人类敌人与动物敌人归为一类的倾向。公元9世纪早期，汤玛斯·阿尔兹鲁尼在记述中经常提及一些极度危险的地区，那里的土匪与野兽——或者说是野兽和敌人——会袭击居民，在乡下大肆劫掠。[156]在7世纪中期的印度西北部地区，玄奘法师记述了“一大片荒野森林，在那里有凶猛的野兽和成群的强盗，会伤害过往的旅行者”。[157]大约一千年之后，印度统治者鲁特罗·德瓦援引了一段古时的名言并表达了赞同：“国王杀死动物的行为，据称与杀死敌人的行为相同。”[158]与德瓦生活在同时代的穆斯林统治者，即莫卧儿帝国的皇帝，便亲自践行了这些准则。莫卧儿帝国的统治者认为，德里附近的荒野地区是滋生敌对势力的温床，里面遍布了土匪、叛军、异教徒和野兽。他们使用相同的方式——皇家狩猎活动——来控制这些违背了既定秩序的敌人。[159]甚至在大英帝国时期，这依然是一种普遍态度。1820年代，生活在孟加拉的某位被称为肖尔先生（Mr. Shore）的英国政治官员认为，自己有责任控制——借用当代人的表述——“所有侵犯他所管辖省份的土匪与野兽”。[160]

人类敌人普遍被非人化（dehumanized）——也就是“动物化（animalized）”了——变为老鼠、狼群和老虎。反过来，动物敌人有的时候则被“人化（humanized）”了，被指称会统一行动，具备有意识的恶意。动物代表了对人类的一种集体威胁，这种观念或许由来已久。甚至，还出现了“被猎取的人类”这一说法，暗示了动物的捕食行为所构成的威胁，以及随之而来的人类对食肉动物的恐惧——这都是人类进化的整体过程中的一部分。[161]无论我们如何评价这种假说，显而易见的是一旦出现了政治组织，野生动物就像叛军和敌军一样，会成为国家的敌人，被当成一种统治管理的问题。

可以证明这一情况的是，大众通常会在自然问题突然爆发的时候，请愿国家进行干预。1689 年，奥文顿抵达苏拉特，当时近郊的田地刚刚被一场蝗灾毁坏。之后奥文顿写道，“穷苦的农民对莫卧儿帝国的城市官员哭诉自己遭受的损失”，希望后者可以“被自己打动，为他们弥补损失，减轻民众的负担”。[162] 183

有的时候，人们会使用非暴力的手段——至少在理论上——抵抗这些来自自然界的侵袭。在中国，老虎的出现——既包括土匪也指代大型猫科动物——通常会被等同于糟糕的政府，仁爱的统治则可以克服这些问题。有些人认为，可以使用音乐来推行适宜的和谐与等级制度。与之相对，另外一些人认为，无论是哪种类型的老虎，都只能用武力和计谋的方法来制服。[163]

诚然，这是一般的解决方式。因此，阿契美尼德王朝的军队所发起的反蝎子战斗，以及罗马军队对叙利亚蝗灾的剿灭都属于这种情况。[164]与之类似的方法还包括中东、印度和中国对不受欢迎物种的普遍围剿，或者是将这一实践方法延续至现代，在 21 世纪之交时发生于南非的对抗所有食肉动物的战斗。[165]

色诺芬充满热情地赞许了苏格拉底的看法，认为农业和狩猎是并行不悖、相互补充和彼此支撑的活动；农业生产马匹和猎犬，狩猎则能帮助人们抵御野生动物，防止其损害庄稼和牧群。[166]对于前现代时期的伊朗、印度或草原地带的任何统治者，这一范式都是最有可能被接受的。没有一个民族或国家能够在不抵御自然的情况下繁荣起来，皇家狩猎活动则通常被大众和贵族阶级看作是进行抵御的首要方法。

无论是来自何种文化背景的田园主义者与农业生产者，都在从事着限制自然的活动，也就是试图在某些固定的领域内主宰自然或将自然的影响最小化。一旦人们确立了这样一个简单化的领域，任何进入这一领域的不受欢迎的自然形式，如狼群或野草，都会被看作是野性的、侵略的和不受控制的。无论是在发达世界还是在未开发的世界，在城市空间还是在乡村环境中，人类与野生动植物之间的纷争一直持续至今。这种纷争不仅包括自然与文化之间的冲突，也包括人类之间的冲突；总的来看，这些斗争不可避免地会涉及政治权威所发挥的功能，部落酋长、中世纪国王、民族国家或国际组织都会在这些持续的对峙中扮演调和者的角色。

一般来说，无论是真实的还是想象的危险和损失，一旦这些危险和损失达到了某一等级，人们的忍耐临界线就可能会被超越。约翰·奈特（John Knight）分析认为，在这之后，便会出现某些集体性的政治行为。这种政治行为会以各种形式出现，既可以是当地主导发起的，也可以是求助于更高级别的政治或精神权威。如果跨越界限的是对人类生命造成威胁的食肉动物，情况则尤为严重。为了抵御这些食肉动物的侵袭，国家会全力以赴地保卫“前线”。[167]

184

对本书的讨论而言，我们必须意识到在前现代时期的各类社会中，自然被看作是强大的、充满活力的和无穷无尽的。例如，在古典作家笔下，用家养动物取代野生动物的行为被认为是有益处的，是一个人们想要达成的目标。[168]人们并未考虑或担心过生物灭绝的问题，因为那时普遍认为野生动物是人类的敌人，无论何时，其数目都是难以计量的。同样重要的是，社会秩序一旦有所衰弱，便会迎来侵略性自然的迅猛反扑。普林尼和斯特拉波都曾谈及，在缺少团结性的情况下，人类便会失去肥沃的耕地，从而让位给侵袭而来的“野生动物”与“野兽”。[169]

这进一步将我们带至关注传统自然观与当代自然观的关键区别中。不同于现代知识分子对自然脆弱性的担忧，前现代社会的知识分子因为文化的脆弱性而感到十分不安。对于早前一代的学者、传教士和官僚而言，荒野似乎是强大而具有侵略性的，驯化的世界则看起来虚弱而易受伤害。显然，社会的下层阶级——如牧民和农民——每天都要与天气、狼群和野草进行抗争，他们对知识分子的这种观点是赞同的。对这些下层阶级而言，自然可以承受惩罚，而且经常是需要惩罚的。

就某些程度而言，当地居民可以自行进行防御，但是考虑到自然界的强大力量，国家可以成为一种必需的支持与后备。在这一方面有趣的是，古典作家经常将野兽的威胁看作国家形成过程的主要刺激源。在创作于公元前 1 世纪的西西里的狄奥多罗斯的著作中，这一点得到了清晰的阐释。狄奥多罗斯的论述前提是，在最初的无序国家中，人类很容易受到动物的伤害：“那么，由于人类受到了野兽的袭击，他们出于对自身利益的考量便开始互相帮助；当人们出于恐惧的原因而集合在一起时，他们就逐渐意识到彼此之间具有的共性。”换言之，与动物的竞争滋生了人类身份与有序的人类社会。此后，狄奥多罗斯继续论述，随着国家的崛起，力量的天平开始向人类一方倾斜。他声称，一位神话中的埃及早期统治者奥西里斯在这一方面颇有建树。当时人们发现了铜矿，宫廷开始铸造各种猎杀野兽的武器以及耕作用的农具。在这里，对野生动物的控制再次成为农业活动的先决条件。之后按照奥西里斯的规划，赫拉克勒斯被派至其他地方继续这一工作，负责清除土地上的野兽并将土地送给农民。[170]显然，狄奥多罗斯重述的国家与文明的兴起过程，与中国和印度的观念完全吻合：圣明的君主、模范的统治者以及文化英雄控制了自然与动物，使人们得以耕种土地，繁荣农业生产。对所有复杂的农业型社会而言，无论在“西方”还是“东方”，自然与文化都是两个分离的领域，必须完全区分对待。人们会利用自然的力量，但是这种力量不可以超出人类的控制，也不能跨越禁忌的边界。

185

无论是上古、传统还是现代时期的国家，它们都具有一系列相同的核心功能。国家会调整自己治下民众之间的互动行为，与外来者进行协商和联络，调和自然和文化之间的关系。在早期的国家兴起之时，无论环境发挥了怎样的具体作用，我们都有必要相信，一旦国家形成之后，人们通常会使用国家的方法来解决自然力量所造成的问题。在我看来，这并非是一种决定论的观点。原因在于，通过家养化的手段控制自然，或通过物理方法和仪式手段来限制并束缚荒野的做法，始终需要有效地控制人类本身。[171]

国家形成的过程无疑非常复杂，我们或许永远也无法得出一个确切的范式，当前所能讨论出的仅是一些有用的方法。现今的国家形成模式大多着眼于解决纷争或社会整合。[172]然而，此前时代的国家形成模式却着眼于人类对自然的组织，而不是人类对人类的组织。尽管有人可能会反对，他们认为这种模式并非解决有关原始国家起源情况的问题，而是仅仅涉及了人们创作和复制学者论著或神话文本的特定历史时期的心态；但毫无疑问的是，早期的国家很多时候都在从事对抗自然或改造自然的活动。菲斯克肖（Fiskesjö）最近的研究涉及了商代的国家起源问题。他强调称，商代君主的一项主要任务便是将荒野改造为文化地理空间，这一工程的主要表征便是在中国北部地区大量地捕猎野生动物。[173]

总而言之，考虑到人们对自然侵略性的顾忌——政治无组织时期尤为如此——民众认为国家是荒野世界与驯化世界之间的必要缓冲，把皇家猎手视作国家应当具有的常规属性。统治者借助于皇家狩猎活动的媒介作用，在承担了一些宇宙论角色的同时，履行了一些非常精确、实际和预期之内的地方层次的服务活动。在寻求正统性的过程中，皇家狩猎活动作为更大的意识形态政治框架的一部分，也作出了自己的一份贡献。

第十章　出巡

186

在路上

现在，让我们把视角转至皇家狩猎活动本身。皇家狩猎活动将王权统治转移至乡下，这是一种控制民众的手段。首先，我们需要认识到，前现代时期的统治者外出狩猎有多种多样的原因。这些原因并不容易区分，因为不同的动机往往彼此相连，而不是彼此独立的。然而，正如查尔斯·梅尔维尔（Charles Melville）指出，一般发挥作用的包括以下原因。[1] 有的时候，皇家狩猎活动仅仅是延续了统治阶级贵族的游牧民族传统，因此是对文化与族裔身份的再次肯定，目的是将统治者区别于臣民大众。在生产能力较低的区域，皇家狩猎活动在很大程度上是一个资源的问题。法兰克王国的早期统治者无法长期依靠某一地点的自然资源生活，他们出于必要，通常会随着供给而四处转移。[2] 但是，即使在并非必要的情况下，国王仍会四处移动，以主持国家仪式、进行视察、发现和解决问题等。换言之，也就是管理整个国家。[3] 这一过程通常会涉及访问并重建个人与各类人员之间的联系，包括侍从、附属国、贵族、部落酋长、地方官员和行军警卫等，而这些人则有可能霸占资源或进行叛乱。因此，统治者外出巡查或狩猎的目的是提醒人民，谁才是真正的国王，旨在重新确定自己的统治权。一场在乡村郊外举行的大型皇家狩猎活动可以很好地达成这些目的，并且能够以夸张和可见的方法重现最初王国建立之时的征服/占领/战争。

由于巡查活动是王国统治的一个重要元素，国王的统治——至少部分统治——是发生在路上的。在游牧民族帝国的例子中，这一点非常明显，并且得到了很好的记录。我们知道，中国南部的蒙古统治者忽必烈将一生中很多时间花在了路途上，他在外出时带了一大支扈从队伍，其本质是一个缩小版的帝国宫廷/政府，包括了官员、警卫、猎手、后勤、参谋、占卜者等。[4]在伊朗的蒙古政权，情况也是同样的。在那里，高级官员通常都在路上四处移动，在首都和各个季节性营地之间狩猎和穿梭。[5] 诚然，这种移动性是贵族生活方式固有的一部分。正如一位宋朝使节在提及成吉思汗的早期帝国时所言："当蒙古的统治者更换自己的安营扎寨之处，开始进行校猎（即围猎）时，全部'所谓的'官员都会一同参加。这些官员只会说：'拔营！'"[6]

187

尽管对于定居民族所形成的政权而言，其移动的频率可能较少，难度也要更大一些，但是定居民族也是会进行移动的。在阿拉伯传统中，一直追溯至萨珊王朝之前，国王在出行时一般会带着自己的警卫、参谋、艺人和部分财政人员。[7] 当然，莫卧儿帝国也遵循了这些准则。1662 年，奥朗则布前往克什米尔视察这个重要的农耕地区，享受当地健康的气候和优良的狩猎场，当时一起跟随出行的有朝廷官员中的大部分人。这一庞大的随行人员队伍包括了官员、侍从、妃嫔、军队、马匹、大象和猎物等。[8]

这种大规模的移动活动需要配备良好的后勤和足够的基础设施。在食物需求方面，狩猎活动所捕获的猎物仅能满足部分需要，部分水源还需要额外运输。[9]此外，还有用于安顿皇家狩猎队伍的精致宫帐。在突厥和蒙古的国家，有一位特殊的官员——被称为“yurtchi”——专门负责所有出行活动中的皇室宫帐和装备事务。[10]无论是狩猎活动，皇室出行还是军事出征，三者的准备活动的区别是很小的。

皇家出行活动比较喜欢使用的方式是高级营地，波斯语中称为“pishkhānah”。在这种高级营地中，统治者带有两个完全一样的宫帐，其中一个总是会提前出发送去，以便在日暮时准备好舒适的住所迎接皇室成员。[11]尽管这种方式可以为皇室成员提供舒适的休憩，但是使后勤准备工作变得极为复杂，其中每一个宫帐都包括巨大的伞帐、地毯、灯火和粮草。在阿克巴大帝统治时期，这些精致的宫帐每一座都需要配备 100 头大象、500 匹骆驼、400 辆马车、100 名脚夫、500 名士兵和 1830 名侍从。[12]在奥朗则布统治时期，这些繁重的要求有所减轻，但是每一座宫帐依然需要 60 头大象、200 匹骆驼、100 匹骡子和 100 名杂工负责搬运。[13]

这种高级营地体系不知起源何处，但是早在公元 8 世纪时，拜占庭帝国的皇帝们便已熟知交替使用宫帐的方法。[14]无论这种体系已有多久的历史，都需要定居民族国家在出行设施方面投入大量的资源，其中有很多都是与皇家狩猎活动紧密联系的。

正如希腊人所熟知的那样，早期的伊朗有多个首都，皇帝会在各首都之间频繁往来。[15]希腊人还指出，在阿契美尼德王朝时期的美索不达米亚，主要的交通干道沿线通常都建有园林。[16]诚然，这些园林的主要功能之一便是为官方出行活动提供补给，也就是住宿、安保、替换用的马匹与食物供给。[17]在之后几个世纪的伊朗及其腹地，狩猎设施依然继续提供着完全相同的服务。在亚美尼亚的安息王朝统治者阿沙克三世（Ashak Ⅲ，公元380～389年在位）统治期间，皇室宫帐通常位于“封闭的狩猎园”附近，这个狩猎园很好地配备有宴会厅和其他的衣食储备。[18]在伊斯兰时期，历史学家记述称陀拔斯单的统治者库尔希德（Khurshīd，公元761年亡故）以及12世纪时伊朗塞尔柱帝国的统治者穆基斯·艾丁（Mughīth al-Dīn）都经常在所辖领土内移动，在储存有粮草的各个狩猎场与宫帐中休憩停留。[19]

188

图15　乾隆皇帝的狩猎宫帐

资料来源：郎世宁1757年绘，法国国家博物馆联合会/纽约艺术资源档案馆联合授权。

在沙阿拔斯统治时期，赫伯特（Herbert）记录称从伊斯法罕到里海沿途，每隔12英里便设有一处供皇室休息用的营帐（mahāl），其中有一些是用于鹰猎和狩猎活动的。赫伯特称，皇帝使用这一路径的原因既是为了“看到自己所辖帝国的范围，同样也是为了展望波斯更好的地方”。[20]此外，皇帝为了将自己在法拉哈巴德的狩猎场与其他地区的城市连接起来，多年来在里海沿岸的沼泽地上修建了许多石桥和堤道。[21]这些原本是为了方便统治者狩猎而修建的设施，之后也可以被并入更大的交通网络（communication networks）之中。[22]

印度莫卧儿帝国的官方出行模式也可以拿来进行比对。统治者在沿路巡视停留的过程中，会从一座狩猎设施移动至另外一座狩猎设施。贾汗吉尔在印度北部地区拥有多个“固定的狩猎场”，也被称为停留地（halting places）。[23]1829 年，一位名为戈弗雷·芒迪的英国官员与军队指挥官一起在印度河上游地区执行公务视察时，其住所便被安排在勒克瑙（Lucknow）外的一座属于印度王子的“Rumnah”（印地语为 rumnā）——或称是“皇室专用园林”——的驻营地中。[24]

189

相比之下，远西地区的情况很不一样，至少在早期是如此。在核心区域内，狩猎设施完全被整合入官方出行所使用的配套设施之内。与之相比，罗马著名的道路系统最初便是用于转移步兵和行政官员。然而，随着罗马政体在西方的衰落，欧洲的官方出行设施发生了变化，开始变得与核心区域类似。由于统治者不可能依靠当地的资源生活太长时间，他们会在每年的巡视中离开名义上的首都，从一处王室庄园转移到另一处庄园，也就是那些通常建于统治者喜爱的狩猎场附近的别墅。[25]正如前文所述，对法兰克国王而言，这些狩猎场是重要的经济资源，因此很多狩猎场成为王室专属的区域，逐渐被封闭和看守起来，目的是垄断森林中丰富的资源。每年，宫廷都会巡回至此，并在短时间内集中地利用这些资源。因此，皇家狩猎活动是法兰克王国政治经济不可分割的一部分，完全融入了王室的官方出行计划和贵族的盛大集会等年度政治活动中。[26]

皇家狩猎活动还可以被看作是一种探索的方式，也就是说，统治者可以通过这种方式来熟悉自己的所辖国度，并且发现资本、问题和可能性。[27]将皇家狩猎活动与“发现”联系在一起的频率可以说明，这种预期是一种普遍的看法。可以明确说明这一点的是，很多故事中的猎手便是在野外狩猎时“发现”了自己光明的政治前途。多部古典文献都提到，匈人的“国家地位”及其后续的军事扩张均起源于一次狩猎活动。在那次狩猎活动中，一群猎手在斯基泰（Scythian）猎捕一只鹿，由此，匈人开始了他们建立帝国的征程。[28]同样的主题在乌古斯的传说中也曾再次出现。在传说中，有一天乌古斯汗的儿子们外出狩猎，他们“由于机缘巧合”发现了四支银箭和一支金箭——在游牧民族的世界中，长久以来这一直是王权的象征。[29]直至18世纪时，这种看法仍非常常见。当时，征服伊朗的土库曼统治者纳迪尔沙阿（Nādir Shāh，公元1736～1747年在位），据说在一次外出狩猎时发现了著名的帖木儿宝藏以及一段铭文，文中预言称发现宝藏的人将会获得巨大的权力。[30]

与狩猎活动相关的具体“发现”还包括发现理想的地点。在蒙古传说中，成吉思汗曾来到一棵枝繁叶茂的树旁，他宣称这是一个吉祥的地点，将作为自己日后的墓地。[31]另外两名统治者也有类似的经历，其中一位是13世纪时伏利尼亚的大公，另一位则是15世纪时古吉拉特的苏丹。据称，二人都是在外出狩猎时发现了自己未来都城所在的地点。[32]此外，一位萨珊王朝的皇帝和一位乌古斯统治者都曾在狩猎时发现——至少在传说中是如此描述的——美丽的少女，她们后来都成了统治者的配偶。[33]这里再次以多种形式传达的信息是，皇家狩猎活动是一场颇有收获的发现之旅。那么，我们也就可以理解，为何核心区域和草原世界会始终将狩猎活动、偶然的发现、特殊的好运以及政治权力等同起来了。

190

图16　乾隆皇帝进入木兰围场附近的村庄

资料来源：郎世宁 1757 年绘，法国国家博物馆联合会/纽约艺术资源档案馆联合授权。

当然，统治者也会在这些出行活动中发现问题。辽兴宗（公元 1031 ~ 1055 年在位）在一次出行中发现皇陵年久失修，而金世宗（公元 1161 ~ 1190 年在位）则遇到了一位玩忽职守的地方官员。[34]据记载，德里苏丹菲罗兹沙阿（公元 1351 ~ 1388 年在位）在狩猎活动中学到了很多知识。在一次狩猎活动中，菲罗兹沙阿发现有必要修建一座新的宫殿；在另一次狩猎活动中，他发现需要修建一条大型运河；第三次，他偶然遇到了一位平民，后者向他讲解了现行的税收计算与征收方式的不足之处。[35]

在史料和诗歌中，皇家猎手遇到平民大众是一个非常常见的主题。萨珊王朝的皇帝以及阿拔斯王朝的哈里发都曾在外出狩猎时遇到治下的臣民，并从他们身上学到了很多知识。[36]可以确定的是，这是一种常见的文学创作手法，就像王子乔装打扮混入平民之中一样。但是这些偶遇事件的确真实发生过，而且这些场合还可以为有远见的王公提供有用的信息。在一次狩猎活动中，康熙皇帝便曾遇到一位被当地官员冤屈的平民，并纠正了这一情况。[37]因此，狩猎活动提供了一种可能的平台，让统治者和民众得以相遇和交流。在这个过程中，国王可以展现自己的公正、和蔼、人性与宽恕。这些都是人们期待国王应有的举止，而有的时候，国王的确也可以满足这些期望。[38]

191

在以上的例子中，史料特别强调了狩猎活动的一个特别用途，大多数时候通常是出于说教目的。然而，在实际情况中，皇家狩猎活动的目的或功能并不受限制。任何狩猎出行活动都可以很容易地适用于政治活动；反过来，无论出行活动公开表达的目的为何，都可以很容易地适用于狩猎活动。马穆鲁克王朝的苏丹纳速剌丁（公元 1309 ~ 1340 年在位）曾在前往麦加的途中进行狩猎，阿克巴大帝也曾在拜谒印度北部的圣地时狩猎；乌兹别克汗阿卜杜拉二世（公元 1583 ~ 1598 年在位）一直不停地四处移动，而且每到一处都会前去狩猎。[39]因此，在很多例子中，将狩猎出行活动与行政性质的巡视区分开来是很困难的，或许也可以说是没有意义的。实际上，二者往往综合在一起。

在辽代的例子中，有关于这一点的清晰记述。契丹皇帝每年的巡视都综合了狩猎活动和视察活动。一年四季，皇帝会分别在治下设有宫帐的不同区域进行狩猎，这些设施也就是

“捺钵”①。在春天，朝廷在松花江附近用猎鹰捕捉天鹅，之后则会举行一场盛大的筵席；在夏天，皇帝会转移至热河，在那里捕猎陆地上的猎物；在秋天，皇帝再次转移至热河的另一个区域，迎接“虎季”的到来；在冬天，皇家狩猎活动与军事演习综合在了一起。在所有这些转移活动中，皇帝都会带着一批国家官员，住在精美而可以移动的宫帐之中。[40]根据《辽史》中记录的皇家出行年表，在这些年度巡查的间歇，契丹统治者沿袭了中国本地的仪式，会出席动物格斗会和马球比赛，视察矿石熔炼和伐木工程，访问当地市场，再次观看粮食收割与植树活动等。尽管皇家狩猎活动主要集中于秋季的几个月中，但实际上在全年都会进行，其间穿插着一些政治、经济与仪式性活动。[41]

蒙古人是另外一支游牧民族，他们在精神层面——如果说不是所有细节的话——也因循了这一模式。从中国到伊朗的蒙古统治者，通常都会在野外狩猎时处理国家事务；他们会作出军事决策、听取情报、派遣使者、嘉奖王公，之后再次返回至狩猎场中。[42]由于蒙古统治者在出行时会有大量扈从跟随，他们在狩猎时不得不脱离出行用的宫帐（ordo），因为后者跟随而来所引起的骚动会将猎物吓跑。[43]

一般来说，人们可以预料到游牧民族的政权会采用这样的统治体制，但实际上，定居民族也会采用这种统治方式。基辅大公弗拉基米尔·莫诺马赫在他的《劝诫》（“Admonition”）中写道：“孩子们，现在我将给你们讲述，我在出行和狩猎时

① 捺钵制度是辽代独特的政治制度，所谓的捺钵，就是汉语中行营、行在、行帐、营盘的意思，是一种政治活动的中心。辽代的皇帝保持着游牧民族的习俗，春夏秋冬四季会游猎在不同的地域，称为四时捺钵。

的经历。”之后，文中列举了长长一段弗拉基米尔作为大公时进行的军事活动与行政活动。[44]对弗拉基米尔而言，狩猎和统治是不可分割的两个部分。这种情况也很好地适用于古时的中国。近期对甲骨文的研究表明，商代的统治者每年会花费大量时间进行巡视、狩猎和视察（即天行）。[45]在中国，视察性质的出行或皇家狩猎活动在之后被称为巡狩和巡猎，一直持续了千年之久。在边境地带或起源于异民族的朝代中，这种行为尤为明显。[46]

192

同样，对核心区域内的楷模国王和此后的真实王公而言，这也是一种常见的活动。例如，《维斯拉米阿尼》中前伊斯兰时期神话中的伊朗国王莫阿巴德曾说：“我要前往札乌奥（Zaul）狩猎，处理国家事务。”此后，《维斯拉米阿尼》提到拉敏在继承兄弟莫阿巴德的王位之后，“开始在所辖国土内的各个地方调查国家事务，进行狩猎和战斗”。[47]此后的史书也如此描写了亚美尼亚与格鲁吉亚统治者的视察活动，即以狩猎和巡察的名义外出，或者在狩猎时处理当地的事务。[48]

这种巡察活动的政治裨益是多种多样而且非常可观的。法鲁汗（Farrukhān）在公元8世纪的世纪之交时统治陀拔斯单，他曾经利用狩猎活动的机会去看望出行队伍的管理人员（marzubān），与地方官员重新建立个人联系；洛泰耳一世（公元840～855年在位）在外出狩猎时趁机剥夺了诸侯的封地，以惩罚他们在自己争夺加洛林王朝王位时表现出来的犹疑不定。[49]除此之外，皇家狩猎活动也能达到一些更为仁慈而温和的目的。蒙古可汗有时会借用外出狩猎的社交机会来访问高级官员，礼节性地拜访重要的民众代表，如可以影响地方社会的宗教领袖等。[50]

实际上，皇家狩猎活动是一种极为灵活的政治工具。最能体现这些狩猎/视察活动及其隐含的政治功能的是突厥斯坦与印度的做法。[51]

据尼古拉·穆拉维约夫（Nikolai Muraviev）的目击叙述，希瓦汗国的统治者穆罕默德·拉希姆（Muḥammad Raḥīm，公元1806~1825年在位）始终都在各地移动，名义上是进行狩猎。穆罕默德带着大量扈从在沙漠中的“乡下堡垒要塞”之间穿梭，拜访土库曼部落并且通常会交换“礼物”。[52]显然，这些狩猎巡查活动是一种幌子，目的是对不安分的部落臣民再次重申——或者更确切地说是重新交涉——自己在当地较为薄弱的统治力。狩猎活动的幌子在这里是非常重要的，因为如果统治者遇到了抵制或反抗的情况，可以简单地继续前行，表面看来是寻找更好的“狩猎”机遇，实际上则可以免于颜面受辱。

在南亚次大陆地区，莫卧儿帝国的统治者也常年在各地移动。实际上，这样的出行活动是他们的统治策略的核心部分。斯蒂芬·布雷克（Stephen Blake）指出，在1556~1734年间，莫卧儿帝国朝廷有40%的时间都在四处巡查。这些出行活动往往规模很大，官方与非官方的随行人员可达15万~20万人，包括各种类型、职业和等级的人员。可以预料的是，正如布雷克进一步指出的那样，每当皇帝外出巡视时，首都的人口都会突然地急剧减少。[53]

193

因此，在丹麦人范登布罗耶克（van den Broecke）声称贾汗吉尔耗费了“一年的时间在古吉拉特狩猎时”，我们应当理解为贾汗吉尔正在进行行政视察。[54]这些视察活动的节奏一般都很慢，因为统治者需要关心的内容非常多，有的涉及人类，有的则涉及猎豹。[55]一般来说，在治下各大城市之间进行的这类巡视活动通常会伴随着许多额外活动，如狩猎机遇和政府事务等。[56]

阿布尔·法兹尔在论及阿克巴大帝时，曾非常明确地将狩猎活动与统治行为联系在一起，这一观点来源于他的主人。在《阿克巴史纲》（*Ā'īn-i Akbarī*）中，阿布尔提到阿克巴大帝"总是利用狩猎活动的机会增加自己的知识储备，此外还在不提前通知自己前来行程的情况下，借用狩猎队伍的场合探寻民众和军队的情况"。具体而言，皇帝利用狩猎活动的机会来审查税收、土地所有与官员腐败的问题。阿布尔总结道，"短视而肤浅的旁观者认为，皇帝关注的只有狩猎活动，但是睿智而经验丰富的人则知道，皇帝是在追求更高尚的目的"。[57]在阿布尔所著的《阿克巴本纪》中，他进一步阐释了这一主题。阿布尔在其中一则条目中指出，尽管阿克巴大帝的宫帐是以狩猎模式驻扎的，"但是他经常忙于处理国家事务，如征服他国，提拔和嘉奖忠臣，镇压心怀恶意和不忠诚之人，考察每个人的功罪"。阿布尔补充道，阿克巴大帝"在各类杂务——如狩猎活动等——中隐藏的真实目的是熟悉人民的生活境况，以免利益相关人士和虚伪之人的中间介入，从而采取合适的措施保护臣民"。[58]

尽管阿布尔作出了这些论述，阿克巴大帝并不是唯一具有这种见识的统治者。印度的很多统治者也知晓这些可能性。[59]诚然，在核心区域及以外的地方，皇家狩猎活动是一种重要的统治手段。正如我们后文将要看到的那样，皇家狩猎活动实际上完全阐释了巡回宫廷（circuit court）的含义。

追求享乐

尽管狩猎活动与多种统治功能联系在了一起，但也有一些政治裨益是来自于狩猎活动本身的。提供享受和娱乐活动是皇室宫廷的必要职责之一，而狩猎活动便是一个主要的魅力点。虽然前现代时期的贵族狩猎活动或许在很大程度上并非简单的娱乐活动，但其毕竟也属于娱乐活动。当然，对贵族阶级而言，狩猎活动是一种激情、逃离和放松。[60]因此，狩猎机会本身成了一种非必要的商品，需要像其他奖励一样努力争取才能获得。

194

在欧亚大陆范围内，统治者、诗人和历史学家曾多次重复提及人们对狩猎活动深深的个人喜爱之情。[61]正如唐朝建立者李渊的儿子巢王李元吉所言："我宁三日不食，不能一日不猎。"[62]在欧洲的文学作品中，贵族狩猎活动被描述为一种崇高的世俗享受，用于比喻求爱的行为。[63]正如普鲁塔克指出的，贵族狩猎活动是一种高强度的经历，可以让人养成习惯，甚至是上瘾；王公会过度追求这种享乐，有时甚至完全不顾及任何事务。[64]

尽管人们意识到狩猎活动可能会导致过度沉溺的危险，但同时也认为皇家狩猎活动对统治者和其他身负重任之人来说，是一种有益和健康的消遣方式。尼扎木·木儿可（Niẓām al-Mulk）称，狩猎活动是一种消遣和娱乐，可以减轻统治者的焦虑情绪，与慈善活动与宗教追求共同构成了一种良好而平衡的生活。[65]腓特烈二世也传达了完全相同的信息。他认为，对那些忙于国家事务的人们而言，狩猎活动和鹰猎活动是一种必需品，他进而叮嘱统治者"在狩猎活动的快乐中寻求慰藉"。[66]

或者，如鲁斯塔维利对狩猎活动的评价，国王需要时不时地“不在意命运”。[67]贵族阶级毫无犹豫地接受了这样的观点，认为狩猎活动是一种主要的消遣方式和合理的放松方法。[68]

此外，从世俗角度看，统治者也有必要参加狩猎活动。沙贾汉有一次前往乡下的原因是，他在阿克巴拉巴德（Akbarabād）的住所显现了瘟疫的迹象；贾汗吉尔曾逃往野外以躲避宫中新年（Nawruz）庆祝的准备活动，另一次则外出狩猎以躲避令人厌烦的请愿者。[69]但无论动机如何，皇家狩猎活动的通常目的是为皇室和宾客提供一种享受的体验，这不仅需要有“良好的狩猎活动”，也需要配以合适而宜人的周边环境。

狩猎地点有的时候是根据气候来选择的。[70]一旦进入了狩猎场，无论天气如何，舒适度和优雅感仍然是需要考虑的问题。在文学作品中，考虑周详的国王会为宾客提供伞帐、长椅和侍从等。[71]在真实的历史中，情况也是如此。17 世纪末，一位波斯使节在抵达暹罗后被邀请参加了多次狩猎活动，他骑乘了国王的大象，被赐予“圈边”的座位，住在华丽的宫帐之中，始终得到精心的礼遇。[72]

有些时候，这些狩猎设施是临时的，即可以进行移动。忽必烈举行的狩猎活动规模宏大，其中有锦缎收边的伞帐和帐篷间隔分布，以作为便捷的休憩场所；甚至连动物管理员和动物也都是如此盛装打扮。[73]据 14 世纪阿拉伯的百科全书编纂者乌马里提供的信息，在德里苏丹穆罕默德·伊本·图格鲁克外出狩猎之时，他带了 10 万名骑师和 200 头大象，此外还有 800 头骆驼驮运的“四座木制宫殿（quṣūr khashab）”。乌马里称，这些可以折叠的建筑有两层楼高，装饰华丽，可以安置在野外供统治者及其扈从舒适地休憩。[74]在此之后，莫卧儿帝国的贵

195

族猎虎活动也非常舒适和安全，会在一个移动的平台上搭建一座装备齐全的宫帐。[75]

詹姆斯·福布斯准确地描述称，莫卧儿帝国的皇家狩猎活动是一场耀眼的活动："狩猎活动中的宫帐……体积庞大而宏伟。狩猎活动有时会持续几周之久，在活动期间，统治者会在宫帐中以奢华的方式来招待自己的友人。从宁录时代至今，这很有可能一直是波斯和阿拉伯地区的传统。"[76]这种规模的狩猎活动不仅需要营帐和家具，还需要栅栏、围墙、大门和女眷专用的单独营帐。[77]尽管比起固定的宫宇，用于移动皇家狩猎队伍的装备和交通花费要少一些，但仍然是一项巨大的支出。从范登布罗耶克的叙述中我们可以得知，阿克巴大帝所遗留下来的财富在"皇室账簿"的记录中包括这样一条，即"出行用物品，包括宫帐、遮阳篷（shamianus）、金银丝织成的布墙（kanaits）、刺绣的天鹅绒，等等"。这些物品的总价值可达 99 拉克（lack）——1 拉克即 10 万卢比——稍高于阿克巴大帝在传统武器和枪火弹药上的武器花费总额 83 拉克。[78]

当然，除了这些可以移动的狩猎设施，还有很多固定的狩猎园和屋舍。一位亚美尼亚的年轻王子加吉克（Gagik）修建了约 900 座俯瞰阿拉斯河的宫殿群，那里有"准备用于狩猎活动"的野鹿、野猪和野驴。[79]对于一座真正的游乐宫，水景似乎是一个必要的特征。1237 年，蒙古可汗窝阔台拥有一座名为"伽坚茶寒殿"（"Gegen Chaghan"，蒙古语意为"明亮与白色的"）① 的狩猎宫殿。这座宫殿位于当时的首都哈剌和林

① "伽坚茶寒殿"即《元史·太宗本纪》中九年丁酉春的"揭揭察哈"之译。

以北约70里处，早期的蒙古大汗会定期前往此处。[80]在波斯文献中，我们可以得知"游乐场（mutanazzah）"位于多个湖泊的沿岸。位于中心位置的别墅（kusht）装饰有刺绣和地毯，有一个摆满了雅致花瓶与器皿的宴会厅。在这座别墅前方，有一个用于猎鹰和猎禽的水池。[81]同样，莫卧儿帝国也拥有这样的游乐场，位于阿杰米尔城外的湖畔。莫卧儿帝国将这片游乐场作为各种狩猎活动的基地。这里也就是著名的"Dawlah Bāgh"，意为"幸运之园"，罗伊称之为"享乐之园"。[82]由于有这样的设施存在，宫廷可以容易地在城市和乡村之间移动。

在后来的欧洲历史中，狩猎用屋舍也有考虑舒适度。由于这些屋舍不再是出行和管理的必要设施，因此成为另外一种形式的展示品。随着时间的流逝，这些屋舍形成了巨大的规模，需要人们投入大量的物资。纪念性逐渐成为这些屋舍的主导功能，例如，法国国王弗朗西斯一世（Francis Ⅰ，公元1515～1547年在位）是一位狂热的猎手，他在卢瓦尔河沿岸修建了一座有440个房间的"屋舍"，位于由围墙圈起来的森林之中，其周长约20英里，可谓是近代早期欧洲版本的古代狩猎园。这些建筑为了引人注目，不遗余力地修缮了大型的花园，使用从高脚杯到油画在内的昂贵器皿来装饰殿宇。[83]国王的宾客可以在猎物充足的森林中或是人造的水道边狩猎，并在狩猎时身着华服，携带精美的狩猎装备，心中势在必得。一场安排合理的皇家狩猎活动应当让人感到舒适和愉悦，而且正如孟希多次指出的那样，应当让宾客感受到良好的生活品味。[84] 196

这样的生活自然需要美酒和佳肴。欧亚大陆范围内的诗文在提及狩猎活动时认为，狩猎活动和狩猎队伍表达了同样的含义：吃、喝、狩猎和取乐是统一的主题。[85]在核心区域中，情况尤为如此。萨珊王朝和穆斯林艺术将狩猎园的概念——无论是此生还是来生的——与狩猎活动和宴席紧密地联系在了一起。[86]这些对奢华招待的预期通常都可以达到：在伊斯兰时期前后的波斯国王都会提供狩猎宴席；同样的还有蒙古可汗、印度王侯、清朝皇帝以及罗曼诺夫王朝的沙皇。[87]

活动中对酒精的消耗——有时量非常大——也是一种惯例。塞尔柱帝国的宰相尼扎木·木儿可曾提及萨珊王朝的皇帝喜好将狩猎活动与饮酒作乐相结合，并警告称过量的饮酒作乐可能会导致国家的覆灭。[88]然而，尽管存在这样的忧虑以及伊斯兰社会的酒精限制令，穆斯林宫廷——如迦色尼王朝等——依然会在外出狩猎时携带大量美酒。[89]这种情况非常常见，以至于皇家狩猎活动开始被等同于享乐时光，甚至是狂野时光，被看作是大型而流动的户外宴会。[90]有些人对此表示谴责，但是对另一些人而言，这些故事只是增加了皇家狩猎活动的吸引力。

在这一环境下，狩猎活动中还会提供其他形式的娱乐活动。狩猎活动本身作为一种娱乐活动，很容易便可与其他类型的娱乐活动相结合。显然，音乐就是一种标准的搭配。孟子曾提到，在狩猎活动中有多轮娱乐活动，包括饮酒和奏乐等。[91]在汉朝时，皇家狩猎活动之后按惯例会安排一场晚宴表演，在精致的筵席上有乐师、舞女、演员和侏儒进行表演。[92]在中世纪的格鲁吉亚，狩猎活动是一种主要的享乐方式，用于庆祝其他欢乐的活动。其中，音乐也是一种必需的陪衬。[93]

197 音乐和狩猎可以很容易地融入精致而安静的智力活动。阿拔斯王朝的哈里发会在野外狩猎时伴随着音乐声玩棋类游戏(nard)，而在平安时代（公元 794 ~ 1185），日本皇室举行的鹰猎活动会在指定和准备好的地点举行，那里成为朗诵诗歌、欣赏音乐、舞蹈和展示华服的场合。[94]对于更加强健和活跃的人而言，狩猎活动这一场合适合举行马球比赛、赛马和标枪比赛——在伊朗的蒙古人便是如此。[95]在贵族阶级看来，狩猎活动是一种多层次的娱乐活动，其既是一种参与的活动，也是一种日后的谈资，有时可以无限地进行谈论。[96]此外，我们不应忘记，狩猎活动也是一种观赏性运动。狩猎活动欢迎观众来看，有时还会鼓励观众前来，并为其提供舒适的住处。孟子曾不满地表示，在他生活的时代，皇家狩猎活动可能会引来千辆马车跟随。[97]这是因为，用历史学家班固的话来说，大型狩猎活动乃“此天下之穷览极观也”。[98]因此，正如公元前 2 世纪的一篇中国赋文所言，皇家狩猎活动中总是会有可爱的少女与美貌的公主相随，她们会观赏和赞叹英勇的猎手。[99]在之后的几个世纪中，清朝和莫卧儿帝国的皇帝会设置宫帐和平台，以供观众——尤其是皇家女眷——更好地观赏围猎活动的巅峰景观。观众离狩猎场的距离很近，可以看到游行活动；而且这些观众对狩猎活动比较熟悉，可以识别每位猎手的猎杀和英勇行为。[100]近代早期的很多欧洲君主，如弗朗西斯一世，便鼓励观众前来观赏皇家狩猎活动。与欧亚大陆其他地方的皇家狩猎活动相同，这些狩猎活动经过了精心的设计，目的是确保成功和取悦观众，给他们留下深刻的印象。这些观众一般配有座位，有些座位是正面看台，以便于观众观看和欣赏“狩猎活动”。[101]这些狩猎设施的使用机会堪比世界杯决赛或歌剧盛会首映的包厢坐席门票，能够有机会参与这种高品位的娱乐活动，可以彰显一个人掌握的各种关系。

君　宠

在欧亚大陆的政治文化中，皇室展现的宠爱是一种重要的工具。皇家狩猎活动便是体现这种宠爱的主要途径之一。这种体现可以有多种方式，其中最常见的或许便是国王赏赐的猎物袋。在一定程度上，这种行为或许可以被看作是源于远古时代的狩猎文化——在古代，猎获的动物会分给参与狩猎活动的人员，这种做法一直保留至近代的草原地带。突厥史诗中便提倡这种行为，认为因争夺战利品而发生纠纷是同伴之情产生裂痕的标志。[102]在中世纪时的蒙古，古老的“失罗勒合（sirolya）”①习俗要求每位猎手都将自己的猎获品与他人分享，甚至包括偶然经过的陌生人。[103]

198

在政治结构复杂的社会中，君主经常以类似的方式行事。这种慷慨的赠予有时会以集体嘉奖的形式呈现，即很多人一起获益。在色诺芬撰写的传记中，居鲁士大帝会将自己的猎袋分给随从，以彰显自己的慷慨——这是任何地方的伟人都具有的一种品质。[104]在马穆鲁克王朝统治时期，贵族捕获的猎物通常会被重新分配给下属，这是一种认可和宠爱的象征。[105]当然，伟大的王公也会如此行事。沙阿拔斯会将大型围猎活动中杀死的猎物分配给参加狩猎的士兵，奥朗则布则会将获得的猎物送给所有的朝臣。[106]这些行为甚至可以变得更加体制化。在18世纪早期，清朝的皇帝每年都会给属下的耶稣会传教士送去大量猎物，作为庆祝新年的礼物。[107]

---

① 该词出现在《蒙古秘史》中，一般写作“sirolqa”，现代蒙古语中又作“sorolga”，“失罗勒合”是其汉语音译，多释作“烧肉”或“索肉”，是蒙古狩猎文化的专有名称。

这种类型的赠予也可以是个人化的，即作为一种特殊的宠爱而赐予某个特定的个体。1320 年，马穆鲁克王朝的苏丹阿纳西尔·穆罕默德（Al-Nāṣir Muḥammad）想要嘉奖自己的客人阿布勒·费达（Abū'l Fidā），于是将猎鹰捕捉的羚羊送给他当作礼物；1568 年，希尔万的长官将一头野猪作为礼物送给英国莫斯科公司（English Moscovy Company）的代理人。[108]如果是王公亲自猎杀的猎物，那么其所附带的荣誉就更大了。18 世纪时，奥里萨的一位地位较低的印度王子贾汗吉尔（Jahāngīr）以及叶卡捷琳娜大帝都曾将这类猎物作为礼物赠予朋友、家人和外国高官，并且均选择特地告知收礼人，猎物是经皇室成员之手亲自猎杀的。[109]

这种类型的荣誉可以通过非常细微的差别来表现不同等级的宠爱。例如，赠予的猎物可能是狩猎活动中猎杀的第一头猎物，并经过了得体的宰杀过程和装扮，象征了极大的尊敬；或者可能是最受嘉奖和个人化的方式，如国王会从自己的餐桌上赏赐几块熟肉给少数宠爱之人。[110]在欧亚大陆范围内的各个时期，这些行为得到了普遍的理解和承认，其表达尊敬的符号也超越了宗教与文化的界限。皇家猎手经常会使用这种国际语言向侍从、外国高官和属下臣民表达自己的意图。

皇家狩猎活动还为慈善活动提供了机会，这也是王权和君权所具有的另一种属性。王公贵族利用狩猎活动出行的机会宣示自己对最大的支持者——普罗大众——的关切之情，尤其是其中最为贫穷的群体。这种关切的表现形式多种多样。塞尔柱帝国的苏丹马里克沙阿的传统是，每用弓箭击倒一只猎物，便拿出一个第纳尔作为救济金。[111]在游牧民族中，统治者可能会组织一场围猎活动，以此来为贫困的侍从提供过冬的食物。[112]

贵族阶级有时利用市场机制来调节分配方案：在早时的亚美尼亚，贵族阶级的传统是用猎物来跟平民的孩子交换鱼，其兑换199比例则是非常慷慨的；莫卧儿帝国的皇帝有时会在公开市场上贩卖所获的可食用的猎物，并将所卖的金额送给穷人。[113]但是更为常见的，是直接赠予猎物。这些赠予通常会涉及一定程度的安排，目的是将统治者及其仆从以正面的形象显露在大众面前。贾汗吉尔曾在若干场合上将自己捕获的猎物送给所需之人，而承担这一任务的则是贾汗吉尔的宫廷官员，后者曾经用猎物款待了约 200 人。[114]此外，沙贾汉曾下令称，将自己在某次狩猎活动中所猎杀的猎物全部与米饭一起烹饪在“一口巨大的铜锅之内……之后赠予穷人”。为了保证这一过程为人所见，活动是在一座穆斯林圣人的坟墓之前举行的。[115]

统治者利用狩猎活动来表达宠爱与分配食物的同时，也可以以狩猎活动为媒介来分配机遇。皇家狩猎活动是一个舞台，人们可以在舞台上向皇室展现自己的技艺与潜在价值。很多时候，被注目和闪耀的机会是与狩猎活动本身直接相连的。最明显的是，皇家狩猎活动为下属和宾客提供了一个场合，可以用他们自己的技艺来吸引王公的注意力。这不仅涉及作出令人眼花缭乱的射击，或是捕获大量猎物，也包括展现自己处理人与动物关系的能力。[116]在乌古斯的史诗中，展现这些技艺的“无名氏”通常都会被吸收进可汗的扈从队伍。[117]

同样，史料也记载了这类获得成功的故事。在汉朝的皇家狩猎活动中，皇帝依惯例会以“金银”或口头嘉奖来奖励成功者，这在提升个人的军事生涯方面尤为有益。[118]更好的情况是，猎手甚至可能会拯救君主的性命。据西西里的狄奥多罗斯记述，一个名为提里巴组斯（Tiribazus）的地位卑微的仆从曾杀死了袭击阿契美尼德王朝皇帝阿塔薛西斯二世的两头狮子。此后，提里巴组斯被提拔至皇帝的“朋友”的地位，逐渐获得了权力和影响力。[119]

在狩猎活动中还可以展现其他的才能。1240 年代，呼罗珊重要的蒙古长官可里吉思（Körgüz）开启事业的最初契机，是负责为成吉思汗长子朮赤的扈从手下的低级官员准备马镫。在一次狩猎活动中，可里吉思突然被唤去承担一些秘书工作，并且非常出色地完成了任务，结果令王公非常满意，之后提拔了他。[120]在世袭制政权中，个人人脉是至关重要的，因此获得承认是社会或政治提拔的必要的第一步。对王公而言，掌控这些野心和抱负的机会可以为自己吸收部下并加强属下的忠诚度，也就是说，可以塑造和定义他自己的“政治党派”。

为了成功地达成这一目的，这个政治党派需要依靠集体经验来建构集体身份。狩猎活动本身便以多种方式提供了获得集体经验的机会，最明显的便是在共同经历危险和胜利之后产生的同伴友谊。军事胜利或政治胜利的庆祝活动也可以达到相同的目的——统治者会通过这些活动来传递出“我们获胜了，是胜者”的信息。居鲁士大帝、萨拉丁、塔玛尔女王、德里苏丹阿老丁（ʿAlā al-Dīn，公元 1296 ~ 1316 年在位）、萨非王朝的缔造者沙伊斯玛仪（公元 1501 ~ 1524 年在位）和贾汗吉尔都曾使用狩猎活动来庆祝军事胜利，这些狩猎活动有时会持续一个月甚至更久的时间。[121]这是一个唤起和分享个人经历的机会，活动精心营造和纪念了一次集体性的成就，在所有参与者心中留下统一而满意的活动印象。 200

与赐予袍服、勋章和头衔一样，能够参加皇家狩猎活动本身便是一种认可与信任，这种主动表示是对个人能力与忠诚的承认。[122]这样的姿态甚至可能并不涉及前往野外狩猎，而可能只是邀请个人参观统治者的狩猎宫帐，后者也是一种夸耀和好客的宣示。[123]

当然，最常见的情况是统治者邀请个人参加一场狩猎活动。这种邀请始终被认为是一种非常高的荣誉，暗示了统治者个人和政治层面的厚爱。例如，马穆鲁克王朝的苏丹曾邀请阿布勒·费达的父亲前往开罗参加狩猎季，这使后者心中充满了喜悦与感激之情。[124]会出现这种情况，是因为这样的邀请一般都预示着与权力位置的某种紧密关联。在汉朝，一位可以随意进入上林苑的官员是需要人们特殊对待的；莫卧儿帝国的一位侍从回忆自己曾在参加一次难忘的狩猎活动后与胡马雍（Humāyūn）一起用餐，由此树立了自己的威望。[125]这种人人渴求而且受到控制的亲密关系，实际上是统治者有意塑造的结果。统治者意识到，在下棋、打马球或狩猎活动中与侍从进行的友好竞争，是一种短期和临时的平等关系；这种平等关系并不会损害皇室的威严，反而能够增强国王的仁爱形象。无论是哪种情况，这都是阿拉伯作者所宣扬的萨珊王朝的楷模皇帝所具有的智慧。[126]

除了塑造至关重要的个人政治纽带，狩猎活动还可以庆祝和巩固更大范围内的政治联盟的形成。塔玛尔女王与其配偶大卫·索斯兰（David Soslan）曾与一位穆斯林王公达成了一项军事协议；此后他们前往郊外，花费一周的时间“大摆筵席，开怀痛饮，互赠礼品，进行狩猎和观赏比赛”。[127]皇家狩猎活动经常被用于与敌对势力竞争或是安抚人心。公元5世纪末时，亚美尼亚东部的贵族颇不情愿地加入了萨珊王朝贵族阶级的行列。当时，拉扎尔·帕佩茨促使伊嗣俟一世（公元399～421

年在位）相信，“只要双方不断地彼此交流，在享乐的狩猎活动与共同参与的比赛中结下友谊，亚美尼亚的贵族便会逐渐适应和皈依于我们的宗教——琐罗亚斯德教①”。[128]统治者试图以狩猎活动和比赛为契机，向亚美尼亚人展示他们和他们伊朗的人主之间原本就具有很多共同之处。还有一些涉及范围更小的情况，如莫卧儿帝国的皇帝巴哈杜尔沙阿（Bahadūr Shāh，公元1707～1712年在位）曾与败军的儿子们一起打猎，以减轻紧张情绪，重新团结和统一对立势力。[129]有的时候，这种做法是强迫施加和没有效果的。1598年，乌兹别克的统治者阿卜杜拉可汗在一次狩猎活动中与自己的儿子达成了和解。虽然在这个例子中，达成的效果并没有持续下去，但是作为一种公开关系的表态，这完全可以被看作是前现代时期版本的在照相机前强行握手并承诺未来合作的行为。[130]

201

皇家狩猎活动经常被如此使用。在中世纪的欧洲，狩猎活动出现在政治危机解除之后，直截了当地为人们讲解了何为简内特·尼尔森（Janet Nelson）所言的“合作美德”。因此，在加洛林王朝时期，皇家狩猎活动会在年度的贵族集会之后举行，它始终是一个贵族阶级彼此冲突与作态的场合。[131]格鲁吉亚的贵族阶级也同样不和，他们举行这类和解式狩猎活动的目的一般是在对立的格鲁吉亚王族中隆重庆贺和宣传政治和睦。[132]出现这种情况也是因为皇家狩猎活动可以有效地展现信任，是检验人们所宣称的友好关系的好方法。在皇家狩猎活动中，此前彼此为敌的人们会携带致命的武器，在武装侍从的陪

---

① 琐罗亚斯德教（Zoroastrianism），古代波斯及中亚等地的宗教，在公元3～7世纪被波斯萨珊王朝奉为国教。在中国，史称祆教、火祆教或拜火教。

伴下进行交流。

如果说，有机会参加皇家狩猎活动预示着得到了统治者的宠爱，彰显着皇室对友爱或和解的希冀，那么被排除在皇家狩猎活动之外则无疑预示着失宠，有时相当于断绝个人或外交关系。被排除在外是一件非常严重的事情，意味着被剥夺了获得收益的机会，譬如参加娱乐活动的机会，获得促进事业发展的人脉网络，以及经常被忽略的——得到国家的经济资助。原因在于，在皇家狩猎活动期间，列入宾客名单的人员都可以得到配给与营帐，有时其等级远远超过很多人自己可以负担的程度。[133]对于国王在长期的狩猎活动中招待的人员，这意味着可以节省一大笔资金。在前现代时期的大多数政权中，"酬劳"不一定也不仅仅采用固定或规定薪水的形式，而是以各种赏赐、礼品和宴会的形式表现。皇家狩猎活动作为一种移动中的宫廷，是一种流动性的集会，也是给予这些赏赐的主要途径。因此，对那些被排除在外的人员而言，这相当于收入的减少，更不用说损失的脸面和宠爱了。统治者就是使用这种方式来拉拢支持者和惩罚反对势力的。

室外的宫廷

无论在东方还是西方，南方还是北方，宫廷生活都充满了戏剧性与各色场景，有些是私下的，有些则是公开的。尽管特征有所不同，但是各种宴会、国事接待、娱乐活动、比赛、宗教仪式、处决现场和狩猎活动都具有相同的核心目的，那就是展现王公的美德、虔诚、财富、慷慨、技艺、智慧与勇敢，其中既包括统治者坚定与严厉的一面，也包括他善良与仁慈的一面。[134]作为皇室表演者的主要工具，这些场景经过了精心的设计，以确保能够取得引人注目和适宜的——也就是水到渠成的——效果：王公总是会获得胜利，并且嘉奖该奖之人，惩罚有罪之徒，帮助所需之人，并顺利猎杀猎物。他们势在必得的胜利象征了他的好运与魅力，是构成权威的关键要素，奠定了其正统性地位的基础。

202

图 17　乾隆皇帝在木兰围场狩猎期间接受鞑靼人进献的马匹

资料来源：郎世宁 1757 年绘，法国国家博物馆联合会/纽约艺术资源档案馆联合授权。

皇室宫廷与皇家狩猎活动都可以被看作是一种政治舞台，这场表演在各处移动，使边远乡间也能够欣赏。在很多方面，固定的室内宫廷与移动的室外宫廷是互相补充的。前者的重点是展现文化的产物，而后者的焦点则是自然的神奇。[135]然而，在其他方面，二者的功能却是相同的。无论是室内宫廷还是室外宫廷，都是政府的所在地、娱乐活动的来源、庆祝活动的地点、铸成团结的方式以及美好生活的主要衡量方式。因此，皇室有必要掌控这两所“剧院”的入场资格。

室内宫廷与室外宫廷的一个明显的共同之处便是反复出现的游行的作用。游行的规模各不相同，观众也有所差异，但是其目的却是相同的。正如布罗代尔合理指出的，对拥有财富的人们而言，只存在“两种生活和面对世人的方式：炫耀或审慎”。[136]在前现代社会中，富有的商人可能会选择审慎的生活方式，但是对于统治阶级而言，炫耀则是政治生活的重要组成部分。卡敏斯（Cummins）认为，皇家狩猎活动是一种非常合适的皇室活动，因为“可以借此在视觉层面上展现统治者和贵族阶级的高贵威严”。神意或许已将贵族阶级与平民大众区分开来，但是“贵族阶级的优越性必须通过壮景、盛会、仪式、游行和其他物质荣耀方能清楚地展现出来”。[137]

203

肯普弗（Kaempfer）对萨非王朝时期游行活动的描述，清楚地展现了皇家狩猎活动的盛景。据德国医生记述，在室外举行的皇家游行活动分为三种类型：一是统治者带着扈从在首都附近区域的简单骑行，二是在两座大型城市之间的更加盛大的游行，三是统治者外出狩猎或接见外国使节时的中间档次的游行。[138]那时与现在的情况相同，这种外交性质的接待活动一般都是严肃的国事场合，与游行、位次和仪式有着紧密的联系。

在这一方面，皇家狩猎活动因为可以吸引大量的观众，所以效果非常明显。与室内仪仗队列的目的相同，室外游行所发挥的功能相当于剧场的聚光灯，精心而巧妙地将人们的注意力集中在明星身上，也就是皇家猎手身上。皇家狩猎活动是一场盛大而耀眼的游行活动，有响亮的喇叭声伴奏，这在前现代时期的欧洲是十分吸引眼球的。[139]实际上，身着盛装前往野外的不仅仅是文艺复兴时期的宫廷；约公元630年，突厥可汗统叶护前往库车以北地区狩猎，他带着几千名士兵一同前往，所有的参加者都梳着讲究的发型，身穿丝绸、锦缎和皮草制成的制服。[140]

在这些游行活动中，动物占据了核心的位置。1680 年代，暹罗国王在各地进行巡查和狩猎，随行的包括一队作为荣誉守卫的大象队列与一支乐队。[141]合适的马匹也至关重要。在欧亚大陆的大部分地区，优质的马匹占据着支配性地位，但是在马匹的自然分布范围内，提及在国内骑行或是骑行去狩猎时，其实指的是骑乘身着华服的大象。[142]在这些游行活动中，狩猎用动物同样非常显眼。国王对一切事物的数量与质量都有所要求，无论是服装、乐师还是狩猎场。在鲁斯塔维利描绘的统治者举行的狩猎活动中，有着无数的猎鹰和猎犬。[143]在 16 世纪末期的君士坦丁堡，约翰·桑德森（John Sanderson）描绘称“突厥人（Great Turk）”在离开城市时带着自己的“训练有素和装备精良的猎犬……以及……带有猎鹰的大量马夫”。[144]萨非王朝的君主也在游行活动中展现过自己的猎手、猎鹰与猎犬，欧洲贵族的做法也相同。[145]

虽然大多数贵族阶级都拥有象征着地位的猎鹰与猎犬，但只有最具有权力的人方能拥有装满了异域动物的大小动物园。这些动物园通常坐落在宫廷内或至少在首都之内，目的是为宾客提供熏陶和娱乐。使用这种方式来营造威严感的做法具有悠久的历史。例如，法老拥有大量的动物藏品，其中既包括本地动物，也包括来自非洲与东方的异域品种，如熊、蛇、象、犀牛等。[146]此后，从中国的汉朝到伊朗的萨珊王朝，这些动物园通常都被安置在狩猎园和狩猎场之内。

尽管这些动物园偶尔会被斥为奢侈之物，但这种行为一直持续至阿拔斯王朝时期。[147]公元 917 年，拜占庭帝国的使节在　204

拜访哈里发的王宫时，首先经过了一片特殊的区域，那里展示了各种训练有素的异域动物，会从人的手中吃东西。[148]法蒂玛王朝和萨非王朝的宫廷都拥有大量的奇兽异鸟，而且同样非常希望向贵客进行展示。[149]甚至连莫斯科公国的沙皇鲍里斯·戈东诺夫（Boris Godunov，公元1598～1605年在位）也拥有一个有着大型狮子的动物园。[150]或许，近代早期最好的皇家动物园位于奥斯曼帝国的首都伊斯坦布尔，里面包含了“很多来自非洲和印度的野兽和飞禽”。[151]

这些野兽属于珍贵政治资本的原因在于，它们记录了统治者的所及范围、与遥远地区的联系、传说中的土地以及从远方王公处吸纳礼品与货物的能力。这些野兽构成了一种可见的实际证据，证实统治者是大型舞台上的主要表演者。当然，这些动物园虽然被固定在宫中和首都之内，但也可以在外出狩猎和巡视时带在路上，以此来吸引观众并增强自身的威信。

斯特拉波指出，印度国王举行的游行活动中有很多大象、驷马、军队以及“驯服的野牛、猎豹、狮子和大量色彩斑斓而歌声甜美的鸟类”。[152]在之后的几个世纪中，塞尔柱帝国、奥斯曼帝国与莫卧儿帝国的统治者都曾携带温顺的野兽外出，其目的如贝尼埃指出，是“用于游行”。[153]腓特烈二世尤其喜欢在国内出行时携带大量动物，包括大象、骆驼、长颈鹿、猩猩、狮子、猎豹、熊和鸟等。1241年，腓特烈二世在一次出行时来到了一座修道院，而显然令僧侣们惊慌失措的是，腓特烈二世带来的动物包括1头大象、24头骆驼和5只猎豹。[154]自然的，这些来自埃及阿尤布王朝（Ayyūbids）的奇珍异兽如预想一样，在意大利南部引起了广泛的注意，就像来到小镇里的马戏团一样吸引了大量民众前来。

无论是室外还是室内的仪仗队列或游行活动，都需要考虑到上下级秩序与规则。皇家狩猎活动与室内宫廷一样，也发挥了训练营地的作用，在这里人们的行为得到了修正，被教习的是宫廷的行为规范。所有的参与者，甚至包括侍从，都被要求在宫廷和狩猎活动中举止得体。[155]此外，邀请人员参加皇家狩猎活动与被请去皇室宫廷一样，一般来说并不是礼貌地询问对方是否有兴趣前往，而是一种命令式的行为。在沙阿拔斯统治期间，这种邀请往往是对忠诚度的测试，如果未能现身的话，则会被看作是一种公开决裂，会有相应的处理办法。[156]

在狩猎活动期间，尤其是围猎活动期间，统治者会占据中心舞台。在蒙古帝国早期，一旦狩猎圈形成和围住之后，狩猎活动便开始执行严格的上下级秩序。当然，第一序列是可汗及其侍从，之后是各位王公、军队长官、政府官员，最后才是普通的士兵。[157]此后，在中国的元朝，皇帝会骑象进入狩猎圈并射出第一支箭；这是一个信号，意味着其他人也可以开始捕猎了。[158]在满人的狩猎活动中，人们也遵循同样的程序。康熙皇帝进入狩猎圈后率先猎杀猎物，之后指示谁应当加入狩猎。最后，在康熙皇帝的示意下，号角鸣起，一切猎杀活动都将停止。[159]在印度和伊朗两地，情况是一样的。君主及其随从先在一定距离之外等待狩猎圈形成，待一切就绪之后，统治者率领一部分经过甄选的扈从进入狩猎圈开始猎杀，之后跟随的则是按等级与地位排列的高级官员，最后则是普通士兵。[160]

205

作为给予贵宾的特殊宠幸，君主可能会谦让对方先进入狩猎圈。1530年，在莫卧儿帝国的统治者胡马雍造访伊朗时，萨非王朝的达赫马斯普曾如此行事。[161]这种谦让完全是属于统治者的特权；因此，狩猎圈内的驯鹰师绝对不会在没有国王指示的情况下率先放飞自己的猎鹰，即使猎物就在附近时也不能例外。对鲁特罗·德瓦这样的皇家猎手而言，这是非常重要的事情，是“绝对不能破坏的”礼仪规范。[162]简言之，在狩猎活动中抢占国王的风头既非善举，亦非良策。

因此，狩猎活动反映了室内或室外宫廷的阶级等级与优先顺序，公开而无误地定义了贵族阶级的含义，指导人们由谁上前，由谁退后，从而确定如何才能最好地取悦君主。

尽管国家首领的举止和行为通常具有一定的自由余地，但是宫廷生活与狩猎活动的进行大多数时候依循的还是准则与先例。在突厥—蒙古世界中，这些先例一般可以追溯至成吉思汗时期。在中亚和印度的莫卧儿帝国，蒙古统治者与狩猎活动相关的所有事务都涉及行为准则，从进入狩猎圈到分享猎物袋时都是如此。任何违背这些程序的行为都会遭到严厉的惩罚，其依据依然是成吉思汗所制定的规训。[163]实际上，在拉施特·艾丁（Rashīd al-Dīn）处理这些事情的方式中，这一点体现得非常明显：当时，成吉思汗最小的弟弟斡赤斤那颜违背定例，并未按照指示“直接进入狩猎圈（jerge）”，故而被惩罚“七天之内不许进入［成吉思汗］的宫帐（ordo）”。[164]这里的对等关系毋庸置疑：如果一个人在室外宫廷中的行为举止不合规范，那么他也不会被允许进入室内宫廷。

对中世纪的穆斯林宫廷而言，皇家狩猎活动中的相关礼仪规定可以追溯至古代的波斯帝国，是哈里发所接受和传播的准则。这些准则规定了国王应有的行为方式，例如国王应如何与扈从、仆人和妃嫔交流，猎手与猎物的优先顺序，接近猎物的许可以及战利品的分配问题等。[165]在这里，与成吉思汗制定的先例一样，重点并不是传播过程的历史真实性，而是一个更加重要的事实，即中东地区的皇家狩猎活动与欧亚大陆其他地方相同，都遵循了一系列复杂的准则、仪式和方法，任何违反准则的行为都会遭到严厉的处罚，并会长期被人们铭记。[166]

206

随着时间的流逝，这些准则逐渐变得更加复杂和详细。在中世纪的西方，贵族狩猎活动越来越受制于程序、仪式与礼节。据很多撰写于这一时期的狩猎著作反映，这些准则涉及的内容包括为猎手与观众提供饮食和物质享受；将狩猎活动分为几个不同阶段的严格规定；形成参与者在得体谈话时所使用的特殊词汇与繁文缛节，即如何才可以在谈话中不冒犯表现欠佳的猎手；以及连篇累牍地规定如何猎杀、分配、准备和食用所捕获的猎物，尤其是欧洲地区最看重的猎物——牧鹿。[167]

虽然皇家狩猎活动具有很多礼仪准则和优先性规定，但并非只与正式的程序有关。无论在宫廷还是狩猎活动中，举止和礼节也都是需要考虑的问题。在有些时候，"超越"既有的准则可以彰显自己的宽厚与谦让。在印度的莫卧儿帝国，人们在被邀请进入狩猎圈时，如果只携带少数弓箭会被认为是极为礼貌的行为，意在暗示本人愿意让其他人获取大部分的猎物。有一次，贾汗吉尔曾从自己的箭袋中取出 50 支箭，赏赐给一位谦让的猎手，这是一种很高的荣誉。[168]人们认为这类行为值得永久地记录下来，可以让双方都展现自己内在的慷慨风度。

然而，这种类型的行为并非自发形成的，而是欧亚大陆范围内的宫廷文化精心酿造的产物。无论在欧洲的封建时代、中国的官僚社会还是蒙古帝国，皇家狩猎活动始终对宫廷与政府官员的行为举止有所规定。皇室鼓励官员遵循这些准则，其训练方法也是非常类似的：反复出现的责难与赞扬，惩罚与奖赏，囊括在内抑或排除在外。[169]前现代社会使用了各种方法，在不同背景下向贵族阶级灌输“良好教养”的品德：从操练场上的纪律，到仪式活动要求的举止，再到在国王举行的宴席上得体的用餐礼节。皇家狩猎活动作为一种室外的宫廷，是其中不可分割的一部分。[170]皇家狩猎活动同样需要军事纪律、仪式活动、上级指令、“体育精神”以及绅士贵妇之间处理关系的行为准则。此外，皇家狩猎活动与室内宫廷一样，同样提供了一种动态机制，使国王的所有属民变得顺服起来。

当然，所有这些准则都无法阻止宫廷内的党派相争、阴谋诡计与勾心斗角——或是为了维护国王的权益，或是对其表示反抗。这就将我们带至最后一条证明皇家狩猎活动即室外宫廷的例证——狩猎活动也是一个激烈政治斗争的舞台。

207 高层级的政治与皇家狩猎活动在很多不同的层面都是互相作用的。有些时候，统治者会在狩猎活动中寻求幽静独处之所，以规避来自各方的压力，并利用这段时间独自沉思，作出重要的决定。[171]由于人们无法干预统治者外出狩猎的权利，因此寻求安静便成为统治者出于个人或国家原因选择独处的常见理由。在倭马亚王朝、阿拔斯王朝、拜占庭帝国与莫卧儿帝国，统治者、继承人以及敌对势力都会进行长时间的定期狩猎活动，以规避宫廷内的阴谋与危险。[172]在很多场合中，莫卧儿帝国的皇帝曾通过外出狩猎来为自己提供不在场证明，并趁机派出特工去杀死皇族内部的反对势力。[173]

显然，宫廷政治也渗透至皇家狩猎活动之中。年轻的叶卡捷琳娜二世在继位之前便很快便意识到高层级的政治不仅存在于宫内，也出现在宫外，而她本人并不是非常喜欢的狩猎活动就可以提供绝佳的机会来收集政治信息。[174]狩猎活动在蕴含大量信息的同时也非常危险，在这一高风险的政治活动中，敌人可能会被消灭，统治者也可能会被颠覆。

狩猎活动与政治阴谋经常被联系在一起。在乌古斯史诗中，统治者的子嗣私自捕捉猎物的行为被等同于意图弑父。[175] 犹地亚的国王希律的对手曾散播谣言，称他的两个儿子图谋在一次狩猎活动中将他杀死，而国王则相信了这则谣言。[176] 狩猎活动是一段易受攻击的时间，是袭击统治者的良好机会。对这一点，贾汗吉尔非常了解。[177] 诚然，阴谋、血洗和刺杀是皇家狩猎活动反复出现的特征，接下来我们就将简要地论及这一点。

在内亚历史上，最著名的一幕发生在公元前 209 年。当时，冒顿在一次狩猎活动中杀死了自己的父亲，掌控了匈奴联盟内部的大权，立自己为第一位单于，或称皇帝。①[178] 更加隐晦的一幕发生在公元 168 年的中国。当时，汉朝的附属国疏勒的统治者在一次狩猎活动中被其叔父用箭射死。史料中仅简单地记录了这个叔叔宣称“我当为王”。[179] 更加确定的是，13 世纪初，伊犁河沿岸的阿力麻里的葛逻禄统治者在参加一次狩猎活动时，遭到对手的袭击并被谋杀。[180] 国王会被暗算，他们的敌人也是同样。7 世纪时吐蕃的国王与 19 世纪初的希瓦汗国统治者都曾利用皇家狩猎活动的机会，将反对者隔离开来并趁机杀死。[181]

类似的模式也蔓延至其他地区。德里苏丹阿老丁外出狩猎时曾两次遭逢暗杀并逃生。[182] 狩猎活动也可以作为解决官员之间纷争的场合。1330 年代早期，伊本·拔图塔记述称在印度河附近，德里苏丹手下的一名官员暗杀了与自己敌对的同僚，

① 史载冒顿于公元前 209 年杀父头曼单于，之后他扫除异己，自立为单于。

方法是将后者引诱至郊外，之后拉响了有狮子袭击的警报，趁
208 对方不备时很容易地便将其杀死。[183]在西方，帕提亚王朝的统治者、多位格鲁吉亚国王和许多亚美尼亚的高级官员都在狩猎活动中被人杀死。[184]在伊斯兰世界中，曾有人在狩猎场暗杀塞尔柱帝国的苏丹桑酉（Sanjar，公元 1118 ~ 1157 年在位）未遂；但 13 世纪时，针对马赞达兰的统治者与一位马穆鲁克苏丹的刺杀行动都成功了。[185]

在欧洲，尤其是中世纪时期，狩猎活动是激烈的政治冲突的发生地。在墨洛温王朝时期，多位国王被暗杀，还有一些国王在狩猎活动中除掉了意图叛乱的王室成员。[186]在一次狩猎活动中，征服者威廉的儿子威廉二世（公元 1087 ~ 1100 年在位）被属下用箭射死。[187]我们无法确定，这究竟是一次意外还是一场暗杀。拜占庭帝国的皇帝约翰二世（公元 1118 ~ 1143 年在位）之死也无法查明；“官方”对这一事件的描述是，约翰二世在小亚美尼亚的西里西亚（Cilicia）参加猎熊活动时因伤去世，但是其他资料和现代研究者都认为他是死于政敌之手。[188]

当然，这就引出了狩猎活动在进行政治暗杀方面的一大明显优势，那就是可以将谋杀伪装成事故，这也是与狩猎活动联系紧密的一种悲剧。此外，在狩猎场中，统治者身边的所有随从几乎都是佩戴着武器四处走动的；而在宫廷内，人们仅是挥舞弓箭也会立刻引起警觉。然而，还有另外一个更加根本的原因决定了，狩猎活动会成为如此之多的政治暴力的场所：皇家狩猎活动是一种值得把握的政治嘉奖，没有这一建树便无法成为一位受人称赞的王公。无论如何，既然统治者一般会带有自己的参谋、盟友和守卫进行狩猎，那么皇家狩猎活动就成了一

个迟早需要处理的事情。因此，在核心区域内，掌控皇家狩猎活动会产生一种心理作用，这与现代政治中夺取首都的行为有相似之处。简言之，无论是室内的集会还是在室外的狩猎活动，皇室宫廷显然都是一个适合进行武装政变的场所。

第十一章　威胁

征募战士

209

帕提亚人在记述摩尼（Mani）的晚年岁月时称，萨珊王朝的统治者巴赫兰一世（公元 273～276 年在位）曾这样批评他："哦，你既不去战斗，也不去狩猎，你还有什么擅长的？"[1] 显然，在巴赫兰看来，这两种活动都具有最高的价值，是评价一个人的重要标准。战争和狩猎都非常重要，二者被归为一类，表明在萨珊王朝的统治阶级的眼中，二者是紧密联系在一起的。持有这种看法的，并非只有他们而已。一千年来，很多人都将狩猎活动等同于战争，将二者看作彼此补充的活动，可谓你中有我，我中有你。在古典故事中，第一个杀死动物的就是玛尔斯（Mars）之子——战神许珀尔比俄斯（Hyperbius）。[2] 在这里，是战士发起了狩猎活动。然而，在最近的学术研究中，观点却是相反的。劳伦斯·吉力（Lawrence Keeley）认为，"战争象征着一种方法，其直接来源于狩猎活动，即从一方汲取另一方所缺少之物，而且无法以和平手段来获取"。[3] 在这个例子中，狩猎活动被看作是一种先决条件，是战争的准备活动。

在欧亚大陆范围内，将军事才能与狩猎技巧结合起来的观点非常常见，出现在各种不同的文学文本与文化历史背景之中。拜占庭帝国皇帝曼努埃尔二世（Manual Ⅱ，公元 1391～

1415 年在位）在写给朋友的一封信中，自动地将“武器、战利品和战争，［以及］射杀野兽”等同起来；来自于阗的佛经曾提及那些“将会成为猎手与战士的”人。[4] 更加明显的是，10 世纪法蒂玛王朝的一部由无名氏所写的狩猎著作中提出，狩猎活动在各个方面均沿袭了战争的原则。[5] 在这些作者和其他人看来，狩猎活动与战争之间的联系既是自然具有的，也是不言而喻的。[6]

我们在探讨狩猎与战争之间的关系时，可以分析一下成吉思汗所提出的多项准则。在其中一条中，成吉思汗提出“在丈夫骑马外出狩猎或参战时，妻子必须保证家中井然有序”；在另外一条中，成吉思汗宣称，“我们外出狩猎，猎获许多山牛。我们外出打仗，摧毁诸多敌人。当无神指示道路，指点迷津之时，人们便会忘记这些而开始思考其他问题”。[7] 从这些准则中，我们可以看出三点。首先，参加狩猎活动与参军一样，是一种强制性的义务。其次，集体性的狩猎活动构成了战争与和平之间的过渡性阶段，是一种调用兵力的方法。最后，在战场上取得胜利的基础是在狩猎场上努力取胜。 210

通过仔细审视核心区域内外的军事手段与训练方法，我们发现上文所言的准则是实际存在的。一条证据便是，无论在定居民族国家还是游牧民族国家，猎手均在军事队伍中占据显著的位置。[8] 在大多数情况下，猎手都是真正的士兵。在阿历克塞一世（Alexius Ⅰ，公元 1081 ~ 1118 年在位）治下，驯鹰总管曾在战时担任拜占庭帝国皇帝的私人信使；萨拉丁和沙阿拔斯的猎手首领都在战争中被杀。[9] 其他人则担任了相当于校级军官等级的职务。伊朗的蒙古统治者海合都（公元 1291 ~ 1295 年在位）手下的驯鹰师名为阿勒赤台（Elchidei），其领导了一支万夫队（tümen）；贾汗吉尔的猎手首领则指挥了750人的近卫军。[10]

中国唐朝的资料记载了由普通士兵构成的特殊狩猎队伍，此后的清朝则形成了一支名为“虎枪营”①的军队，其中的600名壮汉属于来自满旗军队的精英力量。[11]与之相对，在元朝统治时期，曾有上千名驯鹰师加入驻守部队，并且是皇室禁卫队的正规成员。[12]

猎手经常会被军事生涯所吸引这一点并不令人惊讶，也就是说，由于这些人天性喜欢追求危险或寻求冒险，因此会自己选择这条道路。然而，事实并不止如此。所有人都认为士兵需要健壮的体格，而狩猎活动则被普遍认为是一种绝佳的锻炼方式。在古典时期的西方，虽然人们认为运动和健美是提前适应和为战争作准备的主要方式，但仍有许多人认为狩猎活动可以让人身心健康，增强毅力和耐力。[13]古典作家认为，古时的伊朗人提出了狩猎活动是重要锻炼方法的观点，而来自核心区域的文献则证实了这一点。[14]印度的政治著作也持有这种观点，例如在梵文戏剧《沙恭达罗》中，一位将军称赞道，“猎手的体格变得发达、健壮和敏捷”。[15]在几个世纪之后的莫卧儿帝国统治时期，穆斯林和印度的作者都直接将狩猎活动与锻炼和健康联系在一起。[16]在中世纪时，欧洲贵族也完全遵循了这一国际通例。[17]

对有些人来说，狩猎活动甚至是一种治病的方法。在一部乌古斯史诗中，一位受伤的王公通过狩猎活动而痊愈；沙贾汉

① “虎枪营”是清朝的禁卫军之一，于康熙二十三年（1684）设置，掌扈从围猎。虎枪的形状类似长矛，主要靠尖利的铁锋击刺野兽。

在一次患病后，也是在一次休闲的狩猎活动中完成了治疗过程。[18]在中国，狩猎活动不仅可以治愈疾病、锻炼身体，还是一种恢复体力的方法，仅次于使人聚精会神、增强精力的道德哲学。[19]东汉的著名将军曹操建立了三国之一的魏国（公元220～264），在他的政治生涯早期，他曾托“病”以避免朝内的政敌。在为日后的斗争作准备时，曹操为自己制定的安排是夏秋读书、春冬狩猎。[20]在格鲁吉亚罗曼司《维斯拉米阿尼》中，主人公拉敏的行为也基本相同：他离开宫廷，带着猎犬和猎鹰一起狩猎，恢复了精力，然后再回来继续履行自己的文武职责。[21]在突厥史诗和拉丁编年史中，政治领袖也因循了这些准则，强迫自己的属下进行狩猎，以防止他们失去体力优势，陷入懒散。[22]

因此，人们普遍认为狩猎活动是一种调节体力和恢复精神的方法，同时，还可以让人从竞争和纷扰的欲望中解脱出来。在印度教徒、穆斯林和拉丁基督徒看来，狩猎活动可以压制肉体的欲望，因此可以代替男女之事。[23]

可以预料的是，由于狩猎活动可以让人变得勇敢，因此被认为是很好的战争准备活动。普鲁塔克提出，“勇猛是野兽的内在品质”，但并不是人类的内在品质。因此，普鲁塔克认为狩猎活动可以为人类注入原本缺乏的勇气。[24]这种特别的观点可能是独一无二的，但是如果我们将这种看法呈献给伊朗、莫卧儿帝国或清朝的统治者，他们很有可能也会毫无异议地予以接受。

除了以上这些益处，狩猎活动还可以教会人们基本的军事技能。同样，这种观点也是普遍为人们所接受的。在古代的近东地区与伊朗，古典作家曾在对军队的论述中反复强调这一点。[25]当然，在狩猎活动中习得的主要技能是骑马和射箭。骑马狩猎是增进骑术的最好方法，至少是打仗时会使用的骑术。[26]在中东和内亚地区，骑兵弓箭手在狩猎活动中所掌握的骑术被认为可以转用到战争中，因为狩猎活动中骑兵的猎物目标与人类敌人一样，都是在不断移动或是正在逃跑的。这种观点认为，除了战争本身，没有什么方式可以提供比狩猎活动更好的训练方法了。[27]这种将狩猎活动视作战争演习的观点，在萨珊王朝的银器所描绘的狩猎场景中也有所体现：骑马的君主不仅配备有军用武器即宝剑和匕首，而且身着护甲并戴有头盔。尽管皇家猎手的确会在狩猎活动中携带弓箭，但是这些描绘仍然具有一种强烈的军事意味。[28]这种军事化的狩猎活动在巴布尔的言论中也有所体现。巴布尔夸耀称，他有一次挥舞军刀，几乎将一头逃跑的野驴的首级斩下。[29]这或许解释了为何皇家猎手“喜欢”猎杀野驴——它们可以为骑手的剑术练习充当有效的陪衬。

自然而然的，狩猎活动通常被用于说明游牧民族的军事能力。在中国人看来，匈奴人在战场上展现的技能就是他们年轻时便开始定期狩猎的直接结果。[30]正如军事思想家李靖①提出的理论，尽管最初的汉人与蛮人并无差别，但是随着时间的流逝，游牧民族学会了依靠箭术和狩猎在不毛之地中生存。因此李靖认为，“他们始终在践行战斗和战争”。[31]

212

人们也以同样的方式解释了蒙古人的大规模占领行为。据中国和欧洲人记述，蒙古女性遵循成吉思汗的教诲，在男性进

---

① 李靖（公元571～649），字药师，雍州三原人，唐朝初期的著名将领与军事理论家，精熟兵法。

行狩猎而很少顾及其他的时候负责照顾家庭和牧群，因此蒙古男性得以在骑行中习得箭术。[32]此外，这些技能都是在很小的年纪时获得的。彭大雅曾于1230年代出使蒙古，他报告称，蒙古人“自四五岁起便在臂下挂着一支小弓和数枚短箭，成年后则一年四季都在野外学习狩猎技巧”。[33]

人们普遍认为，“好战民族（martial races）”的形成需要依靠年轻男性系统地接触狩猎活动。外行人经常用这种观点来解释游牧民族或其他“好战”部落的军事才能。[34]此外，值得强调的一点是，这种普遍的定式化形象完全符合好战部落的自我形象。在乌古斯史诗中，父亲会在年轻的儿子们首次与敌人对战之前，先带他们外出狩猎；契丹皇帝认为狩猎活动可以造就强大的战士，是获得胜利的关键一环。[35]

这种“天生的战士（natural soldier）”的观点非常悠久，其虽然具有一定的说服力，但在笔者看来，还需要进一步的提炼和发展。首先，是有关定义的问题。如果说有组织的狩猎活动的目的是教习和测验军事技能与纪律，那么这种副产品又在多大程度上是“天然的”呢？我认为，受过训练的士兵并不是这一过程无意制造的产物，而是一种有意达成的目的。暂且不论语义学上的问题，“天生的战士”这种说法本身无论使用怎样的称呼，其应用都是极为受限的；虽然游牧民族一直处于舞台的中心，但其他狩猎型社会也诞生了优秀的战士，也有必要被纳入分析的视野之内。这一点非常重要，不仅可以让我们更好地理解受过训练的有纪律的战士是如何进行准备的，而且可以更加宏观地审视在欧亚历史上不断变化的军事力量平衡。

在比较草原民族及与其相对的定居民族的军事潜力时，我们需要认识到这样一点，那就是由于狩猎活动的重要性，游牧民族是一个“武装起来的国家”；与之相对，后者——尤其是普罗大众——则因其统治者的决策而成为一个不配备武装的国家。例如，在蒙古社会中，所有人都可以制作、获取和携带武器；然而，在蒙古人占领中原之后，他们便开始试图限制武器——尤其是弓箭——的持有，只限于军队、捕役和猎户所有。[36]

然而，游牧民族并不是唯一武装起来的国家。古时中国东北地区（Manchuria）的大部分居民虽然是小农经济作业者，但是依然保持了自古流传下来的狩猎传统，而且与草原地带一样，其子民是持有武器的。狩猎活动是女真人的主要活动之一，他们利用围猎的机会来——借用金世宗的评价——“展现和练习自己的武术”并“训练自己在骑马时的箭术”。[37]“武装国家（nation at arms）”的称呼本就可以用于北方丛林中的另一个民族，即早期的日耳曼人。日耳曼人同样拥有混合型经济，综合了农业、畜牧业与狩猎；此外，他们同满人一样，也自己制作武器，而且在日常走动时会随身携带。[38]

从这些分析中，我们可以得出的主要结论是，对于田园型社会或农业型社会的民族而言，狩猎活动依然是一种重要的资源汲取方式，这类民族所具有的军事潜力要远远超过我们根据其人口基数所进行的预测。借用斯坦尼斯拉夫·安德列斯基（Stanislav Andreski）的概念，这些社会具有较高的“军事参与率”。他认为，这类情况通常出现在部落社会中，其个体能够自己制作武器，社会分层尚不明显。[39]由于这些因素的影响，中国与其北部邻国在人口统计方面的差距实际上是一种幻象，至少在他们调用各自兵力的能力方面是如此。这种情况在一定程度上可以解释，为何内亚地区的民族直至近代早期都经常处于军事主宰地位。

在远西地区，狩猎活动与战争之间的关系得到了普遍的认可。[40]直至20世纪时的英属印度，狩猎活动依然被认为是一种适合战士使用的消遣方式，是军旅生涯的“天然”附属。[41]虽然欧洲的统治者、将军以及创作有关骑士、政治与军事题材的作家都认为，狩猎活动是一种针对战争的准备活动，可以使人保持健康，锻炼个体的胆量和使用武器的技能——但是在“淡季”时，战士依然会被建议前去狩猎以保持自己的体格。[42]与之相比，在核心区域和草原地带中，狩猎活动之于战争的重要性并不仅仅局限于使个体习得技巧或保持强健。在这里，皇家狩猎活动是一种部队训练，可以培养部队的团结性及其在命令、控制与后勤方面的能力。对他们来说，狩猎活动是一种大型的军事演习，是对战争的模仿。

模仿战争

部队训练的问题将我们带至“天生的士兵”这一概念的核心。诚然，可以预料的是，皇家狩猎活动调用了军队的兵力。中世纪的诗歌与罗曼司中大多描绘了士兵为统治者驱赶猎物的场景，在历史叙事与狩猎著作中也是如此。[43]在这里，例外的情况依然来自于远古时期的远西地区。罗马军队既没有接受过狩猎形式的训练，也未被广泛地用于狩猎活动。提庇留（公元14~37年在位）有一次还因一位军团长官在狩猎活动中调用了少量的军队，而对其作出了降职的处理。[44]

214

然而，这种被罗马帝国认为是特殊情况的做法，实际上在欧亚大陆的其他地方是一种传统行为。在与罗马帝国同时代的中国汉朝，地方统治者经常会带领军队外出狩猎；军队各部被安排在合适的位置，由汉朝的皇帝交给各个指挥官管理，负责驱赶猎物等工作。后一个例子明确指出，这种行为的目的是“讲武”，这也符合中国早期兵书中的主张，即在和平时期带军队狩猎以防止“他们忘记兵法”。[45]

在汉朝之后，中国的军队继续将狩猎活动作为部队训练的一种方法。唐朝的建立者李渊曾效法敌军突厥，将手下的部分军队训练为轻骑兵。这些部队组织有着突厥式的食物和住宿，以及突厥式的骑术、箭术与狩猎活动。[46]尽管中国的士大夫并不重视狩猎活动，围猎活动依然在唐宋两朝时被用于训练部队——自古以来，这种做法便有诸多先例。[47]在由本土民族建立的朝代中，围猎活动有可能就像马球活动一样，主要以军事训练的形式存在。[48]明朝早期也沿袭了这种做法，当然其更有可能是受了蒙古的影响。无论如何，明朝建立者于1373年颁布的《皇明祖训》中明确要求，拥有自己守卫军队的皇室王公每年都需要举行包括有军事演习内容的狩猎活动。[49]

可以想象，在核心区域内，军队与狩猎活动有着极深的关联。据目击者记录，萨非王朝的军队在和平时期分为各部队进行狩猎，而他们的格鲁吉亚援军甚至在战斗期间还会狩猎，目的是在战役的间隔时期保持体格强健。[50]在阿克巴大帝统治期间，莫卧儿帝国的军队通常也会在战斗期间狩猎；据贝尼埃记述，奥朗则布曾带着自己手下的野战军前去狩猎，据说其兵力在10万多人。[51]这些数据比较少见，或许可以说存疑，但我们有充分的理由相信，全部或部分的常备军队会外出参与狩猎活动。这种活动的历史根源十分悠久。据阿蒙霍特普三世（Amenhotep Ⅲ，公元前1391～前1353年在位）的纪念圣甲虫描绘，法老曾“带着全部军队”外出捕猎野牛。[52]大约2800年之后，另一位埃及统治者、马穆鲁克王朝的苏丹曾允许手下的一名军事指挥官带着三分之一的军队外出狩猎。[53]

狩猎活动中军队参与度最高的一次出现在内亚地区。在史诗传说中，统治者手下的猎手与士兵实际上是相同的。[54]正如公元9世纪突厥的《征兆之书》(*Book of Omens*)中所言，"汗国的军队外出狩猎了"。[55]突厥可汗的确有此种行为：唐僧玄奘曾目睹，统叶护带着200名官员和无数士兵一起狩猎。[56]

215

实际上，有充足的明确证据表明——部分证据上文已述——狩猎活动被当时包括皇家猎手在内的人们看作是一种军事行动和战争演习活动，更确切地说，唯有这种方法可以为部队注入并维持凝聚力与协作性。这尤为可以解释，为何狩猎活动在核心区域以及草原地带中变得如此军事化。

其中，成吉思汗充分地意识到，狩猎活动是军事指挥官及其手下军队应当从事的合适活动，因为其中涉及侦查、勘探、骑马、使用武器、体力和各部队与个体的相互配合等内容。[57]一场大型围猎活动的成功，就像一次军事对决的获胜一样，取决于纪律、有效的指挥以及排兵布阵的控制能力。中亚地区的莫卧儿帝国是16世纪早期察合台汗国的游牧民族继任者，在巴布尔对其的记述中，便体现了狩猎活动与军事行动之间的关联。巴布尔记录，莫卧儿帝国的军队与在成吉思汗治下时一样，其组织结构依然是左翼、右翼与中部。最英勇的士兵被给予两翼的优异位置；而每当人们争论哪只部队应当拥有这一荣誉时，解决方法便是在战斗时让一支部队占据优异位置，而在围猎活动中则安排另一支部队占据。[58]

尽管满人是定居民族，但他们很好地遵循了这些方法和限制。对康熙皇帝在这一事务上的言论，成吉思汗应该会感到无瑕可挑。对于这位清朝的皇帝而言，狩猎活动不仅是一种“良好的训练”，可以教习军事技巧、骑术、箭术和保持队列等知识；而且正如他所断言，是“一种战斗训练，是对纪律性与组织性的检验。[他认为] 猎手的队伍应当按照军事原则来组织，而不是依照游行队列的方便或家族偏好”。[59]耶稣会士南怀仁认为，在和平时期定期举行狩猎活动的目的是让军队保持强健的体格，为艰苦的战时岁月作准备。为了达到这一目的，康熙皇帝每年会组织多次狩猎活动，从各省调集了6万人的部队来参加。南怀仁认为，这种活动与其说是“享乐聚会”，更像是一场军事行动。[60]可惜的是，目前并未留存关于这些军事演习的著作，但是满语中有大量专门术语用于指代围猎活动的形成和布局、发出信号的方法、军队的狩猎阵型部署等，折射出军事演习的复杂性以及狩猎活动中的严格军纪。[61]

216 更加能够说明问题的是，在18世纪早期以满文、汉文、蒙古文、藏文和维吾尔文五种文字编纂而成的辞书《御制五体清文鉴》中，“狩猎（aba）”的词条下用官方文字满文将其定义为：“为了提升军事能力而进行的训练，其中一群人或步行或骑马，用弓箭猎杀野兽和鸟类。自古时起，[这种活动] 便获得了极高的重视。不同旗（turun）的士兵在行进时 [制服] 背后会带有相应的旗帜（kiru）。”[62]这里的狩猎活动完全是以军事化形式进行的描述，认为狩猎是一种自古便非常受重视的传统和适宜的战斗训练方式，并刻画了士兵和军队在旗帜飞舞中行进，且跃跃欲试地与动物或人类敌人进行搏斗的场景。

下一个明显的问题便是，这些狩猎场上所使用的阵型和演习，有多少可以移至战场之上呢？我们可以从阿契美尼德王朝的兵法谈起。希罗多德是这样描绘大流士在爱琴海群岛的战役的："一旦这些蛮族成为岛屿的主人，他们便会捕捉岛上的居民。现在，他们采用以下这种方式进行捕获：蛮族人拉起手来，从北岸至南岸形成一条线，之后则从岛的一端行进至另一端，捕获岛上居民。"[63]正如卡尔·穆利（Karl Meuli）指出，古代波斯兵法与之后伊斯兰与中国史料中记载的突厥、蒙古使用的兵法之间具有某种连续性，而这种连续性在他看来"非常引人注目"。[64]

无论这种包围战术最初起源于哪里，其源头必定非常古老。在很长的一段历史时期内，这种战术被不同的狩猎民族广为应用，尤其是游牧民族。卡尔皮尼称，蒙古人可以像在围猎活动中控制猎物一样，管理彼此对立的军队。他写道，"如果实际情况是敌军打得非常好，那么鞑靼人便会为对方让出一条撤退的路；一旦敌军开始撤退分散，鞑靼军队便会进行反扑，敌军在撤退时被杀的数量要超过在战斗中可能会被杀的数量"。[65]波斯文献的一部分依据了现已失传的蒙古记录，其中也记叙了他们使用非常类似的战术去对阵定居民族与游牧民族。[66]诚然，狩猎活动、战争与政治之间的关系网很好地体现在蒙古语"jerge/nerge"即驱赶式狩猎一词中。朱维尼熟知蒙古传统与术语，他既使用"nerge"（波斯语为 nirkah）一词来描绘蒙古军队在 1237 年对阵钦察人和 1256 年对抗伊斯玛利（Isma'ilis）时所使用的军事策略，也使用该词来描写 1254 年他们在阿姆河沿岸针对狮子进行的围猎活动，以及 1251 年蒙哥可汗有争议的继位之后举行的大型围捕行动。在后一个例子中，获胜的蒙哥一方组织了一系列彼此相连的"nerge"活动，遍布从蒙古中部的和林至中国新疆的伊犁河谷地区，四处搜捕不忠的反对派，被看作是一张搜查政治异议者的"国际"追捕网。[67]

217 1501年，在发生于拔汗那（Ferghana）的一次对战中，莫卧儿帝国的建立者巴布尔便曾经历过游牧民族乌兹别克敌军的包围。巴布尔认为，这种策略是"乌兹别克人战术的最大优点之一"，补充称"乌兹别克人在战斗中必会使用这种策略"。巴布尔本人也曾在与印度军队对战时成功地使用了相同的策略。[68]这种战术是草原地带的常用策略，在突厥语中被称为"tolghamal/tolghuma"。这一术语源于多用动词"tolghamaq"，包含了"包围"、"环绕"、"翻转"、"旋转"、"曲折"、"捕捉"和"击退"等词义。[69]

狩猎技巧与军事策略布局之间的关联性——至少在草原地带的情况——得到了哈萨克学者阿勒科山德·卡迪尔巴埃夫（Aleksandr Kadyrbaev）的细致分析。阿勒科山德认为，游牧民族这种三位一体的军事结构，即将部队分为右翼、左翼和中部的结构，直接来自于草原民族在围猎活动中的组织形式。在他看来，集体性的狩猎活动在与游牧民族主义相结合时，促使突厥人和蒙古人创造出传统的军事、训练、策略与指挥结构。这也可以解释，为何游牧民族的战争行为经常被描绘为需要运作空间的大规模演习活动。阿勒科山德总结，游牧民族军事行动的形式与方法首先是在围猎活动中提出和测试的，之后才应用于实际的战场之中。[70]

卡迪尔巴埃夫的一系列论述或许简化了更加复杂的狩猎活动和游牧民族战斗之间的动态关系；他的核心观点，即不参考狩猎活动则无法理解游牧民族的战斗方式，是毋庸置疑的。当然，这一点也适用于其他的狩猎民族以及与草原民族有密切关联的定居民族的社会。著名的八旗制度——清朝军事机器的组织原则——与围猎活动或“aba”有着密切的联系。[71]这种关联性也体现在埃及的马穆鲁克王朝中，其军队主要征收的便是钦察的突厥游牧民族。在这里，“ḥalqah”一词即阿拉伯语中的“圈”，既指代上千军队所形成的围猎圈，也是单个军队的名称。[72]类似的还有俄语中的“oblaval/ablava”，即“狩猎圈”一词：这一术语来源于突厥语，指代源自草原地带的哥萨克人在进攻时所形成的弓箭形状的阵型。[73]

至于狩猎活动中使用的策略是否在战场上进行了百分之百的复制，这一点或许反倒是一个次要的问题了。最关键的问题在于，大规模的部队需要被训练为行动一致的队伍，并且在高压环境下与其他队伍高效地进行配合。毕竟，现代军队尽管依然会使用列队行军和操练的方法来增强队伍的凝聚力与服从性，但是肯定不会在实际战斗中采用这些队形或活动。因此，我们需要进一步探讨狩猎活动究竟是如何培养官员与士兵之间的纪律性、队伍认同感以及纽带关系的。

218

在罗曼司《维斯拉米阿尼》中，国王莫阿巴德在春天来临，也就是狩猎季节开始之时感到喜悦。在他看来，这意味着自然的更新；而朝臣和贵族再次聚集起来进行狩猎，则是一种社会的更新。[74]鲁斯塔维利认为，在狩猎活动以及激烈战斗的时候，国王和朝臣于那一刻暂时成了平等的人，他们陷于同样的争斗之中，而这可以产生真正的同伴情谊。[75]毫无疑问，鲁斯塔维利的观点是正确的。贾汗吉尔便意识到，通过一起外出和狩猎等活动，王公可以确保属下朝臣的忠诚。[76]

然而，狩猎活动所发挥的作用不仅仅是在军队中形成团结，同样重要的是在指挥官与士兵之间形成强烈的纽带关系。色诺芬指出，在居鲁士治下，年轻的士兵会轮流前去与国王一起狩猎。据昆图斯·古尔修斯记述，马其顿人也出现过类似的行为。[77]这种做法在相当久的历史时期内一直延续。塞尔柱帝国的宰相（vazir）尼扎木·木儿可曾夸赞迦色尼王朝的建立者苏布克特勤（Sebuktegin）与其手下的军队达到了高水平的认同感，后者遵循恩主阿勒颇特勤（Alptegin）的训诫，与自己的手下同吃同饮，一同狩猎，“像兄弟”一样对待他们。[78]

由于狩猎活动提供了一种共享经验，而且常常强调共同的激情与共同面临的危险，因此在狩猎活动中检验忠诚的行为具有重要的传递效应。[79]由此，人们会信任他人，建立起强烈的忠诚感和同伴之情。蒙古帝国时期的资料多次援引成吉思汗的言论来提及这一点：成吉思汗曾以多种方式指出，狩猎活动中的好伙伴也会成为军队中的好战友。[80]

在核心区域内外，军队的团结性被视作集体性狩猎活动的预期副产品。这也就解释了，为何契丹人的军队是以狩猎场来命名的，以及为何在战国和汉朝时，野外狩猎的部队总是以旗帜来区分。[81]毫无疑问，这种做法可以促使友好的对手增强竞争精神并鼓舞士气。然而同时，这类狩猎活动也可以让人拓展自己的认同感，与其他部队和更高级的指挥层建立起联系。在蒙古帝国，这些大规模的集体狩猎活动将当时与统治者有联系的各个部队与部落聚集在一起，彼此交换礼品，一起分享狩猎活动带来的乐趣与危险。反过来，这些活动又促进了各部队和部落内部以及之间的纽带关系。之后的长时间宴请和豪饮则进一步促进了这种亲密关系；尔后，各个部队方会返回各自的驻地与领土。[82]

当然，这种使用狩猎活动来建构集体认同感的行为，只是
219 军队用于实现这些目的的多种机制之一，需要我们在更大的框

架之下对其进行评价。在军事语境中，这类机制所使用的最明显的手法便是操练活动和列队行进。这类“肌肉的纽带关系（muscular bonding）”——借用威廉·麦克尼尔（William McNeill）的说法——促使个体在更大的群体中淹没自我，也就是说，产生了凝聚力、协调性和集体服从感。[83]此外，舞蹈也可以达成同样的效果。朱迪斯·汉纳（Judith Hanna）在长篇分析中指出，前殖民时代的非洲战舞实际上是地位的标识，是一种“通过仪式（rite of passage）”，可以衡量一个人的勇气；这种舞蹈是一种针对战争的体力准备活动，一系列的练习可以增强人的反应能力与调节能力；这种舞蹈也是增强各部协调性的方法；此外，还可以树立士气，是军事行动的刺激剂；舞蹈是增强群体凝聚力与纪律性的关联机制；一种在精神与体力层面的动员活动；一种调用了精神力量的宗教仪式；而且可以检验政治承诺以及对统治者的忠诚。[84]

我们也可以将同样的表述用于描述核心区域以及草原地带的皇家狩猎活动——这些狩猎活动既军事化，也仪式化。皇家狩猎活动作为一种集体参与的仪式，遵循着既定的规则，是一种真正共享的活动。其中，每一位参与者都进行类似的活动。此外，由于皇家狩猎活动本身也非常紧张，事关生死问题，因此也建立起一种兰德尔·柯林斯（Randall Collins）所说的“传染性的情绪”。[85]应当强调的是，这种共享的情感可以在事情结束之后再次回忆、加强和循环，也就是说，是一种共同的存在感。这种存在感具有很长的生命力，可以用于重温和加强群体的团结感。

因此，战舞和狩猎活动可以被视作为战争所作的正式彩排。这两种方式本身也并非彼此排斥，这一点在图像资料中非常明显。在汉朝之前，四川依然处于巴人的控制之下，他们以好战著称。成都出土的一盏青铜罍可以追溯至公元前4世纪，其上描绘的场景清楚地展现了这一点：在一幅图上，绘有一组巴人战士随音乐起舞和另一组人狩猎的场景；在第二幅图上，则描绘了他们为土地和水源而争斗的场景。[86]

这个例子提醒我们，农业型社会的定居民族，如巴人会出于政治军事目的而大量利用狩猎活动。格鲁吉亚、波斯和清朝都通过狩猎活动为战争“训练”军队，这一点与突厥和蒙古军队的做法相同。这也意味着，这些国家的军队拥有训练有素、行动一致的军队，可以在战场上接受一定的命令和控制。换言之，在这种情况中，军队可以实现娴熟的战术、策略和用兵之术。与之形成鲜明对比的，是欧亚大陆外围地区的情况。例如，维京人虽然是天下闻名而且令人畏惧的战士，却鲜有组织与战略可言。正如彼得·福特（Peter Foote）和大卫·威尔森（David Wilson）所指，维京人的战术“简单而基本，主要就是猛打对方”。[87]自然的，那些受猎手—士兵传统影响较大的民族不得不采用策略来应对维京人的威胁。因此，俄国人经常会吸纳游牧民族的援军，以此在南方防御边境的周围布置己方军队。正如理查德·赫里（Richard Hellie）指出，尽管莫斯科公国早在1380年代便开始使用火药，但是在16世纪末，其基本军事行为“依然接近于草原地带的战斗方法，也就是使用骑兵和弓箭”。[88]

220

以上的分析并非是针对前现代时期欧亚大陆的军事民族志，而是旨在强调有必要将国家军事史置于一个更宏大的语境之内，以比较科技、组织、战术、征兵和训练方法等问题。如前所述，从北部森林地区、草原地带到亚热带地区的各民族，狩猎活动都是其军事准备活动的核心一环。

然而，皇家狩猎活动对军事准备的作用并不仅仅局限于此。成功的战争机器需要基础设施和供给，而狩猎活动则可以满足这两方面的要求。狩猎园在这个方面发挥了重要的作用。巴布尔将狩猎园作为驻营地来使用，以便集合军队和设置伏兵。[89]在贾汗吉尔在位时期，阿拉哈巴德（Allahabad）既是一个“游乐地”，也是一个战略要塞，占据了恒河、朱木拿河（Jumna）和萨拉斯瓦蒂河（Saraswati）三条主要河流的交汇处。[90]在中国，狩猎场的用途也比较相似。汉朝和唐朝的皇帝经常利用狩猎场进行演习，或是当作军事营地使用。[91]

就游牧民族而言，他们也出于同样的目的使用狩猎场。在一则史诗中，乌古斯汗在准备应战时，将自己的追随者与同族聚集在狩猎场（shikār-gāh）上，在那里集合和发号施令。[92]在真实历史上的公元737年，突骑施可汗骨啜（Türgesh qan Kül Chur）也做出了大致同样的行为。骨啜可汗带领军队来到自己的狩猎场，在那里积累补给，制作弓箭，让马匹在开战前吃草。[93]

在蒙古帝国时期，伊利汗合赞将亚美尼亚的狩猎场阿剌塔黑（Alātāgh）作为基地，对一位叛乱的将军发起反击。[94]在中国，据上都/开平的史料记载，元朝的统治者以同样的方式使用狩猎场。当忽必烈的表亲乃颜在辽东发起反叛时，元朝军队以上都为行动基地；讨伐战役在这里发动，忽必烈亲自率领军队迅速镇压了叛军。[95]一百年以后，元朝政府开始解体，上都再次成为与各种叛军对战的地方。公元1357年，上都遭到攻击，部分建筑次年被毁。然而直至元朝灭亡之时，上都均一直掌握在蒙古军队手中。实际上，最后一位元朝皇帝妥懽帖睦尔

221 （公元1332～1368年在位）便是在上都负隅顽抗，向南发起反攻；直至1369年9月，明朝的军队迫使妥懽帖睦尔及其追随者逃往蒙古。此后，上都变为了明朝的前线驻地，蒙古军队和明朝军队曾于1413、1424年两次在此爆发冲突。[96]

古典时期的拜占庭史料提供了关于前伊斯兰时期波斯狩猎园的基本数据，在这些记录中，狩猎园始终与军事行动有所关联，如被防御、被遗弃、被占领或是被摧毁。这些记录并非巧合，因为狩猎园实际上是重要而惯常的军事目标。公元前351年，狄奥多罗斯写到，在西顿的腓尼基人［Phoenicians of Sidon，今黎巴嫩的赛达（Saida）］反叛阿契美尼德王朝的君主时，他们"第一个敌对的行动便是破坏和摧毁波斯帝王素常休闲的皇家狩猎场（paradeisos）"。[97]综合我们对这些狩猎园功能的认知，这种行为不仅仅是一种夸张的挑衅或宣战行为；这实际上是一种聪明的战略性行动，攻击的是一个关键的军事、联络与补给设施。

皇家狩猎活动还以另外一种方式协助了补给问题。受交通方式所限，前现代时期的军队一般以土地为生，或是从己方居民处请求供给，或是在敌方民众处进行劫掠。在这些情况中，人们十分需要利用偶然遇到的猎物。公元4世纪中期，罗马军队在美索不达米亚进行军事行动时以鹿肉为食；而13世纪中期，俄国军队在战时会杀熊为食。[98]除了这些偶然的目标，也有类似的专门行动。在居鲁士二世试图推翻阿塔薛西斯的统治时，叛军依靠有组织的狩猎活动来补充部分补给；6世纪时，萨珊王朝的军队在亚美尼亚遭遇了当地居民的烧光土地策略，那时他们也曾使用类似的方法应对。[99]甚至，正在移动中的军队有时也会采用这种策略。1220年代，最后一位花剌子模沙札兰丁（Jalāl al-Dīn）被蒙古军队追赶，当时他便曾以狩猎的方式来供给自己的军队。[100]

《俄国编年史》在描述斯维托斯拉夫（Sviatoslav，公元962~972年在位）的军事行动时称，大公以在篝火上烤熟的马肉、牛肉和猎物（zverina）为食。[101]这些食物是典型的游牧民族的战时补给，斯维托斯拉夫有可能是在战胜当时的草原霸主哈扎尔人（Khazars）之后才开始采用这种饮食方式的。这种推测很有道理，原因是在草原地带，人们可以占领的耕地和粮仓的数量较少，故而肉类和猎物在军事补给中发挥了更加重要的作用。即使在和平年代，游牧民族军队也会自行外出狩猎，或者是从皇家狩猎活动中分得猎物。[102]这些肉类有可能会被当场吃掉，也可能被储存起来以供日后食用。游牧民族使用多种方式储存这些肉类，如风干，切成片或条晒干，烟熏和冷冻等。阿米安·马塞里认为，这很有可能就是匈人在马鞍上储存“生”肉的原因。[103]

当我们把视线转向蒙古帝国时期时，便可以更加清晰地审视狩猎活动在游牧民族的军事补给中所占有的地位。在成吉思汗初期，他曾外出狩猎，为2600名士兵提供食物。此后，成吉思汗派著名将军速不台前往西部草原地区远征，他要求指挥官有选择性地进行狩猎以减轻预期的供给问题，同时也提醒速不台勿因沉溺于狩猎活动而导致坐骑精疲力尽。[104]宋朝使节赵珙的补充也很有帮助：“［蒙古人］如出征于中国，食羊尽，则射兔、鹿、野豕为食。”[105]显然，狩猎活动可以补充食物供给，但不一定是主要的食物来源。较为完整地展现这一情况的是小亚美尼亚的国王海屯（Het'um），即公元13世纪末聚集在伊朗的一群蒙古人。海屯宣称，蒙古军队并不会从上级处获得

222

补给，而是必须以狩猎和土地为生；他还指出，蒙古人会携带许多马匹，喝马奶，吃马肉，而且非常乐在其中。[106]从这一论述可以得出的结论是，蒙古军队的战斗补给包括了各种劫掠品、自行携带的家养动物以及狩猎活动所得等；无疑，每一种补给来源所占据的比例会根据当地的情况、军队的规模以及行动的目标而发生很大的变化。[107]

狩猎活动对战争所作的最后一项贡献，是演练提供军事补给的方法。公元 15 世纪中期，疏勒的莫卧儿帝国地方长官艾米尔·萨亦德·阿里（Amir Sayyid ʿAlī）每年都会花三个月的时间与士兵一起狩猎。在此期间，他们依靠田地获取补给，这与军队在战斗时的做法是一样的。[108]康熙皇帝同样认可这种做法，他指出狩猎活动是一种很好的训练，有助于掌握"运输与供给细节"方面的知识。由于很多军队在战时都会死于饥饿和疲劳，因此康熙皇帝认为，在狩猎或战斗时需要储备足够的水源、食物、营帐、衣物和替换马匹。[109]

在核心区域和草原地带非常常见的大型皇家狩猎活动，作为一种针对战争的演习活动，既是军事后勤工作的实际演练，而且正如我们将看到的那样，也是一种沟通与隐藏政治军事意图的方法。

暗示战争

由于狩猎活动是一种常见而正规的活动，因此王公可以携带大批军人前往野外，而且不会引起人们的注意或怀疑。然而，一旦这些军队抵达野外又远离他人注意时，其真正的意图可能差异极大。因此，狩猎活动是一种极好的掩护，是欧亚大陆范围内贵族阶级经常使用的方法——有时可能完全出于非常

私人的原因。例如，狩猎活动可以掩盖为逃跑和政治叛逃所作 223
的准备活动，远离国内或国外敌人的威胁。[110]

同样，狩猎活动在战时也是一种常用的策略。当然，狩猎活动有时只是一种简单的娱乐活动，可以让人从长时间战斗的无趣中得到一些放松。[111]此外，狩猎活动也有严肃而凶险的目的。阿契美尼德王朝将个体猎手作为间谍使用，而最为常见的做法则是将狩猎活动作为复辟活动的掩盖。倭马亚王朝的卫队（shākiriyyah）和伊朗的蒙古军队（cherig）都曾经利用狩猎活动来探查敌对势力的情况，以探明对方的意图与实力。[112]公元7世纪末，在唐蕃交战期间，吐蕃军队以狩猎活动作掩护，进行了一系列军事挑衅活动。同样娴熟使用这种策略的还有拜占庭帝国与花剌子模国的军队，他们利用狩猎活动来掩盖己方调兵、撤退和全体退兵等行动。[113]尽管狩猎活动在战场上是一种有用的策略，有时也可能会导致严重的后果，如干扰军队，令其在主要任务上分心；或者如穆斯林的战争著作所告诫的那样，可能会暴露自己的位置——尤其是在设置伏兵的时候。[114]

考虑到狩猎活动可以欺骗和延误敌军，因此其具有明显的外交用途。1190年代，塔玛尔女王用狩猎活动转移了一位穆斯林王子的注意力，并趁此机会决定了该如何解决他；1680年代，暹罗国王想要摸清萨非王朝使节的目的，于是选择外出狩猎，趁着他“不在朝”，其手下人员对波斯人进行了询问。[115]在这些情况中，狩猎活动是一种外交工具，一种文雅的欺骗方式。然而，狩猎活动虽然通常很灵活，却依然能够在跨国关系中传递明确的信息。

在提庇留的养子日耳曼尼库斯（Germanicus）去世后，帕提亚宫廷暂停了皇家狩猎活动，以此表达哀悼之情。[116]朝廷甚至可能会允许外国统治者在自己国内举行狩猎活动，如隋朝（公元581～618）曾在587年给予一位突厥首领这一特权，通过这种特殊行为来宣示对其的宠爱和信任。[117]让外国使节参与皇家狩猎活动的做法，可以展现对他的尊重；或者，统治者可能会缩短狩猎活动的时长来接见使节，以此表现自己的兴趣与重视。1793年，马戛尔尼在抵达北京时被告知，乾隆皇帝特地中止了秋季狩猎活动，以便尽早地接见这位英国人。马戛尔尼意识到，这种对时间安排的重视，是在以外交方式告知他，不要在中国耽搁时日，应当按期返回国内。[118]这是一种非常微妙的交流方式，不需要使用任何尖锐的言辞，也不会给个人或国家带来任何难堪。

狩猎活动很容易被用于传达政治氛围的改变，而且可以根据环境的变化进行调整。这一点体现在萨珊王朝与其属国亚美尼亚之间的关系中。萨珊王朝皇帝派往亚美尼亚国王提格兰五世（公元338～351年在位）的代表必然会被邀请参加皇家狩猎活动和筵席。然而，据一则亚美尼亚史料记述，由于波斯人具有恶意、好妒、邪恶和狡诈，亚美尼亚宫廷认为“［这位代表］不需要看到大规模狩猎的场景……而是给他看一些零星稀疏的狩猎活动［并且］仅仅以此来招待他”。此外，亚美尼亚宫廷还决定，“由于对这一邪恶种族的痛恨”，他们不会进行任何大型的猎杀活动，狩猎活动的举行“仅仅是遵循形式上的需要”。[119]几十年之后，在伊嗣俟一世（公元399～421年在位）统治期间，当萨珊王朝的统治者试图让本国皇帝的儿子继承亚美尼亚王位时，当地王公表达不满的方式是拒绝“在狩猎活动或体育活动中以王室的礼仪接受他”。[120]在这两个例子中，臣民虽然并未直接公开叛乱，却依然可以向最高君主

224

传达明确的信息。

由于狩猎活动自身的属性，它允许朝臣展现自己的军事能力和真实立场。作为一种演练活动，这种行为可以传递强大的讯息，警告自己的邻国和对手，或是对它们的行为施加影响。可以很好地证明这一点的是，外国使节通常甚至是必须作为宾客参加皇家狩猎活动。[121]在早前的中国，这是一种常见的策略。约公元前150年的一篇赋文便写道，齐王为了招待敌国派遣来的一位使节，“悉发境内之士，备车骑之众”。[122]统治者通常非常在意与邻国比较自己狩猎活动的规模、成功和盛大程度。约公元前10年，另一篇赋文提及了为胡人使节举行的一场大型围猎活动——胡人是那时的中国对北邻和西邻游牧民族的通称。这场围猎活动需要供给牲畜、驱赶猎物、设置围挡，高潮则是天子主持进行的大规模屠杀野兽的活动。[123]诺特克记述，当阿拔斯王朝的哈里发哈伦·拉什德（Hārūn al-Rashīd）的使节抵达查理曼大帝的宫廷时，皇帝带他们外出狩猎；在看到巨大的野牛时，使节“恐惧至极，转身就跑”。当然，查理曼大帝毫不畏惧，制服了这些大型野兽。[124]

因此，狩猎活动被认为很能展现一个国家的国力与统治者的品性。尼扎木·木儿可提醒自己的统治者称，使节也是情报人员，他们应当把握一切机会，探知敌国的地形、经济、军队和统治者的信息，包括统治者的品性、食物和狩猎活动等。[125]几个世纪之后，这些观点仍然普遍存在。1712年，清朝使节前往位于伏尔加河下游的喀尔喀蒙古。最值得注意的是，使节所得到的皇室指令是，他需要准备好接受俄国关于清朝统治情况的询问，如作物、武器和皇家狩猎活动等。使节还接到指令称，如果俄国询问关于皇家狩猎活动的情况，他应当回答称狩猎活动定期举行，安排井然有序，而且有充足的补给。实际225上，俄国宫廷的确询问了使节这些问题，而且还邀请他参加了俄国皇室组织的一场狩猎活动。[126]

如果皇家狩猎活动的确非常引人注目的话，那么即使没有使节的帮助，也有可能闻名海外。李靖的兵法论指出，在周朝末期，随着国力渐衰，封国开始打着狩猎活动的幌子来“震慑不敬者”，也就是以此来确立自己的政治权威以及独立于王室的地位。[127]德里苏丹巴勒班（Balaban，公元1266～1287年在位）采取了类似的策略，他在冬季的几个月会定期携带大批军队狩猎。据一位历史学家记述，关于这些活动的报告被传达到伊朗的蒙古统治者处，后者基于此而认为苏丹已经作好了交战的准备。[128]

狩猎活动是一种方便而传统的信息传达手段，用于向帝国传递关于军事意图和实施能力的尖锐信息。公元506年，萨珊王朝的指挥官法拉兹曼（Pharazman）在以得撒交战期间，曾在周围的乡间举行了一场大规模的狩猎活动，然后将一大袋猎物拿至被围困断粮的城门前，其目的是“展现自己的狩猎能力”。[129]此后不久，这种心理战反过来被应用于波斯人身上。542年，在一段并不平静的和平时期，拜占庭帝国在幼发拉底河沿岸与萨珊王朝军队交战。拜占庭将军贝里萨留斯（Belisarius）派出手下最强健的六千精兵在驻营地附近狩猎，目的是向前来进一步协商的波斯官员展现并放大自己的实力。[130]以这种方式调动士兵可以在不违反紧张的停战协议的同时，给对方造成一定的威胁。

狩猎活动有助于讨论和衡量军事潜力与国际地位。在发生于公元1444年的一个夸张例子中，瓦拉几亚（Wallachian）大公弗拉德·德拉古（Vlad Dracul）在与奥斯曼帝国交战前夕，劝告波兰与匈牙利的国王弗瓦迪斯瓦（Wladyslaw）撤军，据他称原因是苏丹的狩猎队伍比他们自己的军队规模还要大。[131] 尽管这种说法有一点夸张，但这一信息所表达的含义无疑非常明确而且令人泄气：敌人的侦察部队都可以击败我方的野战军。

在两则中世纪故事中，狩猎能力与国际地位之间的关联得到了很好的概括。尽管这两则故事讲述的并非历史事件，却很能说明当时国际关系中形象与准则的重要地位。第一则故事来自中东地区，讲述的是巴赫兰·古尔统治时期的事情。据这则在穆斯林作家中流传下来的故事记述，当大臣告知巴赫兰国内的一处边境被敌军威胁时，巴赫兰并未表现关切，回答称他会以自己的方式来处理这件事情。巴赫兰的处理方式如下：首先，他将自己伪装成一个地位低下的侍从，前往被威胁的边境地区，混入了敌军的行进部队之中。然后，他开始用弓箭杀死 226 大量的鸟类和猎物。很快，敌军的先遣斥候找到了他，并对他捕获到的猎物感到赞叹。敌军将“侍从”带到他们的统治者面前，在对他进行审问时，巴赫兰宣称所有这些猎物都是他一人所杀。接着，他告诉惊讶的统治者，是自己的统治者派他前来警告入侵者的，而且除他之外，还有100名比他技术还要好的弓箭手存在。由于惧怕遇到这样强悍的对手，入侵方的统治者立即撤军了。此后，巴赫兰返回宫中，告诉正在担忧的大臣们，一切已经恢复如常了。[132]

第二则故事来自诺特克，讲述了中世纪欧洲的楷模国王查理曼大帝的故事。在故事中，查理曼大帝送给“波斯人”西班牙马匹和骡子，以及“特别挑选的灵活而凶猛的猎犬”，这些动物是哈里发哈伦·拉什德所要求的，目的是“用于狩猎活动以及抵御狮子与老虎”。可以预料的是，当加洛林王朝的使节抵达时，猎犬立即被用于实验。这些“日耳曼犬”迅速地制服了一头发狂的狮子，加洛林王朝的使节则“用北方金属制成的宝剑”将野兽杀死。诺特克宣称，面对此情景，“哈伦——这位最强大的统治者之一——从这些细微之处意识到查理曼大帝的强大，开始赞扬道：‘现在我知道了，我从查理兄弟处所听闻的故事是真实的。通过经常狩猎，以不减的热情锻炼自己的身心，他已经养成了征服天下一切的习惯。’”[133]从这段话中可以明显地看出，西欧对泛欧亚大陆的衡量军事政治力量的标准较为敏感。

因此，在统治者、将军以及普罗大众看来，举行皇家狩猎活动是一种展现武力的方式。[134]皇家狩猎活动类似于之后的现代海军阅兵，也就是丘吉尔和两位罗斯福总统等政客十分喜爱的“钢铁的光彩”。在现代国际关系中，展现军事力量是交流力量与意图的常用手段。这些手段包括在本土举行的广为宣传的游行和演习活动，将海军力量派至“纷争地区”，召集预备役军人，以及最极端的全军动员等行为。正如汉斯·摩根索（Hans Morganthau）指出，这些手段的目的是增强国家的威信和“国力影响”，同时也“进行威慑和准备战争”。[135]至少在核心区域内，这种说法可以很好地描述皇家狩猎活动的主要功能之一。

然而，皇家狩猎活动并非仅适用于展现人力与武器，也展现了一个国家的后勤水平，即远距离投射军力①的能力。正如

① 投射军力（project power）是一个军事政治学术语，指一个国家可以在远离本土的地方表现的武力和其他威胁。

彼得·安德鲁斯（Peter Andrews）对阿克巴大帝手下狩猎队伍的描述："在通信水平较低的时代，像这样在陆地上四处移动如此大规模的人员，是在以一种让人无法忘记的方法来展现自身的力量，而这种做法经常会让战争本身变得没有必要。"[136]这也就是为何，高句丽王朝和新罗王朝的朝鲜早期统治者会用"狩猎"石碑来标记自己的征服之处与新的边境。这些石碑简单记述的内容包括，统治者在这些边境地区进行了视察，举行了狩猎活动后并返回。[137]这里用简短的表述方法传达了一个非常引人注目的惯用话语：我可以在这里狩猎，我可以在这里打仗，我可以将军力投射至如此之远，这里是我的领土。

我们还可以引用若干有关狩猎活动在国际关系中发挥作用的例子。公元前4世纪，位于四川的古蜀国统治者在汉江峡谷举行了一场大型狩猎活动，而这里是古蜀国与秦国之间的缓冲区域。由于狩猎活动涉及上千军队，秦国国王也前来"狩猎"并与蜀国统治者会面。在这个例子中，两国开始了协商，并在之后进行了外事交流。[138]在这里，皇家狩猎活动有效地发挥了侦察军力与促进外交的作用。此外，狩猎活动还是一种有效的掩护，如在这个例子和其他许多例子中——借用现代新词语来表述的话——提供了"推诿的借口（deniability）"。

大约两千年之后的1620年代早期，在约4000英里外的西方，莫卧儿帝国与萨非王朝之间发生了一场更能说明问题的国际"狩猎事件"。事情的开始是，莫卧儿帝国占领了边境省份锡斯坦（Sīstān）的坎大哈地区。作为回击，沙阿拔斯谨慎地发起了一场收复战争，希望在不与贾汗吉尔进行大规模交战的情况下收复失地。因此，阿拔斯试图以狩猎的方式接近这座城市，在接受莫卧儿帝国官员的款待之后撤退；这样的话，如果坎大哈自愿地回归至阿拔斯控制之下，就会看上去是贾汗吉尔一方的友好行为。阿拔斯将这一计划付诸实施，在狩猎活动中惩罚了当地的叛军。然而，莫卧儿帝国的当地指挥官并未扮演阿拔斯预期中的角色，双方发生了摩擦。经过一段短时间的围攻，坎大哈落入萨非王朝手中。此后，阿拔斯在 1622 年夏天两次写信给贾汗吉尔，在信中宣称自己接近坎大哈只是出于狩猎目的，但是当要塞的指挥官未能回应自己的友好提议时，他包围并暂时占领了这座城市。整个事件以普通狩猎活动引起的微小误会而消解，阿拔斯还在信的末尾表示，希望贾汗吉尔能够继续与自己的国家保持热情而友好的关系。[139]

在贾汗吉尔一方，他出于个人原因接受了这一言辞，认为这一事件是一场“误会”。然而，贾汗吉尔也提醒自己的兄弟友邦，并没有“必要因为风景（sair）和狩猎（shikār）而访问对方国家”。[140]当然，贾汗吉尔完全清楚整个游戏，而且也亲自参与其中。有一次，他自己也曾前往“喀布尔狩猎”，目的是考虑是否可以在这一方向发起军事行动。在这次活动中，贾汗吉尔认为时机尚不成熟，从而暂停了全面进攻萨非王朝的呼罗珊的计划。[141]这样，贾汗吉尔轻易地取消计划也不会丢失颜面，因为按官方说法和在大众看来，他只是“外出狩猎”而已。

228

皇家狩猎活动在国际关系中可以发挥多种用途。在误读信号和外交失败的情况下，皇家狩猎活动还可以用于调用军队、部署兵力以及公开宣战。换言之，皇家狩猎活动是从和平向战争过渡的触发机制——在有的时候，还是从战争向和平的过渡。

发起战争

在欧亚大陆范围内的贵族阶级看来，狩猎活动和战争行为以多种意外的方式相互依靠，互相补充，彼此交织。猎手即是战士，而战士甚至在战争期间也会狩猎。达乌德可汗（Dā'ūd Khān，公元 1715 年亡故）是莫卧儿帝国的主要指挥官，并担任德干的地方长官。他在打仗时会携带自己的全部狩猎用品，一路边打仗边狩猎。[142]至少在传说中，动物助手也是战争的直接参与者。据故事记述，有一次，伊斯玛仪（公元 1501 ~ 1524 年在位）在底格里斯河附近遇到了交战的敌军，一群凶猛的猎犬从萨非王朝军队中冲出，与敌军携带的猎犬进行搏斗。最终，萨非王朝的猎犬获得了胜利，而之后人类之间的战斗才开始，最终也是萨非王朝的军队获胜。[143]

狩猎活动与发起战争之间的关系，在中国的军事著作《司马法》中也有清楚的体现。这部书出现于约公元前 4 世纪，收编了一些此前的材料。该书作者建议，在进入敌军领域时，己方军队应当有所控制，以免引起激烈的冲突；其中，军队应当和善地对待平民，并且不要捕猎当地统治者所拥有的“野兽”。[144]这里的假设是，入侵的军队有时是以狩猎模式出现的，也就是说，战争有时是以狩猎活动的形式开始的。

在乌古斯史诗中，狩猎活动也被作为向战争过渡的自然阶段。[145]实际上，狩猎活动鸣响了征募入伍的号声，是一种调用和指挥兵力的活动。遵循这一做法，党项人在甘肃的河西走廊一带建立了大夏王朝（公元 1038 ~ 1227）。据一则中国史料记载，其过程是这样的：“每一次调动军队时，所有的部落首领都被要求参与狩猎活动。如果捕获到猎物，他们就会下马，围坐着喝酒，将捕获的猎物切碎吃掉。每个人都要汇报自己的所见，［之后］他们便推选出［战争］的指挥者。”①[146]

蒙古人的做法也非常相似。在公元1203～1204年冬，成吉思汗试图击败自己在东部草原的主要对手王汗②。当时，成吉思汗举行了一场大型狩猎活动，在活动中“宣布号令，振凯而归”。[147]在这里，狩猎活动发挥了集合人员和鼓舞士气的作用。此后，成吉思汗的后继者多次沿袭这种先例，利用狩猎活动来准备与汉人之间的战争。[148]

229

在蒙古帝国后期，这种动员方式依然普遍存在。帖木儿之子沙鲁克（Shāh Rukh，公元1405～1447年在位）曾在镇压一位权力争夺者之前，组织了一场围猎活动；1516年，苏丹赛得汗也将围猎活动作为在东突厥斯坦的军事行动的第一步。[149]在以下由阿布尔·法兹尔记述的例子中，狩猎活动在情绪动员方面的重要性尤为明显。据称，莫卧儿帝国的胡马雍被流放至东伊朗时，组建起一支跟随者队伍，准备在返回印度后再次称帝。1554年，在胡马雍的取胜之战前夕，他举行了一场大型狩猎活动：“为了国家和心情，他在［距坎大哈有一定距离的］舒尔安达姆（Shūrāndam）附近举行了一场围猎活动（qamar-ghāh）。这让官员们非常高兴，皇帝也从中获得了可以实现心愿的征兆。”[150]换言之，这场演习进行得非常顺利，全体参加者都期待能够获得大胜。

在挑起战争时，皇家狩猎活动可以提供很好的掩护。公元

① 见《宋史·夏国传》：“每举兵，必率部长与猎，有获，则下马环坐饮，割鲜而食，各问所见，择取其长。”

② 王汗（公元1203年亡故），又作王罕、汪罕，蒙古克烈部汗，名脱里或脱斡邻。

前530年，楚国国王举行了一场冬猎活动，并且以此为伪装向敌对的许国都城进军。[151]在周朝，这是一种非常常见的策略，所以有的时候会被人们误读。例如，几个世纪之后，赵国国王外出参加一场大型狩猎活动，导致魏国统治者误以为这是一场侵略行动。[152]狩猎活动作为一种伪装，有的时候并不能迷惑敌人。595年，拜占庭帝国向巴尔干半岛进军与阿瓦尔人（Avars）交战，虽然拜占庭指挥官普里斯库斯宣称这是一场狩猎活动，但是阿瓦尔可汗正确地发现这实际上是一场侵略活动。[153]

尽管有时会失败，但直至近代早期，狩猎活动依然被用于掩护军事行动的进行。在德里苏丹国侵略印度领土时，这是一种常见的做法；莫卧儿帝国的皇帝也曾在对付印度“叛军”和王朝敌对势力时采用这种方法。[154]这种策略得以持续应用的基础是，人们永远无法确定敌人狩猎活动的真正目的。皇家猎手和他的军队有着固有且看似合理的理由来解释自己的行为，无论这种狩猎活动本身看起来多么具有威胁性。同样重要的是，统治者在这种情况下拥有选择的机会，因此在“狩猎活动”的早期阶段，他的真实意图是无法为人知晓的。

这样的狩猎活动实际上是一种“钓鱼活动”，也就是说统治者是在试探和寻找机会，利用任何出现的契机。在《维斯拉米阿尼》中，拉敏被告知，他的哥哥——国王莫阿巴德——“明天打算去亚美尼亚狩猎，因此有可能会发生战争并与敌军交战”。[155]据中国史料记载，匈奴人也使用了这种策略。晁错在镇守前线时给汉文帝（公元前180～前157年在位）的备忘录中写道，甚至就在他写文的当下，胡人“数处转牧行猎于塞下，或当燕、代，或当上郡、北地、陇西，以候

230

备塞之卒，卒少则入”。[156]公元前68年，10000名匈奴骑兵在中国边境沿线“狩猎”，试图跨越边境侵略，但是因被汉朝发现而撤军；公元前62年，单于率领10万人进行了一场规模更大的“狩猎活动”。[157]在草原地带的另一端，公元4世纪时，阿米安·马塞里在记述阿兰人（Halani/Alans）时写道：“在劫掠和狩猎中，他们四处游走，直至迈俄提亚湖（Azov）和博斯普鲁斯王国，此外还去了亚美尼亚和米堤亚。”[158]这两个民族都在寻找机会目标，这既可能是一群野鹿，也可能是防卫稀疏的边境线。

相同的战略可以很容易地适用于防守。在波斯—阿拉伯故事中，巴赫兰·古尔在得知突厥可汗即将来袭的警报时（并不符合历史事实），组织守卫军参加了一场“狩猎活动”，以侦察敌军的位置，最终导致首领死亡和国家被占。[159]在真实的历史上，12世纪时格鲁吉亚的军队曾在狩猎活动中侦察低地地区，以探查敌军塞尔柱帝国的行动，也就是说狩猎活动与防御行动是紧密结合的。[160]我们也可以从相同的角度阐释一位欧洲统治者，“日耳曼路易（Louis the German）”的行为。公元865年，他预计瓦兹河（Oise River）流域会遭到维京人的再次入侵，故而集合自己的人马前去狩猎。[161]这并非玩忽职守，而是为了寻找敌军的踪迹，是针对即将逼近的外来威胁而进行的积极防御。

这种在战争预备阶段对狩猎活动的较大依赖，在1102年伊朗北部的一场战争中有生动的展现。当时，喀喇汗王朝的统治者卡迪尔可汗（Quṭur/Qadir Khān）带领一支庞大的狩猎队伍入侵呼罗珊；当卡迪尔可汗忙于侦察呾密（Tirmidh，铁尔梅兹）附近的塞尔柱军队的防御时，苏丹桑酉派出自己的狩猎队伍来拦截敌军，并获得了胜利。卡迪尔可汗被俘，后被送至桑酌的营地斩首，为这场入侵活动画上了句号。[162]在这个例子中，发起和决定整场战争的是狩猎队伍，而不是野战军。

由于皇家狩猎活动非常灵活，统治者同样可以利用狩猎活动来抵抗国外与国内的敌人。短命王朝新朝（公元 19 ~ 23）的建立者、著名的篡位者王莽曾在郊区举行了一场狩猎活动以捕捉勇猛的猎物，如豹子和老虎等猛兽。当时，王莽带了一支庞大的军队，配备有“武器、檀车、楼车、盾牌、钺戟、标志和军旗等”。据称，举行这场狩猎活动的目的是“欲盛威武”，也就是说，是为了宣示王莽对日益躁动的乡间的控制力。[163]十几个世纪之后，明武宗正德皇帝朱厚照（公元 1506 ~ 1521 年在位）也有相同的行为。朱厚照在鄂尔多斯到南京一带举行了模拟作战和一系列狩猎活动，这次的目的是对臣民和外国人彰显自己的军事能力。[164]

231

传教士南怀仁非常了解举行这些活动的原因。在提及康熙皇帝举行的年度狩猎活动时，这位耶稣会士指出，这些狩猎活动的真正目的是“打着狩猎活动的幌子，假装是训练手下士兵捕猎牧鹿、野猪和老虎，实际上是在人类敌人和叛军面前展现和营造战争的形象，为之后可能会发生的斗争进行演练”。紧接着，南怀仁颇有洞见地补充道，“狩猎活动的另一个动机是其政治目的，即控制西部的鞑靼人（蒙古人），挫败对方的计划和阴谋。[他总结称] 正是出于这个原因，皇帝才在出行时带着庞大的部队，显露皇家的威严。为了达到这一目的，他还往那里运送了一些大炮”。[165]这也可以解释为何内亚贵族——如蒙古等——必须“轮流”遵照理藩院的安排前往木兰围场，以及为何木兰围场的设施装饰有描绘皇室游行和满人皇帝成功猎杀猎物的大量画作。[166]

如果这种类型的威胁无法动摇潜在的敌人，那么狩猎活动可以迅速——几乎是瞬间——转化为一场平定战争，或者其他可以伪装成狩猎活动的战争形式。[167]皇家狩猎活动本身的灵活性与实用性使其成为施加威压与进行控制的工具，如沙阿拔斯和阿克巴大帝等统治者便经常使用这种方法。他们利用狩猎活动的不同方法可以以序列的形式得到很好的呈现。首先，是萨非王朝的统治者。

1590年。阿拔斯为了打消一位下属的叛乱倾向，举行了一场狩猎活动并邀请这位有嫌疑的官员一同参加。这显然被看作惩罚性战争的开始，而这位挑衅者则最终选择了屈服。

1598~1599年。皇帝希望从乌兹别克人手中夺回呼罗珊，于是在战争开始时首先组织了一系列狩猎活动，同时聚集起自己的全部兵力。

1600年。阿拔斯带领一支狩猎队伍来到一位反叛下属的堡垒处，很快便由狩猎活动转为围攻行动；此时，皇帝调来援兵，攻克了这一要塞。

1602年。当叛军在希尔万紧张地等待阿拔斯率军到来时，后者在悠闲地狩猎；当然，叛军意识到，这场狩猎活动拉开了针对他们的军事战斗的序幕。[168]

232 接下来，是莫卧儿帝国的皇帝。

1560年。阿克巴大帝先发制人，针对的是他怀疑意图谋反的重臣白拉姆汗（Bayrām Khan）。皇帝及其属下离开阿格拉外出狩猎，而当他们抵达德里时，这支狩猎队伍已经变成了一支野战军。由于压倒性力量的军队不期而至，迫使白拉姆逃至旁遮普，最终在那里被“抓获”。

1562年。阿格拉外的八所村庄被认为是匪患和叛军的盘踞中心。阿克巴大帝朝这一方向组织了一场狩猎活动，在靠近敌人的领地时，他派手下的猎手前去侦察地形，并从友好的当地人处收集政治情报。之后，阿克巴大帝发起进攻，彻底击溃了逃窜的敌对势力。

1564年。阿克巴大帝出兵攻打马尔瓦（Mālwa）的叛军。这一军事行动最初是以猎象活动为由开始的，最终未曾开战便使敌军投降。之后，阿克巴大帝的军队恢复原状，再次开始猎象活动。

1568年。阿克巴大帝在一次围猎活动中逼近叛军在拉杰普特（Rajput）乡下的堡垒，之后包围堡垒，切断其与周围的联系，迫使敌军投降。[169]

在这里，我们看到狩猎活动可以变为战争，之后又再次变回狩猎活动。在一定程度上，在战斗结束之后恢复狩猎活动的行为是为了庆祝胜利，是一种休憩和娱乐方法。在另一方面，这也是一种有限制的复员活动，通过暂时的退出给敌友双方留下这样一个信息，那就是皇家猎手可以成功地应对任何国内或边境的威胁。

第十二章　国际化

动物的交换

233

使用“国际化”作为本章的标题，我并非意指前现代时期已经存在民族国家（nation-states）。在本章中，我只是将“国际化”用作一个标签，以便于向读者传达出这样一个观点，那就是很多皇家狩猎活动已经在欧亚大陆范围内普及开来，而这一同质化趋势一般是通过国际关系和国际惯例来传播的。

在探讨这一问题时，我们首先将注意力放到动物的移动上，这可以让我们窥视皇家狩猎活动的洲际联系，定位前现代时期欧亚大陆的整体化历史进程。原因在于，在探寻文化特征的传播时，聚合与创造始终是一种潜在的可能。但是，将动植物移动至其自然分布范围之外则是另外一个问题了——在几乎所有的情况中，独立创造的情况被排除在外。[1] 因此，尽管中国与西欧在印刷术方面的关系尚不明朗，但我们完全可以确定双方所使用的猎豹都并非自己的“发明”，也就是说，猎豹是经由人力媒介从遥远之处传播而来的。

从古代起，国家便一直渴求异域动物——无论是野生动物还是家养动物——并通过多种方式获得。亚述的统治者撒曼以色一世（Shalmaneser Ⅰ，公元前 1274～前 1245 年在位）从战场上带回了被击败的敌军“所圈养的野生动物”。[2] 萨珊王朝也有同样的行为。公元620年代，胡斯洛从拜占庭帝国手中夺下安提阿、耶路撒冷和亚历山大后，缴获的战利品中包括“很多东方大陆并未听闻过名字的四蹄动物和鸟类”。[3] 战利品也是早期中国动物藏品的一个来源。公元385年，前秦（公元351～394）将军吕光在结束与库车的交战后返回国内时，便携带了许多珍宝和奇鸟异兽。[4]

异域动物也可以通过商业渠道获得。在古代，托勒密人和罗马人都从印度进口动物；而在整个中世纪时期，穆斯林都从 234 亚洲与非洲的热带地区获取动物标本。[5]

最常见的获取方式——或者说是记载最清晰的方式——是进献贡品与王室馈赠。亚述帝国的统治者从地中海国家的统治者处获得了作为礼品的“海洋生物”，从埃及处则获得了灵长类动物和鳄鱼。[6] 在阿契美尼德王朝，动物贡品也得到了很好的宣传。在大流士和薛西斯的位于波斯波利斯（Persepolis）的大会堂（apadana）中，通往会堂的台阶两侧满是浮雕，其上描绘了搬运贡品的队列。这一幕也就是著名的“万国游行（March of Nations）”，其中从粟特到埃塞俄比亚的使节都为阿契美尼德王朝献上与本土有紧密联系的各种动物，如宽尾绵羊或霍加皮（okapi）①。[7]

遵循这一古代传统，在各位穆斯林统治者之间，以及穆斯林统治者与邻近的基督教宫廷之间，都相互交换了各种动物。[8] 印度统治者将异域的说话鸟和犀牛等本土动物送往白羊王朝和萨非王朝。[9] 在更远的地方，莫卧儿帝国多次将动物作为贡品送给西方的宫廷，在整个16世纪这都让欧洲民众感到非常惊

① 霍加皮，中非的一种珍稀动物，属长颈鹿科。

奇和着迷。[10]

由于时间和地点的不同，这些动物交易发生的原因也有所不同，但是共同的几个特征便是好奇心、异域的吸引力以及获得政治权威。赠予方可以展现自己的慷慨以及对自然界的掌控，而收礼方则因为展示了与遥远国度间的关系而提高了自身的地位。这在中国的史料中有清晰的记载。自早时起，中国统治者便非常在意获得罕有的动物。在汉朝时，上林苑中满是中亚的马匹、印度的犀牛以及西亚的鸵鸟。其治下的齐国也收集了罕兽奇鸟，以此来增强自己的威信。[11]周边地区都非常了解中国宫廷的这种愿望，于是希望与中国朝廷建交或重续关系的国家，一般都会派遣使团送来本地特产与动物。[12]中国在对外扩张时，曾积极地寻找这类野兽并运返中原。郑和在出海远行期间（公元 1403～1433），从阿丹国（Aden）和阿拉伯带回中国的动物包括狮子、猎豹、鸵鸟和斑马等。[13]在中国人心目中，外国使节与奇珍异兽有着紧密的关联，这一点在马戛尔尼使团得到的接待中体现得非常清楚。1793 年 9 月，在马戛尔尼抵达北京后不久，民间便开始传言他给乾隆皇帝带来的礼物包括“比猫还小的大象、像老鼠那么大的马［和］母鸡一样大的鸣禽”。[14]

我们很容易理解这种对来自于遥远国度的奇珍异兽的期待，毕竟，英国人的服饰、外貌、技术和船只都充满了异域风情，那么英国人的动物又怎会是例外呢？当然，这种心态并非仅限于中国人，而是在整个前现代世界中非常普遍。在这一时期，世界上到处都是故事中传说的、很少能见到的动物。对中世纪的欧洲人而言，长颈鹿不仅仅是一种罕见动物，而是一种神奇的存在。因此，正如玛丽·赫尔姆斯指出，最能体现统治

235

者的能力范围、关于遥远地区的知识以及远扬美名的，就是满是奇特的异域动物的动物园。此外，由于这些野兽的产地遥远，其本身便具有一定的神秘性，可以显示统治者的精神才略与世俗权力。[15]1680 年代，暹罗国王给萨非王朝统治者送去大象的行为，便清晰地体现了这种观点。在接受大象时，使节说道："我们国王所拥有的财物并非只限于实际用途，也包括统治国家和世界的需要，也就是说皇室拥有上帝所创造的每一种生物。"[16]在交换罕见动物时，统治者往往会有意识地通过正式的礼仪来帮助对方巩固政权。统治者之间会交换多种动物，其中狮子和长颈鹿这两种动物，尤其有助于我们探索这种交换活动的范围、动机与机制。

在远古和中世纪时期，野生狮子的分布范围远远超过现在。除了非洲野狮，在巴尔干地区、美索不达米亚、波斯、突厥斯坦南部和印度西部，都有它们的分布，只是目前除了印度古吉拉特邦尚有少量野狮残存外，其余地区的野狮均已灭绝。很多野狮都被皇家猎手杀死，也有一些被捕捉后送住其他国家。

通过几个例子，我们便可以了解这种活动的源头与路径。公元 6 世纪早期，突厥斯坦的一个小省——有可能是巴尔克——将狮子幼崽送至北印度的犍陀罗国（Gandhāra）；1670 年代晚期，福莱尔曾见到一只被运往伊斯法罕的印度狮，这是奥朗则布送给苏莱曼一世（公元 1666 ~ 1694 年在位）的礼物。[17]直至 1833 年，摩洛哥的苏丹还将一头狮子作为给杰克逊总统①的礼物送往位于丹吉尔（Tangier）的美国公使馆，后者

① 安德鲁·杰克逊（Andrew Jackson，1767 ~ 1845），美国第七任总统（1828 ~ 1836）。

颇费力气方予以拒绝。[18]在众多例子中，事情就远没那么确定了。伊丽莎白女王（Queen Elizabeth）送给莫斯科伊凡四世（Ivan Ⅳ）的一对狮子的来源便未曾说明。[19]虽然如此，这份礼物却可以告诉我们，狮子的流通范围非常广泛——因为这些狮子显然是“重复利用”的礼物，也就是英国此前从其他交换活动中获得的。

实际上，有关狮子的文化史非常复杂。笔者无法宣称自己了解从北非到中国北部的所有相关文化背景，以及这些民族看待狮子的观点与象征意义；但是核心的一点是，狮子在整个旧大陆范围内具有这样的背景与形象。当然，其他威猛的食肉动物——如美洲豹——在很多人看来也是非常重要的，但这种情况主要限于美洲豹的自然分布范围之内。与之相对，狮子在远远超出其本土范围的地方，依然具有意义和明确的文化位置。狮子的宽泛分布具有两大原因。首先，狮子身上所附有的象征意义是通过多种文化媒介进行传播的，如艺术、文学和宗教。其次，狮子在欧亚大陆范围内的运输，是野生动物的长期远距离贸易的一部分。

236

在这一方面，我们掌握资料最多的是运往中国的贸易品。从语言学角度看，中国人是通过印欧途径知晓了狮子的存在。中文的“狮子”一词，很可能代表了西吐火罗语（Tocharian B）① 中的“ṣecake”，即“狮子”一词，后者可以回溯至伊朗词形。[20]在战国时期，狮子作为一种艺术再现而进入中国人的视野，其形式通常是基于狮子的西亚原型的小塑像。这些艺术

① 目前学界对吐火罗语的名称和分类有不同观点，其中德国学者将吐鲁番、焉耆一带的残卷所代表的方言称为吐火罗语 A 或东吐火罗语，将库车一带的残卷所代表的方言称为吐火罗语 B 或西吐火罗语，即龟兹语。

品很快普及了坟墓与寺庙，作为守卫或福灵存在。[21]第一只来到中国的活狮子是公元纪年初期从“西域”——这一称呼指代的区域很广——而来的。[22]公元 133 年，疏勒的统治者为汉朝宫廷“献师子、封牛”。[23]狮子与封牛（Bos Indicus）的搭配显示其可能来自印度，但是我们也不能排除包括帕提亚王朝在内的其他可能性。

在汉朝灭亡之后，这种狮子的交换活动依然继续。波斯人曾向北魏和唐朝出口狮子，而印度（天竺）曾向宋朝出口狮子。[24]中国的元朝统治者从同盟——伊朗的蒙古宫廷——处获得狮子与老虎。[25]元朝的后继者——明朝——也从西域国家收到了作为贡品的狮子，而且主要是通过商业渠道从撒马尔罕获得的。[26]1516～1517 年间，波斯商人阿里·阿克巴·契丹（Alī Akbar Khiṭāī）曾撰写了一本关于中国的重要著作，他提到陆路出行的穆斯林商人经常会带着狮子和其他猫科动物来到中国，因为这些物品在中国可以卖一个好价钱。[27]

在中国，狮子远离其自然分布范围，因此自始至终都具有重要的象征意义。在著名的女皇帝武则天（公元 690～705 年在位）的墓前，矗立着两头巨大的守卫石狮，这或许可以从多个角度进行解读。有些人认为，这对石狮象征着佛的权力与威严；另一些人则可能认为，这成功地表明了统治者对野生自然界的掌控能力。同样，这里的重点是，所有看到这对狮子的人都认为这是一种象征，无论是实体抑或是艺术形式，都代表了身体与精神力量。[28]

长颈鹿（Girafa camelo pardus）是我们的第二个例子，它无疑也是自然界中最具有吸引力的生物之一。长颈鹿的自然分布范围是南非与中非的开阔原野，其很早便开始了移动的旅程。早在公元前2000年中叶，蓬特国便将多只长颈鹿标本作为贡品送到了埃及。[29]在之后的几个世纪中，伊斯兰治下的埃及开始成为长颈鹿的重新分配的主要中心。这些长颈鹿有的是来自努比亚的贡品，有的则是来自北方异域动物贸易的部分商品。[30]有的时候，长颈鹿（阿拉伯语为zarāfah）会被埃及重新出口或作为皇室礼品送给哈里发和其他的穆斯林统治者。[31]在13和14世纪，来自埃及的长颈鹿遍布了从西西里岛到中亚的各国宫廷。[32]早在12世纪时，中国人便已知晓长颈鹿的存在，并称之为麒麟或"zala"（源自阿拉伯语），但长颈鹿第一次以实体的形式出现在中国，则是明朝初期经印度洋海路运输而来。[33]

因此，截至中世纪时期，旧大陆中已经建立起完善的网络，专门用于洲际范围内的动物移动活动，其中当然也包括被训练用于狩猎活动的动物。无论是野生动物、驯化动物还是家养动物，其获得的方式基本相同。蒙古人获取狩猎搭档的方法或是通过战利品，或是通过臣民进献的贡品；萨非王朝的统治者则派遣代理人前往外国，购买各种类型的"狩猎用动物"。[34]与野兽的来源类似，贵族阶级使用的很多狩猎搭档都是来自乡民或邻国的礼物。[35]

宗教差异或历史上的不和都没有阻碍这些交换活动的进行。公元806年，拜占庭帝国皇帝尼斯弗鲁斯（Nicephorus）和哈伦·拉什德这两个敌对国家之间的馈赠，为我们提供了一个较为标准的皇室礼品单。拜占庭皇帝收到的礼物包括一名年轻女奴、一顶装备齐全的皇室宫帐、香水、异域食品和药材，而送给哈里发的则是金币、华美的锦袍、马匹、猎鹰与猎犬。[36]当然，凶猛的食肉动物并非这一交换活动中最有价值的礼物，但是这类礼品向来是很受欢迎的，而且正如我们即将看

图 18　长颈鹿贡品

资料来源：埃及里克黑米尔（Rekhmire）墓，公元前 15 世纪末期，沃纳·福尔曼（Werner Forman）档案馆/纽约艺术资源档案馆联合授权。

到的那样，这也是前现代时期国际关系的常见特征。

这些交换活动与大规模的皇家狩猎活动一样，被完全植入其他活动之中，包括军事活动、商业活动和外交活动等。最终的结果便是，在欧亚大陆范围内，贵族狩猎活动出现了明显的同质化倾向。这一点首先出现在中世纪后期，并在紧接着的蒙古帝国后期变得非常明显。在 12 世纪的罗曼司《维斯拉米阿尼》中，主人公拉敏因为可以不停地带着自己的猎豹、猎鹰与猎犬外出狩猎而喜悦；而在16世纪的古吉拉特，穆斯林王公则带着猎鹰、格力犬、血猎犬和“雪豹”——狞猫和猎豹——一起狩猎。[37]在核心区域和外围的大部分地区，与猎犬一起追逐猎物的狩猎活动已经建立起一套标准内容。在文艺复兴时期的意大利城邦国家的宫廷中，贵族阶级在捕猎本地猎物时会使用捕网，并用结实的布制成临时围帐，有控制地驱赶动物，把猎物赶入围栏之内。贵族阶级骑马狩猎，并有猎鹰、猎豹和各种猎犬协助。男性和女性都会参与狩猎活动，尤其是在精心守卫的防止入侵的狩猎保护区中。这些贵族猎手会定期去别墅休憩、放松和娱乐。在进行最具有贵族风范的体育活动——鹰猎活动——时，这些贵族猎手所使用的是与欧亚大陆其他地方相同标准的组合猎鹰，以及同样种类的装备、训练方式和部署手法。[38]

那么，皇家狩猎活动文化的同质化过程是如何兴起的呢？最能阐释这一问题的，就是历史文献中所记载的狩猎活动的主要动物以及驯兽师的洲际传播活动。

犬 类

犬类交换的范围与密度准确地反映在守卫和狩猎用犬类品种的命名上，这些命名通常指明了这些犬类的真实产地与公认产地。在英语中，有俄国猎狼犬（Russian wolfhound）、爱尔兰赛特猎犬（Irish setter）、大丹麦犬（Great Dane）、西班牙猎犬（spaniel）、苏格兰梗（Scottish terrier）、西伯利亚哈士奇（Siberian husky）、德国牧羊犬（German shepherd）、阿富汗猎犬（Afghan）、匈牙利可蒙犬（Komandor/Qumandur）和一种名为亚伦（Alan）的法国猎狼犬等。这个列单远可以继续下

239

去，但主要需要说明的是，犬类品种——主要是用作狩猎助手的品种——传播范围很广，这一移动活动从人类历史早期一直持续至今。

首先进行移动的是格力犬和萨路基猎犬。这两种犬的分布中心是埃及和美索不达米亚，在米诺斯文明（Minoan）时期很快传播至地中海地区，之后在古希腊—罗马（Greco-Roman）时代传入欧洲南部地区。[39]在之后的几个世纪中，这些进口的犬类——在西方拉丁语地区（Latin West）被称为“leporarius”或“veltres”——广泛地进行了成功的改造与喂养，欧洲的小灵狗（whippets）与猎狼犬（wolfhounds）便是这些西亚的视觉猎犬（gazehounds）的直接后裔。[40]

在伊朗和阿富汗，格力犬广受欢迎，是这一区域内最为优秀的猎犬品种。在这里，格力犬被称为“阿拉伯（tāzī）猎犬”，被认为是适合王室馈赠的礼物。[41]格力犬的伊朗变种很可能培育出了俄国伯若犬（borzoi）——这是一种体形更大的格力犬，其皮毛更加厚实，以抵挡北方的寒冬。伯若犬的名称最初出现在1613年的一则俄国文献中，源于古斯拉夫语的“br’z’”一词，意为“快速”或“敏捷”。[42]

自早期起，欧亚大陆草原地带的游牧民族便拥有自己的犬类。有时，这些犬类会被用于狩猎活动，但是这些凶猛野兽的主要功能是保护牧群和营帐不受野兽与人类敌人的入侵。[43]专门用于狩猎活动的犬类品种是需要从邻国的定居民族社会进口的。可以预料的是，在草原地带的空旷地形中最受欢迎的，就是来自伊朗和阿富汗的视觉猎犬。在20世纪准噶尔地区的哈萨克游牧民族中，还可以见到经过轻微改良的格力犬。[44]之所以说这些内亚格力犬并非近期进口的产物，是具有明显的语言学证据的。在中古突厥语中，猎犬被称为“tayghan”，蒙古语中为“tayig-a”，满语中为“taiha”。所有这些称谓都可以追溯至中古波斯语的“tāchik”一词，意为“阿拉伯的”。最终，这个词语传播至使用波斯语的定居穆斯林中。[45]因此，对于内亚地区的各个民族而言，专门用途的猎犬实际上进口自西亚，与西亚以及之后的伊斯兰世界有着紧密的联系。

中国最早出现格力犬的记载可以追溯至汉朝。在陶器和浅浮雕图案中经常出现格力犬的形象，有时还非常精确地描绘了它们捕猎野兔与野鹿的场景。[46]直至唐朝及以后，格力犬依然是很受欢迎的猎犬类型与艺术再现对象。[47]

一千年来，在欧亚大陆范围内，格力犬成为一种标准的或者说近乎标准的犬类品种。以今天的衡量标准来看，犬类风尚的改变虽然较慢，但是的确有所变化。史料记载了许多在区域内短期流行过的外国进口品种。其中，最早的记载之一是一则约公元前2000年的苏美尔文献，其中提到了“皇室用犬，即埃兰犬”。[48]在阿契美尼德王朝时期，擅长捕猎野鹿与野猪的大型“印度猎犬”很受欢迎，之后在希腊化时期其继续向西传播。[49]

240

马士提夫獒犬的传播范围很广，而且曾间隔性地受到人们的喜爱。马士提夫獒犬与西藏等高山地区联系紧密，在早时的中国曾被人们所接受，并可能传播到了亚述帝国。[50]马士提夫獒犬的另一段流行期出现于中世纪晚期。据马可·波罗记述，西藏人“拥有世界上体形最大的多毛的马士提夫獒犬”，据称其可以捕获和杀死各种野兽。[51]16世纪早期，商人阿里·阿克巴·契丹记述了马士提夫獒犬的分布范围及当时的名望：“藏獒的毛发粗长而浓密，非常盛气凌人，［它的］脸上表现出狮子那样的尊严。从［穆斯林］统治者的高贵宫廷，到鲁姆（Rūm）苏丹治下的土地［奥斯曼帝国］，都存在着被称为'萨珊犬'的狗，但就其产地而言，实际上属于藏獒。这些藏獒产自中国山区，人们便是从那里获得这种犬的。"[52]大约一个半世纪之后，英国版本的藏獒声名鹊起，吸引了莫卧儿帝国皇帝的注意；当然，莫卧儿帝国的疆域靠近西藏，这种情况也很好地阐释了距离产生美的道理。[53]

正如我们所见，中世纪的西欧人接受并改良了外来犬种，培育出多种富有特色的本地警犬（sleuthhounds），依靠气味和声音来寻找、驱赶和追踪猎物。尽管这种能够寻回猎物和指引道路的猎犬并非西方所独有，但必须承认的是，没有其他地区培育出如此之多的专门用途的猎犬，而且其中每一种猎犬都对应着特定的地域或猎物类型。这些猎犬最早在加洛林王朝时期开始作为王室馈赠的礼物而向东传播至穆斯林统治者手中。[54]这种猎犬的第二波移动浪潮出现于公元 12 世纪。随着十字军东征，欧洲的猎鸟犬（bird dogs）被引进至圣地（the Holy Lands）。这些猎犬在阿拉伯语中被称为"zaghārī"，可能来自于德语的"zeiger"一词，意为"指示犬（pointer）"，并在中东的狩猎舞台上引起了人们极大的兴趣。[55]在之后的蒙古帝国时期，欧洲猎鸟犬——很有可能是寻回犬（da paisa）——传到了中国。[56]蒙古帝国后期，西方警犬在核心区域的宫廷内占据了稳定的地位，它们通常是欧洲商业势力的馈赠。[57]

尽管多种外国猎犬经常以礼物的形式被赠予强大的宫廷，但是很多统治者并不满足于在原地等待；有些统治者积极地从遥远国度寻觅新的犬种。贾汗吉尔对西方猎犬尤其感兴趣。有一次，贾汗吉尔曾向沙阿拔斯讨要"大型的欧洲猎犬"，很有可能是指马士提夫獒犬，而萨非王朝的统治者则按照他的要求弄到并送去了 9 只猎犬。[58]之后，贾汗吉尔还不断地询问英国公使罗伊有关猎犬的信息。有一次，贾汗吉尔还提到了特定的犬种名称，如马士提夫獒犬、爱尔兰格力犬“以及其他在英国存在的猎犬品种”。[59]17 世纪末，奥文顿在苏拉特生活时注意到，人们对欧洲犬的兴趣与日俱增。西班牙猎犬因擅长捕猎水禽而很受欢迎，此外爱尔兰猎狼犬与马士提夫獒犬同样也很受关注。实际上，两位莫卧儿帝国的贵族曾为了争夺一只此种猎犬的所有权而吵得不可开交。[60]然而，这些进口的犬种并不能取代本地格力犬的地位，而且因为它们并不适应在新环境生活，所以价格高昂且供不应求。进口到南亚次大陆地区的很多猎犬，都因为气候、疾病和不适应本地动物体系而死去。[61]

241

在 16 世纪的俄国，这种犬类贸易网络的运作方式很具有代表性。作为送出的猎鹰礼物的回赠，当时的俄国统治者经常会收到远至波斯、格鲁吉亚与英国等国赠予的猎犬。[62]此外，俄国人不仅收到猎犬礼物，也会送出这样的礼物。在 17 世纪后半叶，我们知道莫卧儿帝国“从乌兹别克人那里获得优良的各式猎犬”。[63]但正如上文指出，由于游牧民族并没有培育出自己的狩猎犬种，这些猎犬几乎都来自于更靠北的地区，即俄国境内。可以证明这一结论的是，1675 年罗曼诺夫王朝采纳了生活在莫斯科的印度商人的建议，认为在开启与莫卧儿帝国的贸易协商时，适合赠送的最好礼物是矛隼、俄国伯若犬和马士提夫獒犬。印度商人认为，这样的礼物会非常受欢迎，原因是印度统治者需要花高价从伊朗获得这些犬类，而萨非王朝实际上是从莫斯科获得了这些备受追捧的犬种！[64]

俄国人还参与了对中国清朝外来犬种的供应。1720 年，伊斯迈洛夫的使节献给清廷的礼物包括了12只格力犬（俄国伯若犬）和12只法国猎鹿犬（gonchie frantsuzkie）。其中一部分猎犬是送给重要大臣的，大部分则是献给皇帝的。贝尔记述称，每一只猎犬都被“记录在案”，包括其名字和特征；此外，还在猎犬身上戴上黄色的丝质项圈，以象征皇室地位。[65]

在近代早期，这种类型的礼物交换与进贡活动的记载颇多，并非新奇之事。这种交换活动显然是欧亚大陆范围内特殊犬种传播的主要机制，已有一千多年的历史，导致了主要国家均积攒了极多样的犬类品种。中国唐朝的经历便很能说明这一现象。唐朝宫廷史料显示，唐朝皇室收到了来自库车、撒马尔罕、拔汗那和东罗马帝国（拂林）所馈赠的各种犬类。[66]其中大多数都是猎犬，此外还有一些地中海国家训练各式表演用的迷你哈巴狗，进献者是吐鲁番的绿洲国家。[67]

这种对他国犬种的无法满足的长期兴趣，在很大程度上源于一种期待，即认为来自遥远国度的犬种拥有特殊的属性；此外，还有关于世界各个角落中更大更好的犬种的无数故事。在不同的时间和地点，加那利群岛、外高加索的阿尔巴尼亚以及阿富汗都曾被认为拥有无以比拟的猎犬品种，其中一些据说十分庞大和强壮，甚至可以杀死狮子。[68]这些传说流传了很长时间，从远古时代一直持续到近代早期，这本身便在一定程度上反映了贵族猎手对外国犬种的持久迷恋，以及拥有这些犬类所象征的权威地位。

242

在一定程度上，进口的犬种可以在当地进行繁殖。犬类具有很强的适应能力，一些可以自我维生的犬种在欧亚大陆范围内流传下来，如格力犬和马士提夫獒犬。只有真正的家养动物类的狩猎助手——如犬类、马匹和雪貂——可以实现这一点。[69]对于驯化的野生物种——如猫科动物、猛禽和野象——而言，其文化影响范围经常会通过人类中介而增加，有时甚至增加幅度颇大；但是，这些动物的自然分布范围是不会增加的。当然，这一点对于这类动物的交换活动而言，具有十分明显的经济影响。

鸟　类

尽管很多驯化的猎鸟品种传播很广，但这并不是说本地的品种不受欢迎。例如，萨非王朝的统治者苏莱曼大帝便不遗余力地在自己的鸟舍中增加本地鸟类。[70]在核心区域以及中世纪的欧洲与俄国，统治者会定期将本地捕捉到的猛禽与官员和附属国分享。[71]但正如此前所述，鹰猎活动能够成为真正的贵族运动，是因为有壮丽的游行队伍，职业驯鹰师的协助，以及从遥远国度搜集的各类鸟类。如果单凭本地的鸟类品种，是无法长期维持这种地位和威信的。

外国猛禽的获取方法遵循了通常的模式。约公元 785 年的阿拔斯王朝早期的税收单据显示，巴格达从亚美尼亚和伊朗北部的吉兰尼（Jīlān/Gīlān）获得了作为礼物的猎鹰。[72]在新罗王朝末期和 13 世纪末期，朝鲜均进献了各式各样的猛禽给中国朝廷——在这两个时期，中国处在元朝的统治之下。在近代早期，朝鲜也是日本获得野外捕捉的苍鹰（goshawks）的主要来源。[73]

商业渠道也非常重要。中世纪地理学、动物寓言集和游记中包含的鸟类学知识，便反映了商业渠道的覆盖范围。从这些叙述中，我们知悉了从突厥斯坦、伏尔加河中游以及里海沿岸出口的各种鸟类。这些鸟类就像国际市场上的其他本地产品一样被对待。[74]这些资料还告诉我们，猛禽的需求量很大。1680年代，一位出使至暹罗的波斯使节听闻，日本当时堪称这一活动的温床。[75]显然，主要品种的狩猎用鸟的质量是一个引起“国际”关注和探讨的主题。马可·波罗曾探讨和评论过格鲁吉亚的苍鹰、伊朗克尔曼的鹰隼、巴达赫尚（Badakhshān）的猎隼（sakers）、党项的兰纳隼（lanner）或鹭鹰（heron falcons）以及印度东部的苍鹰等。[76]腓特烈二世在鸟类知识方面也非常博学。他的著述显示，他非常熟悉东亚、印度、中东以及高纬度北极地区的猛禽品种、特征与习性，而且还很了解从英国到阿拉伯国家的鹰猎活动的形式。[77]

243

自然而然的，商人开始试图利用人们对外国鸟类的热切兴趣。国际市场逐渐形成，而狂热的驯鹰师如乌萨马（Usāmah）的父亲——一位12世纪的叙利亚贵族——曾派遣自己的私人中介前往拜占庭帝国寻获最优质的鹰隼。[78]在实际生活和虚构小说中，商人经常在旅途中将优良的猎鸟献给统治者，以此作为自己进入的敲门砖。[79]考虑到中世纪时人们对鹰猎活动的热情，这是一种不错的尝试方法。

虽然高质量的猎鸟无论来源何处，总是很受欢迎，但是我们也可以看出，从遥远国度的著名统治者处获得的罕见品种是最受人欢迎和具有价值的。在波斯传说中，巴赫兰·古尔从中国的皇帝那里获得了自己最喜爱的苍鹰；而在乌古斯史诗中，主人公在收到“异教徒达拉布松（Trebizond）国王”赠予的鹰隼后，其威望大大增加了。[80]

历史事实是，统治者经常会与远近邻国交换猛禽。在整个中世纪的穆斯林社会中，哈里发和苏丹都会互相赠送各种类型的猛禽，这是构成忠诚度的元素之一。[81]穆斯林统治者还会与拜占庭帝国的皇帝以及之后的十字军交换猛禽，这大大地增强了欧洲人对鹰猎活动的兴趣。[82]东欧和东亚地区的统治者也沿袭了这一做法，他们跨越政治和文化边境，给邻国送去了各式猛禽。[83]

尽管这些交易活动有很多在本质上都是区域性质的，但是洲际市场上的确也有针对猛禽的需求。洲际市场的一个长期趋势是，对产于遥远北方地区的鸟类的喜爱之情与日俱增。最初，在公元10、11世纪时，这种偏好的内容比较广泛，即喜爱来自北方地区的鹰隼、苍鹰和其他鸟类品种。[84]这种偏好背后的原因，在腓特烈二世的论述中表现得非常明确。腓特烈二世认为，由于寒冷的气候条件，“所有产于第七气候带以及更北地区的猛禽体形都更大、更壮和更勇猛，而且也比南方的鸟类品种更加美丽和敏捷”。[85]核心区域内的人们普遍接受和笃信这种观点。17世纪时，波斯贵族曾花“高价”购买“莫斯科公国的猎鹰，认为其比国产的鹰种远为优良”。[86]

而12、13世纪时，一种特定的北方鹰种——矛隼（Falco rusticolus）——逐渐成为欧亚大陆范围内人们首选的猛禽品种。矛隼作为体形最大也是速度最快的猎鹰品种，其自然分布范围是泰加林①，即两个半球的亚北极区。矛隼的花色从黑色过渡至各种深度的灰色与棕色乃至白色。尽管矛隼的本性似乎是偏好小型的陆地猎物，人们却认为这样体育性不足；因此被捕获的矛隼都会在经过训练后，用于捕捉更加合适的猎物，即鹅、天鹅、苍鹭和鹤。[87]

244

---

① 泰加林（taiga）又称北方针叶林，主要分布在北半球高纬度地区，在欧亚大陆北部和北美洲分布最为普遍，构成了一条非常明显的泰加林带。

在欧亚大陆的西半部，矛隼有时会成为11世纪的穆斯林统治者之间彼此馈赠的礼物。[88]然而，矛隼在欧亚大陆范围内的流行地位，实际上直至13世纪——也就是蒙古扩张时期——才完全确立下来。诸多证据显示，成吉思汗一族很喜欢矛隼。一则中国史料在描绘1240年代蒙古贵族对皇室奖励的甄选时提到，矛隼是一种很受欢迎的选择。[89]甚至，还有公众对品种的喜好调查。拉施特·艾丁的史料中记载了一则关于成吉思汗的故事，据称这位蒙古统治者曾询问属下，什么是人类最大的享受，而属下都回答称带着鹰隼和矛隼去狩猎是最高的享受。[90]

在整个帝国时代及之后时期，蒙古人对矛隼的偏爱一直持续了下去。[91]还有许多其他人也像蒙古人一样喜爱矛隼，譬如腓特烈二世。在腓特烈二世对鹰猎活动的论述中，矛隼被给予很高的评价，原因是其“卓越的体形、力量、勇猛与敏捷”。直至19世纪中期，一位波斯驯鹰师依然表现着对这一观点的完全赞同。[92]在图理琛所著的游记中，有一件事情体现了矛隼流行的真正范围和持续时间。图理琛是清朝派往喀尔喀阿玉奇汗处的使节，于1713年在托博尔斯克（Tobolsk）拜谒了俄国在西伯利亚的总督加加林（Gagarin）。在一系列礼节性程序之后，双方的谈话转至狩猎的话题，并且很快发现各自国家最喜爱使用的猎鸟都是矛隼。之后，二人又获悉，两国都不是从小培育这些矛隼，而是从遥远的北方地区直接捕获野生的矛隼。[93]

语言学资料也有助于我们衡量和追寻矛隼的传播过程。在南方地区，也就是超出矛隼自然分布范围的地方，“矛隼”一词依然应用广泛：在突厥语中为“sungqur”，蒙古语中为“shonqar/singqor”，女真语中为“shimuko”，满语中为

“shonkon”，朝鲜语中为“shongkhe”，波斯语和阿拉伯语中则为“sunqūr”。[94]在更接近矛隼栖息地的北方，人们则使用自己的名称来指代这一品种，即古诺斯语（Old Norse）中的“geirfálki”和俄语中的“krechet”。

在各种矛隼品种中，人们明显更加偏爱白色的矛隼。这种偏爱也随着时间的推移而发生变化。在公元9～10世纪的伊斯兰资料和中国史料中，偶尔会提及白色的矛隼，称其非常稀有和抢手。[95]马苏第意识到鹰猎活动是一项真正国际化的皇室非常喜爱的消遣活动，并特别强调了来自多雪地带——如可萨地区（Khazaria）和高加索地区——的白色猎鹰具有极高的品质。[96]人们对白色矛隼的兴趣在蒙古帝国时期达到了顶峰。在这一时 246 期，白色的矛隼是最为显贵和最受渴求的猛禽品种。对蒙古人而言，这种选择是非常自然的，因为白色在蒙古文化中是一种吉祥的颜色，被认为可以带来好运，而好运则是蒙古帝国意识形态中不可分割的重要元素。[97]

同样，这也是一个跨越洲际范围的现象。腓特烈二世熟知矛隼的颜色分布情况，他认为“来自遥远地区的白色品种是最珍贵的”。[98]几个世纪之后，莫斯科公国的英国代理人也持有同样的观点，他们很快便意识到“Jarfawkons”中更受欢迎的颜色是白色。[99]

在重新建构欧亚大陆范围内关于矛隼的文化史时，有几点十分突出。

其一，矛隼并不是在其自然分布范围之内由人类控制和训练后进行狩猎的。在泰加林中以狩猎—收集方式生活的驯鹿民族并不训练猎鹰。改良猎鸟行为模式的技术出现在南方的更加复杂的农业型社会与游牧型社会中。

图 19　忽必烈和猎手携带白色矛隼狩猎

资料来源：元朝刘贯道绘，北京故宫博物院藏。

其二，不难发现，对矛隼的需求来自于影响南方地区的文化力量。由于几乎所有南方本土的猛禽品种都已经用于训练、展示和交易了，因此只剩下来自于遥远北方地区的异域品种，并且因为其遥远性而变得更加显贵。

其三，这些猎鹰被认为来自于“黑暗之国（Land of Darkness）”，那里的温度和光线都非常极端，是一个遥远而神秘的地方。因此，矛隼在南方驯鹰师心目中“自然而然地”

被赋予非常特殊的品质。

其四，由于矛隼的供应地非常遥远，这意味着矛隼的价格会比较高昂，普罗大众虽然可以捕捉并训练本地鹰种以供娱乐，却并不能接触矛隼。因此，由于高昂的花费，矛隼成为最适合贵族王公的猎鸟品种。

其五，遥远的距离意味着需要特殊的方式才能从其产地获得这些高贵的猛禽，而对猛禽有需求的中心区域，即南方地区，并没有一个大型政治势力可以真正地影响出产矛隼的区域。

其六，正如我们即将在关于采购矛隼的讨论中所看到的那样，对各种花色的矛隼的兴趣都起源于东方，而后向西传播，蒙古人建立的洲际帝国则进一步确立和巩固了这种兴趣。

由政府资助的大规模寻觅北方猛禽的活动显然始于契丹人。早在建国之前，契丹人便展现了对北太平洋猎鸟品种的持续兴趣，他们迫使——可能也建立了——阿穆尔河（the Amur）① 地区的部落为自己捕捉雕、猎鹰和鹰隼，其中便包括“海东青”，即矛隼。[100] 契丹人还与东北地区的部落——如靺鞨——进行贸易，以获得这些想要得到的鹰种。[101] 有趣的是，截至 10 世纪末，契丹人的需求促使这些北方部落认为所有的南方地区都想要矛隼。因此，公元 992 年，他们将海东青作为礼品进献给宋朝宫廷，后者则予以了拒绝。[102]

247

随着时间的推移，契丹人建立起一套“接力式朝贡”的体系，以保障稳定的矛隼供应来源。辽代宫廷对北方近邻女真人提出要求，迫使女真人从东北方向的邻国征收贡品，即从生

① 阿穆尔河即黑龙江，是俄语中的称呼。

活在黑龙江下游的所谓“五国”捕捉海东青，尤其是白色的品种。[103]为了满足这一要求，女真人不得不向东北方向大规模出兵，有时会牵涉1000名骑兵。控制这一年度活动的是辽代“外鹰坊”的官员，即负责管理外围地区鹰猎活动的机构。正是这一沉重的负担促使女真人起了叛乱之心，最终在公元1125年推翻了辽的统治。[104]

元朝的蒙古人建立了一个非常类似的体系，马可·波罗对此有详细的论述。马可·波罗称，在蒙古北部与中国东北交界处的八儿忽（Bargu）平原以东，经过40天的行程可以抵达太平洋，在那里的近海岛屿上发现了矛隼，是“大可汗”忽必烈从当地获取的贡品。[105]据中国史料记载，这一体系需要通过迅速的运输送至首都，其间有24小时驿站接力提供马匹、饲料与所捕捉猎鹰的食物（羊肉）。这些驿站被称为“海青站”，最初建立于1260年，之后分别于1295和1308年进行了改造。[106]这些驿站的北部终点位于黑龙江下游的努儿干（Nurgan/Nurgal）。[107]在这里，当地人会用猎网捕捉海东青作为贡品进献。[108]此外，与辽代的情况相同，这种不断索取贡品猎鹰的行为导致了叛乱活动的发生。据宫廷资料记载，1346年，因受元朝负责采办矛隼的机构烦扰，“吾者野人及水达达皆叛”。[109]

明朝在确立对中国的统治之后，于1411年派遣使团前往努儿干地区，并从当地的女真人中招纳士兵，设立了“卫”。后者承认明朝的统治，每年会进献矛隼和其他本地作物作为贡品。[110]同样，至少在18世纪初，清朝依然从黑龙江及更北地区获得海东青。[111]

尽管近千年来，中国的朝代一直利用北太平洋的鸟类资源，但这并非中国获得矛隼的唯一来源。1207年，成吉思汗派兵前往西伯利亚南部和叶尼塞河地区镇压当地的“森林人”，后者承认了新的主人，并献上了白色的矛隼和雕。[112]位于贝加尔湖东侧的这一地区成了猛禽的来源地，以至于当时的波斯文献称其为“驯鹰师之国（vilāyāti shibā'uchī）”。[113]在更加西边的地区，叶尼塞河地区也出产猎鹰；在忽必烈统治时期，在这一地区活动的商人给朝廷献上了白色的矛隼；14 世纪初，元朝的官员被派至乞儿吉思，向当地索要作为贡品的“鹰鹞”。[114]在明代早期，这些地方仍然是矛隼的来源地。兀良合台（Uriyangqadai）曾向北京进献过鹰隼；瓦剌的蒙古部落进献了矛隼，并且作为回报收到了昂贵的绸缎制品。[115]

248

在后一个例子中，由于瓦剌本土的准噶尔盆地远离泰加林，所以出现了一种接力式的进贡体系。可惜的是，有关游牧民族与中西伯利亚民族的互动活动的资料很少；但是我们知道的是，在蒙古统治时期，兀鲁思斡耳朵的统治者是术赤长子的后裔，控制着如今的哈萨克斯坦和临近西伯利亚一带的区域，其建立起一套复杂的接力递送制度，通过骑马与狗拉雪橇的方式获取北方的产物。[116]尽管其中并未特意提到矛隼，但是这一贡品交换活动不太可能会忽略昂贵的矛隼。更加可以确定的是，我们知道西伯利亚汗国的贵族——金帐汗国东翼的继承者——是狂热的鹰猎活动爱好者；此外，公元 1596 年，这一汗国在俄国的压力下解体，布哈拉的统治者阿卜杜拉二世曾派遣使者给西伯利亚的可汗库楚姆（Kuchum）送去昂贵的礼物，请求对方赠予珍贵的皮草和矛隼。[117]显然，阿卜杜拉二世希望库楚姆向他的森林友人施压，从泰加林中获得自己希望得到的物品。

现在，我们可以审视一下从北大西洋到内陆的莫斯科公国的矛隼贸易情况，后者在蒙古帝国后期成了主要的矛隼供应地。

在探讨这一贸易时，我们必须要考虑到，由于猛禽经常会死亡或逃走，因此存在着对替代品的持续需求。故而，在中世纪的欧洲与欧亚大陆的其他地方，出现了针对猎鹰的有组织的大规模贸易活动。这种贸易活动始于11世纪初期，将产自冰岛和挪威的猛禽向南运至英国；至13世纪时，这些猛禽已常常出现在地中海地区。[118]尽管北方国家曾试图垄断这一贸易活动，但是私人的商业势力很快占据了主导地位。例如，丹麦人控制了斯堪的纳维亚矛隼的贸易，这些经过训练的矛隼在欧洲宫廷中可以获得高价。[119]

当然，矛隼的价格受高昂运费的巨大影响。正如腓特烈二世所熟知的那样，最受欢迎的矛隼产地是挪威、冰岛与格陵兰岛的海边岩崖。[120]这些地点在伊斯兰世界中也享有盛名。费达提出，在离爱尔兰更远的地方有一个“矛隼之岛（Jazīrah al-sanāqir）”，他引用早前的地理学家伊本·萨亦德约1270年的论述，称在后者生活的年代，马穆鲁克王朝的苏丹曾花费高达1000金第纳尔的价格购买白色的矛隼。[121]类似于这样的高价吸引了很多人进行这项贸易。拉曼·鲁尔（Raymon Llull）在散文小说《费雷克斯》（*Felix*，约作于公元1288～1289）中提到，“很多人带着从世界尽头（北极）得到的矛隼，前往鞑靼人那里赚钱”。[122]实际上在这一时期，矛隼的确来到了鞑靼王公的手中；据一位同时代的历史学家记载，伊朗的蒙古统治者完者都（Öljeitü）“非常喜欢法兰克矛隼（sunqūr-i farankī）”。1403年，西班牙宫廷将矛隼作为礼物送给帖木儿，受到了统治者孙子的喜爱。[123]

针对这一似乎永不满足的矛隼需求，俄国起到了关键的作

249

用。实际上，这是莫斯科公国接近北部的矛隼产地的副产品。当地的王公是最早实际控制——并随着时间推移而长时间掌控——泰加林及其丰富的鸟类资源的驯鹰师。

基辅时期的俄国大公严厉地处罚那些偷猎无人看管的猎网中的猎鹰与鹰隼的行为，这显然表明猎鸟已经成为一种具有价值的内部商品。[124]正是13世纪这种对矛隼需求的增长，开始让国际市场注意到俄国。马可·波罗对俄国的资源非常熟悉。他记录称，在罗西（Rosie）以北的北冰洋中，有“一些岛屿”上“孕育了很多矛隼”；这些矛隼在捕获后被送到了“不同的省份和世界许多地区”。[125]在马可·波罗记述的时代，俄国的公国依然处于金帐汗国的控制之下，后者自然在矛隼的分配上面有重要的发言权，并将很多矛隼送给自己在中东地区的主要盟友马穆鲁克王朝。[126]

然而，在下一个世纪时，莫斯科公国已经获得了一定程度的独立，可以宣示自己对彼尔姆（Perm）和伯朝拉（Pechora）等地的主权，进而掌控了皮草以及其他北方产品的贸易活动，其中便包括猎鸟。[127]1319年，莫斯科和诺夫哥罗德同特维尔（Tver）签订的条约便体现了这一点。条约中规定，“任何人在沃洛格达（Vologda，位于莫斯科东北260英里处）获得矛隼（krechet）或银子或松鼠皮”的话，都必须“送回至司法部门进行调查”。[128]矛隼与银子和松鼠皮相提并论的做法本身便已显示这些猎鸟具有高昂的价值，而这时的俄国政府正试图垄断这些特定品种的猛禽。来自莫斯科大公伊万·丹尼洛维奇（Ivan Danilovich）统治时期的文献则进一步证实了这种想法。伊万大公在1328～1341年间的某时，“奖赏了伯朝拉的驯鹰师（sokol'nikov pecherskikh）”，并免去他们的各项赋税，允许他们不受当地法律部门的管辖。伊万大公解释称，这是“因为这些人对我来说很重要”。[129]

250

随着15世纪末俄国占领了诺夫哥罗德，莫斯科的市场地位大大增强；大公现在可以直接进入矛隼等其他猛禽的产地区域。16世纪时，矛隼的获取已经成为一项精心组织的活动，是国家和统治者非常关心的事情。在这些猎鸟原本生活的北方地区捕获并运输它们，需要一群被称为“捕鹰者（pomtsy/pomychniki）”的专门人员的合作。[130]作为每年运输100只矛隼的回报，这些捕鹰者享有相当多的特权：与此前伯朝拉的驯鹰师一样，捕鹰者也不需缴纳赋税或履行其他国家服务，而且除非涉及拦路抢劫或谋杀行为，否则也不受当地法律的监管。此外，当捕鹰者给宫廷献上捕捉到的活鸟时，会以钱财或织物的形式获得额外的报偿。

捕鹰者由40人的小组构成，被称为“vataga”[131]，意为“合作的”或“协作的”，负责领导这个小组的是“ataman”即“头领”；小组的行动十分神秘，以免当地人知悉在何处可以捕捉到矛隼。一旦捕捉到矛隼，将其运往莫斯科的运输会经过精心的安排和细致的管理。捕鹰者的活动之后扩展到西伯利亚地区，并且以各种形式一直持续至1827年。[132]

由于这些行为，莫斯科富饶而多样的鸟类资源开始为国际上所承认。莫斯科公国境内的几乎所有外国旅行者都曾评价过那里的猛禽，尤其是在伯朝拉半岛附近发现的白色矛隼。[133]为了在外国市场上卖得最高价，人们通常捕捉成年的矛隼，之后再训练其参与狩猎活动。俄国的猎鹰训练方法遵循了本国撰写的著作，使用严格的行为改造方法，与同时代欧亚大陆的其他地方的做法几乎没有差别。[134]猎鹰训练受鹰猎部门控制，即俄语中的“Sokol’nichii put”。在公元 13 ~ 17 世纪，有许多类似的部门负责监管王公机构或组织的各个分支，如鹰舍、伙食和狩猎活动等内容。这些部门的领导被称为“putnik”，直接向王公本人汇报工作。与其他机构一样，鹰猎部门保留其所得利润的一部分作为部门的资金来源，这种做法被称为“kormlenie”，即“自给自足”。[135]

鹰猎部门还参与了将猎鸟从俄国送至南方地区的运输工作。猎鹰会由专门的人员即“krechatniki”直接负责照料，而且还被放置在羊皮作衬里的箱内以防受伤。此外，猎鸟的饮食也得到了精心的安排。[136]然而，即使有这些预防措施，在运往格鲁吉亚和波斯等遥远国度的过程中，猎鸟仍然会有很高的死亡率。[137]这种情况并不十分令人惊讶，因为在那个时代，从莫斯科到波斯的旅途要经过水路和陆路，是需要花费一百多日的艰苦旅程。[138]

251

由于白色的矛隼非常珍贵，因此白色矛隼的出口实际上为国家垄断，广泛地被作为礼物送给欧亚大陆范围内的统治者。[139]受到珍视的猛禽向南传播至草原地带的游牧民族的酋长身边，向西传播到意大利文艺复兴时期的宫廷和英女王伊丽莎白的手上——后者从伊万四世处收到“一只庞大而美丽的白色矛隼（Jerfawcan），用于捕捉野生的天鹅、鹤、鹅以及其他大型野禽”。[140]有时，这种交换活动所涉及的猎鹰数目非常引人瞩目。据阿法纳西·尼几丁（Afanasii Nikitin）记述，公元 1466 年，希尔万沙的使节结束了在伊万三世（公元 1462 ~ 1505 年在位）处的出使工作，在回国时携带了 90 只矛隼。[141]矛隼非常受欢迎，以至于 1515 年时，奥斯曼帝国卡法（Caffa）的长官在克里米亚索要——并且被给予了——许可，以派遣一位商业代理人在首都购买矛隼（krechet）。[142]

由于猎鹰在外交关系中的重要性愈加明显，因此公元16～17世纪的俄国统治者将猛禽——尤其是矛隼——列为“违禁商品（zapovednye tovary）”。在俄国境内，猛禽不允许出口甚至不允许运输，违反者甚至可能被判处死刑。正如奥德利·伯顿（Audrey Burton）指出，对于某个特定的国家、使节或商人，可能会有例外的情况，目的是让对方也进行一些让步。实际上，俄国人经常会打出这张“矛隼牌”，例如在处理与南邻国家——伊朗、印度、布哈拉和格鲁吉亚——的争议关系时；甚至，在最初试图与清朝建交时也是如此——而后者本身也是出产矛隼的。[143]

矛隼作为一种国际政治货币的另一种价值衡量方式体现在，俄国矛隼在日后的外交交换活动中还会被循环使用。伊朗的萨非王朝每年都会收到作为礼物的矛隼，而他们会将其中的一部分作为礼物再送给其他国家。1617年，当俄国使者带着猎鹰抵达后，有一只猎鹰随后便被送给印度使节转交给莫卧儿帝国宫廷。实际上，当时的一则外交文献记录称，在约公元1619年，波斯统治者沙阿拔斯给莫卧儿帝国皇帝贾汗吉尔送去了一只花斑矛隼（shungāri ablaq），而这只矛隼最初是萨非王朝从俄国罗曼诺夫王朝的首位沙皇米哈伊尔（Mikhail，公元1613～1645年在位）处收到的。[144]这只矛隼的确是一只旅途经验丰富的猎鹰，生于亚北极地区，最终来到了南亚次大陆地区。

到目前为止，我们一直关注的是猎鹰的南北移动情况。实际上，这有一定的误导性，因为正如大卫·克里斯蒂安（David Christian）指出，南北不同生态区域之间的交流以及东西不同文明之间的交流共同形成了一个大型的互动网络。[145]这一点在矛隼的移动活动中体现得非常清晰。在这一方面，马可·波罗再一次成了我们最好的引路者。据他宣称，大可汗将从太平洋获得的一些猎鹰送给“阿鲁浑（Argon）与黎凡特的 252 其他统治者，后者靠近亚美尼亚和钦察地区”——也就是送给元朝皇帝在西方的同盟，如伊朗的蒙古统治者阿鲁浑（Arghun，公元1284～1291年在位）。[146]太平洋矛隼的向西传播也得到了波斯记载与中国史料的完全证实。据记载，在哈沙尼生活的年代，元朝宫廷曾两次送矛隼（sunqūr）给完者都。[147]当然，这也意味着完者都的鹰舍中既有来自北大西洋的“法兰克”矛隼，也有来自北太平洋的“中国”矛隼。

帖木儿帝国的情况也是如此。它同时从西班牙宫廷和中国明朝接收矛隼。永乐皇帝（公元1403～1425年在位）多次将矛隼作为礼物送给沙鲁克（Shāh Rukh）派往中国的使节（1419～1421）。[148]明朝的矛隼在另一次外交场合中也发挥了有益的作用。在波斯语翻译的永乐皇帝1419年用汉语写给沙鲁克的信中，这位明朝皇帝宣称此次送去的7只矛隼（sūnqūrān）都是他亲手放飞的，而且并非中国本土的产物，是“沿海国家（atraf-i daryā）”送来的贡品。[149]显然在这里，信中提到的矛隼指的是海东青。

西方国家对猎鹰的需求一直持续至之后的几个世纪。公元1469年，吐鲁番的统治者苏丹阿里（ʻAlī/A-li）向明朝皇帝索要海青，并被告知海青属于禁止出口的货品之列。[150]这又让我们回到了那个同样的论述：明朝与同时代的莫斯科公国一样，都将矛隼视作一种外交工具，并选择垄断，将其作用于政治领域。

大　象

大象的交易与循环与其他狩猎搭档一样，只是活动规模稍小一些。在漫长的大象贸易史中，更受欢迎的是斯里兰卡象种。[151]

印度宫廷是大象的主要消费者，莫卧儿帝国对大象的需求似乎没有界限。他们捕捉并训练本地产的大象，同时还从邻近地区进口了数以百计的大象。在 17 世纪时，苏门答腊岛西部的亚齐出口大象给莫卧儿帝国；位于印度中部的高康达王国将在勃固、锡兰与暹罗购买的大象作为贡品进献给其宗主国莫卧儿帝国。[152]在这一方面，另一个具有影射意义的事例是，伊朗阿夫沙尔王朝（Aishārid）的统治者纳迪尔沙阿（公元 1736 ~ 1747 年在位），曾在其统治末期将 100 头最初在南亚次大陆获得的大象送回印度，这显然是试图从莫卧儿帝国换取钱财。[153]

253

在前一个例子中，大象贸易中所必要的技术与设施显然是用于在自然分布范围内的交易活动。可以确定的是，国际大象交易的大部分活动都发生在本身出产野生大象的国家之间。虽然如此，从早时起，大象便已经出现在遥远和陌生的国度。通过进献贡品和贸易关系，亚述君主和埃及的托勒密王朝曾购买外国大象用于展览和战争。[154]在蒙古统治时期，来自印度的大象传播至撒马尔罕，而萨非王朝则从锡兰与暹罗获得大象。[155]

中国从汉朝时开始，便从东南亚的多个国家获取大象。[156]尽管中国南部的亚热带地区也有本土象种，但他们似乎并未自己训练大象，而是依靠外国来供应已经驯化并习得多种角色的大象。

大象的文化分布范围远远大于其自然分布范围，这种现象在很大程度上是皇室礼品交换中循环利用行为的副产品。这种做法最初始于印度或东南亚国家。在一些例子中，整个礼物交换链条显现得非常清晰：公元 864 年，阿拔斯哈里发从呼罗珊的塔希尔王朝（Ṭāhirid）统治者那里收到两头大象，而塔希尔王朝则是从喀布尔获得这些大象的；1655 年或 1656 年，沙阿拔斯二世给奥斯曼帝国的苏丹穆罕默德四世（公元 1648 ~ 1687 年在位）送去一头大象，而这头大象是在印度斯坦的一次成功征战时获得的。[157]然而在大多数时候，我们并不清楚萨珊王朝、拜占庭帝国或马穆鲁克王朝的统治者送给邻国的大象究竟是从何处获得的。[158]

公元 801 年，哈伦·拉什德送给查理曼大帝一头名为阿布尔·阿巴兹（Abū'l Abaz）的大象便是如此。这是中世纪欧洲历史上最著名的一次皇室动物馈赠，引起了许多有关此次交换活动的有趣话题。[159]首先，艾因哈德告诉我们，是查理曼大帝向哈里发索要了大象，那么可以认为除了好奇的因素之外，这位法兰克统治者也略知，对于这个东邻国家而言，大象被认为是一种合适的国事动物。其次，这一故事体现了在采用这类标准时遇到的困难。810 年，这头大象死去，而且并未被替换。当然，其中一个原因是供养大象需要高昂的花费。实际上，驯服的大象无论在何处都是一种经济消耗，除非人们砍伐森林以制造更多的农业用地。考虑到查理曼大帝经常在四处移动以寻找维持国家生机的资源，他无力供养很多大象也就是意料之中的事情了。另一个问题，也就是关于这一交换活动的本质问题是，大象几乎无法在圈养状态下繁殖，因此需要一直进行替换。此外，那些被送往自然分布范围之外的大象不可避免地需要经历长时间旅行的压力，这就导致了更高死亡率的发生，进而提升了替换的花销。后一个因素也同样适用于另一种驯化的动物狩猎搭档，那就是猎豹。

猫科动物

254

在人类媒介的协助下，猎豹移动至远离其自然分布范围的地方，例如从摩洛哥传播到印度，从南部传播至东非地区。之后，在人类的控制下，猎豹在北非、埃塞俄比亚、阿拉伯、小亚细亚、外高加索、伊朗、印度、突厥斯坦、中国北部以及欧洲等地区参与了狩猎活动。[160]与其他的狩猎动物相同，猎豹通常在其自然分布范围之内进行交换，如印度人、穆斯林和基督教统治者之间；在之后的几个世纪中，猎豹则被赠予驻扎在东方的欧洲官员。[161]

生活在猎豹产地范围内的民族建立起精确的术语来描绘这些动物，精细地将它们与其他的猫科动物区分开来。当然，更加遥远地区的民族没有这么做。英语便是一个例子：猎豹（cheetahs）在英语中通常被称为“狩猎型豹子（hunting leopards）”，直至20世纪早期，其印度名称“chītā”才开始流行。与英语一样，欧亚大陆的很多其他语言都倾向于使用一个名称来笼统地指代除了狮子、老虎或宠物猫外的所有猫科动物。有趣的是，这种用于指代猫科动物宽泛范畴的术语，在更大的语言学范围内是一种普遍现象。很有可能的是，英语中的“pard/panther”，希腊语中的“pardos”，德语、法语与俄语中的“gepard”，粟特语中的“pwrd̄nk”，波斯语中的“pars”与“palank”，突厥—蒙古语中的“bars”，都指的是“豹子（leopard）”，它们具有共同的起源。[162]其他或许还可以加入这个行列的词语还有，阿拉伯语中的“fahd”，汉语中的“豹

(bao)”，可能还有格鲁吉亚语中的“avaza”。[163]迈克尔·威策尔（Michael Witzel）认为，“pard/pandh”是一个古老的词语，意为“斑点的野生动物”，尤其是指蛇和猫科动物；这个词可能起源于伊朗的非印欧底层居民。[164]

由于这种不精确性，很难确定前现代时期史料中提到的不同猫科动物的品种，甚至有时无法区分在人类控制下进行狩猎的两种主要猫科动物的品种，即猎豹（cheetah）与狞猫（caracal），而将二者错误地统称为“狩猎用山猫（hunting lynx）”。虽然如此，我们依然能够大致地追寻猎豹在其自然分布范围之外的传播情况。第一次辐射是向东延伸，与伊斯兰教的传播以及唐朝的建立恰巧重合；第二次辐射是向东西两翼同时延伸，与蒙古帝国的缔造重合。

早在公元前 5 或前 4 世纪时，猎豹皮便已经向东方出口了，但是活猎豹的出口却要晚一些。[165]汉朝史料曾提及上林苑中的“豹”，但是没有证据显示这些是训练用于狩猎活动的猎豹。[166]威廉·怀特（William White）在艺术史证据的基础上指出，在秦汉时期，斑点豹和条纹虎曾被用于狩猎活动。这些动物的确曾出现在墓室画像石上所描绘的狩猎场景中，但是在这类场景中无法认定这些动物究竟是狩猎搭档还是猎物。诚然，其中一只老虎戴有项圈，但是带领大型猫科动物进行狩猎本身便存有问题。[167]

255 在中国出现的第一条关于使用猎豹狩猎的确切证据，来自于公元 7 世纪后半叶唐朝墓室中的壁画。李贤（655～684）是唐高宗的太子，在他的墓室壁画中，绘有一只猎豹和一只耳朵夸张竖立的狞猫，它们坐在驯兽师马鞍后面的流苏鞍褥上，由驯兽师掌管锁链。在另一幅李重润（682～701）的墓室壁画上，绘有一位步行的猎手牵着一只漂亮的猎豹。[168]此后，艺术作品中再现的猎豹形象越来越常见，尤其是陪葬的陶釉俑中出现在马背上的猎豹与狞猫。[169]

文本记载的贡品“豹”始于公元8世纪早期。最早的一只作为贡品的豹子出现在717年，是于阗统治者进献的礼物。之后不久，便出现了来自布哈拉、羯霜那（Kesh）、拔汗那和撒马尔罕附近的小国弭秣贺（Maimurgh）的统治者进献的豹子。[170]尽管所有这些记载都记述的是“豹”，但爱德华·谢弗（Edward Schafer）非常正确地指出，其中很多实际上都是猎豹。[171]这一点在断代史的多个篇章中体现得非常明显，其中的一则史料记述称，公元762年，唐朝皇帝下旨“停贡鹰、鹞、狗、豹”。另一条史料则记录，负责接收外国贡品的鸿胪寺制定了关于老鹰、鹰隼、猎犬与猎豹估价的明文规定。[172]

随着时间的推移，中国史料开始使用更加精确的术语，这不仅有助于我们确定“豹”是一种用于狩猎的猫科动物，而且还可以区别以下这两种不同的动物类型。一则史料中记载了史国的“纹豹”，另一条则记录了产于阿姆河的骨咄国（Khottal）的“赤豹”。[173]这里的修饰词“纹”指明了猎豹最吸引人注意的视觉特征，即泪痕式的条纹从眼角延伸至鼻口部，这在阿拉伯语中被称为“泪纹（al-madmaʿān）”。红色的猎豹实际上是狞猫，其毛色红棕，在印度生活的英国人通常称之为“红山猫（red lynx）”。[174]

狩猎用的猫科动物在唐朝十分流行，之后逐渐消退，在辽代治下则是个例外。公元1020年，一位前往辽国的宋朝使节目睹了三只驯服的“豹子”与驯兽师一起骑马参加狩猎活动。[175]尽管史料并未记载这些特定的猫科动物的来源，但我们知道在之后的几十年中，回鹘人大量地参与了这一长途贸易活动，负责向辽代宫廷进献纹豹。[176]

猫科动物在东方的下一波大规模流行浪潮出现在蒙古治下的 13 世纪。史料记载的第一次向蒙古进献的猎豹是公元 1220 年布哈拉投降时献出的。[177]我们并不知悉成吉思汗是否被这项运动所吸引，但是显然他的继任者十分喜爱。可以表现这一点的是 1234 年颁布的一部法令，其中涉及了在即将到来的贵族忽里台①期间拴系马匹的问题："平民的马匹不应拴在［限制］下马的区域。［如果发生了这样的情况，马匹］会被立即没收，转交给喂养老虎与猎豹的人员。"②[178]这里传达的信息非常清楚，那就是非法拴系的马匹会成为猫科动物的食物。无论如何，都有很多的动物需要喂养。在忽必烈统治时期，马可·波罗谈到了在上都供养的猫科动物与"很大的狮子"——实际上是老虎——此外还有很多驯化的豹子与狩猎用山猫。这些动物通常会随可汗一起外出，在自己的笼子中由车运输。[179]

256

这些狩猎用猫科动物的来源是有迹可循的。其中，很大一部分是馈赠的礼物。1254 年，卢布鲁克在哈剌和林遇到了一位印度统治者派遣的使节，后者"带来了 8 只猎豹和 10 只格力犬，格力犬也被训练得像猎豹一样坐在马鞍后边"。[180]元朝在西方的同盟，即伊朗的伊利汗国，显然也有所贡献。在 1320 年代，阿布·萨亦德每年都会用船装载着狮子、老虎和猎豹送给元朝宫廷。[181]据推测，这些送给元朝的猎豹中的一部分有可

① 忽里台（quriltai），蒙古语中即聚会、议会之义，是诸王贵族的大朝会，具有重要的政治意义。

② 见《元史·太宗本纪》："诸人马不应绊于乞烈思内者，辄没与畜虎豹人。"

能最初来自于穆罕那·伊本·伊萨（Muhannā ibn ʿIsā），此人是叙利亚的一位阿拉伯领袖，曾于1321年带领“许多猎豹”前往伊利汗国。[182]无论如何，在审视经过训练的猎豹在欧亚大陆范围内的传播机制时，我们都有必要加上政治缺陷这一条。

在皇室进献给元朝宫廷的猎豹中，一次馈赠值得我们特别注意。1326年，金帐汗国的月即别汗（Özbek，公元1313～1341年在位）① 赠送了两只纹豹给蒙古可汗，后者则回赠了金、银、现金与丝绸。[183]由于金帐汗国本土并不出产猎豹，因此这些猎豹的来源便又成了一个问题。距离金帐汗国最近的猎豹产地伊朗处在敌国的控制之下，因此最有可能的答案是金帐汗国的亲密盟友——马穆鲁克王朝。能够证明金帐汗国与马穆鲁克王朝的交往中涉及狩猎活动与狩猎动物的是，月即别汗曾多次将猛禽作为礼物送给埃及，还有一次则送去了自己手下的狩猎主管（amīr shikār）。[184]

还有一些狩猎用途的猫科动物是通过商业渠道运往东方的。在14世纪早期，穆斯林商人曾利用印度洋通道将豹子和其他动物进献给元朝宫廷，并且以此为幌子，以官方运输的名义使用政府经费出行。实际上，这种非法利用邮递系统的做法被多次明令禁止，折射出猎豹在元朝统治下的中国需求量很大，是商人为招徕顾客而亏本销售的商品。[185]最终的结果是，元朝宫廷与唐朝一样，获得了许多免费的狩猎用猫科动物。由于元朝皇帝会将“西域纹豹”随意赐给宠爱的官员，因此需要稳定的纹豹供应。[186]

在远西地区，对狩猎用猫科动物的兴趣起源于西班牙。来

① 穆罕默德·月即别汗即乌兹别克汗。

自11世纪中期的一份西班牙伊斯兰织物上描绘了一位骑手带

257 着一只上锁的猫科动物，很有可能是一只坐在鞍褥上的狩猫。[187]然而，在几个世纪之后，在外部刺激之下，这一运动才在欧洲其他地方流行起来。可以反映这一事实的是，中世纪后期的重要动物学家艾伯塔斯·马格鲁（公元1280年亡故）虽然曾听说过猎豹，但是他对猎豹的了解非常模糊和而且混淆不清。有一次，艾伯塔斯提出长腿的“高大的印度猎犬”是“犬与虎杂交”的后代的观点，以此来意指猎豹的犬类属性。另一次，艾伯塔斯提到了“Alfech”，即阿拉伯语中的“al-fahd”，意为“猎豹”，并宣称其是狮子（leo）与豹子（pard）杂交的产物。此外，艾伯塔斯在其他文章中还将关于真正的豹子（leopard）的信息与猎豹（cheetah）合并在了一起。[188]

在艾伯塔斯就这一主题上误导读者的同时，欧洲关于猎豹的兴趣和知识却传播得非常迅速。这种兴趣猛增背后的主要催化剂无疑便是腓特烈二世，他对猎豹和山猫非常熟悉，并且在意大利南部和西西里供养了许多狩猎用猫科动物。有一些猎豹可能是穆斯林王公馈赠的礼物，另一些则是通过腓特烈二世在马耳他的代理人购于北非。腓特烈二世送给英王亨利三世（公元1216~1272年在位）作为皇室礼物的三只“豹子”可能便来源于此。[189]其他的催化因素与猫科动物则来自于蒙古。1291年，英王爱德华一世（公元1272~1307年在位）的使节给伊朗的伊利汗国送去矛隼，而蒙古人则在第二年回赠了一只“豹子”。[190]

通过这些不同的来源，猎豹很快便非常频繁地在欧洲艺术品中出现。正如猎豹经常出现在伊斯兰艺术品中，欧洲艺术品中出现的猎豹让我们了解了猎豹与日俱增的流行性与可见性。[191]此外，这些艺术品在描绘猎豹时，将其与真正的豹子作了清晰的区分，并未出现艾伯塔斯·马格鲁的著作中的混淆现象。例如，一篇1280年代作于英格兰的诗篇插图中，形象地在边沿处绘了一只猎豹作为装饰。[192]更加吸引人的是皮萨内洛（Pisanello，约公元1395～1455）画笔下的猎豹。皮萨内洛的画风非常自然，他本人认为人们只有理解了自然，方能合适地描画自然。可以确定的是，皮萨内洛非常了解猎豹，而且亲身研究过猎豹；他笔下所绘的猫科动物拥有猎豹（Acinonyx jubatus）长而流畅的线条，脸上有明显的泪痕花纹，斑点的形状小而实心，是非常合适的。[193]此外，皮萨内洛笔下的猎豹颈上所佩戴的是“工作用”的项圈，而不是装饰性的项圈；显然，这只猎豹是某人的宠物，而且很可能也是主人的狩猎搭档。[194]

可以预料的是，意大利成了欧洲对狩猎用猫科动物的新兴兴趣的中心。公元14世纪末，吉瓦尼诺·德格拉西（Biovannino de Grassi）在素描中描绘了一只被锁住的猎豹，其身上有实心的斑点，身处于一大片狩猎活动的场景中。[195]接下来，在进口猎豹的陪伴下，15和16世纪早期的法国国王开始从事这项运动。与欧亚大陆其他国家的君主一样，法国国王在外出狩猎时，会在马鞍后的鞍褥上锁着一只猎豹。当狩猎活动开始后，猎豹便被放出；在猎豹扑倒猎物后，人们会迅速用鲜血与生肉作为奖励，以此来诱使猎豹返回鞍褥休息。[196]

258

虽然猎豹显然是欧洲皇家狩猎活动中一道明显的风景线，但其从未获得像在核心区域中那样的重要地位。猎豹在欧洲始终是一种异域动物，并不隶属于主流。[197]与欧亚大陆的其他地方相比，猎豹在欧洲的流行时间也较短。

大约在同一时期，狩猎用猫科动物在中国的流行也迎来了

图 20　猎豹

资料来源：皮萨内洛绘于 15 世纪上半叶，法国国家博物馆联合会/纽约艺术资源档案馆联合授权。

最后时期。中国明朝的郑和的出海队伍从阿拉伯和霍尔木兹带回了狞猫。郑和航行的史料正确地记录了狞猫的波斯名西亚国狮，即“siyāh gūsh”，意为“黑色的耳朵”。此外，史料还记载称狞猫的耳朵竖立、性情温和、很容易驯服。[198]然而，在大多数情况下，狩猎用猫科动物都是通过陆路运输的。在整个 15 世纪，纹豹（猎豹）和狞猫（hala hula = qara qulaq）作为伊朗与突厥斯坦各个统治者的礼物抵达北京。[199] 16 世纪早期，阿里·阿克巴·契丹记录称，陆路前往中国的穆斯林一般都会携带猎豹和狞猫，据称是由于这些猫科动物价值不菲，可以用于交换珍贵的布料。阿里还记述称，在北京的皇宫中有一个特殊的区域专门用于存放猫科动物，这个“宫殿中满是狮子（shirān）、老虎（babrān）、豹子（palangān）、猎豹（yūz）和狞猫（siyāh gūsh）”。[200]这里指的就是汉语所说的“豹房”，由明正德皇帝（公元 1506 ~ 1521 年在位）修建。正德皇帝决议通过积极的狩猎日程来恢复明朝军队的活力，因此需要驯服的狩猎用猫科动物。尽管豹房因花费高昂而遭受了越来越多的批评，却最终得以留存下来；在明朝灭亡时，里面的动物或被杀死，或被放生。[201]

图 21　16 世纪法国马背上的猎豹

资料来源：保罗·拉克鲁瓦（Paul Lacroix）著《中世纪的法国》（*France in the Middle Ages*），1874 年初版，1963 年再版。

在伊朗和印度两地，人们对这一运动的热情不减，延续了几百年的时间——这两个国家本身都出产猎豹。然而，在欧亚 260

大陆的两端，人们对之的热情却逐渐减弱。与大象一样，猎豹也不能在圈养状态下繁殖。因此，在猎豹的产地之外，并没有形成自给自足的繁殖群体。

这种前现代时期的失败原因很能说明问题。艾伯塔斯·马格鲁认为，猎豹是犬类与老虎，或者豹子与狮子的杂交产物，这种观点也是中世纪人们对这一问题理解的关键。然而，艾伯塔斯·马格鲁的观点并非他自己独创的。实际上，这一观点可以追溯至穆斯林信仰，即认为猎豹是豹子与狮子或老虎与狮子的后代，而且认为猎豹作为不同物种混合的产物，与其他杂交动物——如骡子等——一样，是没有生育能力的。[202]尽管这种观点是错误的，但这种解释还是基于理性的，而且影响广泛。因此，跨越政治、文化与生态边界进行传播的不仅是动物本身，也包括有关动物的知识和形象，以及动物学方面的信息与错误信息。这一点并不令人惊讶，因为正如我们即将看到的那样，驯兽师与管理人经常会随同狩猎动物一起，经历漫长的单向旅程。

驯兽师的交换

在前现代时期，手工艺者、艺术家、娱乐活动从业者和其他专门人员的传播十分广泛，可以一直追溯至远古时代。[203]在蒙古帝国时期——如果不是在此时期之前便已如此的话——驯鸟师与驯鹰师属于当时出行阅历最丰富的职业。驯鸟师、驯鹰师与他们的皇家顾客共同构成了非正式的国际鸟类学组织。驯鹰师具有国际化视野的一个表现便是，他们非常了解其他国家与文化圈中的驯鹰师。波斯人忽撒姆·阿杜拉活跃于鹰猎活动的繁荣末期，他经常提及突厥斯坦、印度与伊朗等国从古至今的驯鹰师所使用的技术、术语与“方法”。忽撒姆非常关注其他人如何从事这项运动，非常尊重他们的技艺，而且十分向往遥远国度的传说中的品种。[204]可以说，驯鹰师生活与工作在一个非常宏大的世界里。

有关动物专家的早期移动活动的证据，大多是来自中国的图像资料。在唐朝时，艺术作品以一系列清晰的形象再现了很多在中国生活的外国人。西域人通常被描绘为带着尖顶毡帽，有细长的鼻子、圆圆的眼睛和浓密的胡须。这种形象的西域人出现在各种艺术品中，其中最常见的形象是带着格力犬等“西域”动物出现在狩猎活动的场景中。[205]在墓室壁画和陪葬俑中也有西域人的形象出现，他们骑在马上，带着猛禽和猫科动物进行狩猎。[206]

261

在中国人看来，这些北邻和西邻的国家在控制动物方面具有特殊的能力。当然，尤其是指那些训练“豹子”的人。来自公元8世纪早期的一个彩绘陶俑形象地再现了这一文化形象：陶俑刻画了一个骑马的西域人，头戴有特色的帽子，络腮胡须，正在试图安抚马背后部的一只发怒的猎猫，很有可能是一只狞猫。[207]在历史上的这一时期，中国正刚刚开始从事这项运动，外国专家显然是一种必需品。毕竟，有谁知道如何处理拒不配合的狞猫，或是如何训练马匹从而让大型猫科动物骑在上面呢？答案当然便是，来自这一运动和狩猎用动物的起源地的专门人员，主要是阿拉伯人、波斯人和印度人。尽管没有明确说明，但是实际上很多被送往唐朝的猎豹都配有“全套”的使用说明，也就是配备有指导人员。

随着蒙古帝国的崛起，文献中关于动物专家在欧亚大陆范围内流动活动的记载也开始浮出水面。成吉思汗家族征收了许多驯鹰师为自己服务。朱维尼记述，公元 1220 年，塔什干附近的费纳客忒人（Fanākat）被蒙古人征服，除了“手工艺者、工匠和驯兽师（aṣhab-i javārih）”之外的当地人均被处决；1222 年，蒙古人征服呼罗珊和突厥斯坦后，当地的“动物管理员（jānvar-dāri）”被重新安置到“东方最远的国家”，也就是中国。[208]这些被迫转移的人口在中国的史书中以各种形象出现。例如，一条史料提及了 1263 年在“回鹘鹰坊”中组织的军队。[209]还有的可能情况是，伊朗的伊利汗国直至 14 世纪一直可以调遣中国北部的几千名猎手、驯鹰师与手工业者，这些人或许也包括了 1220 年代被东方的伊斯兰世界驱逐出境的动物专家及其后裔。[210]

这种补充所需要的驯兽师与管理人的方法实际上是在模仿成吉思汗，之后帖木儿也于 1401 年将俘虏的驯鹰师从巴格达运往撒马尔罕。[211]然而，征收人员的方式并非获得动物专家或相关知识的唯一途径。皇家猎手经常在统治者的命令下外出旅行。最后一任花剌子模沙札兰丁（公元 1231 年亡故）让自己的狩猎主管（amīr shikār）担任使节前往塞尔柱帝国；乌兹别克人也曾让自己的驯鹰主管出使至沙阿拔斯处，后者则曾将自己的驯鹰师送往奥斯曼帝国。[212]

最为常见的情况是，动物专家实际上是使团中地位较低的成员。金帐汗国曾让自己的狩猎主管出使埃及，而英格兰则派遣了 3 名驯鹰师前往伊朗的伊利汗国。[213]在蒙古帝国后期，这种做法依然普遍存在。通常而言，这些官员负责将狩猎用动物作为礼物送至外国宫廷。为了达成这一目的，巴尔克和突厥斯坦的其他国家都曾将狩猎主管或驯鹰师送至莫卧儿帝国；同样，萨非王朝反过来会收到东欧国家派来的驯鹰师。[214]在后一

262

个例子中，公元1683年左右，肯普弗曾目睹了一场使节接待活动。当时，苏莱曼一世收到了6只来自俄国宫廷的猛禽，每一只猛禽都由一定数量的驯鹰师负责进献；之后，波兰宫廷进献了5只猛禽，每一只都由各自的驯鹰师献上。[215]此外，当俄国给东格鲁吉亚的卡赫基国王亚历山大二世（公元1574～1604年在位）送去矛隼时，后者明确表示想将负责运送猛禽的俄国驯鹰师留下使用。在多番协商后，格鲁吉亚统治者终于收回了自己的要求，但直接地暗示自己确定沙皇会很快送来更多的"猎鹰与一位驯鹰师"。[216]

在这种类型的会面中，人们自然也会交换各种信息。我们知道，亚历山大二世仔细地询问了俄国驯鹰师关于所进献的猛禽的习性问题。[217]此外，由于外事接待活动通常包括邀请对方参加狩猎活动，来访的猎手与驯鹰师会一直观察并参与由外国接待方所组织的皇家狩猎活动，之后再返回本国国内。在这些活动中，比较和借鉴是不可避免的。

有多个例子可以说明这类传播情况。在其中一个例子中，一位11世纪的诺曼贵族兼军官因擅长治疗猎鹰与马匹的医术而闻名，他在君士坦丁堡服务了多年之后才返回自己国内。[218]另一个例子则涉及了一位逃至印度的伊朗官员，他在伊朗成为皇家驯鹰师的首领，并在1593年，即在南亚次大陆生活多年之后，以外国使节的身份返回了萨非王朝宫廷！[219]这些人，以及数以百计的类似人员，是这种长期而远距离的互育关系（cross-fertilization）的主要推进者。

尽管人员的流动在信息传播方面非常重要，但并不是在时空范围内传播皇家狩猎文化的唯一途径。外国文献也促进了皇家狩猎活动的同质化过程。在大多数情况下，人员流动与外国文献是共同发挥作用的。在公元9~17世纪之间，朝鲜与中国的驯鹰师带着自己的狩猎著作前往了日本。[220]对外国知识的思想开放也是中世纪伊斯兰世界的特征。1247年前后，曼苏尔在北非地区编纂的狩猎专著的序言中写道，他的信息来源包括此前的阿拉伯狩猎专著，以及“印度、突厥、波斯的各种著作，此外还有了解这一问题的伊斯兰智者与所有具有洞察力的人”。[221]

伊斯兰世界对欧洲鹰猎活动的著作也有所促进。在腓特烈二世的支持下，出现了莫阿敏（Moamyn）的鹰猎活动著作的拉丁语与法语翻译版本——这实际上并非一本独立的著作，而是一部编纂的合集。第一部分收入了亚当·伊本·穆赫兹（Adham ibn Muḥriz）和叙利亚基督徒盖特里普·伊本·库达玛（Gitrīf ibn Qudama，拉丁语作 Gatrip）的部分论述，而这两位作者本身便援引了许多阿拉伯和非阿拉伯资料。第二部分摘引了一部之前论著的内容，即阿拜兹亚（al-Bāzyār）的《驯鹰师》（“The Falconer”），其中沿用了波斯传统。[222]因此，欧洲关于鹰猎活动的著述自发端之时，便具有深刻而多样的欧亚文化根源。

263

欧亚大陆范围内的皇家狩猎活动方式的明显同化现象，也是源于这种定期流动的动物、猎手与著述。如前所述，这种流动活动是核心区域中宫廷生活的固有特征，但是并非其所独有。在很多情况中，重要的狩猎动物及其驯兽师大规模地传入中国北部地区和东部草原地带，使唐朝和元朝的皇家狩猎活动与伊朗和印度的皇家狩猎活动变得非常接近。

在欧亚大陆的其他地方，这种现象也有所出现。记载最清晰的，是在腓特烈二世统治时期，伊斯兰世界对欧洲南部地区造成的影响。这种影响的范围非常广泛，而且持续时间很久。首先，在腓特烈二世拥有的著名动物园中，很多动物——包括猎猫——都是由穆斯林驯兽师照养的。在一次皇室出行中，皇帝曾用阿拉伯语与猎豹管理员交谈。此外，在一封写给“阿拉伯专家”的信中，腓特烈二世提到了为自己服务的“山猫和猎豹的管理员”；在另一封信中，则提到了一位“巴勒莫的雷纳尔丁（Rainaldin of Palermo）”，这是一位负责统管狩猎用猫科动物的官员。从腓特烈二世自己的叙述中我们可以得知，这位官员负责猎豹的甄选、训练和运输，以及驯豹师的指挥管理工作。有一次，皇帝曾询问此人关于猎豹骑术水平的进步情况。[223]

当然，腓特烈二世更加关注鹰猎活动，并且从穆斯林专家处学得了很多知识。据腓特烈二世本人的记述，他从四方召集了最好的驯鹰师，在自己国内供养这些专家，“咨询他们的意见，权衡他们所掌握知识的重要性，试图记住其中更有价值的话语和行为”。在这里，腓特烈二世并未提及这些专家的来历，但是之后他曾顺带提及其中一部分人来自埃及。此外，腓特烈二世的“阿拉伯驯鹰师”也曾出现在其他资料中。毫无疑问，腓特烈二世和之后的整个欧洲鹰猎活动都深受穆斯林世界的影响。[224]

在腓特烈二世关于兜帽（hooding）的论述中，这一点尤为明显。在介绍这一话题时，腓特烈二世是这么写的。

> 猎鹰的兜帽是东方民族的创造。据我们所知，是阿拉伯人首先广泛应用兜帽的。我们在出海航行时，看到阿拉伯人使用兜帽，还研究了他们使用这种头罩的方法。阿拉

> 伯统治者不仅送给我们很多品种的猎鹰，还送来了兜帽使用方面的驯鹰师专家。除了这些知识来源……我们还从外国引进了猎鹰和专门人员，其中一部分人来自阿拉伯，另一部分人则来自其他国家。从这些人身上，我们获得了所有相关技术的知识。由于兜帽的使用是这一技术中最有价值的部分，而且我们也看到了兜帽在驯服猎鹰方面的重要作用，因此我们采用了这种技术来管理自己的猎鹰，并给予了认可。就这样，与我们同时代的人便从我们这里学会了兜帽的使用方法；我们的后代不应忽略这一点。[225]

264

在这里我们可以清楚地看到，在皇家狩猎活动的同质化过程中，直接观察与动物专家的流动发挥了怎样的作用。除此之外，这篇佳文也是一段清晰而准确的罕见——甚至可以说是独特的——叙述，为我们复刻了中世纪跨文化传播的一幕场景，而叙述者恰恰就是这一传播过程的主要推进者。

这就将我们带至同质化趋势的最后一个案例分析中，即核心区域模式是如何渗入东南亚地区的。众所周知，自公元 13 世纪起，印度北部的贵族穆斯林文化便出现了渐进的波斯化趋势。很多波斯人来到南亚次大陆探寻财运，带来了新的文学与艺术形式以及社会准则。[226]在萨非王朝统治时期，有一些侍臣和家养奴隶（ghulām）也加入了这一移民大军。例如，16 世纪早期的第乌（Diu）长官马里克·阿亚兹（Malik Ayaz）曾是一名格鲁吉亚奴隶，他最初便是依靠自己的猎鸟技术吸引了统治者——古吉拉特苏丹迈哈穆德·比加尔（Mahmūd Bigarh，公元 1458 ~ 1511 年在位）——的注意。[227]在奥朗则布统治时期，还有另一位格鲁吉亚皈依者易卜拉欣·马里克（Georgian convert, Ibrahim Malik), 据马努西称, 此人“负责掌管老鹰、鹰隼和皇家狩猎活动设施”。[228]无论是不是皈依者, 格鲁吉亚人均与伊朗的皇家狩猎传统有着深刻的联系; 而有一些人据我们所知, 甚至来到了更东边的地方, 最终抵达了暹罗。在暹罗国王的宫廷中, 更加著名的是一位格鲁吉亚侍从, 此人最终在一次皇家狩猎活动中被误杀了。这个人并非是在暹罗传递来自核心区域的影响的唯一来源。暹罗国王曾将本地捕捉的老鹰和鹰隼交给自己的波斯侍臣, 据宫廷内的萨非王朝使节称, 这是“因为国王知道伊朗人对狩猎活动非常感兴趣, 因此希望他们能够训练这些猎鹰, 之后再将它们送回宫廷”。[229]那么, 我们也就可以预料到, 在萨非王朝的使节汇报自己的出使过程时, 他们比较了暹罗宫廷与位于下缅甸①的勃固宫廷, 并宣称尽管勃固国王尚没有皇家游行活动, 但暹罗国王在宫廷礼仪、骑马和定期狩猎方面“已习惯于莫卧儿帝国的习俗与风格”。[230]

因此, 即使皇家狩猎活动的伟大时代已经接近了尾声, 始于核心区域的狩猎风尚依然在向外传播, 仍然在寻求接受, 并继续扩向新的地域。

① “下缅甸 (Lower Burma)” 与 “上缅甸” 相对, 指缅甸南部的沿海地区。

第十三章 结语

265 ## 宏观历史

不同时期和不同地方的学者在研究文化时，一般都是从精英文化（high culture）与大众文化（popular culture）之间的二元对立开始的。前者有时被称为大传统（great tradition）或大文明（great civilization），后者则有时被称为小传统（little tradition）或通俗文化（folk culture）。后者又被认为是局限于本地的，比较具体而稳定。前者一般凌驾于多种大众文化之上，其传播的地理范围更广，但同时内在也更加连贯，更加系统或正统。通常而言，我们倾向于在时间跨度内审视“大传统”发生的变化，而在空间跨度内审视“小传统”发生的变化。“大传统”与“小传统”在研究方法上的不同也部分地体现在现实当中，即历史学家通常研究大传统，而民族志学者则专注于小传统。

最近，在全球化的影响下，开始出现了一种国际文化（international culture），其中有的元素——如数学——是完全去国有化的（denationalized），而有的元素——如音乐——则依然带有本民族或文化起源的印记。因此，我们现在拥有一个多层的文化蛋糕，包含着本地的、区域的、民族或国家的、文明的以及国际或全球的元素。

从时间顺序上看，精英文化与大众文化在远古时代是同时共存的，据推测始于近东、印度、中国和中墨西哥（Central Mexico）的复杂的城市型社会。那么，我们是从何时开始获得外面的这层国际层（international layer）的呢？我认为，对大多数历史学家而言，答案在非常近的时代。很多人很可能会赞同格雷厄姆·沃拉斯（Graham Wallas）的观点，这位英国社会科学家在第一次世界大战前夕时看到了全球化的萌芽，称之为“社会层面的普遍变化”——这是19世纪时因通信和运输的新技术而产生的一种现象。[1] 其他人可能会将全球化的开端向前推延几个世纪，直至所谓的“哥伦布交换”时期，当时各类技术、意识形态、商品、生物与疾病都以很快的速度在全球范围内传播。显然，如果以严格的全球标准来衡量，那么就定义而言，“国际层”一定出现于欧洲大航海时代之后。然而，如果我们将目光聚焦于旧大陆的话，那么则会在远远更早的时期发现一些最初的（也是无意识的）“全球化”趋势。 266

国际文化的出现显然要追溯到丝绸之路的形成时期，即公元纪年之前的几个世纪。国际文化的具体体现包括了源于精英文化的各种机构、社会行为、娱乐活动与社会风尚，以及逐渐在欧亚大陆内流行开来的很多遥远地区的民俗传统。例如，在中世纪早期，裁剪合身的有袖夹克衫从中国到欧洲都非常流行。[2] 同样明显甚至更加普遍的是礼衣和罩袍的习俗，这是从日本到英国的民众的政治与宗教生活的重要内容之一。[3] 在大众文化方面，起源于印度的看图叙事（picture recitation）也具有类似的影响范围。[4] 我们还可以将马球运动囊括在内，这是第一项国际运动，从朝鲜到地中海的贵族阶级与平民百姓都参与其中。[5] 当然，皇家狩猎活动是另外一种跨越大洲的国际惯例。

在这里，我们需要界定一下这种国际文化的关键特征。我们如何判断一种文化属性——实践或是物品——是否国际化呢？这并非易事。尽管人们非常关注“大文明”、本地与区域共同体的文化生活与价值，却没有同样关注更大规模的国际社会的文化生活。虽然如此，我们依然可以初步提出一些标志性特征，以助于识别和分析前现代时期欧亚大陆的这一国际文化的组成元素。

第一，也是最明显的是，这种文化属性必须具有广泛的分布范围；此外，必须大约同时在地球上的一大片区域内流行，或者如我们所分析的例子一样，是在整个大洲范围内流行。

第二，在很多例子中，人们承认这一属性并非自己独有，而是也在其他的宫廷、文化、国家、文明或帝国中出现。

第三，是一种由于广泛的国际流行性而变得受欢迎的属性。在一种文化内部，其威望可能会因外国起源或在外国流行而增强。

第四，这种国际文化的很多元素都在国际关系中发挥作用。这些元素会伴随、促进、标识或纪念其他类型的远距离跨文化交流活动。

第五，很多元素可以成为跨文化交流的途径。有些活动、产品和仪式并不需要翻译或解释，便可以传达清晰的信息，如支持或警告。

267 当然，以上论述也透露，文化属性可以移动和传播。这就将我们带至一个普遍而长期的争论的核心，那就是文化传播在历史活动中的本质以及所发挥的角色——尤其是在大洲或全球规模上。

在公元 8 ~9 世纪时，人们愈加认识到不同而遥远的文化之间具有很多相似性，有时甚至惊人的相同。这在欧洲引起了激烈的争论，促使形成了比较方法和用以解释一致性的新理论。在一些人看来，这是人类精神一致性的副产物；另一些人则提出了进化理论，认为所有的人类文化都经过了类似——甚至是相同的——历史阶段；最后，另一支学派认为，这种一致性是在很长的历史时期以及广阔的空间范围内广泛接触与彼此交流的结果。[6]

众所周知，一些早期的文化传播论者十分刻板，他们坚持认为人类非常不具有创造性，因此源自有限的创新中心的新属性的传播，才是文化层面出现变化的原因。在最极端的论述中，该学说定位了一个起源中心——经常是埃及——认为早期文明的所有基本元素均源自于此，之后才传播至世界各地，促进了欧洲、亚洲、太平洋与新大陆中早期复杂型社会的兴起。[7]这种极端的观点很快便遭到人们的抨击，在方法论与证据基础上都遭到了系统而有效的驳斥。[8]最近，这些旧观点再次复活，这次伪装为“非洲中心论（Afro-centric theories）”，并且依然认为所有重要的人类文化成就均源于埃及，宣称这些文化属性进行了洲际与跨洋的传播。这一观点虽然也遭到了严厉的批判，但依然具有一批拥护者。[9]

由于最终极端阐释方法的缺点十分明显，传播研究（diffusion studies）在20世纪后半叶变得声名狼藉，逐渐衰落。单个创新中心的强硬言论引起了应有的深刻批判，但是我们不应因此而贬低——甚至是诋毁——将接触与交流作为文化层面发生变化的原因的考察。此外，在回应这些谬误观点时，人们还倾向于怀疑任何将人类文化史置于更大框架之内的行为。

对宏大叙事与传播论者的否定，以及对长期和大规模的问题的怀疑，将具有涵盖度和纵深度的历史排除在外。安德鲁·谢拉特（Andrew Sherratt）认为，这样的观点颇令人遗憾，因为在界定变化、关键的转变、复杂性的增加或者稳定期时，我们都需要采用一个长期的视角。安德鲁进一步指出，在阐释本地的发展变化时，只考虑本地情况的做法已经成为主导趋势。268 然而，地方史或区域史并不是自发的，也就是说，地方的变化并不能只通过本地情况来解释，而是必须置于更大的语境之内进行审视。与“自治论（autonomist）”视角相对比，谢拉特提出了一种“互相作用论（interactionist）”的研究方法，将过渡与变化看作是不同社会之间观念与物品的传播而导致的结果。这需要我们将关注点从生产方式转移至消费方法，审视商品的社会意义以及“跨文化有效性（intercultural validity）”的建构；共同接受的国际标准既合乎惯例又令人信服，是因为这些标准传播范围广泛，似乎是普遍适用的。[10]

尽管一些重要的创新——如人类话语或最近的电子革命——可能“最初兴起于一个特定的地点”，之后才向外辐射至新区域，但是这种情况并非常态。[11]谢拉特的观点的最大优势在于，他并不依靠于一个“中心”，而是着眼于各个“中心”之间的互动。换言之，在互相作用论者看来，“多向（multidirectionality）”要比“同向（unidirectionality）”重要得多，后者便是旧式的传播论者的执拗之处与致命缺陷。

这些延伸的交流网络之间的关系是多种多样的。有些是非平等的关系，通常被称为“核心—外围（core-periphery）”式关系；有些是平等的关系，其中多个政治自治中心在文化和经济层面上彼此互动。后一种关系类型被称为“同等国家的互动（peer polity interaction）”，很大程度上是由考古学家建构的。正如科林·伦福儒（Colin Renfrew）指出，这种关系类型"指代了在一个地理区域或是更大范围内，各种彼此相邻或接近的自治型的（如自我统治型的政治独立的）社会政治单元体之间发生（包括模仿和效仿、竞争、战争以及物质商品与信息的交换）的所有交流活动"。这种同等级国家之间的互动通常会随着时间的推移而形成"结构性同质（structural homologies）"，尤其是在"规模与地位相同的国家"之间。[12]

因此，同等国家的概念试图关注外因变化与内因变化之间的动态关系，其通常出现在同一区域内的相互作用的多个单元体之间。故而，这种互动关系一般具有多种外部促进因素，是强化与变化的主要来源。互相刺激的机制包括了竞争性效仿，这种行为鼓励财富与权力的展示，以增强自身在多国体系内的地位。这种机制与我们的研究密切相关，在"积极型互惠关系（positive reciprocity）"中有所体现，比如在交换礼物时表现得非常慷慨，或是建造更大型的纪念物——如狩猎场——以超过其他竞争对手。也就是说，这种效仿是有一种意识的行为，而竞争性的展示则倾向于让双方的实力均有所增强。因此，这种文化同质性的倾向并不是"强加"的结果，而更经常是一种"挪用（appropriation）"，即逐渐接受某些行为模式和实践，最终变为一种常态。这些遵循行为是自愿的，因为没有一个中心可以将自己的意志强加于其他中心之上。 269

这一过程常见于小型政体之间的互动活动，即在有限的区域内执政的酋长部落或城邦之间，例如古代的美索不达米亚。在那时，不同公国的贵族阶级之间的活跃互动关系最终形成了塞缪尔·诺亚·克莱默（Samuel Noah Kramer）所称的"国际贵族团体"。[13]同样的情况也出现在印度南部地区。在公元14～

15 世纪时，保守的印度国家维查耶那加尔（Vijayanagar）采纳了毗邻的伊斯兰国家的朝服与头衔（titulature），尽管当时该国内的贵族阶级中有强烈的反伊斯兰情绪。宫廷文化的国际化增强了维查耶那加尔王朝的政治地位与权威，有助于其参与和接触更宏大体系内的商业与文化交流资源。[14]

这些更宏大的体系是多个区域范围相互作用的副产物，也是非常常见的现象。杜比（Duby）认为，在公元 11～12 世纪的地中海沿岸、西北欧地区与斯拉夫世界中，基督教宫廷不仅开始效仿彼此，也效仿同时代的南方与东方的伊斯兰国家。[15] 但是在笔者看来，这并非前现代时期最大规模的互动范围。即使在古代，这些互动范围有时也会跨越整个大洲。例如，战车和冶金术在整个欧亚大陆范围内传播，并没有某一个主导的文化或政治中心。[16]

对本书的研究而言，首要的问题在于，相距遥远的国家是如何了解到彼此的狩猎活动与狩猎方法的？简而言之，皇家狩猎活动的国际标准是如何诞生的？由于我们已经仔细审视了这些外在刺激因素的传播渠道，此处只需简要地重述一下：①通过商业交换和王室馈赠而进行的国际动物交换活动；②动物管理专家通过吸引、胁迫和外交使团等途径在皇家宫廷之间频繁移动；③定期——通常是强制——邀请外国宾客和使节参加皇家狩猎活动；④最后是以伊朗为代表的，对外国皇家狩猎活动的多种视觉再现，并通过各种艺术媒介——金属器皿、织物和俑器——长途跋涉来到西方拉丁语地区、中国、朝鲜与日本。[17]

当我们将目光从机制问题转移至动机问题，也就是人们接纳国际标准的背后原因时，我们可以从文化焦点（cultural

focus）的现象入手，审视人们对文化现象中的某些因素表现更多兴趣的倾向。这种倾向体现在阐释、差异、鉴赏以及关于促进专门化词汇增加的细节的热烈争论中。[18]对我们的分析而言，最重要的一点是，这有利于人们细致地探寻和审视外国文化中出现的类似的文化焦点，即在特定的区域内接受外部影响的能力。[19]

270

对贵族猎手而言，各种证据都记录了他们对狩猎活动表现的强烈而持久的迷恋，这既包括这些贵族猎手本身，也包括远近的邻国。首先也是最重要的是，皇家猎手会不停地谈论狩猎活动，与外国访客交谈时也是如此。狩猎活动成了一种跨文化桥梁，任何抵达宫廷的外国贵族都会自动被看作对狩猎话题感兴趣的狂热猎手。有的时候，正如罗伊与贾汗吉尔的对话所显示的那样，狩猎活动是一个经过特别甄选的安全的社交话题，可以避免造成任何不快；而有的时候，正如1720年伊斯迈洛夫与清朝要臣的谈话显示，后者只是比起谈论“政治”更喜欢讨论狩猎活动而已。[20]

狩猎话题的巨大吸引力也显示了贵族阶级中的一种观点，即认为应当向遥远的外国宫廷询问有关于狩猎活动的重要信息，而其他的文化圈不一定具有这种好奇性。阿克巴大帝的儿子苏丹穆拉德（Murad）在对耶稣会士的各种询问中，主要关注的是葡萄牙的野生动物以及狩猎活动中猛禽的使用。[21]在一个关于腓特烈二世的故事中，也表现了对外国狩猎活动方式的同样关注。据当时的史料记述，当腓特烈二世收到来自蒙古人的归顺命令时，他开玩笑地说到，如果自己归顺的话会成为一位驯鹰师，因为自己对鸟类非常了解。[22]尽管并未真正实现，这件事依然准确地展现了人们所理解的遥远国度的宫廷及其品味和喜好，突出地折射出一种自然而然的假设，那就是任何强大的王公都会愿意接纳一位遥远国度的经验丰富的驯鹰师所提供的服务与信息。

神秘的鉴赏能力（arcane connoisseurship）是文化焦点以及对外国变体兴趣的另一种常见特征。《狩猎》（*Cynegetica*）据传是欧庇安（Oppian）于公元3世纪前后所作，其中便列出了从埃及到凯尔特地区再到西部草原的18种不同“族群”的猎犬。此外，欧庇安详细地描述了这些猎犬的习性与特征，提到这些“最为优质的［猎犬］极大地占据了猎手的心思”。[23]在之后的几个世纪中，10世纪时一部狩猎著作的作者伊本·库沙基姆（Ibn Kushājim）也列举了判定猎犬品质的具体标准，如毛色、举止、头型、脖颈长度、比例等。[24]叶卡捷琳娜二世曾厌恶地提及自己的丈夫彼得三世，后者及其密友一直争论各种外国猎犬的优点，并且组织不同犬种之间的比赛来解决争论。[25]

271 可以预料的是，猎鹰也得到了类似的待遇。来自遥远国度的各种鸟类一直很受欢迎，而且还出现了各种专门的词汇用于无休止地讨论猛禽的行为、疾病、身体特征与能力等。[26]鉴赏能力一般包括了高水平的区分，尤其是他人难以做到的区分，从而辨别一些微小但是“关键”的区别。这既包括现实的区分，也包括想象的区分。[27]在忽撒姆·阿杜拉（Ḥusām al-Dawlah）关于鹰猎活动的著述中，他区分了3种类型的苍鹰以及不少于14种类型的猎隼。对于每一种猎鹰，忽撒姆都详细描述了它的狩猎特征与习性，包括其是否“温柔”、“高贵”或“驯服”。自然而然的，专家们喜欢探讨和争论的便是这些细微且经常并不存在的区别。例如，忽撒姆提出一个观点，认为在评判一只游隼（baḥrī）时，人们有必要数一下游隼中指上的鳞片；他宣称，一般来说游隼中指有 17 或 18 片鳞片，目前最好的游隼则有 21 片。[28]

最后，对狩猎活动的关注中最引人注目的是无尽的精致以及对异域和新奇事物的开放态度。其中，阿克巴大帝便非常喜欢尝试新的技术，譬如在晚上的月光下猎鹿，或者在巴达克山（Badakhshān）的山间小道上需要用手抓住猎物的猎鹿活动。[29]此外，阿克巴大帝会因为新猎物而感到非常兴奋，例如在他第一次捕猎野驴时。阿克巴大帝的儿子贾汗吉尔也是如此；在他第一次听说原鸡（jungle fowl）后，便立刻作特殊安排前去捕猎。[30]

当然，新奇的动物狩猎助手也具有类似的吸引力。鸬鹚（Phalacrococrax carbo）很容易驯服，可以被训练为主人捕鱼。在中国，家养化的鸬鹚出现于公元 10 世纪前后，被广泛地应用于商业捕鱼活动中。在远西地区的意大利、荷兰与英国，鸬鹚却是在野外捕捉后，再被训练为皇家猎手捕鱼的。这些地区与日本的情况相同，都将鸬鹚捕鱼作为一种宫廷独有的娱乐方式和观赏性的体育活动。[31]

沿着边缘继续前进的话，我们可以看到马可·波罗关于忽必烈的记述。据称，忽必烈带着“狮子”进行狩猎，在这里显然指的是老虎。若认为马可·波罗的记述可信的话，则只能理解为是将笼中的老虎放出捕捉猎物。马可·波罗并未提及在这些猫科动物捕获猎物之后，如果才能使之再次回到笼子中。[32]如果这一记述是历史事实的话，那么其目的则非常明显，那就是彰显自己可以完成这种事情的能力。无论如何，马可·波罗的记述强调了在皇家猎手中比较常见的进行试验的欲望。

这种挑战现存界限和探索新的可能性的欲望，虽然非常奇特，但在莫卧儿帝国的早期宫廷中非常明显。一方面，当时的猎手非常喜欢利用驯化的“āhū”——鹿或羚羊——并训练其捕捉自己的野生同类。这种狩猎方法是将一种特制的捕网拴在鹿角或羊角上，人们往往会就此来打赌。[33]最不可思议的是，莫卧儿宫廷甚至训练大个的青蛙来捕捉麻雀！阿布尔·法兹尔（Abū'l Fazl）曾严肃地讨论了这一神奇的事迹。[34]尽管印度北部地区的这种“猎鸟蛙”并未传播广泛，但正如此前指出，北欧地区的猎鸟犬传播得非常广泛。

272

那么，这些传播是如何在特定例子的地区发挥作用的呢？同等国家之间的动态互动是各不相同的。第一，局外者会挪用外国文化习俗和事物，以增强自身的国际地位与在国内的权威。第二，局内者倾向于将自己的文化规范投射于遥远国家的统治阶级身上。统治者与所有人一样，都认为自己的某些实践行为是普遍的，是为其他所有宫廷所共享的，无论这个国家有多么遥远。因此，这种普遍的文化实践不仅对其自身而言非常重要，而且对世界的其他部分也造成了影响；当然，这些影响已经成为这些实践方法展示和继续传播的一种途径。

为了阐释这一文化辩证法（cultural dialectic），我们可以探寻一下公元8世纪初猎豹在中国的传播历程。有一段时期，突厥斯坦的非蒙古统治者面临着来自阿拉伯方面的强大的军事压力，于是向中国的唐朝请求援助。[35]这一过程涉及了一系列的外交或朝贡性质的出使活动，突厥斯坦向唐朝宫廷进献了狩猎用的猫科动物等礼品，期望唐朝宫廷会喜爱这些贡品，并更加友好地看待突厥人的援兵请求。在这一关系中，我们有必要注意到，这些传播活动不仅涉及了实体可见的商品（猎豹），也涉及了信息（即驯豹师）的交流，而正是这种组合促进了物质文化的一致性发展。[36]

在这里很明显，处于下级地位的突厥首领将自己的狩猎方法和喜好投射于唐朝统治者身上，那么为何中国的贵族阶级还热情地予以接受了呢？原因有二。首先，中国北方的贵族阶级本身便非常热衷于狩猎活动，因此猎豹是一种新奇而令人兴奋的变化。其次，在8世纪时，唐朝宫廷中几乎满是西域各国进献的贡品猎豹，大量出现的猫科动物令中国宫廷认为，所有有地位的宫廷都会使用猫科动物进行狩猎，也就是认为这是一种广为接受的国际标准。

这个例子在另一方面也很能给我们启发。尽管突厥斯坦的所有城邦都并不是与中国朝廷同等级的政体（很多实际上是中国的附属国），但它们之间仍然有频繁的互动。在这个例子中，或者说可能比我们通常的看法更加常见的情况，是那些更加开放和往往更加革新的外围地区对核心区域施加了影响。

在皇家狩猎历史上，同等国家相互竞争和效仿的现象多次出现。马可·波罗曾称，中国的元朝宫廷拥有“世界上最好的猎鹰与猎犬”，这无疑在忽必烈听来会非常悦耳。[37]显然，阿布尔·法兹尔的夸耀也期望能够得到同样的回应。阿布尔·法兹尔称，在阿克巴大帝治下，“各种各样的动物，无论是猎物还是其他，都从波斯、突厥斯坦和克什米尔被带至这里聚集起来，让观者们感到无比惊奇”。[38]当然，这样做的目的是将统治者与其他人区别开来。在1320年代，波代诺内的鄂多立克（Odoric of Pordenone）在访问中国元朝时便目睹了一场这样的游行。据他记述，皇帝乘坐一辆由四头大象拉动的象车，随行携带了12只矛隼，每遇到一只鸟时便会放出猎鹰捕捉。[39]这种

273

活动非常有力地展现了本国的控制范围与拥有的资源，即能够在中国的北部平原，使用来自亚北极地区的猛禽捕猎，而拉动车子行进的则是来自亚热带地区的大象。

大约三个世纪之后，布罗耶克（Broecke）在行文中提到，贾汗吉尔经常会在骑马和骑象狩猎时，带着“训练好的猎豹”、猎鹰、猎犬与枪支。[40]在这里，我们可以看到另外一位非常在意自己是否胜于别国的统治者，他使用了从古至今的全套狩猎用动物、方法与技术。但有些矛盾的是，这种有意识地追寻出众和异域的事物以让自己不同于他人的行为，却直接导致了频繁的借用与效仿，最终致使欧亚大陆大部分地区的皇家狩猎活动趋向于同质。

深层历史

现在，让我们将目光转至持久度的问题上，即皇家狩猎活动为何能存在这么久的时间。这需要我们考虑一下布罗代尔（Braudel）提出的“长期历史（la longue durée）”的概念。在这位伟大的法国历史学家看来，历史时间具有三种类型：第一，似乎快速变化的不连续事件的短期历史（short-term history）；第二，周期性变化的中期历史（mid-range history），比较典型的是可以持续几十年的经济趋势；第三，长期历史（la longue durée），即某些结构在百年或千年来以极慢的速度发生变化的历史。尽管这些结构可以持续好几代的时间，但其“侵蚀”的速率非常缓慢，以至于其中的任何一代人都难以察觉所发生的变化。布罗代尔认为，与这些结构相关的是地理学和生物学的基本事实，以及人们对自然能量循环的探寻。出于这个原因，这些结构非常难以超越或修改。[41]

这类现象的时间跨度可能非常惊人。例如，正如大卫·克里斯蒂安（David Christian）指出，在欧亚大陆更加干旱和人口较少的腹地，尽管种族层面与生态层面存在着差异，却共同具有一个重要的文化特征：在折中的区域中居住的"社群对动物的利用超过了对植物的利用"，而大卫认为这种专门化的行为"可以追溯至6000年之前的牧民，或是4万年前的狩猎—收集者"。[42]时间跨度更长的是基础技术，如人类对火的掌控——这是几千年来文化与自然的相互作用的核心。[43]

274

这种持久度和结构一致性还体现在某些文化的空间连续性中。这些文化已有几百年历史，其边界大致相同。[44]思维惯性也可能具有较长的时间跨度，例如托勒密人的天文学说。然而布罗代尔认为，无论这些结构以何种形式出现，都是极为重要的，它们主导了各种"事件"，其中不仅包括转瞬即逝的事件，也包括暂时出现而颇具迷惑性的事件。正因如此，历史学家才被转移了注意力，未能发觉那些发展缓慢得多但更加重要的长期变化。[45]

当然，这种方法本身也存在风险。埃里克·琼斯（Eric Jones）是大规模历史（large-scale history）的支持者，他指出人们有时犯了"过度标签化（overlabeling）"的错误；如果我们过度标签化那些经过极长时间而逐步形成的习俗或价值观念，就会制造一种长期或持续的错觉——而实际上这些错觉是并不存在的。[46]埃里克的说法很有道理，我们也必须谨防这种错误；但是时间框架更长的这一优势，还是胜过了其劣势。在某种程度上，这种做法挑战了将历史分为临时单元的传统观点，被认为是一种"自然的"研究领域；但实际上，这种研究方法非常武断而人为，是很少被质疑和推翻的惯例。[47]

皇家狩猎活动由于存在时间久和分布范围广，鲜明地挑战了传统的领域和时间框架，我们必须从皇家狩猎活动自身的角度来看待这一问题。但是首先，我们需要审视一下这种时间框架，以及这种我称之为皇家狩猎活动的制度，是否也是我本人标签化所造成的幻象。

在存在时间久这一方面，由于皇家狩猎活动与早前的生计狩猎之间的连续性，这也意味着皇家狩猎活动的出现时间非常早。在近东地区与地中海世界，或者说是整个欧亚大陆范围内，对蛋白质的追寻不仅与对享乐和政治权力的追寻融为了一体，也促进了后者的发生。[48]在核心区域的草原地带非常常见的围猎活动，便体现了这种融合。现在的很多专家认为，集体性狩猎活动使用武器、围猎、驱赶路线和包围的做法，可以追溯至距今 2 万年时的旧大陆。[49]甚至连狩猎场似乎也有更早的原型。曾有人指出，在新石器时代，鹿类的封闭式管理体系与中世纪的鹿苑颇有相似之处。[50]基于我们对这些狩猎场的了解，在欧亚大陆范围内的所有早期文明中心，都有与狩猎场深层相关的本土先例。

因此可以预料的是，在核心区域内，人们对皇家狩猎活动的理解有很强的连续性和时代感。正如希罗多德（Herodotus）正确地指出，尽管古代的波斯人借鉴了很多别处的知识，但对于之后的世代而言，他们依然是创造者与典范。[51]尤其是后世的穆斯林作者，更是从王权到箭术，将很多事物的“发明”与“首创”归结到古代波斯人身上。[52]因此，皇家狩猎活动的所有方面几乎都被认为是源于伊朗的。这也就意味着，当一种新的狩猎方法流行起来——如鹰猎活动——无论其真正的发源地是哪里，人们都会自动地将其归至古代的波斯帝王身上。此

275

外，与宗教中的伪经的作用一样，这些错误的归结进一步确立了这些实践活动的古老性与正统性，掩饰了其创新性。这就让人们聊以慰藉地错误认为，这些实践活动具有悠久而不间断的历史传统。

然而，尽管狩猎活动的模式经常发生变化，但皇家狩猎活动最重要的组织特征与功能是非常稳定的。可以体现这一点的，便是以下关于古代亚述帝国时期的皇家狩猎活动的基本特征清单。

> 狩猎活动被视作对国王勇气与技艺的检验
> 国王所猎杀的猎物袋会经过仔细的清点
> 狩猎活动中取得的胜利会在皇室宣传中大范围公开
> 狩猎活动的仪式性特征是用于确立其权威的正统性
> 狩猎场也是一种测试场所，其建造和设施都是为了给皇室队伍提供舒适
> 宴席和娱乐活动是狩猎活动不可分割的一部分
> 狩猎活动经过了精心的组织和策划，以确保安全和成功
> 狩猎活动被视作与战争等同的行为，会大量地使用军队，而且在国际关系中占有一席之地[53]

以上这些特征精确地描述了更晚且更遥远国度的皇家狩猎活动，如莫卧儿帝国和中国清朝的狩猎活动。其中唯一缺少的便是一些作为狩猎搭档的动物，如之后非常流行的猫科动物和猛禽。

皇家狩猎活动在现代时期所遗留下来的传统，也可以确认

关于其持续性和持久度的结论。欧洲人无疑在海外殖民地延续了贵族狩猎的传统；与他们所移植的贵族阶级一样，这些欧洲人利用狩猎活动来彰显自己对自然的控制力，以及自己驯化荒野与延续文明的能力；他们狩猎的目的是展现自己发现、调用与组织资源的能力，并以此来宣传自己在乡野地区的卓越管理技术；最后，狩猎活动成了一种野外公开的剧院，人们可以在其中检验、证明和赞赏英勇的行为。[54]

总而言之，这种认为成功的猎手可以主宰自然，并且由此认为人类也可以主宰自然的观点，在英属印度等地直至19世纪时依然非常常见。但是，这种观点并非欧洲人的首创，也不是欧洲干预亚洲所造成的偶然副产品。实际上，这是欧洲人对长期历史（la longue durée）下的本土结构的接受与适应。

276

最后一个问题是，为何皇家狩猎活动拥有如此持久的影响力，或者更加宽泛地说，为何会存在这种长期历史结构呢？这种长期历史结构得以历经历史时间在各个文化空间中繁荣起来，究竟是因为其不易受外在力量的侵蚀，还是因为其易于适应不断变化的自然环境与文化环境？如果答案是后者的话，为何这些结构没有随着时间的变化而失去原本面貌，导致难以辨识呢？我认为，皇家狩猎活动持久性的最佳解释是它的多样性，布罗代尔便是用这一属性来解释资本主义的长期成功的。[55]

在审视皇家狩猎活动的历史时，其具有超长的时间跨度的主要原因便是多样性。皇家狩猎活动具有很多目的，是统治阶级重要和有用的工具，在多样的文化、政治与生态语境中都可以运行。如前所述，皇家狩猎活动可以提供娱乐消遣，能够使人恢复健康并逃避令人不悦的社会境况；皇家狩猎活动是一种衡量人的方式，是社会地位的标识，也是进行政治嘉奖与惩罚，以及改造人们行为的方式；皇家狩猎活动为出行提供了基础设施，是进行巡视的幌子；皇家狩猎活动被广泛用于军事准备，可以展现自身立场，传递外交信号；皇家狩猎活动可以用于镇压匪患，保护民众，控制肆虐的自然；最后，皇家狩猎活动可以创造神话与意象，阐释意识形态概念并宣示正统性。[56]

与公共舞蹈等其他持久而分布广泛的社会习俗一样，皇家狩猎活动很容易被认为具有通用性或弹性；也就是说，皇家狩猎活动提供了一系列服务，可以在不造成大的结构性变化的情况下增加新的功能。[57]实际上，这与人类狩猎中经常出现的“弹性”是一样的。正如克莱夫·甘布尔（Clive Gamble）正确地指出，如果更加准确地描绘的话，这也是此种资源汲取方式的多种潜在可能性在不同语境中的实现。[58]

这种属性解释了为何皇家狩猎活动与前现代时期的欧亚大陆的国家结构有着不可分割的关系，以及为何在经济方面早已不需进行狩猎活动后很久，仍然有从事狩猎活动的“政治”必要性。值得怀疑的是，那些最常利用皇家狩猎活动的人是否曾对其各种特征进行过分类或枚举；更有可能的是，他们只是利用了皇家狩猎活动，认为其可以达到满意结果的同时也令人感到满意——他们无法想象一个不存在皇家狩猎活动的世界。

借用波兰尼（Polyani）对古代市场的描述，皇家狩猎活动可以说在很大程度上已经嵌入社会。[59]这种嵌入性也可以阐释皇家狩猎活动的最终灭亡。尽管几个世纪以来，皇家狩猎活动的内容已经经过了改造，但是其基本功能一直没有发生变化。直至公元 19 世纪时，随着国际关系与战争活动中新标准的出现，皇家狩猎活动的功能遭到了严重的削弱。皇家狩猎活动的核心政治环境被新的国家形式所破坏，后者基于完全不同的组织形式和交流方法，使用了全新的手段来控制野生自然的侵袭。

277

致 谢

本书源于对蒙古的皇家狩猎活动及其前身的研究。随着时间的流逝，背景资料的搜寻已形成独立规模，于是我开始关注这种作为跨欧亚现象的皇家狩猎活动。由于这一体制不仅分布广泛，而且存在时间很长，因此对皇家狩猎活动的研究成为针对“大历史（Big History）”的一次尝试，促使我跨越了各种边界，摆脱传统研究领域的束缚。 405

在文献方面，尽管我不能说已穷尽了任何一种资料来源，但是我从不同地区和时代挑选了具有代表性的材料，有些是原始文献，很多则是译文。实际上，皇家狩猎活动资料数目之广，已经超过了任何一位学者的个人掌控能力。最后，出于对时间因素和空间因素的实际考虑，虽然仍有很多丰富的资料尚未触及，我仍不得不中止了自己的研究。

在探寻这样一个研究题目的过程中，我经常被带至远离自己所受学术训练的研究领域之内，因此经常会求助于我的朋友与同事，他们亲切地对我提出的问题进行了解答，主动补充新的资料，而且还慷慨地提供了自己或他人的著作。总体而言，他们的指导、点评与批评都极大地改进了本书的内容，让我避免了很多错误与误解之处。对于这些善意的帮助，我在此向他们表示深深的感谢：Anna Akasoy，Michal Biran，Pia Brancaccio，Bruce Craig，Stephen Dale，Magnus Fiskesjö，Peter Golden，Anatoly Khazanov，Elfriede Knauer，Roman Kovalev，Xinru Liu，Stuart McCook，

Charles Melville, Ruth Meserve, Judith Pfeiffer, Scott Redford, Jonathon Shepard, Andrew Sherratt, Nancy Steinhardt。如果有任何人被遗漏了，那是我的疏忽所致，我表示真挚的歉意。

此外，我还要感谢 2002 年春季在新泽西学院（College of New Jersey）开设的动物史课上，学生们给我带来的灵感。他们富有内涵的提问、观点与辩论帮助我厘清了本书中很多问题的思路。

几年来，罗斯科西图书馆（Roscoe West Library）馆际互借处的工作人员曾为我所有的研究工作提供了重要的协助，本书的完成进一步证实了他们的技术、专业与乐于助人。

我还要特别感谢 Victor Mair，自本书的撰写之初他便为我带来了无数的鼓励、建议与参考，并且为本书在“与亚洲相遇（Encounters with Asia）”系列丛书中的出版提供了支持。

406

此外，我必须要感谢 Richard Eaton，他细致地阅读了本书全稿，并且就书稿的结构和论述部分提出疑问，促使并引导本书的终稿进行了有益的结构重组。

再一次，我想对我的妻子 Lucille Helen Allsen 表示深深的谢意，感谢她的支持、编辑与文字处理方面的协助；最重要的是，她从未对我最近感兴趣的动物文化史表现厌倦。

古根海姆基金会（Guggenheim Foundation）2002 ~ 2003 年的资助以及美国国家人文基金会（National Endowment for the Humanities）2003 ~ 2004 年的资助使我多年来得以全职从事这一项目的研究。古根海姆基金会还提供了出版补助金以承担出版费用。对于这两家基金会及时而慷慨的资助，我表示深深的感谢。

最后，由于本书在一定程度上涉及了前现代时期宫廷生活中的猫科动物，本书必然也要献给我生命中出现的猫科动物们。

注 释

第一章 狩猎史

279

1. 其他可参见 Gellner 1988, 19 - 20。附有具体日期的引用见“参考文献”；未注明日期的引用见“缩略语与原始出处”。

2. Daniel 1967, 79 - 98.

3. Kramer 1967, 73 - 89.

4. Harris 1996, 447 - 51.

5. 相关文献可参见 Bird-David 1992, 25 - 47。

6. Wilson 1998, 73 - 97, 附评论。

7. Cohen 1989, 2 - 6.

8. 参见 Hill 1982, 521 - 44 及 Potts 1984, 129 - 66。

9. Stiner, Munro, and Surovell 2000, 39 - 73, 附评论。

10. Linton 1955, 150; Coon 1971, 71 - 73; Legge 1972, 119 - 24; Fagan 1987, 74; and Simmons 1989, 43 - 47.

11. 请参见 Legge and Rowley-Conwy 1987, 88 - 95 以及 Balter 1998, 1444 - 45。

12. Vasilevich 1968, 129 - 41.

13. Wittfogel and Feng 1949, 126; *LS*, ch. 68, 1037; and *H-Ā*, 97. 关于狩猎活动在古代草原地带所占据的地位可参见 Novgorodova 1974, 70 - 73。

14. Pliny, VI. 161; *H-'Ā*, 100; and Pachymérès, II, 446. 更多评论与其他参考文献请参见 Sinor 1968, 119 - 21。

15. Noonan 1995, 270 - 71.

16. AR, 30 - 31, 44, 60, 75, and 85.

17. Marco Polo, 184 - 85 and 220; and *YS*, ch. 5, 89 and 98, and ch. 87, 2004 - 5.

18. *MM*, 17 and 100, and Rubruck, 85.

19. Peng and Xu, 475 and 478.

20. Shakanova 1989, 113 - 14.

21. Gregory of Tours, 592 - 93.

22. Einhard, 52, and Helmold, 277. 关于鱼类和猎物在西欧与东欧地区的平民饮食中的重要性，请参见 Almond 2003, 90 - 114, and Kovalev 1999, 21 - 22。

23. Duby 1974, 17, 20, 23, and 44.

24. *ANE*, II, 103.

25. Herodotus, I. 73; Justin, XLI. 3; and Zosimus, III. 27.

26. P'arpec'i, 164; *H-'Ā*, 66; and *TTP*, 36. 相关的考古学证据请参见 Braund 1994, 197。

27. 引用请参见 Varthema, 175; Hamilton, I, 209; Forbes, III, 83; and Ovington, 160。

280 28. *HS*, ch. 96B, 3914; *HS*/H, 173; Wang 1982, 58; Ebrey 1986, 620; Marco Polo, 328; and Gernet 1962, 137.

29. Ripa, 61 - 62 and Huc and Gabet, I, 19 - 20.

30. Clagett 1992, 251.

31. *HS*, ch. 24B, 1180 - 81; *HS*/D, III, 495 - 96; and *QC*, 282. 关于中国国内的皮草、河狸毛皮和水獭皮的活跃市场，

请参见 Song Yingxing, 80 and *PRDK*, 133。

32. Swadling 1996, 49 – 70.

33. Martin 1980, 85 – 97.

34. Clark 1986, 13 – 20. 关于地中海地区象牙的早期贸易与获得途径，请参见 Hayward 1990, 103 – 9; and *ARE*, II, 235。

35. Laufer 1913, 315 – 64.

36. *SOS*, 150 – 51. 可参见评论 Rudra Deva, 86（no. 44）。

37. Hamilton, II, 102 and *SOS*, 152.

38. 关于亚洲当代的野生动物交易与商业狩猎活动，请参见系列文章 Knight 1999, 8 – 14。

39. 有关综合对比皮草诱捕与贸易史的可能性，请参见 Tracy 2001, 403 – 09。

40. Thompson and Johnson 1965, 315 – 16.

41. Altherr and Reiger 1995, 39 – 56.

42. Spuler 1965, 387; Spuler 1985, 346 – 48; Jagchid and Hyer 1979, 23 – 37; and Jagchid and Bawden 1968, 90 – 102.

43. Bunzel 1938, 374 – 75.

44. 这些论述的基础源于 P. Wilson 1988, 79 – 91 and 117 – 34。

45. Trigger 1990, 119 – 32 and Smil 1994, 232.

46. Silverbauer 1982, 29. 此外还可参见 Woodburn 1979, 244 – 64。

47. Guo 1995, 29, 50 and 52 and Shavkunov 1990, 89 – 128.

48. Cheng Zhuo, 178.

49. Bigam, 66 – 67, 波斯语文本, and 165 – 67, 英语译本。

50. Ingold 1994, 1 – 16. 关于中世纪格鲁吉亚的人性与动物性观念，请参见 Beynen 1990, 33 – 42。

51. *Time*, April 1, 1940, 27.

52. 关于狩猎场的毁坏，请参见 Schama 1995, 68 - 73。

53. Lane 1987, 183 and Hasan-i Fasā'i, 419.

54. 有关针对狩猎假说的代表性批判，请参见 Simon 1987, 91 - 99; Cartmill 1993, 1 - 27; and Stange 1997, 23 - 47。

第二章 田野与河流

1. Gignoux 1983, 101 - 18 and Tacitus, *Ann.*, II. lvi.

2. Ahsan 1979, 202 - 5.

3. 关于古代的贵族狩猎活动，请参见 Fiskesjö 2001, 130 - 32; 有关中世纪的的贵族狩猎活动，请参见 Wright 1979, 52 - 53。

4. W. Kim 1986, 43, pl. 3.

281 5. Purchas, IX, 292.

6. Dio Chrysostom, 70. 2. 详细的论述请参见 Anderson 1985, 31 - 55。

7. Pliny the Younger, I. xi and Ammianus, XXVIII. 4. 8.

8. Aristotle, *HA*, VIII. 28; Xenophon, *Cyn.*, XI.; and Oppian, III. 7 - 62 and IV. 77 - 214. 此外还可参见 Anderson 1985, 1 - 16。

9. Machiavelli, 338 - 42 (*Discourses*, ch. XVIII). 参见 Bivar 1972, 273ff. and Ostrogorsky 1969, 101。

10. Anderson 1985, 78 - 100 and Hyland 1990, 243 - 46.

11. 有关向骑兵转变的年表，请参见 L. White 1966, 3ff.; Bachrach 1983, 1 - 20; and Genito 1995 - 97, 78 - 80。

12. *AR*, 54, and Wittfogel and Feng 1949, 63, 64 and 180.

13. Carré, II, 358 and III, 767; *RG*, 85; Varthema, 122 and

172; and Forbes, II, 488.

14. G. Mundy, 35 – 36.

15. Theophylact, VIII. 8. 3 – 4; *JS*, ch. 6, 133, 137, and 146, ch. 7, 158, and ch. 8, 196 and 198; Quan Heng, 38; Tan 1982, VII, map 7 – 8, inset of Dada *lu*; and P. Mundy, I, 19.

16. *CC*, 103, 109, and 118.

17. Bernier, 375 and 396.

18. *YS*, ch. 2, 32, 34, 35, and 39; Jahāngīr, I, 90, 202, 248, and 252; and ʿInāyat Khān, 159.

19. *GC*, 15 and 75 and *ZT*, 38 and 39.

20. Agathangelos, 217 and Khorenatsʿi, 363.

21. *CRP*, 31 – 32.

22. *PSRL*, I, 60; *PVL*, 29, 古俄语文本, and 172, 现代俄语译本; and *RPC*, 90。

23. *SH*, I, 2 and *SH/I*, 14.

24. *PSRL*, I, 74; *PVL*, 35, 古俄语文本, and 172, 现代俄语译本; and *RPC*, 90。

25. 例如，可参见 Jūzjānī/L, 159; Jūzjānī/R, I, 577; and Ibn Baṭṭuṭah, III, 560。

26. Pelsaert, 33.

27. *CWT*, II, 235.

28. Abū'l Faẓl, *AA*, II, 250 and III, 448.

29. 关于科斯（kos），也就是盎格鲁 – 印第安语中的科斯（coss），请参见 Yule and Burnell 1903, 261 – 62。

30. Jūzjānī/L, 80 – 81 and Jūzjānī/R, I, 385 – 86.

31. Ibn Khurdādhbih, 28, 阿拉伯语文本, and 20, 法语译本。

32. *GC*, 109.

33. Khorenats'i, 135.

34. Decker 1992, 158 - 67; *ANE*, II, 67; *CRP*, 35; Ripa, 73; and Jahāngīr, I, 360.

35. P'arpec'i, 43, and Ahsan 1979, 220.

36. *PSRL*, I, 60; *PVL*, 29, 古俄语文本，以及 165，现代俄语译本; and *RPC*, 82。关于"perevesishche"的概念，请参见 *Slovar* 1975 - , XIV, 217。

37. Juvaynī/Q, I, 111; Juvaynī/B, I, 140; and Rūzbihān, 48.

38. Abū'l Faẓl, *AN*, I, 415 and 492 - 93, and II, 117; Abū'l Faẓl, *AA*, I, 307 - 8; and 'Ināyat Khān, 445.

39. du Jarric, 76.

40. Fiskesjö 2001, 53. 另外还可参见 Keightley 1978, 30n10, 32n19, 34, 44 and 62。

41. *ZZ/W*, 19; *HS*, ch. 54, 2439; *HS/W*, 12 - 13; and Laufer 1909, 149 ff.

42. Tavernier, I, 312.

282 43. Jahāngīr, I, 234; Pelsaert, 51; and Broecke, 34, 46, 47, 53 and 91.

44. Gregory of Tours, 438, and W. H. Lewis 1957, 52.

45. *PSRL*, I. 251; *PVL*, 104, 古俄语文本, 242, 现代俄语译本; and *RPC*, 214。

46. Tabari, XIII, 192.

47. Kai Kā'ūs, 83 - 84.

48. Ḥāfīẓ-i Tanīsh, II, 203b, 波斯语文本, and 180, 俄语译本; and Munshi, II, 1081, 1179, 1215, and 1297。

49. *CC*, 84, 109, 113, 117, 118, 120, and 125; *ASB*, 33, 34, 35, 40, 162, 170, 171, and 180; and Einhard, 59.

50. *JS*, ch. 7, 170, 172, 174, and 179, and ch. 8, 183, 186, 188, 191, 197, and 200.

51. Qāshānī, 73.

52. Ye Longli, ch. 23, 226.

53. Peng and Xu, 478; *YS*, ch. 2, 37, and ch. 3, 47; and *NC*, III, 106.

54. d'Orléans, 110; Hāfīẓ-i Abrū/M, 99 – 110; *HC*, 180 – 83; *HI*, *V*, 93; 'Ināyat Khān, 211 and 413; and Muraviev, 63.

55. Keeley 1996, 50 and 52.

56. McEwen, Miller, and Bergman 1991, 76 – 82.

57. Gardiner 1907, 249 – 73, esp. 255 and 257, and Drews 1993, 181.

58. el-Habashi 1992, 33 – 34, 56, 81 – 82, and 145 – 46, and Clagett 1992, 251.

59. Jahāngīr, I, 35, 45, 109, and 111, and II, 236 – 37.

60. el-Habashi 1992, 31 and 53, and Decker 1992, 154.

61. Martynov 1991, 84; Golden 2002, 151; and Niẓāmī, 12.24 – 25.

62. Diodorus, V.76.3, and Lavin 1963, figs. 71, 79, 81, 110, 122, and 123, 此后俱为 286。

63. 例如可参见，Jahāngīr, I, 362, 371, and 401。

64. Ye Longli, ch. 23, 226; *SCBM*, 147; Wittfogel and Feng 1949, 353; Ripa, 90 – 91; and Haenisch 1935, 75, entry no. 27.

65. Lawergren 2003, 88 – 105, and Albertus Magnus, I, 684.

66. Koch 1998, 17 - 26.

67. 古代中国也是如此，参见 Fiskesjö 2001, 12 - 23, 关于中世纪的伊斯兰世界可见 al-Manṣūr, 60 - 61 and 63 - 69。

68. 关于“keyik”一词在突厥语中的多种含义，请参见 Bābur, 6, 8, 10, 224, 296, and 491; Nadeliaev 1969, 194 - 95; and Bazin 1957, 28 - 32。

69. Parrot 1961, 185, figs. 236 and 203, fig. 252; Jahāngīr, I, 102; and Rudra Deva, 85 - 86 (para. 36 - 40).

70. Manucci, I, 184 and Ripa, 89 - 90.

71. Xenophon, *Cyr.*, I. iv. 7 - 9.

72. Rudra Deva, 82 (para. 17).

73. Piggot 1992, 45 - 68.

74. el-Habashi 1992, 142 and 152; Decker 1992, 153 - 54; Houlihan 1996, 11; *ARI*, II, 50, 55, 91, 150, and 175; Parrot 1961, 269 - 73 and fig. 345.

75. Porada 1969, 177 - 78.

76. Sharma 1970, 176, and Kalidasa, 5.

77. Shaughnessy 1988, 189 - 237, esp. 216 - 17. 关于中国军用马车的消亡，可参见明朝后期学者的论述 Song Yingxing, 262。

78. *CATCL*, 420 - 21.

283 79. *HS*, ch. 8, 238, and ch. 9, 293; *HS*/D, II, 205 and 329; *HHS* ch. 29, 3646; and *CRP*, 30 - 31.

80. *ZZ*/W, 162; *SMCC*, 206; and Mencius, 3. 38.

81. Amiet 1969, 6 - 8.

82. Buzand, 128.

83. *ANE*, I, 250.

84. Littauer and Crouwel 1973, 27 – 33, and *ANE*, I, pl. 40, 后为 284。

85. Drews 1993, 106, 119 – 26, and 141 – 47; *ANE*, I, pl. 40, 后为 284; Decker 1992, 153; and Parrot 1961, 55 – 56 and fig. 64。

86. *ARE*, II, 345 – 46; Xenophon, *Cyr.*, I. iv. 13 – 16 and II. iv. 20; Fiskesjö 2001, 103 – 4 and 113 – 20; and Gregory of Tours, 243.

87. P'arpec'i, 43.

88. Usāmah, 223, and Dozy 1991, I, 317; *HI*, III, 172; Bābur, 114, 325, and 424; and Jahāngīr, II, 120, 181 – 82, and 229.

89. *IB*, 27, and Nadeliaev, et al. 1969, 481.

90. Zhao Hong, 456.

91. Lessing 1973, 2 and 43, and Rozycki 1994, 9.

92. *SH/I*, 70, 73, and 153; *SH*, I, 74, 78, and 188; Lessing 1973, 1045; and Doerfer 1963 – 75, I, 291 – 93 and 411 – 14.

93. Rubruck, 85; *MM*, 100 – 1; Marco Polo, 226 and 229 – 34; and *CWT*, II, 235.

94. Kāshgharī, I, 281, and Rudra Deva, 88 (para. 51 – 52), 斜体为笔者所加。

95. Ye Longli, ch. 24, 231, and Tao 1976, 8 – 9.

96. Juvaynī/Q, I, 19 – 20, and Juvaynī/B, I, 27 – 28.

97. Ibn 'Arabshāh, 308 – 9.

98. Ovington, 162.

99. Ibn al-Furāt, I, 85, 阿拉伯语文本, and II, 69, 英语译

本；Jahāngīr，I，103 and 120；and Rashīd/K，II，689。

100. Wittfogel and Feng 1949，284.

101. Rashīd/K，I，245；Doerfer 1963 –75，I，162；*SWQZL*，31；Pelliot and Hambis 1951，139 –41 and 143 –44；Jahāngīr，II，181 –82；and Ripa，86 –89.

102. Agathangelos，217；*JTS*，ch. 64，2420；*PCR*，207；*PSRL*，I，219；*PVL*，91，古俄语文本，and 229，现代俄语译本；*RPC*，173。

103. 这一点可以追溯至商代，可参见 Fiskesjö 2001，118。

104. *HS*，ch. 10，327，and ch. 87b，3558，and *HS*/D，II，412.

105. Peng and Xu，478.

106. Beveridge 1900，137 –38，and Bābur，45.

107. Jahāngīr，I，203 –4 and II，83 –84.

108. Herbert，81.

109. d'Orléans，72 and 107.

110. *MTZZ*，ch. 3，2a –b，中文文本，and 50 –51，法语译本。

111. Luo Guanzhong，I，209.

112. *HS*，ch. 94a，3788 –89.

113. *WS*/H，53；Wittfogel and Feng 1949，129；and *JS*，ch. 6，132.

114. Ripa，86 –89.

115. du Jarric，10 – 11；'Ināyat Khān，124；and Bernier，374 –75.

116. Don Juan，40 and 47.

117. Kaempfer，73.

118. Jūzjānī/L，81，and Jūzjānī/R，I，386.

119. Munshī, II, 764. 其他大型驱赶式狩猎活动可参见 668 - 69 及 1165。

120. Abū'l Faẓl, *AN*, II, 416 - 17. 此外，关于另外一场大型的驱赶式狩猎活动可参见 I, 439 - 40 以及 442 - 43。

121. d'Orléans, 110.

第三章　狩猎场

1. Frye 1983, 78.

2. Hinz 1970, 425 - 26; Hinz 1975, 179; Kent 1931, 228 - 29; and Benveniste 1954, 309.

3. 例如，可参见 Xenophon, *Cyr.*, VIII. i. 38。

4. Xenophon, *Ana.*, I. ii. 7.

5. Xenophon, *Ana.*, I. iv. 9 - 11 and II. iv. 14.

6. Dandamaev 1984, 113 - 17, and Dandamaev 1992, 20. 有关阿契美尼德王朝的狩猎园及其特征、设施、功能与地理分布情况，目前最好的综合调查请参见 Tuplin 1996, 93 - 131。

7. Arrian, *Ana.*, VI. 29. 4 - 5; Strabo, XV. iii. 7; and Dio Chrysostom, 79. 6.

8. Xenophon, Cyr., I. iv. 5, 11.

9. Dio Chrysostom, 3. 137 - 38.

10. Xenophon, *Cyr.*, VIII. vi. 12. 此外可参见 Briant 1982, 451 - 52。

11. Xenophon, *Hell.*, IV. i. 15 - 16, and Akurgul 1956, 20 - 24.

12. Diodorus, II. 10. 1 - 2 and 13. 1 - 4.

13. 例如，相关的简要图像史可参见 Stronach 1994, 3 - 4 以及 Foster 1999, 64 - 71。

14. Leclant 1981, 727 – 38, and Houlihan 1996, 42 – 44.

15. Wilkinson 1990, 204 – 5.

16. *AS*, 113 – 14, viii, 17 – 21; Oppenheim, ed. 1968, 44; Oppenheim 1965, 333; and Soden 1959, 426.

17. 可参见相关的讨论 Tuplin 1996, 80 – 88。

18. Taagepera 1978, 108 – 27, esp. 116, 121 – 22, and 126.

19. Khorenatsʻi, 182 – 83.

20. Buzand, 75 and 96.

21. Dasxurancʻi, 143; Quintus Curtius, VIII. i. 19; and Arrian, *Ana.*, IV. 61.

22. Ammianus, XXIV. 4. 2; Zosimus, III. 23; and Klein 1914, 109 – 12.

23. Theophanes, 25 and 26.

24. Schmidt 1940, 80, pl. 96.

25. Christensen 1944, 469 – 72; Herzfeld 1988, 326 – 38; and Shepard 1983, 1085 – 89.

26. Shaked 1986, 75 – 91.

27. *KB*/V, 10, and Masʻūdī, II, 169.

28. Bar Hebraeus, 118.

29. Benjamin of Tudela, 96.

30. Ibn Isfandiyār, 115.

31. Narshakhī, 29.

32. Herbert, 127 and 132 – 33, and Fryer, II, 245.

33. Xuanzang, II, 45, 51 and 55.

34. Quintus Curtius, VIII. ix. 28. 参见 Strabo, XV. i. 55。

285 35. Aelian, XIII. 18.

36. Kautilya, 48.

37. *HI*, III, 303, 350, 353, 354, and 366.

38. Jahāngīr, I, 366 – 67.

39. Abū'l Faẓl, AA, II, 248; du Jarric, 200; and Forbes, II, 481 – 82 and III, 136 – 37.

40. Varthema, 126.

41. G. Mundy, 13 and 209.

42. Varro, III. iii. 8 – 9, xii. 1 – 3, and xiii. 1 – 3. 参见 Pliny VIII. 211。

43. Suetonius, Tiberius, LX, Nero, XXXI. 1 – 3, and Domitian, XIX.

44. Conan 1986, 353.

45. Procopius, *HW*, IV. vi. 6 – 10.

46. Liudprand, 194 – 95. 又见 Van Milligen 1899, 75 – 76。

47. *PCR*, 205.

48. 相关的概况，可参见 Cummins 1988, 57 – 67。

49. *ASC*, 188; Cantor and Hatherly 1979, 71 – 85; and Emery 1973, 274 – 75.

50. Pittman 1983, 30 – 77.

51. Mencius, 1. 3.

52. *ZZ/W*, 69 – 70. 关于这一时期的狩猎场，请参见 Hsu 1980, 11 – 12; Schafer 1968, 320 – 25; and Hargett 1988 – 89, 2 – 3。

53. *ZGC*, 61 – 62.

54. *WX*, II, 53 – 71; Sima Guang/C, I, 43; and Bielenstein 1976, 18 and 81.

55. *HS*, ch. 65, 2847 – 51, and *HS*/W, 83 – 87.

56. *HS*, ch. 54, 2455; *HS*/W, 40; CRP, 37 – 41; and *WX*, II, 73 – 89, 113, 207, 209, and 211. 其他的相关数据，请参见 Wang 1982, 1 and 8 – 9; Hervouet 1964, 222 – 42; and Schafer 1968, 325 – 31。

57. *HS*, ch. 96b, 3928; HS/H, 173; SJ, ch. 28, 1384, and ch. 102, 2752; *SJH*, I, 468, and II, 25; *CRP*, 41 – 44; *WX*, I, 113, 137, 139, 445, and 447, and II, 89 – 95 and 115 – 17; and Wang 1982, 101, 102, and 149.

58. *HS*, ch. 9, 285, and ch. 10, 304, and *HS*/D, II, 314 and 377 – 78.

59. *SJ*, ch. 30, 1428 and 1436; ch. 58, 2084; ch. 87, 2502; ch. 122, 3132; *SJQ*, 204; *SJH*, I, 383, and II, 70, 78, and 380.

60. *SJ*, ch. 125, 3194; *SJH*, II, 422; *CRP*, 44 – 47; and *WX*, I, 137 and 139, and II, 97 – 105.

61. Schafer 1956, 259 – 60.

62. Fu Jian, 166; Yang Xuanzhi, 60 – 65; and Jenner 1981, 173 – 75.

63. 关于这一复兴，请参见 Schafer 1968, 334 – 41; Hargett 1988 – 89, 4 – 5; and Benn 2002, 68 – 69 and 95。

64. *VRTE*, 40.

65. Hargett 1989, 61 – 78, and Hargett 1988 – 89, 5 – 43.

66. Fan Chengda, 150.

67. *SH*, I, 218, and *SH*/I, 173 – 74.

68. Juvaynī/Q, I, 21; Juvaynī/B, I, 29; Rashīd/A, II/1,

147 – 48; Rashīd/B, 64 – 65; and Boyle 1972, 125 – 31.

69. Marco Polo, 264.

70. *MP*, 227 – 28; Nadeliaev 1969, 460; and De Weese 1994, 179 – 89.

71. Pelliot 1959 – 61, I, 140 – 43, and II, 843 – 45.

72. Marco Polo, 210 – 11; *CWT*, II, 218 – 19; *SH*, I, 41; *SH*/I, 45 – 46; and Steinhardt 1983, 138.

73. Steinhardt 1990a, 150 – 54; Steinhardt 1990b, 62 – 65; Pelliot 1959 – 61, I, 238 – 40 and 256 – 57; and Chan 1967, 126 – 27.

286

74. Bushell 1873, 329 – 38; Impey 1925, 584 – 604; and Atkinson 1993, 29 – 35.

75. Rashīd/K, I, 641; Rashīd/B, 277; and Marco Polo, 185 – 67 and 201.

76. Brunnert and Hagelstrom 1912, 20 and 517 – 18.

77. *PRDK*, 136.

78. Bell, 166 and 168 – 72.

79. Ripa, 96.

80. Ripa, 74 – 75, and Bell, 132 – 33. 此外，更多细节与图表可参见 Malone 1934, 21 – 43 和 219。

81. *RKO*, I, 228 – 29.

82. 关于大致情况，可参见 Gilbert 1934, 369 – 73; Elliot 2001, 182 – 87; Menzies 1994, 55 – 56; and Hou and Pirazzoli 1979, 15 – 24, and 37 – 41。

83. Ripa, 78, 84 – 85, and 128, and Hedin 1933, 13, 129 – 32, and 155 – 60.

84. Macartney, 106 – 17, 122, 124 – 27, 132 – 34, and 144.

85. Yūsuf, 256.

86. Mandeville, 141 – 42.

87. Hamilton, I, 26.

88. 关于成吉思汗的著名宫帐，请参见 Shaw, 239 – 40。

89. Welles, Fink, and Gilliam 1959, 89, no. 15a; Kashgarī, I, 343; Nadeliaev 1969, 125; and *FZ/B*, 95, 波斯语文本 and 98, 俄语译本。

90. McClung 1983, 17ff.

91. Ringbom 1951, 310.

92. 关于这一重要讨论，请参见 Moynihan 1979, 38 – 45, and Reinhart 1991, 15 – 23。

93. Xenophon, *Oec.*, IV. 4 – 5, 8, 12 – 14, and 20 – 25. 此外还可参见 Aelian, I. 59。

94. 有关这些概念的详细论述见 Fauth 1979, 1 – 53; Widengren 1951, 5 – 19; and Stronach 1990, 171 – 80。

95. Aelian, VII. 1; Nylander 1970, 114 – 15; and Stronach 1990, 107 – 12.

96. *LKA*, 208 and 210, and *HHS*, ch. 4, 175, and ch. 83, 2765.

97. Dandamaev and Lukonin 1989, 143 – 44.

98. Carroll-Spillecke 1992, 91.

99. Brockway 1983, 31 – 36.

100. Watson 1983, 117 – 19; Subtelny 1995, 19 – 59; and Subtelny 1997, 110 – 28. 关于中亚地区与印度之间交换活动的例子，请参见 Bābur, 686。

101. *ANE*, II, 101.

102. Laufer 1967, 262 – 63, and Ripa, 101.

103. Plutarch, Artaxerxes, XXV. 1 – 2.

104. Xenophon, *Hell.*, IV. i. 33.

105. Strabo, XV. i. 58, XVI. i. 11 and ii. 41, and Procopius, *B*, VI. vii. 2 – 5.

106. Meiggs 1982, 270 – 78.

107. *PFT*, 15, 113 – 16, 497, and 742.

108. Gentelle 1981, 80 – 96 and esp. 85, and Gignoux 1983, 104 – 7.

109. Briant 1982, 451 – 56.

110. Plutarch, Artaxerxes, XXV. 12. 相关评论可参见 Diodorus, II. 10. 1 – 6 and 13. 1 – 4, XIV. 79. 2, and XIX. 21. 3。关于热河狩猎场与周边环境的对比可参见 Ripa, 84。

111. S. Redford 2000, 313 – 24.

112. 相关评论请参见 J. Fox 1996, 483, and Barber 1996, 868 – 80。 287

113. Lewis 1990, 152, and Fiskesjö 2001, 161 – 63.

114. Bielenstein 1980, 68 and 82 – 83.

115. *SJ*, ch. 30, 1434 – 35 and 1936; *SJH*, II, 77 and 78; *HS*, ch. 6, 198, ch. 7, 223, ch. 10, 303, ch. 63, 2743, ch. 68, 2940 and ch. 96b, 3905; *HS*/D, II, 98, 160 and 376; *HS*/W, 49 and 133; and *HS*/H, 153.

116. Longus, IV. 1 – 8, and Clavijo, 215 – 16.

117. Masʿūdī, VIII, 269, and Henthorn 1971, 60 and 112.

118. 参见 Schafer 1968, 333。

119. 关于叶卡捷琳娜宫（Tsarskoe Selo）的相关信息，请参见 Bardovskaya 2002，160 - 63。

第四章　狩猎搭档

1. Clutton-Brock 1989，21 - 33.

2. Caras 1996，20 - 21.

3. 一些狩猎指南中有关于捕象活动的讨论，请参见 Rudra Deva，86（para. 44）。

4. Pliny，VIII. 218，and Zeuner 1963，401 - 3.

5. Frederick II，5.

6. Jūzjānī/L，258 and Jūzjānī/R，II，756.

7. Ḥāfīẓ-i Tanīsh，I，14a，波斯语文本，and 55，俄语译本。

8. 例如，请参见 Yūsuf，214 - 15。

9. 相关建议请参考 Kai Kā'ūs，84。

10. Vilà et al. 1997，1687 - 89.

11. 最近的 DNA 研究表明，最古老的品种来自于亚洲东北部地区，包括哈士奇、秋田犬和松狮犬等。请参见 Parker et al. 2004，1160 - 64。

12. Clutton-Brock 1995，7 - 20.

13. Dio Chrysostom，1. 19 - 20. 另请参见 Pliny，VIII. 142 - 45。

14. Campany 1996，244 and 388，and Gernet 1985，148.

15. *ARE*，IV，255.

16. *MTZZ*，46，中文文本 and 24，法语译本；Xenophon，*Cyn.*，VII. 5；al-Manṣūr，17 and 32；and Abū'l Faẓl，AA，I，301。

17. 最好的指导性文献请参见 Brewer，Redford，and Redford 1994，114 - 17；Osborn and Osbornova 1998，57 - 68；

and Epstein 1971, I, 147 - 71。

18. Allen and Smith 1975, 120 - 25, and Epstein 1971, I, 58 - 71.

19. Houlihan 1996, 76 - 77, and Fiennes and Fiennes 1970, 101 - 9.

20. el-Habashi 1992, 31 - 32 and 142 - 44; Altenmüller 1967, 13 - 16 and illus. on 14; *ANE*, I, pl. 41, 后为 284。

21. Diodorus, V. 3. 2.

22. Fiennes and Fiennes 1970, 32, 36 - 38, and 111 - 16, and Parrot 1961, 64, fig. 68.

23. Herodotus, I. 140, and *ZA*, *Vendidād*, IX.

24. 有关这类态度的例子，请参见 *SOS*, 37。

25. *BF*, 144 - 46.

26. Ahsan 1979, 211 - 13. 有关这类赞美的例子，参见 Usāmah, 137 - 38。

27. Chardin, 182.

28. Bar Hebraeus, 119; Usāmah, 230 and 241; Herbert, 81 and 243; Jahāngīr, I, 289; and Riasanovsky 1965a, 11. 288

29. P. Mundy, II, 112; Fryer, I, 280, and II, 305; Jahāngīr, I, 126; and Ovington, 160.

30. *Vis*. 68 and 105.

31. G. Smith 1980, 459 - 65, and Viré 1973, 231 - 36.

32. Ahsan 1979, 211 - 13, and *KB*/P, 47.

33. al-Manṣūr, 28 - 29, 31, and 33 - 48.

34. Munshī, II, 1321.

35. Usāmah, 227. 参见 G. Mundy, 274。

36. Xenophon, *Cyr.*, V. 1 – 7; Psellos, 376; Ambrose, *H*, VI. 23; and Hicks 1993, 154, 175, 207 – 8, 212, 213, 237, and 267.

37. Fiennes and Fiennes 1970, 18 – 22; Thurston 1996, 75 – 79; Walch 1997, 72 – 103; and Cummins 1988, 12 – 30.

38. Quintus Curtius, IX. i. 31 – 34.

39. *CATCL*, 420; SJ, ch. 53, 2015; and SJH, I, 93. 关于商代的猎犬信息，请参见 Fiskesjö 2001, 109 and 120。

40. *HS*, ch. 99c, 4176; *HS*/D, III, 430; and *ZGC*, 282.

41. W. White 1939, 51, pls. 7, 9, 11, 16, 18 – 21, and 153.

42. Bielenstein 1980, 83.

43. Keller 1963, II, 23 – 26.

44. Capart 1930, 222, and Keimer 1950, 52.

45. Houlihan 1986, 46 – 49, and 140; Houlihan 1996, 112, 138, 144, and 160 – 61; Brewer, Redford, and Redford 1994, 120 – 21; el-Habashi 1992, 34 – 35, 56 – 59, 82 – 83, 140 – 41, and 151; and Decker 1992, 163 – 67.

46. Meissner 1902, 418 – 22.

47. Brentjes 1965, 79 – 81, and Parrot 1961, 62, fig. 66 and 63, fig. 67.

48. Despite its age, the best general guide is still Epstein 1942 – 43, 497 – 508.

49. Aelian, IV. 26.

50. Erkes 1943, 19; Eberhard 1942, 66 – 67; and W. White 1939, 59, and pls. 28, 108, and 109.

51. Laufer 1909, 231 – 34.

52. *JShu/M*, 28.

53. Shaanxi Sheng Bowuguan 1974a, pt. 9; Schafer 1959, 297 - 99; Benn 2002, 171 - 72; and Ennin, 401.

54. *NG*, XI. 27 - 28 (pt. 1, 293 - 94).

55. Aristotle, *HA*, IX. 36, and Aristotle, *MTH*, 118.

56. Pliny, X. 17 - 18. 23, and Aelian, II, 40 and 42.

57. Pollard 1977, 108 - 9.

58. Kronasser 1953, 67 - 79. 请参见 Anderson 1985, 151 - 53, 他指出鹰猎活动是在更早时传入罗马时代的北非地区。

59. Lindner 1973, 118 - 56, and Åkerstöm - Hougen 1981, 263 - 67.

60. Åkerstöm-Haugen 1981, 267 - 93, and Hoffman 1957 - 58, 116 - 39.

61. Niesters 1997, 162 - 93, and Nicolai 1809, 7 and note 1. 感谢朱迪斯·法伊弗（Judith Pfeiffer）的帮助让我发现了后一条文献。

62. Duichev 1985, 51.

63. *PSRL*, I, 251; *PVL*, 105, 古俄语文本, and 243, 现代俄语译本; *RPC*, 215; and *SPI*, 27 - 28 and 119, n. 42。

64. Tulishen, 94.　289

65. al-Ṭabarī, I, 345, and Masʿūdī, II, 279 - 81.

66. Gelb et al. 1985, XII, 214, and Oppenheim 1985, 579 - 80.

67. Stricker 1963 - 64, 317.

68. Möller 1965, 105 - 6; Artsruni, 101; Khorenatsʿi, 138; Drasxanakertcʿi/D, 55; and Drasxanakertcʿi/M, 73.

69. Stetkevych, 1999, 121 – 23; Oddy 1991, 59 – 66; Mas'ūdī, V, 156; and al-Ṭabarī, XXVI, 117.

70. Ahsan 1979, 216 – 20, and al-Ṭabarī, XXXIII, 79 – 80.

71. Cummins 1988, 190 – 94, and Albertus Magnus, I, 704.

72. Usāmah, 222 – 25.

73. Viré 1977, 138 – 49.

74. Marco Polo, 228.

75. *Hex.*, 227（200H23）. 其他例子可参见 Qazvīnī, NQ, 111 – 12, 波斯语文本, and 78 – 79, 英语译本; and Ligeti 1965, 286 – 87。

76. Husām al-Dawlah, 14, 21, 57 – 58, and 75 – 76.

77. Frederick II, 128 – 35 and 350 – 51.

78. Jameson 1962, 39 – 40.

79. Allen and Smith 1975, 117 – 18, and Lattimore, 107 and 118.

80. Usāmah, 229, and Lansdell, II, 326.

81. Cummins 1988, 195 – 96, and Layard, 332 – 33.

82. 关于训练欧亚大陆不同地区的各种鹰种的讨论，请参见 *KB*/V, 94 – 100; al-Raziq 1970, 109 – 21; al-Timimi 1987, 78 – 80; Dementieff 1945, 27 – 29 and 34 – 35; and Jameson 1962, 49 – 65。

83. Rudra Deva, 95（para. 6 – 10）; Allen and Smith 1975, 118 – 20; and Shaw, 157 – 58.

84. 参见 Albertus Magnus, II, 1591 – 95 and 1616 – 18, and Ḥusām al-Dawlah, 153 – 85。

85. Albertus Magnus, II, 1595 – 1621; Cummins 1988, 208 – 9;

Rudra Deva, 110 – 19 (para. 26 – 77); Ḥusām al-Dawlah, 153 – 85; and Schafer 1959, 335 – 36.

86. Hakluyt, VI, 365 – 66.

87. Ḥusām al-Dawlah, 18 – 19. 参见 Rudra Deva, 96 (para. 11 – 15)。

88. Ibn Shaddād, 146; Ḥāfīẓ-i Abrū/M, 96; *HC*, 150 and 180; and Jahāngīr, II, 53.

89. Meserve 2001a, 121 – 24; Pelliot 1959 – 61, I, 112 – 14; and *YDZ*, ch. 56, 3a.

90. Ḥusām al-Dawlah, 38 and 98.

91. *BDK*, 27, 34, 156 – 57.

92. Bābur, 270, and Layard, 264 – 65, 298 – 99, and 332.

93. Skrine, 232 – 33. 参见 Lattimore, 107。

94. Cummins 1988, 200 – 203, and von Gabain 1973, Tafel 11, no. 26 and 29, no. 70.

95. Atkinson, 492 – 94; *KB*/V, 107 – 10; and Dozy 1991, I, 475.

96. 关于满语词汇，请参见 Haenisch 1935, 85, entries 120, 121, 125, 126, 127, 128; and 86, entries 129, 130, 133。

97. Kai Kā'ūs, 85.

98. G. Mundy, 33, and Marco Polo, 231.

99. D. T. Rice 1965, 51 – 52, illus. 43; Klingender 1971, 423; and Ianin 1970, II, 161 and 168 and *tabitsa* 3 (390, 392, 393), 7 (430), 51 (390), 52 (392, 393), and 58 (430).

100. G. Mundy, 202.

101. *AYS*, 27, 39, 138 – 42, and 144 – 45.

102. ʿInāyat Khān, 148 – 49.

290 103. Bernier, 377; Jahāngīr, II, 60; and Rudra Deva, 125 – 26 (para. 35 – 38).

104. Zhao 1990, 150 – 52.

105. Chardin, 180 – 81.

106. Ovington, 161 – 62.

107. Ripa, 88; Atkinson, 492 – 94; Muraviev, 109; and Lattimore, 106 – 7.

108. al-Manṣūr, 110 – 13, and Ḥusām al-Dawlah, 99 – 110.

109. Forbes, II, 479 – 80.

110. *EVTRP*, I, 73.

111. Ovington, 161 – 62.

112. Ḥusām al-Dawlah, 91.

113. Frederick II, 267 – 70; Ḥusām al-Dawlah, 70 – 71, 80, 83, and 84; and Layard, 481 – 83.

114. al-Manṣūr, 14 and 64; Usāman, 231 and 253; Rust'haveli, 79; Ipsiroglu 1967, 91 and 107; Steinhardt 1990 – 91, 202 – 5 and figs. 8, 9, and 11; Jameson 1962, 2, 69, 74, and 87; *TTP*, 12 and 19; d'Albuquerque, I, 84; Fryer, III, 5; Haussig 1992, 316 – 17 and illus. 541; Teixeira, 220; Carré, I, 124; Bābur, 224; Burton, II, 104 – 5; and Lattimore, 107.

115. Åkerstöm-Hougen 1981, 276, fig. 11; Gregory of Tours, 270 – 71; Cummins 1988, 211 – 13; Thurston 1996, 69; and Ḥusām al-Dawlah, 84.

116. *KB/V*, 9 – 10.

117. *KB/V*, 54 – 88.

118. Albertus Magnus, II, 1608 and 1611; *KF*, 230, 233, and 264; and Abū'l Fidā, *M*, 31.

119. 请参见 Frederick II, translator's preface, 105 –6。

120. 关于腓特烈二世提出的质疑，请参见 Frederick II, 4 –5。有关的现代评述，参见 Glacken 1990, 224 – 26, and Stresemann 1975, 9 –12。

121. 有关文献参见 al-Nadim, II, 739; Hofmann 1968, 77 –89; Möller 1965, 20 –25 and 107 –8; Haskins 1922, 18 – 27; and Ergert 1997, 102 –31。关于作为知识探寻对象的狩猎活动，请参见 Xenophon, I. 5。

122. Jahāngīr, II, 292.

123. Ḥusām al-Dawlah, 41.

124. Taylor 1986, 1 –22.

125. Klingender 1971, 381.

126. Sarton 1961, 54 –63, esp. 60.

127. 有关树木年轮的评论请参见 Menzies 1996, 631。

128. McCook 1996, 177 –97.

129. Simakov 1989a, 129 –33; Simakov 1989b, 30 –48; and Gouraud 1990, 126 –34.

130. *SH*, I, 5 and 11, and *SH*/I, 17 –18 and 22. 其他前帝国时期鹰猎活动的例子，请参见 Rashīd/A, I/1, 298, and *YS*, ch. 1, 1 –2。

131. Rubruck, 85, and *MM*, 100.

132. Kaempfer, 58; Burnes, I, 104; and Lansdell, II, 326.

133. al-Timimi 1987, 12.

134. Kai Kā'ūs, 85.

135. Nīshāpūrī, 99, and du Jarric, 10.

136. Mandeville, 152 – 53.

137. Marco Polo, 229 – 30.

138. Chardin, 179 – 80.

139. Levanoni 1995, 59; Herbert, 243; Abū'l Faẓl, AA, I, 304 – 5; and *RKO*, 233.

140. Bernier, 262 and 364.

291 141. William of Tyre, I, 174.

142. Jahāngīr, II, 50, 53, 54, 60, 112, 125 – 26, 284, and 287.

143. Rubruck, 179, and *MM*, 154.

144. Bābur, 399.

145. Frederick II, 5 – 6, and 105 – 6.

146. Clutton-Brock 1989, 113 – 20.

147. Aristotle, *HA*, I. 1 and IX. 1.

148. Strabo, XV. 1. 42.

149. Abū'l Faẓl, *AN*, II, 368, 370 – 71, and 393 – 94; Abū'l Faẓl, *AA*, I, 295 – 96; and Tavernier, I, 218 – 19.

150. Jahāngīr, II, 4 – 5; P. Mundy, II, 85 – 86; and Ovington, 117 – 18.

151. Manucci, III, 73 – 74; Hakluyt, *PN*, III, 246 – 48; Purchas, X, 188 – 89; and *SOS*, 67 – 68.

152. 例如，可参见 P. Mundy, III, 332，以及注释 143 与 144 中所引文献。

153. Pliny, VI. 66 – 67, 81, 91, and VIII. 24; Varthema, 189; Hamilton, I, 190; and Bernier, 49.

154. Pliny, VIII. 1 – 15. 参见 Arrian, *Ind.*, 13 – 14。

155. Abū'l Faẓl, *AA*, I, 123 – 31.

156. Aelian, I. 8 and VI. 25, and Manucci, III, 79 – 79.

157. 请参见 Strabo, XV. i. 41 and 52, and *SOS*, 67 – 68。

158. Abū'l Faẓl, *AA*, I, 223 – 24.

159. Jahāngīr, I, 128, and II, 24.

160. 'Ināyat Khān, 48.

161. 有关评论可参见 Varthema, 129, and Bowrey, 273 – 75。

162. P. Mundy, II, 52, 55 and 85.

163. 与中国有关的信息，请参见 Han Feizi, 85。

164. Pliny, VI. 67 – 68; Yang Xuanzhi, 235 – 36; and Hui Li, 172.

165. *HI*, I, 3, 5, 13, 88, and 155, and II, 251; Mas'ūdī, I, 178, 375, and 379; Marvazī, 46 – 47 and 51 – 52; and al-'Umarī/S, 13, 阿拉伯语文本, and 38, 德语译本。

166. du Jarric, 6 – 7 and 33. 参见 *RG*, 9。

167. Reid 1989, 25 – 28.

168. Ambrose, *H*, VI. 33; Theophylact, V. 10. 6; Christensen 1944, 208; and Bosworth 1963, 115 – 19.

169. Schafer 1957, 289 – 91, and Marco Polo, 291 – 92.

170. 请参见 Strabo, XV. i. 55。

171. Ibn Baṭṭuṭah, III, 596, and Bābur, 451.

172. Manucci, II, 339.

173. Jahāngīr, I, 136 and 375; du Jarric, 79 – 80; and G. Mundy, 53 – 57 and 290. 还可参见相关描述 *SOS*, 70 – 73。

174. Kitchener 1991, 25 – 27 and 37, and Turner 1997, 25

and 81.

175. D. B. Adams 1979, 1155 -58.

176. Eaton 1974, 17.

177. Aarde and van Dyk 1986, 573 -78.

178. Jahāngīr, I, 139 -40, and Divyabhanusinh 1987, 269 -72.

179. Eaton 1974, 19 -21.

180. Kitchener 1991, 7, 16, and 18, and Turner 1997, 104, 107, 109, 112, and 131 -33.

181. Hildebrand 1959, 481 -95, and Hildebrand 1961, 84 -91.

182. Sharp 1997, 493 -94.

292 183. 这一学派的代表可参见 Keller 1963, I, 30 and 86, and Zeuner 1963, 417 -19。

184. Naville 1898, III, 17 and pl. 80; *ARE*, II, 102 -22; and Jéquier 1913, 345 -63.

185. Houlihan 1996, 69, 93, 199 - 200, and 203; Osborn and Osbornova 1998, 121 -23; and Störk 1972, 530.

186. Bodenheimer 1960, 44 and 100, and Brentjes 1965, 84 -85.

187. Friederichs 1933, 31.

188. Van Buren 1939, 13 and pl. 2, illus. 10. 可参见评论 Heimpel 1980 -83, 599 -601。

189. Aelian, VI. 2, XV. 14 and XVII. 26.

190. Melikian-Chirvani 1984, 268 -70.

191. Mackenzie 1971, 97.

192. al-Ṭabarī, XXXVIII, 58; Mas'ūdī, V, 156; Viré 1974, 85 -88; and Rust'haveli, 184.

193. 例如 Purchas, IX, 34; Bernier, 262; du Jarric, 10; Ovington, 161; and Sanderson, 42。

194. Mas'ūdī, II, 38, and Usāmah, 141, 293.

195. Abū'l Fazl, *AN*, II, 186 - 87.

196. 有关猎豹捕获方面的最佳数据来自于印度莫卧儿帝国。请参见 Abū'l Fazl, *AN*, II, 508 - 9; Abū'l Fazl, *AA*, I, 296 - 97; and Forbes, I, 272。

197. *KB/P*, 49; Usāmah, 236; and Qazvīnī, *NQ*, 47 - 48, 波斯语文本, and 53, 英语译本。

198. Forbes, I, 272. 与之对立的观点，可参见 al-Manṣūr, 16。

199. Abū'l Fazl, *AA*, I, 297 - 98, and Forbes, I, 272.

200. 关于阿拉伯人使用的技术，请参见 al-Manṣūr, 49 - 50; Ibn Manglī, 92 - 106; Viré 1965, 740 - 42; Ahsan 1979, 207 - 10; and Mercier 1927, 72 - 76。关于印度的体系，请参见 Boyer and Planiol 1948, 176 - 77, and Sterndale 1982, 202 - 3。

201. al-Manṣūr, 29 and 51 - 52.

202. Abū'l Fazl, *AA*, I, 297 - 98. 关于锡厄（ser）请参见 Yule and Burnell 1903, 807 - 8。

203. al-Manṣūr, 14 and 16.

204. 本书对猎豹的社会行为方式的讨论参考了 Kitchener 1991, 170 - 71, 186, and 188; Turner 1997, 151; Eaton 1974, 4, 335, 46, 107, and 133 - 35; Caro 1994, 7 and 44 - 46; Caro and Collins 1987a, 56 - 64; and Caro and Collins 1976b, 89 - 105。

205. 有关狩猎技巧，请参见 Eaton 1974, 55 - 87 and 129 - 33; Caro 1994, 129 - 41; and Caro 1987, 295 - 97。

206. P. Mundy, II, 112; G. Mundy, 24; Bernier, 377; and Chardin, 181.

207. Jahāngīr, I, 417, and II, 39, 40, and 109 – 10.

208. 例如，请参见 al-Manṣūr, 50。

209. Abū'l Faẓl *AA*, I, 297, and Forbes, I, 272. 参见 Pelsaert, 51, and Parks, I, 398 – 99。

210. Adamson 1969, 3 – 25.

211. Abū'l Faẓl, I, 630 and II, 528.

212. Eaton 1974, 105 and 125 – 27.

213. Bernier, 364, and Andrews 1999, II, 904 and 1095, illus. 190.

214. Abū'l Faẓl, *AA*, I, 299 – 300. 有关说明请参见 Iessen 1960, 90 – 91。

215. Kai Kā'ūs, 85.

216. Teixeira, 220; Rice 1954, 25, fig. 7, and 29 – 30, figs. 13 – 21; Naumann and Naumann 1976, 51 – 53; and *HI*, V, 269.

293 217. Rice 1954, 30, fig. 15; Chung 1998 – 99, 18, 26 and fig. 21; and Mansard 1993, 93 – 95.

218. Chardin, 181.

219. al-Manṣūr, 50 and Ibn Manglī, 159 – 60.

220. Yule and Burnell 1903, 407 – 8; Beach 1997, 87, pl. 34; and Forbes, I, 481 后的未编号板，题为“在坎贝的猎豹活动的结局”。

221. Pelsaert, 51; Bernier, 375 – 77; Fryer, I, 271, and II, 279 – 80; G. Mundy, 23 – 25; Forbes, I, 273 – 76; and Parks, I, 349.

222. Juvaynī/Q, II, 30, and Juvaynī/B, I, 301 –2.

223. 可参见 Abū'l Fazl, AN, I, 629, and II, 122, 133, and 226。

224. Ḥusām al-Dawlah, 148.

225. Kitchener 1991, 34 and 59 –60.

226. 请参见 Serruys 1974a, 48 以及注释 107。

227. Ahsan 1979, 210 – 11, and Boyer and Planiol 1948, 178 –81.

228. Frederick II, 5; Qazvīnī, *NQ*, 46, 波斯语文本, and 32, 英语译本; and Marco Polo, 226。

229. Forbes I, 277; Parks, I, 394; and G. Mundy, 14 and 201.

230. al-Manṣūr, 16 and 52; Manucci, III, 85; and Forbes, I, 270 and IV, 97.

231. Abū'l Fazl, *AA*, I, 301.

232. Hamilton, I, 76.

第五章　狩猎管理

1. Decker 1992, 162 –63, and *ARE*, IV, 266.

2. Back 1978, 236 and 354, and Frye 1984, 373.

3. Anvarī 1976, 20 –21.

4. Abū'l Fazl, AA, I, 452, and Jahāngīr, II, 12.

5. Xenophon, *Cyn.*, IX. 2; *SJ*, ch. 117, 3002; and *SJH*, II, 261.

6. *Hex.*, 137 (192C9), and *GD*, 49.

7. Rashīd/A, I/1, 219 and 518 – 19; Qāshānī, 12; Ḥāfīẓ-i

Abrū/M, 96; *HC*, 149 and 180; and Pelliot 1930, 262.

8. Usmanov 1979, 215 - 19; Abū'l Faẓl, *AN*, II, 242; *MDMT*, 30 - 31 and 81 - 83; and Doerfer 1963 - 75, II, 238 - 39.

9. Rashīd/K, I, 539 and 546, and Rashīd/B, 142 and 151.

10. Usmanov 1979, 218, and *Slovar* 1975 - , I, 356.

11. Horst 1964, 19 and 102.

12. Cummins 1988, 172 - 86 and 217 - 19.

13. *XTS*, ch. 47, 1218, and Wittfogel and Feng 1949, 481.

14. Ḥusām al-Dawlah, 40.

15. Wittfogel and Feng 1949, 284, and Lee 1970, 44.

16. Bābur, 273, and *SMACC*, 40.

17. Jahāngīr, I, 185 and II, 53.

18. Jahāngīr, II, 24, 27 - 28, and 60, and *TGPM*, 209.

19. Drasxanakertcʻi/D, 55, and Drasxanakertcʻi/M, 73.

20. Bosworth 1963, 94 - 95.

294 21. Juvaynī/Q, III, 88 - 89; Juvaynī/B, II, 606; Marco Polo, 223; Rashīd/K, I, 657; Rashīd/B, 297; *YS*, ch. 99, 2524, and ch. 100, 2557; and Hsiao 1978, 93.

22. Abū'l Faẓl, *AA*, I, 5; Munshī, I, 228; and Kaempfer, 259 - 60.

23. Bartol'd 1964, 391, 波斯语文本 and 396, 俄语译本; Semenov 1948, 148; Akhmedov 1982, 164 - 65; and Beneveni, 77 and 122 - 23。此外，还请注意相关的劝诫性言论 Bregel 2000, 7 - 12, 其中提到阿拉伯语记载有可能会混淆 “qosh begi（皇室宫帐主管）” 与 “qush begi（驯鹰师）” 两个概念。

24. Bahari 1996, 69, fig. 28.

25. 有关战国时期猎物看守的尊贵地位，请参见 *ZGC*, 353。

26. Torbert 1977, 29, and Brunnert and Hagelstrom 1912, 16.

27. 相关评论请参见 Jahāngīr, II, 216。

28. *EVTRP*, I, 134.

29. Khorenats'i, 278.

30. *CWT*, II, 235, and Purchas, VIII, 162.

31. Bernier, 375.

32. *SCBM*, 128 and 147, and *SOS*, 69 - 70.

33. 'Ināyat Khān, 141, and Manucci, I, 184.

34. Ghirshman 1962, 194 - 98, figs. 236 - 37, and Reed 1965, 1 - 14.

35. Back 1978, 367, and Frye 1984, 373.

36. Kautilya, 43.

37. Kangxi, 22 - 23.

38. Kangxi, 9, and Bell, 171.

39. Parrot, 1961, 65, fig. 69.

40. Bernier, 378 - 80.

41. *PSRL*, I, 251; *PVL*, 105, 古俄语文本, and 243, 现代俄语译本; and *RPC*, 215。

42. du Jarric, 206 - 7.

43. Whittow 1996, 112.

44. Abū'l Faẓl, *AN*, I, 630.

45. 相关评论请参见 Ḥusām al-Dawlah, 74 - 75。

46. Bābur, 637, and Abū'l Faẓl, *AA*, I, 306 - 7.

47. Yang Yu, 79.

48. Juvaynī/Q, I, 191; Juvaynī/B, I, 235; Rashīd/K, I,

502; and Rashīd/B, 92.

49. Levanoni 1995, 185, and Jahāngīr, II, 182.

50. Boccaccio, X (603).

51. Ḥusām al-Dawlah, 98 – 99.

52. Multaner, 466ff.

53. Juvaynī/Q, I, 24; Juvaynī/B, I, 40; Bar Hebraeus, 353; and Catherine II, 85, 96, 99, 103, and 159.

54. al-Nasāwī, 379, and Munshī, II, 1095.

55. Juvaynī/Q, III, 39; Juvaynī/B, II, 574; Rashīd/K, I, 586; and Rashīd/B, 207.

56. Munshī, II, 1096.

57. *SJ*, ch. 6, 227, and *SJQ*, 37.

58. *TM*, 44, 51, 75, 88, and 95.

59. Yūsuf, 174 – 75.

295 60. Artsruni, 101 – 2.

61. Munshī, II, 1260 – 61 and 1295.

62. Manucci, III, 94 and 220, and McChesney 1991, 117.

63. Jūzjānī/L, 122, 1134, 149, 233, 248, and 285, and Jūzjānī/R, I, 490, 504, and 603 – 4, and II, 725, 745, and 806.

64. Eisenstein 1994, 129 – 35.

65. Lacroix 1963, 203 – 4 and 207.

66. Ye Longli, ch. 10, 101.

67. Hedin 1933, 161 – 67, and Hou and Pirazzoli 1979, 24 – 33.

68. *KF*, 233.

69. Rudra Deva, 108 – 9 (para. 17 – 21).

70. Kaempfer, 158, and Melnikova 2002, 64.

71. Forbes, IV, 96 –97.

72. *YS*, ch. 90, 2293.

73. *YS*, ch. 35, 793.

74. al-'Umarī/S, 18, 阿拉伯语文本, and 41, 德语译本。

75. Usāmah, 224 –25, and Kaempfer, 109.

76. 参见 Rudra Deva, 121 (para. 9 – 10)。

77. *TTP*, 66.

78. Jahāngīr, I, 347.

79. Bābur, 40.

80. Abū'l Faẓl, *AA*, I, 305 –6, and Chardin, 180.

81. Lacroix 1963, 197 –201 and 204; Dementieff 1945, 24 –27; and *SOS*, 157.

82. Abū'l Faẓl, *AA*, I, 297 –98. 相关评论请参见 Forbes, I, 272 –73。

83. al-'Umarī/S, 28, 阿拉伯语文本, and 54, 德语译本。

84. Manucci, II, 339 –40, and Tavernier, I, 99 and 224.

85. Abū'l Faẓl, AA, I, 231.

86. Cummins 1988, 250 –60, appendix 1, 此处记录了查理六世在位期间（公元 1380 ~ 1422）1398 年法国皇家狩猎活动的花销情况。

87. Ahsan 1979, 233 –35.

88. al-Ṣābi', 23 and 24.

89. Manucci, IV, 241.

90. *HI*, III, 356.

91. *PFT*, 8 and 360.

92. Herodotus, I, 192.

93. Wittfogel and Feng 1949, 384.

94. *PSRL*, II, 932, and *Hyp.*, 114 - 15. 关于“猎人税(lovchee)”的概念请参见 *Slovar* 1975 -, VIII, 269。

95. McChesney 1991, 187 - 88.

96. Rashīd/K, II, 1087 and 1097 - 1101.

97. *MDMT*, 30 - 31 and 81 - 83.

98. *VRTE*, 16 - 17, and Waley 1949, 36 - 37.

99. Mencius, 1.3, 1.24, and 3.33; *CRP*, 37 and 49 - 51; and *WX*, I, 447 and 449.

100. *SJ*, ch. 53, 2018; *SJH*, I, 96; and Huan Kuan, 81 - 84.

101. *HHS*, ch. 3, 134, ch. 5, 206 and 213.

102. *SJ*, ch. 10, 432 - 33; *SJH*, II, 305; *HS*, ch. 9, 281; *HS*/D, II, 306; *VRTE*, 40; and Tao 1976, 86.

296 第六章　环境保护

1. 相关评论请参见 Schafer 1962, 279 - 308。

2. *XTS*, ch. 9, 20; Juvaynī/Q, III, 32; and Juvaynī/B, II, 569.

3. Niẓāmī, 12, 15 - 22, and 25.2.

4. Rust'haveli, 13 - 14, 34, 111 - 12, and 153 - 54.

5. *Vis.*, 235.

6. *CRP*, 33 - 35.

7. Juvaynī/Q, I, 20 - 21, and Juvaynī/B, I, 28.

8. Marco Polo, 229.

9. d'Orléans, 74 and 109.

10. Chardin, 112.

11. Don Juan, 39 –40.

12. *HI*, V, 316 –17.

13. Mencius, 3. 38.

14. Pliny, VII. 38, and Abū'l Faẓl, *AA*, III, 346.

15. *ZZ/*W, 94.

16. *JTS*, ch. 43, 1841, and *XTS*, ch. 46, 1202.

17. Bell, 170.

18. Jarman 1972, 125 –47, and esp. 132 –35.

19. Xenophon, *Cyn.*, V. 14.

20. Niẓāmī, 12. 24 –34.

21. Cheng Zhufu, ch. 5, 4a, and *YS*, ch. 8, 161, ch. 14, 295, and ch. 15, 307. 其他有关措施请参见 Ratchnevsky 1937 –85, IV, 372 –75 and 379, and Haenisch 1959, 88 –93。

22. Jahāngīr, I, 286.

23. Ibn Manglī, 103 –4.

24. Böttger 1956, 11 – 14; Juvaynī/Q, I, 20 and 21; Juvaynī/B, I, 28 and 29; and *CWT*, II, 236.

25. Ripa, 90; Herbert, 81; Munshī, II, 765; Jahāngīr, I, 120; and 'Ināyat Khān, 265.

26. Broecke, 41.

27. Psellus, 321.

28. *YS*, ch. 5, 88 and 100, and ch. 6, 115; *CWT*, II, 235; Kangxi, 113; and Ripa, 91.

29. Jahāngīr, II, 70; Manucci, III, 85; and Wittfogel and Feng 1949, 237 and 337.

30. Moscati 1962, 63; Ratchnevsky 1937 – 85, IV, 371 – 72; Pelsaert, 52; and Roe, II, 392.

31. *TS*, 67.

32. *YS*, ch. 20, 428, and Yang Yu, 70.

33. Wittfogel and Feng 1949, 568.

34. *ASC*, 165; Marco Polo, 233 – 34 and 257; *YS*, ch. 6, 106, and ch. 16, 352.

35. Rey 1965, 142.

36. *YS*, ch. 6, 346.

37. Bernier, 218 and 375.

38. *ARI*, II, 17, 55, 92, 149, and 175, and *ANE*, 103.

39. Lacroix 1963, 188 – 89.

40. McCormick 1991, 49.

41. Juvaynī/Q, I, 110 – 11, and Juvaynī/B, I, 139 – 40.

297

42. Jahāngīr, I, 129 – 30, and 209.

43. *CDIPR*, I, 190.

44. *ZGC*, 353, and Mencius, 3. 11.

45. Kangxi, 9.

46. *KF*, 233; Bernier, 416; and Herbert, 84.

47. *AR*, 27 and 43, and Marco Polo, 184.

48. P'arpec'i, 43.

49. Juvaynī/Q, I, 193 and 226 – 27, and Juvaynī/B, I, 237 and 271.

50. Muraviev, 109.

51. 关于这个词语的争议词源，请参见 Yule and Burnell 1903, 898 – 900。

52. Sarma 1989, 302 - 3. 又见 Hui Li, 99 and 103。

53. *HI*, I, 268; III, 206 and 383; IV, 8; V, 335; and VIII, 3.

54. Tavernier, I, 58, 71, 121 - 22, and 124, and Hall, 192.

55. Jahāngīr, I, 254, and II, 17 and 42. 此外可参见 Carré, I, 141, and II, 357。

56. P. Mundy, II, 31 - 32, 55, 60, and 241, and Forbes, II, 294 - 95 and 413 - 14.

57. Devèze 1966, 347 - 80, esp. 348 - 49 and 364.

58. Darby 1976a, 55.

59. 本章讨论基础请参见 Petit-Dutaillis 1915, 147 - 78。

60. Gregory of Tours, 558 - 59.

61. Duby 1974, 201ff.

62. Birrell 1982, 9 - 25, and Almond 2003, 125 - 42.

63. Savage 1933, 32 - 36 and 40, and Norden 1997, 144 - 46.

64. Winters 1974, 217 - 18 and 224 - 25, and Russell 1997, 97 - 98.

65. al-Ṭabarī, XXV, 132, and Abū'l Faẓl, *AN*, III, 979.

66. *ANE*, II, 193; Khorenats'i, 73ff.; and Kirakos, 49.

67. Mencius, 1.3 and 1.24.

68. Menzies 1996, 608 - 11.

69. *WX*, I, 135, and II, 115, 119, and 137; *HS*, ch. 99b, 4103; and *HS*/D, III, 270.

70. *CWT*, II, 235; Legrand 1976, 48; and Brunnert and Hagelstrom 1912, 22, 336, and 461 - 62.

71. Huc and Gabet, I, 19 - 20; Vermeer 1998, 260; and

Menzies 1994, 56 - 57.

72. Menzies 1996, 650 - 54.

73. Totman 1989, 1 - 6 and 26.

74. Glacken 1990, 326 and 346 - 47.

75. al-Ṭabarī, XIII, 152, and Langer 1976, 357 - 68.

76. Pelsaert, 47.

77. Xenophon, *Cyr.*, I. 1v. 16, and Elishē, 247.

78. *GC*, 3.

79. Voeikov 1901, 109 - 11.

80. *RTC*, 78 - 79.

81. Martin and Szuter 1999, 36 - 45, and Hickerson 1965, 43 - 65.

82. Kim 1997, 242 - 43, and Kim and Wilson 2002, A31.

83. S. Kramer 1981, 42 - 43, and Jos., 110.

84. Theophylact, III. 7. 19.

85. *VMQC*, 159 - 60, 167, 168, and 170, and Marks 1998, 161 - 62.

86. Simmons 1989, 316. 在美国内战期间，野猪经常会吃掉战场上死去和濒死之人。请参见 Caras 1996, 115。

298

87. *HI*, III, 103 and 353 - 54, and IV, 14.

88. Wescoat 1998, 259 - 79.

89. Thiébaux 1967, 263 - 65.

90. *GD*, 49.

91. al-Tabarī, VII, 19, 146, and 147, and XX, 2; Ibn Khurdādhbih, 132, 阿拉伯语文本, and 101 - 2, 法语译本; Ibn Khaldūn, II, 255 - 26; Ibn Baṭṭuṭah, I, 208; al-Balādhurī, I,

69; and Gaudefroy-Demombynes 1923, 9 - 16。

92. *MMT*, 116; MK, 23 - 27; R. Fox 1987, 566 - 67; and Goody 1993, 86 - 87.

93. La Fleur 1973, 93 - 128 and 227 - 48, and *TDB*, 112.

94. *EA*, 31, 37, 40, 45, 46, 55 - 56, and 58.

95. *LKA*, 233 - 34 and 285 - 86.

96. Kalidasa, 19.

97. Faxian, 30 - 31 and 43.

98. Kalidasa, 6, and Faxian 34 and 94. 关于蒙古的作为动物避难所的修道院，请参见 Przhevalskii, I, 156。

99. Hui Li, 83.

100. *HPKP*, 230.

101. *TTK*, 35 - 39 and 49 - 51.

102. *TTT*, 438 (A57 - 58); Nadeliaev, et al. 1969, 215, 471, and 594; and Benn 2002, 286.

103. Xuanzang, I, 28.

104. Wittfogel and Feng 1949, 263, 264, 301, and 305; Henthorn 1971, 58; Kamata 1989, 149; and Jameson 1962, 4 - 5.

105. 相关论述请参见 Varthema, 108。

106. Lodrick 1981, 13 - 14 and 57 - 70.

107. Linschoten, I, 253 - 54; Tavernier, I, 63 - 64; and Ripa, 40.

108. Forbes, I, 256 - 57.

109. Rudra Deva, 80 (para. 7 - 9).

110. Tavernier, I, 57 - 58.

111. Hamilton, I, 214.

112. Ḥasan-i Fasā'ī 106.

113. Jahāngīr, I, 61.

114. Findley 1987, 245 -56.

115. *JTS*, ch. 77, 2681.

116. *XTS*, ch. 125, 4400.

117. *HS*, ch. 8, 258, and *HS/*D, II, 237.

118. Campany 1996, 384ff.

119. J. Smith 1999, 51 -84.

120. Clutton-Brock 1989, 84, 91, 93 - 94, 95 - 96, and 98 -101.

121. Varro, II. vi. 2 -4.

122. Varro, II. i. 5, and *Ḥ-'Ā*, 68 -69 and 152 -53.

123. Grant 1937, 14.

124. Shaw, 99; Zhao Ji 1990, 31, 38, 192 -93, and 215; Academy of Sciences *MPR* 1990, 46; and Finch 1999, 22 -24.

125. *ANE*, II, 162.

126. Masson and Sarianidi 1972, 29.

127. Theophylact, IV. 7. 2.; Ibn Baṭṭuṭah, I, 116; *EVTRP*, I, 69; and Ferrier, 138 and 481.

299 128. al-Manṣūr, 61 and 63; Qazvīnī, NQ, 32, 波斯语文本, and 22 -23, 英语译本, and *SBM*, 701。

129. *Hex.*, 223 (199c25); Aelian, XIV. 10; Tha'ālibī, 61; and *Vis.* 62.

130. Ammianus, XXIII. 4, and Benjamin of Tudela, 70 -71.

131. *KDA*, 79.

132. P'arpec'i, 43; Drasxanakertc'i/M, 75; Drasxanakertc'i/

D, 58; Rust'haveli, 13; Yūsuf, 49 – 50; and *ON*, 33.

133. Parrot 1961, 67 and fig. 72; Usāmah, 248 – 49; and Teixeira, 36 and 99.

134. Strabo, VII. iv. 8; *SH*, I, 196; *SH/I*, 158; Het'um/B, 177 and 182; Rubruck, 84 and 142; *MM*, 100 and 134; and Pelliot 1973, 91 – 92.

135. Xenophon, *Ana.*, I. iv. 2 – 3.

136. al-Manṣūr, 61, and Munshī, II, 764.

137. 'Ināyat Khān, 140 – 41.

138. 例如，可参见相关评论 Marco Polo, 118, 160 – 61, and 470, and Bābur, 224 and 325。

139. Nīshāpūrī, 99; *'A-D*, 519, 波斯语文本, and 223, 俄语译本; and Munshī, II, 1165。

140. *New York Times*, January 8, 2000, F5.

141. Sterndale 1982, 201.

142. Hawkins 1986, 103 – 4 and 135. 有关克隆波斯猎豹并将其重新引入印度的计划，请参见 *New York Times*, February 1, 2003, A3。

143. Gryaznov 1969, 158 – 59; *ANE*, II, 239; and Jahāngīr, I, 369.

144. Rashīd/K, II, 1099 and 1100, and Jahāngīr, I, 240.

145. 有关捕食的信息，请参见 al-Manṣūr, 49。

146. Thompson and Landreth 1973, 162 – 67.

147. Caro and Laurensen 1994, 485 – 86; Mercola 1994, 961 – 71; and Eaton 1974, 29 – 33, 37 – 38, 40, and 157.

148. Caro 1994, 358 – 63; Kitchener 1991, 230 – 33; and

Caras 1996, 194 – 95.

149. Hemmer 1990, 37, and Clutton-Brock 1989, 178 – 80.

150. Jahāngīr, I, 240. 此外还可参见 Divyabhanusinh 1987, 273。

151. Abū'l Faẓl, *AN*, II, 186 – 87, 509, and 528.

152. 尽管有些动物的引入措施获得成功，如澳大利亚野兔与加勒比地区的猫鼬，但是大多数动物都未能获得立足之地。请参见 Russell 1997, 99 – 103, and Bates 1956, 797 – 80。

153. Clutton-Brock 1984, 167 – 71.

154. Simonian 1995, 31 – 32.

155. Elvin 1993, 16 – 21.

156. Ruttan and Mulder 1999, 621 – 52，附评述。

157. 例如可参见，Mokyr 1990, 199 – 205。

158. Elvin 1993, 7 – 46, esp. 11.

159. Tuan 1968, 176 – 91.

160. 参见 Hughes 1989, 19。

161. *LKA*, 221, and *SOS*, 157.

162. Hillel 1991, 105.

163. Bowlus 1980, 86 – 99. 参见 L. White 的论点，1986, 144 – 47。

164. Pliny, VII. 1 – 5, and Hillel 1991, 11ff.

165. Thomas 1983, 17 – 25.

300 166. Salzman 1978, 618 – 37, and Salzman 1980, 1 – 19.

167. Serruys 1974a, 76 – 91.

168. Officer and Page 1993, 133ff.

169. Brunhes 1920, 340 – 45.

170. K. Redford 1992, 412 - 22.

171. McNeill 1994, 302 - 6, and Cassels 1984, 741 - 67.

172. Diamond 1984, 838 - 56. 参见 Davis 1987, 99 - 115。

173. Gregory of Tours, 558. 目前已知的最后一头欧洲野牛于17世纪早期死于波兰。1930年代，动物学家通过驯化的野牛进行了反育种（back-bred）培育，这些人造野牛一直留存至今。请参见 Morrison 2000, 9 - 12。

174. Marks 1998, 44 - 46.

175. Hillel 1991, 50, 62, and 176.

176. Glacken 1990, 677 - 78.

177. Herbert, 169 and 319.

178. Marks 1998, 99 - 100, 331, and 344 - 45. 在中国南方，最多仅有30头老虎在野外存活。请参见 Tilson 2002, 26 - 30。

179. Reed 1965, 16 - 22.

180. 参见 Hillel 1991, 75。

第七章　人的标尺

1. Tacitus, 46.

2. Procopius, *HW*, VI. xv. 16 - 23.

3. Gardīzī, 127.

4. 例如可参见 *FCH*, 375 and 377, and *TYH*, 18。

5. Porphyrogenitus, *AI*, 159.

6. *SH*, I, 18 - 20, and *SH/I*, 28 - 30.

7. *WS/H*, 51.

8. 例如可参见 Li Zhizhang, 268 - 69, and Li Zhizhang/W, 67。

9. *FCH*, 223 and 225.

10. Bell, 169.

11. Kangxi, 8 –9.

12. Thompson and Johnson 1965, 315 – 16; R. Anderson 1971, 24, and Almond 2003, 27 –60.

13. Niẓām al-Mulk, 36, 37, and 41.

14. Boccaccio, II. 9.

15. *LT*, 48.

16. Ibn Baṭṭuṭah, III, 580.

17. Bābur, 33 –34, 38, and 67.

18. Thiébaux 1967, 260.

19. Stetkevych 1996, 102 –18, esp. 105.

20. Cummins 1988, 223 –33.

21. Lindberger 2001, 68 –82; Ianin 1970, II, 19, 22, 161, and 394 – 95, *tablitsa* 3 and 52; and Wittfogel and Feng 1949, 236.

22. Qāshānī, 53.

301 23. *JTS*, ch. 64, 2420.

24. P'arpec'i, 163 –64.

25. *SJ*, ch. 129, 3277.

26. Fryer, II, 295, and III, 122 and 134 –35. 参见 Chardin, 180 and 222。

27. Layard, 483.

28. Kaempfer, 44.

29. Lavin 1963, 276 –77.

30. Diodorus, II. 11. 3 –4, 12. 1 –2, 333. 2 –5, and 59. 4;

Homer, *Il.* IX. 528 – 50; and Dio Chrysostom, 61. 11 and 63. 6.

31. Colley 1992, 170 – 73.

32. Rudra Deva, 86 (para. 42 – 43).

33. al-Rāvandī, 437ff.

34. *KB*/V, 8.

35. Kai Kā'ūs, 85.

36. Mīrzā Ḥaydar, I, 39, and Mīrzā Ḥaydar, II, 35.

37. Ḥāfīẓ-i Tanīsh, I, 13a and 18a, 波斯语文本, and 53 and 62, 俄语译本; Braund 1994, 57; Jordanes, III. 21 and VI. 47; and *WX*, II, 163。

38. Marco Polo, 118, 119, 134, 135, 136, 138, 141, 263, 265 – 66, 267, 306, 307, 308, 323, 344, 345, 351, 370, and 417.

39. *ZGC*, 229, 282, and 513.

40. Justin, XLI, 4.

41. Narshakhī, 7 and 32.

42. P'arpec'i, 42 – 43. 相关评论可参见 Kirakos, 154。

43. *GD*, 86, 136, and 139, and Rust'haveli, 93.

44. Bābur, 8, 10, and 114; Abū'l Faẓl, *AA*, II, 164, 169, 182, 246, 339, 397, and 410; and Manucci, I, 65, and II, 110.

45. Keightley 1978, 73 – 74 and 180 – 81, and Keightley 1983, 527 and 541 – 43.

46. Tacitus, *Ann.*, II. ii and lvi.

47. J. Wilson 1956, 439 – 42; S. Kramer 1981, 282 – 88; and *ANE*, II, 133.

48. Ḥāfīẓ-i Tanīsh, I, 56b, 波斯语文本, and 130, 俄语译本, and Ḥusām al-Dāwlah, xx – xxi。

49. *YS*, ch. 3, 56.

50. Niẓāmī, 5. 33 – 44, and Yūsuf, 48.

51. *MM*, 19.

52. Gardīzī, 120 – 21.

53. Abū'l Faẓl, *AA*, II, 274.

54. *KDA*, 67 – 68. 此外还可参见 al-Ṭabarī, V, 4。

55. al-Ṭabarī, V, 91 – 93.

56. Niẓāmī, 13. 1 – 16, 16. 1 – 12, and 28. 37 – 44. 关于巴赫兰五世在印度莫卧儿帝国的形象，请参见 Abū'l Faẓl, *AA*, III, 374 – 75。

57. *TS*, 33.

58. Josephus, I. xxi. 13.

59. *PSRL*, II, 921, and *Hyp.*, 109.

60. *Vis.*, 9 and 392.

61. Strabo, XV. iii. 8.

62. Lang 1957, 118.

63. Xenophon, *Ana.*, I. ix. 1ff.

302

64. Dio Chrysostom, 7. 12a.

65. Rudra Deva, 65 (para. 3), 66 (para. 5) and 104 (para. 50 – 60).

66. *ON*, 23.

67. Xenophon, *Cyr.*, I. iii. 14, and Rashīd/K, 846.

68. *ARE*, I, 232.

69. *PSRL*, I, 252; *PVL*, 105, 古俄语文本, and 243, 现代俄语译本; and *RPC*, 215。

70. *BDK*, 15, 42 and 44, and Munshī, I, 41.

71. el-Habashi 1992, 131, 134, and 144.

72. P'arpec'i, 43 – 44.

73. Juansher, 83.

74. al-Sarraf 2004, 144 – 46. 相关言论请参见 Kai Kā'ūs, 83; Broecke, 13; and Manucci, II, 324。

75. Kangxi, 9 – 10.

76. *ANE*, I, 65.

77. Justin, XXXV. 2.

78. Mīrzā Ḥaydar, I, 140, and Mīrzā Ḥaydar, II, 112.

79. Widengren 1969, 86 – 87.

80. *BDK*, 15 – 16 and 77.

81. Rashīd/K, I, 282 – 83; Boyle 1968, 1 – 9; and Boyle 1969, 12 – 16.

82. Rashīd/K, II, 846. 关于神射手（mergen）一词，可参见 Cleaves 1978, 442 and 446 – 47; Doerfer 1963 – 75, I, 496 – 98; Haenisch 1935, 83, entry no. 101; and Rozycki 1994, 158。

83. *PCR*, 257.

84. Gregory of Tours, 217.

85. Einhard, 59.

86. Su Tianjue, ch. 57, 20b – 21a, and *YS*, ch. 2, 37.

87. Munshī, II, 987 and 1300, and Bell, 169.

88. *ON*, 58 – 59.

89. *Mencius*, 1. 4.

90. *SJ*, ch. 58, 2083, and *SJH*, I, 383.

91. Ibn 'Arabshāh, 107 – 8.

92. *MIRGO*, 163 and 167.

93. Ye Longli, ch. 6, 60.

94. Psellus, 321, 370 –71 and 374 –75.

95. Herodotus, IV. 116, and Xenophon, *Cyn.*, XIII. 18.

96. *BDK*, 113.

97. *AR*, 30, and Jahāngīr, I, 130, 204, and 375.

98. Parks, I, 400.

99. Abū'l Faẓl, *AN*, II, 326 –27.

100. *NC*, I, 54.

101. Catherine II, 95 –96, 112, 127, 129, and 139. 此外还可参见 Markina 2002, 207 –12。

102. *GC*, 73 and 75, and Eastmond 1998, 121.

103. 例如可参见 Ibn Isfandiyār, 158, and *AIM*, 41。

104. Mas'ūdī, II, 168 –69.

105. *GC*, 5, 97, and 100.

106. Ye Longli, ch. 11, 118, and ch. 19, 182; *LS*, ch. 30, 358; Rashīd/K, I, 522 –23; Rashīd/B, 118 –19; Broecke, 91; and *HI*, VIII, 73, 104, and 105.

303 107. *FCH*, 17.

108. *FCH*, 227 and 229.

109. Fu Jian, 132 –33; JS, ch. 6, 141 –42; Tao 1976, 86; Qāshānī, 228; and Abū'l Faẓl, *AN*, II, 240.

110. Dio Chrysostom, 3. 135 –36.

111. Kautilya, 360.

112. Kalidasa, 17 –18.

113. Kai Kā'ūs, 84.

114. *PSRL*, I, 150; *PVL*, 66, 古俄语文本, and 203, 现代

俄语译本；*RPC*, 136；*NC*, I, 45, 53, and 140；Leo the Deacon, II. 10；and Abū'l Fidā, 22。

115. Diodorus, IX. 27. 1 – 2；*ASB*, 111 – 12；al-Ṭabarī, XXVI, 81 – 82；Jūzjānī/L, 398 – 99；Jūzjānī/R, II, 1148；and al-Ahrī, 149, 波斯语文本, and 51, 英语译本。

116. Sima Guang, ch. 193, 6088 – 89.

117. Schreiber 1949 – 55, 479 – 80；William of Tyre, II, 134；Procopius, *HW*, II. xxviii. 1 – 2；*CC*, 42；*GC*, 45；*SH*, I, 196；*SH*/I, 158；Mīrzā Ḥaydar, I, 55；Mīrzā Ḥaydar, II, 47；*SOS*, 70；and al-Ṭabarī, V, 97.

118. *ASB*, 120, and *NC*, I, 26.

119. *PSRL*, I, 251；*PVL*, 104, 古俄语文本, and 242, 现代俄语译本；and *RPC*, 214 – 15。

120. Pliny, XII. 4.

121. Plutarch, *Mor.*, 343, and Albertus Magnus, II, 1411.

122. Ibn Isfandiyār, 43.

123. Herodotus, I, 37.

124. *HS*, ch. 54, 2450；*HS*/W, 23；and Fletcher, 109v – 110r.

125. Sebēos, 54 – 58.

126. Psellus, 376；Albertus Magnus, II, 1453；Mīrzā Ḥaydar, I, 41, and Mīrzā Ḥaydar, II, 36.

127. Ye Longli, ch. 7, 71.

128. *BDK*, 99 – 100；Psellus, 57；and Kinnamos, 200.

129. Nīshāpūrī, 105, and Mas'ūdī, VI, 432 – 33.

130. *HI*, V, 271 – 72 and 329, and Abū'l Faẓl, *AN*, II, 482 – 83.

131. 'Ināyat Khān, 5, and Beach 1997, 76.

132. Bernier, 182 – 83.

133. Olympiodorus, 183 (para. 19); *KDA*, 68; Nīshāpūrī, 47; and *LS*, ch. 30, 355.

134. Niẓāmī, 25. 29 – 37, and Marzolph 1999, 331 – 47.

135. al-Ṭabarī, V, 85 – 86; Niẓāmī, 13. 6 – 16; *HI*, V, 33; Ḥāfīẓ-i Tanīsh, I, 56b, 波斯语文本, and 130, 俄语译本; and Kangxi, 10。

136. Ye Longli, ch. 7, 72.

137. Xenophon, *Hell.*, V. iii. 20.

138. Rust'haveli, 12 – 14, 34, and 52.

139. Cannadine 1990, 364 – 65. 关于同一时期俄国贵族的狩猎"记分卡 (score cards)", 请参见 Paltusova 2002b, 317ff。

140. Ritvo 1987, 271 – 76, and G. Watson 1998, 265 – 88.

141. *ANE*, II, 102, and *ARI*, II, 49 – 50, 55, 57, 91 – 92, 105, 140, 150, and 175.

142. el-Habashi 1992, 90 – 91 and 96 – 97, and Decker 1992, 151 – 52 and 156. 参见 Osborn and Osbornova 1998, 116。

143. *ANE*, II, 239.

304 144. Chang 1980, 142 – 43; Li 1957, 23 – 24; Keightley 2000, 108 – 9; Lefeuvre 1990 – 91, 138; J. Hsu 1996, 81; and Fiskesjö 2001, 102 – 3.

145. *MTZZ*, ch. 5, 2b, 中文文本, and 74, 法语译本。

146. *CRP*, 47; *WX*, I, 139; and *CATCL*, 422.

147. *CWT*, II, 236, and Kangxi, 9 – 10.

148. Jahāngīr, I, 45, and Beach 1997, 84.

149. ʿInāyat Khān, 121 -22, 145, 211, 247, and 413.

150. Jahāngīr, I, 121, 129, 130, 167, 190 -91, 204, 234, 248, 252, 276, 344, 403, and 404, and Jahāngīr, II, 39 and 229.

151. Jahāngīr, I, 45, 83, 163, 155, 202, 256 - 57, 341, 342, 345, 346, 347, 349, 352, 368, 402, 408 - 9, and 439, and II, 109.

152. Jahāngīr, I, 369.

153. Jahāngīr, I, 83 -84, 111, 122, 402, 444, and II, 284; and Bernier, 379.

154. Munshī, II, 764.

155. Munshī, II, 987 -88.

156. *PSRL*, II 905 -6, and *Hyp.* , 102.

157. 相关例证请参见 Pelsaert, 52 -53。

158. Hanaway 1971, 21 -27; Gignoux 1983, 116 -18; and Niẓāmī, 16. 2 -3.

159. Soucek 1990, 11 -13. 相关评论参见 Esin 1968, 24 -76。

160. Ettinghousen 1979, 25 -31.

161. Houlihan 1996, 70 -73.

162. Diodorus, I. 20. 1, 48. 1, and III. 36. 3.

163. Diodorus, II. 8. 6 -8.

164. Winter 1981, 2 -38.

165. 关于此处所作评论的依据，请参见 Gerardi 1988, 14 -15 和 25 -28。

166. Parrot 1961, 54 -61, figs. 62 -65, and 209, fig. F.

167. Sachs 1953, 167 -70.

168. Parrot 1961, 68 - 69, figs. 74 - 76; *ARI*, II, 91 - 92; and Oded 1992, 157.

169. Hertzfeld 1988, 325 and pl. 123, and Bivar 1972, 280 and pl. 17.

170. Beshevliev 1979, 89, illus. 1, following 253.

171. Tanabe 1998, 93 - 102; Tiratsian 1960, 477 - 78, 480 - 81, and 495; Ghirshman 1955, 5 - 19; and Voshchinina 1953, 188 - 93.

172. Harper 1978, 26.

173. Ammianus, XXIV. 6. 3.

174. Nās. ir-i Khusraw, 57 and *NITP*, 175.

175. Waley-Cohen 2002, 405 - 6 and 431 - 33, and Hou and Pirazolli 1979, 13 - 15 and 40 - 50.

176. Ergert and Martin 1997, 238 - 41. 关于商代皇家猎手所保存的战利品，请参见 Lefeuvre 1990 - 91, 132 - 36, and J. Hsu 1996, 81 - 82。

177. Linn-Kustermann 1997, 124 - 25.

178. Nīshāpūrī, 60 - 61.

179. NITP, 165.

180. Don Juan, 39 - 40.

181. *HI*, V, 511.

305 第八章 政治动物

1. Tuite 1998, 452 - 60.

2. Bivar 1969, 26 - 27, and Klingender 1971, 450 - 61.

3. Cowen 1989, 3 - 6 and 9 - 11, and Qazvīnī, TG, 233 - 34.

4. Abū'l Faẓl, *AA*, III, 136.

5. Xenophon, *Cav.*, IV. 18 and Procopius, *HW*, II. xii. 8 – 19.

6. Artsruni, 357 – 58 and 360.

7. 例如请参见 Tacitus, *Hist.*, I. lxxxvi and III. lvi; Theophanes, 7; and *NC*, III, 54 and V, 13。

8. Herodotus, VII. 57.

9. 此处的讨论基础请参见 P. Shepard 1996, 195 – 204。

10. Aristotle, *HA*, IX. 1.

11. *HS*, ch. 6, 207; *HS/*D, 112; and Manucci, I, 219. 此外，有关爬行动物所象征的另一种预兆，可参见 243 – 44。

12. Pollard 1977, 116 – 29, and Dio Chrysostom, 34. 4 – 6.

13. Tacitus, *Hist.*, I. lxii and III. lvi; Tacitus, *Ger.*, 10; Ammianus, XXVIII. 1. 7; *PCR*, 173; and Albertus Magnus, I, 717.

14. Forbes, II, 95; *HI*, I, 332; Manrique, I, 61 and 141; and Laufer 1914, 3 – 35.

15. *HS*, ch. 8, 258; *HS/*D, II, 236 – 37; and Schreiber 1956, 33.

16. *ZZ/*W, 213, and Diodorus, XVII. 49. 5 – 6 and XX. 11. 3 – 5.

17. *ANE*, II, 97; Jordanes, XLII. 220 – 21; al-Ṭabarī, V, 331; *PSRL*, II, 801 – 2; *Hyp.*, 55 – 56; and Abū'l Faẓl, *AN*, I, 525 and 634.

18. Aristotle, *HA*, IX. 6; Pliny, VII. 203, VIII. 102 – 3, and X. 36 – 38; Aelian, VI. 16, VIII. 5, and XI. 19; Bar Hebraeus, 262; and Officer and Page 1993, 32, 37 – 38, and 40 – 41.

19. Hui Li, 96, and Gregory of Tours, 240.

20. Meserve 2000b, 90 - 97, and Lewis 1990, 198 - 99.

21. al-Ṭabarī, V, 73, and Theophanes, 50.

22. Molnár 1994, 127 - 31, and Laufer 1967, 525 - 28.

23. Pliny, XXVIII; Aelian, XIV. 4; 和 *SBM*, 664, 681, 685, 695 等。

24. Aelian, I. 42, and Pollard 1977, 130 - 34.

25. Unschuld 1986, 138 - 39.

26. Huc and Gabet, I, 19.

27. Aelian, III. 41 and IV. 52.

28. *HHS*, ch. 88, 2920. 在西汉时期，犀牛角仍是中国南方所固有的。见 *ZGC*, 240。

29. *IFC*, 13; Linschoten, II, 9 - 10; Marvazī, 17 and 23; Zhao Rugua, 223; and Bernier, 204.

30. Saunders 1994, 159 - 65.

31. *ARE*, II, 265, 306, and 336, and Diodorus, III. 36. 3.

32. Speidel 2002, 253 - 90. 又见 Widengren 1969, 150 - 51。

33. Miller 1998, 43 and 47 - 48.

34. Herodotus, VII. 69, and Sturluson, *Vnglinga Saga*, ch. 6.

35. Foote and Wilson 1979, 285, 323, and 391, and Golden 1997, 91 - 93.

36. Eliade 1974, 458 - 61.

37. 相关评论请参见 D. White 1991, 15ff。

306

38. 关于这些生物的古老历史，请参见 Aruz 1998, 12 - 24。

39. Agathangelos, 41; El/ishē, 66; IB, 9, 13, and 19; Wittfogel and Feng 1949, 337, and 348; and Chiodo 1992, 125 - 51.

40. Hakluyt, PN, III, 245 - 46, and Purchas, X, 187 - 88.

41. Linschoten, I, 97 – 98 and 102, and II, 1 – 2.

42. 此处讨论基于 Zimmer 1963, 59 – 60, 92, and 102 – 9。

43. Aelian, III. 46, and Mas'ūdī, II, 200.

44. *TS*, 42.

45. Manrique, I, 238ff., 272 – 75, and 283.

46. Guerreiro, 185 – 86 and 196.

47. Elias 1994, 474.

48. Aelian, XIII. 23, and Naveh and Shaked 1987, 201.

49. Campany 1996, 245 – 48.

50. Boyle 1978, 177 – 85, and Herbert, 120.

51. Glacken 1990, 214 – 16.

52. Flint 1991, 196 and 259 – 60; Klingender 1971, 456 – 59; and Friedmann 1980, 19 – 22 and 229ff. 参见 Sansterre 1996, 12 – 13。

53. Buzand, 206, and Kirakos, 66.

54. *NC*, IV, 60 – 61, and *PLDR*, 312, 古俄语文本, and 313, 现代俄语译本。

55. Zguta 1978, 8 – 9, and Dom., 118.

56. Ibn Baṭṭuṭah, II, 303 – 4.

57. Aigle 1997, 242 – 43.

58. Linschoten, I, 225.

59. Parks, II, 88.

60. Hamilton, II, 45.

61. Hammond 1996, 195 – 97, and Gernet 1995, 114.

62. al-Ṭabarī, III, 152ff., esp. 154, and Lewis 1990, 200 – 201.

63. *Isk.*, 184, and Rashīd/J, fol. 598r, 波斯语文本, and

52，德语译本。

64. *CWT*, II, 164 – 65, and Forbes, I, 481 – 83.

65. Tibbets 1979, 47.

66. Aelian, VII, 46, and Isk., 61 – 62 and 73.

67. Narshakhī, 94, and Jūzjānī/R, I, 33 – 34.

68. Forbes, IV, 200.

69. *TDB*, 198.

70. Justin, XV. 4.

71. Kalidasa, 84 – 86.

72. *GC*, 126.

73. Mas'ūdī, V, 282 – 83.

74. Houlihan 1996, 91 – 95; *ARE*, III, 196 and 201, and IV, 27, 67, and 71; and Aelian, V. 39.

75. Comnena, 195; Grigor of Akanc', 311; and Chardin, 83.

76. Lassner 1970, 89, and Zhao Rugua, 144.

77. Manucci, I, 21 – 22.

78. Marco Polo, 226, and *CWT*, II, 239. 参见 Mandeville, 152。

79. al-Ṣābi', 43 – 44.

80. Roe, I, 198, and Manucci, II, 121.

81. Jourdain, 159 – 60.

307

82. Hall, 233 – 34.

83. Bar Hebraeus, 417.

84. Chen Cheng, 55 – 56.

85. Tavernier, I, 66.

86. Mas'ūdī, III, 23.

87. Abū'l Faẓl, *AA*, III, 445.

88. Abū'l Faẓl, *AA*, I, 123 – 24.

89. *HI*, IV, 20, 36, and 80.

90. Ovington, 136.

91. Fryer, I, 73, 242, and 271.

92. Aristotle, *HA*, IX. 46, and Pliny, VIII. 3.

93. Ibn Baṭṭuṭah, III, 661 – 62. 参见 Varthema, 109。

94. Tavernier, I, 307, and II, 248.

95. Bernier, 261 – 62, and Manucci, I, 89, and II, 339.

96. 相关论述请参见 Hall, 236 – 37。

97. Jourdain, 163; my italics.

98. Aelian, XIII. 22.

99. Abū'l Faẓl, *AN*, II, 112 – 16; Jahāngīr, I, 38, and II, 41; and Beach 1997, 72 – 73. 有关波斯语中的"发狂的（mast）"一词和盎格鲁—印第安语中的"发情的（must）"一词，请参见 Yule and Burnell 1903, 604。

100. *CWT*, 164, and *Isk.*, 17.

101. Hamilton, II, 94; Manrique, I, 371 and 390; and Bowrey, 312.

102. *SOS*, 49.

103. Suetonius, Julius, XXXVII. 2, and Nikephoros, 67, sect. 19.

104. Dasxuranc'i, 127 and 129.

105. al-Ṭabarī, XXXIII, 179 – 80, and XXXVIII, 29.

106. Nīshāpūrī, 37, 82, and 99 – 100.

107. *SS*, ch. 164, 3894.

108. Ḥāfīẓ-i Abrū/M, 50 – 51; *HC*, 169; Ripa, 125 – 26; Bell, 142 – 43; *PRDK*, 134; *RKO*, 232; and Brunnert and

Hagelstrom 1912, 37.

109. Suetonius, *Claudius*, XXI. 3.

110. Herodotus, III. 32; Aelian, XV. 15; *HS*, ch. 68, 2940; and *HS/W*, 133.

111. Jahāngīr, I, 157; Manrique, II, 162 and 270; P. Mundy, II, 50, 121, 128, and 170; Bowrey, 310; Chardin, 87 and 181 – 82; and Hall, 210 – 12.

112. Parks, I, 176 –78.

113. du Jarric, 9 – 10 and 67 – 68.

114. Abū'l Faẓl, *AA*, I, 228 – 32, and *HI*, VI, 168 and 193.

115. Pelsaert, 3, and Bernier, 276ff.

116. Manucci, I, 184 and 216, and II, 108, 179, and 340.

117. P. Mundy, II, 127 – 28.

118. Suetonius, *Claudius*, XIV.

119. Jackson 1985, 50.

120. Zhao Rugua, 95; *HI*, III, 148 and 233; *RG*, 57; du Jarric, 12; Manucci, I, 190; and Manrique, II, 62 – 63.

121. Hamilton, II, 97, and Ibn Baṭṭuṭah, II, 715 – 16, and IV, 793.

122. *SOS*, 146 – 47.

123. Abū'l Faẓl, AA, I, 340, and Abū'l Faẓl, *AN*, II, 436.

124. Jahāngīr, I, 339 – 40.

308

125. al-Ṭabarī, V, 334; Mas'ūdī, III, 208; Jāḥiẓ *KT*, 94; Ibn 'Arabshāh, 142; and Theophylact, III. 8. 8 and IV. 14. 14.

126. 相关评论请参见 P. Shepard 1996, 110 and 191 – 94。

127. *TLC*, 160.

128. 有关受到操纵的角斗活动的例子，请参见 G. Mundy，13，14 和 18－20。

129. Abū'l Faẓl，*AN*，II，528 and 539.

130. Andrews 1999，II，1069 and 1070，and illus. 178.

131. *Isk.*，17.

132. Manucci，II，416.

133. Andrews 1999，II，1005.

134. Quintus Curtius，V. i. 21.

135. *TTP*，53.

136. Reid 1988，184－86.

137. 世界上几乎所有的大型猫科动物，以及部分的小型猫科动物，目前都位于易危物种或濒危物种的名单之上。请参见 McCarthy 2004，44－53。

138. *ANE*，I，71.

第九章　正统性

1. Kuzmina 1987，729－45.

2. Juvaynī/Q，I，45，and Juvaynī/B，I，61. 其他的相关例子可参见 Braund 1994，22。

3. Aelian，XII. 4.

4. *SH*，I，14；SH/I，25；Ḥāfīẓ-i Tanīsh，I，60a，波斯语文本，and 137，俄语译本；Waida 1978，283－89；Okladnikov 1964，411－14；and Okladnikov 1990，88－89。

5. Dankoff 1971，102－4，and Eliade 1974，69－71.

6. Bazin 1971，128－32.

7. Quintus Curtius，III. iii. 16；Xenophon，*Cyr.*，VIII. i. 4；

Aelian, XIII. 1; Xenophon, *Ana.*, VI. v. 2 - 3; Theophanes, 69; and *SCWSC*, 219 - 20.

8. Price 1987, 94 - 96.

9. Hamayon 1994, 78 - 79.

10. Wittfogel and Feng 1949, 132 and 284.

11. Galdanova 1981, 153 - 62; Kara 1966, 102 - 4; Bauwe 1993, 11 - 22; IB, 11 and 27; Heissig 1980, 51 - 57, 83, 87, and 93; and Bawden 1968, 104 - 40.

12. *ARI*, II 49, 55, 77, 91, 150, and 175.

13. Sugiyama 1973, 31 - 41.

14. Sima Guang/C, I, 170; *SJH*, I, 183; and Abū'l Faẓl, II, 7.

15. Helms 1993, 153 - 57, and Hendricks 1988, 221.

16. 有关概况请参见 Gnoli 1990, 83 - 92; Golden 1982, 37 - 76; and de Rachewiltz 1973, 21 - 36。

17. Decker 1992, 148.

18. 以下讨论的基础请参见 Cassin 1981, 355 - 401。

19. 有关狮子的育种，请参见 *ANE*, II, 103。

20. Parrot 1961, 250, fig. 250; Porada 1969, 176 and 177, and fig. 88; Lukonin 1977, 164 and 166; and Gignoux 1983, 101 - 3 and 107 - 11.

309 21. Harper 1983, 1115 - 20.

22. Haussig 1992, 82, illus. 21; Garsoian 1981, 46 - 54; and Braund 1994, 253 - 54. 有关伊利汗作为受皇室荣光保佑的狩猎国王的形象，请参见 Naumann and Naumann 1969, 47 - 49, and fig. 6。

23. 请参见 Litvinskii 1972, 266 - 82, and Azarpay 1981,

70 – 73 and 110 – 12。

24. Bernier, 379.

25. Morris 2000, 36 – 49.

26. Forbes, I, 41, and Yule and Burnell 1903, 58 – 59.

27. Pliny, III. 79, and VIII. 217 – 18, and Marco Polo, 257.

28. Bowrey, 220; Muraviev, 108; Herbert, 47; Chardin, 173; Hakluyt, V, II, 120 and 123; and *EVTRP*, II, 424 – 25 and 440.

29. 相关评论请参见 Aelian, V. 45，这是古典作家的代表性观点。

30. Buzand, 128.

31. Hamilton, I, 52, and II, 109.

32. *Vis.*, 387.

33. Theophylact, V. 16. 12 – 14.

34. Xenophon, *Cyn.*, X. 8, 12 – 16, 18, and 21; Theophylact, VII. 2. 11 – 12; Haussig 1992, 78 – 79, illus. 125; and Usāmah, 231 and 252 – 52. 有关这类危险的现代记述，请参见 Hurston 1990, 33 – 37。

35. Procopius, *HW*, V. xv. 7 – 8.

36. Braudel 1985 – 86, I, 64 – 70. 相关例证可参见 Varthema, 85 and 131; Usāmah, 173 – 74; Ibn Baṭṭuṭah, I, 68; and *RG*, 68。

37. Gregory of Tours, 350, and *ASB*, 86.

38. Fletcher, 4v.

39. Albertus Magnus, II, 1519.

40. al-Ṭabarī, XXXVIII, 198, and Parks, I, 407.

41. Usāmah, 140; P. Mundy, V, 59 and 63; and Parks, II, 252.

42. Strabo, XV. i. 37; Aelian, IV. 21; Mela, III. v; and Ammianus, XXII. vi. 50 – 52.

43. McDougal 1987, 435 – 48.

44. *ZGC*, 95, and Schafer 1967, 195 and 228 – 29.

45. Marco Polo, 299, 344, 346, and 348.

46. P. Mundy, II, 170; Carré, I, 180 and 198; Fryer, I, 145 – 46, 147, and 186, II, 98, and III, 5 – 6; Bowrey, 119, 211, and 219 – 20; Hamilton, I, 148 and 219, and II, 3, 13 – 14, 16, and 17; and G. Mundy, 3 – 4.

47. Hui Li, 128 and 146, and Faxian, 68 and 93.

48. Ibn Baṭṭuṭah, II, 279, and III, 596 and 727.

49. *SOS*, 47, 49, 164 – 65, and 175.

50. Marco Polo, 373; Floris, 41; Bowrey, 259 – 60 and 279; and Wallace, 26.

51. Hamilton, II, 24.

52. Tavernier, II, 185 and 205; Manucci, I, 316, II, 81 – 82 and 86 – 87, and III, 462 – 63; and Manrique I, 395 and 398 – 404.

53. Manrique, I, 96 – 99, 104, and 338 – 39.

54. Fryer, III, 5 – 6. 也参见 Don Juan, 50。

55. 例如，可参见 PME, 83; Marco Polo, 268; *EVTRP*, II, 224; and Tavernier, II, 224。

56. Carré, I, 72, and III, 846, 848, 851, 852, 854, 857, and 864.

57. Schumpeter 1951, 179ff.

310 58. Ahsan 1979, 240 – 41.

59. Aristotle, *MTH*, 27; Aelian, XV. 26; and al-Balādhurī, I,

278 – 79.

60. Decker 1992, 149 – 50.

61. Twiti 37.27 – 28, and Colley 1992, 172.

62. *SJ*, ch. 109, 2872; *SJH*, II, 122; *HS*, ch. 54, 2444; *HS/W*, 17; and Pliny, VI. 91 and VIII. 66.

63. Abū'l Faẓl, *AA*, I, 293 – 94, and Abū'l Faẓl, *AN*, II, 222 – 23, 327, and 539.

64. *SMCAC*, 40, and Ibn al-Furāt, I, 84 – 85, 阿拉伯语文本, and II, 68, 69, 英语译本。

65. Allen 1971, 331.

66. Rudra Deva, 83 (para. 22).

67. Aelian, XVII. 3, and Forbes, I, 354.

68. Pliny, XI. 103 – 6.

69. Huc and Gabet, I, 99.

70. Wallace, 82.

71. Robinson 1953, 77, and Aelian, IV. 21.

72. G. Mundy, 97, 274, and 301.

73. Marks 1998, 323 – 26.

74. Forbes, I, 197, 367 – 68, and 438, II, 282 – 85, and III, 89 – 90.

75. Eberhard 1968, 170 – 71.

76. 关于地中海地区的狼人传说，请参见 Pliny, VIII. 80 – 84；有关中国的虎人传说，请参见 Schafer 1967, 228。

77. Ibn Baṭṭuṭah, IV, 788.

78. Fryer, I, 145 – 46 and 147.

79. Ritvo 1987, 28.

80. Bird-David 1990, 189 –91 and 194 –95.

81. al-Manṣūr, 72 –73.

82. Herodotus, I. 36 –43.

83. Mencius, 2. 12.

84. *LS*, ch. 32, 374 –75.

85. Jahāngīr, I, 136, 166, 185 –87, 255, 264, 276, 286, 350 –51, 362, 371, and 374, and II, 104 –5 and 269.

86. Orwell 1956, 3 –9.

87. Xenophon, *Cyn.*, V. 34.

88. *HS*, ch. 65, 2847; Wittfogel and Feng 1949, 130, 135, 139, and 386; and *YS*, ch. 3, 51.

89. Wittfogel and Feng 1949, 374, 421, and 501, and *GD*, 79 and 106.

90. Bernier, 145.

91. Goody 1993, 423.

92. Redfield 1956, 40 –59.

93. Andrews, I, XXXVI.

94. Scott 1976, 157 –92.

95. Macartney, 161.

96. Aristotle, *HA*, VI. 31, VIII. 28, and IX. 44; Strabo, XV. i. 19 and XVI. iv. 20; Pliny, VIII. 47; Herodotus, XII. 125 –26; and Dio Chrysostom, 21. 1.

97. *ARE*, II, 346 –47, and el-Habashi 1992, 55 –56.

98. S. Kramer 1981, 127; ANE, I, 48 and 166, para. 266, and II, 36; Barnett 1976, 13; and Parrot 1961, 156 and 158, fig. 192.

311 99. Quintus Curtius, XIII. i. 15; Strabo, XVI. i. 1; and

Ammianus, XVIII. 7. 4 –5 and XXIII. 5. 8.

100. *HHS*, ch. 88, 1920.

101. *SGZ*, ch. 30, 861.

102. *ANE*, II, 162, and Xenophon, *Cyn.*, XI. 2.

103. Welles, Fink and Gilliam 1959, 41 and 320, no. 100xx, and Rostovtzeff 1952, 47 –49.

104. Usāmah, 113 –14, 116 –17, and 135 –39.

105. al-Balādhurī, I, 280, and al-Ṭabarī, XVIII, 112 –13.

106. Teixeira, 42; Layard, 566 –67; and Grant 1937, 15.

107. Masʿūdī, VI, 432 –33. 此外还可参见 Dozy 1991, II, 519, 见 "labādīd" 条目。

108. al-Balādhurī, I, 259, and II, 109, and Ahsan 1979, 81, n. 35. 有关第一项请参见 Zeuner 1963, 245 – 51, and Postgate 1992, 164 – 65, 阿卡德人（Akkadian）引进水牛的情况。

109. Linschoten, I, 305.

110. G. Mundy, 158 –59 and 275 –76.

111. Saberwal, et al., 1994, 501 –7.

112. Roe, II, 392 and 402.

113. Pelsaert, 52, and Bernier, 182.

114. 参见 Koch 1998, 15。

115. *PSRL*, I, 224; *PVL*, 94, 古俄语文本, and 232, 现代俄语译本; and *RPC*, 178。

116. Hrushevsky 1941, 151.

117. 其他古代的例子请参见 *ANE*, II, 222, and Ezekiel 14. 15 –19。

118. Joshua, 102 - 3 and 110. 关于使用灵异方法对抗动物侵袭的信息，请参见 Trombley 1994, II, 189 - 90。

119. Drasxanakertc'i/D, 186, and Drasxanakertc'i/M, 189.

120. Dionysius, 81.

121. al-Ṭabarī, IV, 45 - 46, and Don Juan, 50.

122. Bagrationi, 139 - 40. 相关翻译请参见 Allen 1971, 150。

123. Yang Xuanzhi, 6, and Jenner 1981, 99 - 102.

124. Gernet 1995, 118.

125. Forbes, III, 60 - 61 and 162, and IV, 81 - 82.

126. Bernier 175, 227, 233, 442 - 43, and 444.

127. Guerreiro, 196.

128. Eberhard 1968, 80 - 82.

129. Hughes 1989, 16 - 17.

130. Mencius, 3. 3; Han Feizi, 96; *SJ*, ch. 5, 173; and *SJH*, II, 122.

131. Machinist 1992, 1116 - 18; Speiser 1964, 64 and 67 - 68; and Bar Hebraeus, 8.

132. *ANE*, I, 53 - 56.

133. *ZA*, pt. II, *Yasht*, XIX. 30 - 38; Yarshater 1983, 422 - 26; and Stricker 1963 - 64, 310 - 17.

134. al-Ṭabarī, II, 26 and 49 - 50, and Mas'ūdī, II, 96.

135. Niẓām al-Mulk, 179.

136. al-Ṭabarī, I, 341, and II, 108 - 09.

137. Ipsiroglu 1967, 53 and 99.

138. Jahāngīr, I, 240.

139. Tanabe 1983, 103 - 16.

140. al-Ṭabarī, V, 100-102, and Ibn Isfandiyār, 30-32. 312

141. Ibn Baṭṭuṭah, II, 928.

142. 在波斯语的亚历山大罗曼司中，主人公曾与“狗那么大的”蜜蜂对决。请参见 *Isk.*, 32-34。

143. P. Shepard 1996, 177-78.

144. Khazanov 1975, 30ff.; Lavin 1963, 197ff.; Root 1979, 303-8; Boyce 1982, II, 105; Haussig 1992, 20-21, illus. 9; Klochkov 1996, 38-43; and Schmidt 1957, 8, 12-13, and 20-22.

145. *ON*, 24-27 (3.4-6.3).

146. J. Wilson 1948, 78-80, and Zimansky 1985, 51-52.

147. *ARI*, I, 80, 83, 92, 102, 104, 106, 108, 113, 114, 118, and 119, and II, 5, 85, 121-22, 148, 159, and 191; *ANE*, II, 99, 132, and 201; and Oded 1992, 113-16, 149-51, and 167.

148. Falk 1973, 1-15.

149. Shulman 1985, 24-27, 294-95, and 365. 参见 Brancaccio 1999, 105-18, esp. 17, and Lombard 1974, 474-85。

150. Helms 1993, 160-63.

151. Pliny, VIII. 104; Aelian, XVIII. 40-41; Diodorus, I. 33. 4, II. 40. 6 and 50. 2, and III. 30. 4 and 50. 3; Dio Chrysostom, 38. 17; and Ammianus, XXII. 5. 4.

152. Justin, XV. 2.

153. al-Ṭabarī, V, 264-65.

154. Sage 1992, 138-39.

155. Macartney, 112-13.

156. Artsruni, 186 and 260.

157. Xuanzang, II, 255.

158. Rudra Deva, 79 (para. 5). 相关建议参见 Yusūf, 他的喀喇汗王朝君权见 221。

159. Gommans 1998, 21 -22.

160. G. Mundy, 87.

161. Ehrenreich 1997, 39 -45.

162. Ovington, 80.

163. Hammond 1991, 87 - 100; Schafer 1991, 4 - 6; and Han Feizi, 18 and 39 -40. 关于使用音乐来控制野兽的方法，请参见 Sterckx 2000, 3 -8, and Lawergren 2003, 105 -7。

164. Pliny, XI. 105 -6.

165. Sittert 1998, 333 -56.

166. Xenophon, *Oec.* V. 5 - 7. 此外可参见 Xenophon, *Cyn.*, XIII. 11 -12。

167. Knight 2000a, 1 -35 是关于这一问题的最佳讨论。

168. Strabo, II. v. 26.

169. Pliny, VI. 53, and Strabo, XVII. iii. 15.

170. Diodorus, I. 8. 1 -4, 15. 5, and 24. 5 -8.

171. Ingold 1994, 1 -19.

172. 有关调查与评价请参见 Haas 1982, 34 -85。

173. Fiskesjö 2001, 92 -96, 98 -99, and 146 -66. 关于这一时期中国北方地区的野生动物情况，请参见 Keightley 2000, 107 -9; Lefeuvre 1990 -91, 131 -57; and J. Hsu 1996, 69 -87。有关印度早期政权的评论及其与自然环境之间的关联，请参见 Gadgil and Thapar 1990, 214 -16。

第十章　出巡

313

1. 请参见 Melville 1990, 55 - 70。他的研究选择在宏观比较框架内讨论蒙古的惯例。

2. Elias 1994, 301.

3. 有关出于仪式性目的进行的移动，请参见 Wechsler 1985, 161 - 69。

4. Ratchnevsky 1970, 426 and 428, and Marco Polo, 229 - 30, 233, and 234 - 35.

5. al-'Umarī/L, 100, 阿拉伯语文本, and 158, 德语译本。

6. Peng and Xu, 473. 此处“所谓的”一词表现了作者对这个非汉人政权的轻蔑。

7. Jāḥiẓ, *LC*, 100 - 101.

8. Manucci, II, 61 - 68 and 100.

9. Munshī, II, 1092.

10. Nakhchivānī, 62 - 63.

11. 例如，可参见 *TTP*, 133。

12. Abū'l Faẓl, *AA*, I, 47 - 49 and 231.

13. Bernier, 218 and 359.

14. Porphyrogenitus, *TT*, 105.

15. Dio Chrysostom, 6. 1.

16. Diodorus, *XIX*, 21. 3.

17. 关于食物供给，可参见 *PFT*, 15 and 113 - 16。

18. Buzand, 141 and 142.

19. Ibn Isfandiyār, 115, and Nīshāpūrī, 100.

20. Herbert, 141 - 52, esp. 142, 148, and 151. 相关数据可

参见 Munshī, II, 1057。

21. Munshī, I, 537, and II, 1054 - 61, 1211 - 12, and 1237.

22. *NITP*, 165.

23. Jahāngīr, I, 90, 202, 248, and 252.

24. G. Mundy, 209, and Yule and Burnell 1903, 774.

25. 例如，可参见 *ASB*, 127, 140, 152, 175, and 185, and *CC*, 125。

26. 对这一特征的归纳基于相关文献的解读，请参见 Hennebicque 1980, 35 - 57, and Ewig 1963, 25 - 72, esp. 29, 60, 63, and 70 - 71。

27. 有关评论请参见 Koch 1998, 29。

28. *FCH*, 1, and Jordanes, XXIV. 123 - 25.

29. *ON*, 59 - 61; Ḥāfīẓ-i Tanīsh, I, 18b, 波斯语文本, and 63, 俄语译本。关于金箭（Golden Bow）的象征性意义，请参见 Harmatta 1951, 107 - 49。

30. Avery 1991, 10.

31. Rashīd/K, I, 387.

32. *PSRL*, II, 842; *Hyp.*, 75; and Forbes, III, 117.

33. al-Ṭabarī, V, 41, and *ON*, 8. 7 - 10. 4.

34. Ye Longli, ch. 8, 76, and *JS*, ch. 6, 147.

35. *HI*, II, 184, III, 317, and IV, 224 and 225.

36. Niẓāmī, 41. 13 - 84; al-Ṭabarī, XXX, 324 - 25; and Mas'ūdī, VI, 227 - 28.

37. d'Orléans, 49.

38. Jāḥiẓ, *LC*, 125 - 26.

39. Abū'l Fidā, M, 77; HI, V, 372; and Ḥāfīẓ-i Tanīsh, II, 194a, 228a, 233a, and 237a, 波斯语文本, and 163, 225, 234, and 241, 俄语译本。

40. *LS*, ch. 32, 373 – 75; Wittfogel and Feng 1949, 131 – 34; Taskin 1973, 101 – 15; and Haenisch 1935, 64 – 66. 314

41. *LS*, ch. 58, 1037 – 75, and Stein 1940, 81 – 93.

42. *YS*, ch. 3, p. 47, and Ḥāfīẓ-i Abrū/B, 118.

43. Qāshānī, 31.

44. *PSRL*, I, 247; *PVL*, 102, 古俄语文本, and 240, 现代俄语译本; and *RPC*, 211。

45. Keightley 1978, 181; Shaughnessy 1989, ii; Fiskesjö 2001, 104 – 9; and Wittfogel 1940, 126 – 28.

46. 可参见 He 2003, 472 – 77, 有他对这一问题广泛研究的总结。

47. *Vis.*, 191 and 226.

48. Dasxuranc'i, 65, and *GC*, 27 and 101.

49. Ibn Isfandiyār, 101, and *CC*, 170.

50. Juvaynī/Q, I, 174; Juvaynī/B, I, 218; and *MKK*, 258 – 59.

51. 更多例子可参见 Munshī, II, 607, 633, 668, 765, 854, 987, and 1139, and Ḥasan-i Fasā'ī, 150 and 167。

52. Muraviev, 60, 63, 127, 141, and 150.

53. Blake 1979, 91 – 92, and Blake 1983, 22 – 24.

54. Broecke, 47.

55. 相关评论请参见 Guerreiro, 46, and Bernier, 215。

56. Roe, II, 339ff., and 'Ināyat Khān, 159, 298 – 99, 322, 396, 412, and 504.

57. Abū'l Fazl, *AA*, I, 292 - 93.

58. Abū'l Fazl, *AN*, II, 172 and 226.

59. Rudra Deva, 83 (para. 22 - 23), and Forbes, IV, 194.

60. 例如可参见, Poole 1958, 616 - 21。

61. Ye Longli, ch. 3, 39; Waley 1957, 581 - 82; Abū'l Fazl, *AN*, II, 516; *HI*, V, 277; Rudra Deva, 85 (para. 33 - 35); and Lang 1957, 54.

62. *JTS*, ch. 64, 2420.

63. Anson 1970, 594 - 607. 在一些印欧语系的语言中，表示"狩猎"的词语同表示"欲望"和"爱"的词有着紧密的联系。请参见 Bailey 1985, 99。

64. Plutarch, *Mor.*, 319 and 321. 例如，可参见 al-Ṭabarī, XXXVIII, 156; Nīshāpūrī, 105; du Jarric, 57; and Bernier, 218。

65. Niẓām al-Mulk, 251.

66. Frederick II, 4.

67. Rust'haveli, 49.

68. Forbes, II, 27, and Ḥasan-i Fasā'ī, 155 and 419.

69. 'Ināyat Khān, 305 and 306, and Roe, I, 138, and II, 437 - 38.

70. Munshī, II, 667, 957, 1057, and 1059.

71. Rust'haveli, 112.

72. *SOS*, 65, 74, 77, 78 - 79, and 84.

73. Marco Polo, 231 - 33.

74. al-'Umarī/S, 19, 阿拉伯语文本 and 44 - 45, 德语译本。

75. Andrews 1999, II, 1250 and illus. 255.

76. Forbes, II, 488 - 89.

77. Abū'l Fazl, AA, I, 47 - 49, and Andrews 1999, II, "Plan of the Ordu," 后为 884 and 1277 - 80。

78. Broecke, 154, and Yule and Burnell 1903, 154, 500 - 501, and 821.

79. Artsruni, 316.

315

80. *YS*, ch. 2, 35, 36, and 37; ch. 3, 46; and ch. 58, 1382 - 83.

81. Juvaynī/Q, I, 193; Juvaynī/B, I, 237; Rashīd/A, II/1, 144; and Rashīd/B, 63. 有关伊利汗使用的带有水景的狩猎别墅，请参见 Naumann and Naumann 1976, 34 - 43。

82. Jourdain, 169, and Roe, I, 159, 240, and 250.

83. Weidner-Weiden 1997, 246 - 77.

84. Munshī, II, 724, 732, and 1179.

85. *CATCL*, 422; Niẓāmī, II, 16.9 - 10 and 18; and Kashgharī, I, 226.

86. D. Shepard 1979, 79 - 92.

87. Henning 1939 - 42, 951; *TS*, 278; Rashīd/K, II, 736; Rudra Deva, 132 - 33 (para. 5 - 10); Hedin 1933, 168 - 73; and Melnikova 2002, 65.

88. Niẓām al-Mulk, 27 and 96.

89. *HI*, II, 76 - 77, and III, 317.

90. 更多例子可参见 al-Ṭabarī, XXVI, 126 - 27, and Nīshāpūrī, 121。

91. Mencius, 5.7.

92. *CRP*, 47 - 48; Mei Chang, 68 - 71; WX, I, 139, 141, and 143, and II, 105 - 13.

93. *Vis.* , 57, 68, 105, and 129. 相关评论请参见 Khorenats'i, 204, and Bagrationi, 90 and 129。

94. Mas'ūdī, VIII, 16 - 17, and Jameson 1962, 6.

95. Qāshānī, 53, 142, and 151.

96. Usāmah, 222.

97. Mencius, 5. 7.

98. *HS*, ch. 87b, 3558.

99. *CRP*, 34.

100. Ripa, 86 - 89, and Jahāngīr, II, 4 - 5 and 115.

101. Lacroix 1963, 190; Sälzle 1997, 132 - 43; Cummins 1988, 45 - 46, 58, and 66; and Almond 2003, 143 - 66.

102. *BDK*, 45 and 148.

103. *SH*, I, 3; *SH/*I, 14 - 15; Pelliot 1944, 102 - 13; Eberhard 1948, 220 - 21; and Mostaert 1949, 470 - 76.

104. Xenophon, *Cyr.* , I. iv. 10 - 11.

105. al-Maqrīzi, 76.

106. Munshī, II, 765, and Bernier, 377.

107. Ripa, 67.

108. Abū'l Fidā, 78, and Hakluyt, *V*, II, 120.

109. Roe, I, 105, 110, 126, 156, and 250, and II, 366 and 390; Guerreiro, 46 - 47; Hamilton, I, 214; and Alexander 1989, 233.

110. Usāmah, 223; Theophylact, IV. 7. 2; and d'Orléans, 87, 116 and 141.

111. Nīshāpūrī, 60 - 61.

112. Abū'l Ghāzī, 65.

113. P'arpec'i, 44, and Purchas, IV, 47.

114. Jahāngīr, I, 189 – 90 and 255.

115. 'Ināyat Khān, 304.

116. Ḥusām al-Dawlah, 25 – 26 and 49.

117. *BDK*, 135ff.

118. *CATCL*, 422; *SJ*, ch. 109, 2867; and *SJH*, II, 117.

119. Diodorus, XV. 10. 3 – 4.

120. Juvaynī/Q, II, 227, and Juvaynī/B, II, 491. 316

121. Xenophon, *Cyr.*, III. iii. 5; Ibn Shaddād, 238; *GC*, 122; *HI*, III, 78; *NITP*, 164; and Broecke, 39.

122. 参见 P. Wilson 1988, 120 – 21。

123. 例如可参见, Forbes, II, 97, and G. Mundy, 10 – 11, 13, and 21。

124. Abū'l Fidā, M, 21. 更多例子请参见 84 and 88; and Mīrzā Ḥaydar, I, 224 and 325, and Mīrzā Ḥaydar, II, 174 and 244。

125. *HS*, ch. 65, 2855, and ch. 68, 2950, and *HS*/W, 92 and 141 – 42.

126. Jāḥiẓ, *LC*, 101 – 2.

127. *GC*, 128.

128. P'arpec'i, 53.

129. *HI*, VI, 551.

130. Munshī, II, 730 – 31.

131. Nelson 1987, 169 – 71, and *CC*, 102 – 3, 108, 111, and 125.

132. Bagrationi, 159, 166, and 172.

133. 相关例子可参见 Munshī, II, 1059, and Ripa, 100。

134. 参见 Zorzi 1986, 128ff。

135. 例如可参见, *CRP*, 31 - 32。

136. Braudel 1985 - 86, II, 491.

137. Cummins 1988, 5.

138. Kaempfer, 236ff., esp. 242.

139. R. Anderson 1971, 25.

140. Hui Li, 42.

141. *SOS*, 66.

142. Guerreiro, 15, and G. Mundy, 213.

143. Rust'haveli, 73 - 74 and 111 - 12.

144. Sanderson, 38 and 59 - 60.

145. Kaempfer, 72 and 243 - 44, and Lacroix 1963, 195 and 202 - 3.

146. Houlihan 1996, 195 - 208.

147. Mas'ūdī, VIII, 19, and Bar Hebraeus, 147.

148. Lassner 1970, 86 and 89.

149. William of Tyre, II, 320, and Kaempfer, 158.

150. Don Juan, 257.

151. 相关引文请参见 Sanderson, 57, 69, and 76, and P. Mundy, I, 189。

152. Strabo, XV. i. 69.

153. Ibn al-Azraq, 135 - 36; Sandersen, 59 - 60; and Bernier, 364.

154. *KFB*, 255 - 57, and *KF*, 310 - 11 and 404.

155. Niẓām al-Mulk, 105.

156. Munshī, II, 793 and 988. 又见 Mīrzā Ḥaydar, I, 11, and Mīrzā Ḥaydar, II, 9。

157. Juvaynī/Q, I, 20, and Juvaynī/B, I, 28.

158. *CWT*, II, 235 –36.

159. Kangxi, 13; Bell, 169 – 70; Menzies 1994, 59 – 61; and Hou and Pirazzoli 1979.

160. Abū'l Faẓl, *AN*, I, 439 – 40 and 442 – 43, and II, 416 –17.

161. Abū'l Faẓl, *AA*, I, 292 –93, and Munshī, I, 164.

162. Rudra Deva, 123 (para. 23).

163. Mīrzā Ḥaydar, I, 33 –34, and Mīrzā Ḥaydar, II, 30.

164. Rashīd/K, I, 383.

165. *KB*/V, 12 and 16 –17.　317

166. 例如可参见 Munshī, I, 165 and 174。

167. Thiébaux 1967, 262 – 63 and 265 – 74, and Almond 2003, 75 –82.

168. Jahāngīr, II, 115.

169. 关于在欧洲宫廷生活中举止的重要性，可参见 Elias 1994, 50 and 67。

170. 有关罗曼诺夫王朝早期的皇家狩猎活动的特征，请参见 Paltusova 2002a, 14 –15。

171. Ibn Isfandiyār, 23, and *BDK*, 137.

172. al-Ṭabarī, XXVI, 127, and XXX, 51 – 52; Mas'ūdī, VI, 281 –82; Psellus, 40; and Abū'l Faẓl, *AN*, II, 52.

173. Broecke, 53 –54, and Manucci, II, 182.

174. Catherine, II, 96, 128, 134, 138, and 145.

175. *BDK*, 14. 有关迦色尼王朝时期的史例，请参见 *HI*, II, 103。

176. Josephus, I. xxiv. 8.

177. Jahāngīr, I, 122.

178. *SJ*, ch. 110, 2888, and *SJH*, II, 134.

179. *HHS*, ch. 88, 2927.

180. Juvaynī/Q, I, 57, and Juvaynī/B, I, 76.

181. Beckwith 1987, 60, and Muraviev, 121.

182. *HI*, III, 172 – 73 and 205.

183. Ibn Baṭṭuṭah, III, 599.

184. Tacitus, *Ann.*, XI. x; *LK*, 66 – 67; Lang 1957, 35; Artsruni, 126; and Buzand, 128.

185. Juvaynī/Q, II, 4 and 73; Juvaynī/B, II, 278 – 79 and 340; and Abū'l Fidā, *M*, 22.

186. Gregory of Tours, 304 and 379.

187. *ASC*, 176.

188. Kinnamos, 27, 100, 101 – 2, and Browning 1961, 229 – 35.

第十一章　威胁

1. Henning 1939 – 42, 951.

2. Strabo, VII. 209.

3. Keeley 1996, 161.

4. Manuel II, 112, and Bailey 1985, 99.

5. *KB*/V, 16.

6. Jordanes, VII. 51 – 52, VIII. 56, and XX. 107; *GOT*, 293;

PDPMK, 27 - 28; Jūzjānī/L, 258; Jūzjānī/R, I, 118, and II, 756; Niẓāmī, 28. 41 - 58; and *Vis.*, 296.

7. Rashīd/K, I, 436 and 437.

8. Mencius, 3. 18 and 3. 38; Dasxuranc'i, 167; and Golden 1980, 154 - 55.

9. Comnena, 238; Ibn Shaddād, 176; and Munshī, II, 757.

10. Orbelian, 260 and 261, and Jahāngīr, II, 17 and 40.

11. *XTS*, ch. 50, 1330 - 31, and Brunnert and Hagelstrom 1912, 327 and 331.

12. *YS*, ch. 5, 83 and 90, ch. 99, 2509; Hsiao 1978, 74; and al-'Umarī/L, 29, 阿拉伯语文本, and 111, 德语译本。

13. Xenophon, *Cyn.*, XII. 5 - 6 and XIII. 11, and Dio Chrysostom, 3. 135 - 36.

14. 例如，可参见 Suetonius, *Caligula*, V。 318

15. Kautilya, 360, and Kalidasa, 19 - 20.

16. *HI*, I, 230, and Rudra Deva, 82 (para. 19 - 21).

17. Einhard, 50; *ASB*, 46 and 47; and Frederick II, 5.

18. *BDK*, 19, and 'Ināyat Khān, 548.

19. Mei Chang, 61 - 71 and 94 - 99, and *CATCL*, 421.

20. Sima Guang/C, II, 412. 参见 CATCL, 421。

21. *Vis.*, 119. 此外还可参见 218 & 295。

22. *BDK*, 24 and *TLC*, 165.

23. Rudra Deva, 128 - 29 (para. 53 - 56); Koch 1998, 27 - 28; Thiébaux 1967, 260 - 61; and *KB/V*, 9 and 12.

24. Plutarch, *Mor.*, 359, 361, and 505.

25. Xenophon, *Lac.*, IV. 7, and *Cyn.*, I. 17 - 18 and XII.

1 - 2, 6.8; Dio Chrysostom, 13.24, 29.10, and 15; and Diodorus, I. 53.

26. Xenophon, *Lac.*, IV.7, Eq., VIII.10, and Strabo, XI. 1.

27. Latham 1970, 97, and Mīrzā Ḥaydar, I, 95, and Mīrzā Ḥaydar II, 77.

28. Harper 1978, 25 - 26, 33 - 35 and pl. 3, 38 - 41; pl. 6 and 7, 48 - 50; pl. 12 and 58 - 59, pl. 17 and 17b; Voshchinina 1953, 188 - 93; and Bivar, 282.

29. Bābur, 325.

30. *SJ*, ch. 110, 2879, and *SJH*, II, 129.

31. *SMCAC*, 337.

32. Zhao Hong, 445; *MM*, 18; and Marco Polo, 169 and 281.

33. Peng and Xu, 498.

34. 例如可参见, Strabo, XV. iii. 18; and Justin, XXIII。

35. *BDK*, 72, and Wittfogel and Feng 1949, 565 and 568.

36. *YS*, ch. 5, 91, and Ratchnevsky 1937 - 85, I, 266, and IV, 328 - 33.

37. *YS*, ch. 59, 1440; *SCBM*, 141; and *JS*, ch. 6, 141 - 42, and ch. 8, 194.

38. Tacitus, *Ger.*, 6 - 7, 13, 15, 22, and 24.

39. Andreski 1971, 33 - 36 and 232.

40. Tacitus, Ger., ch. 15; Einhard, 47; and Machiavelli, *Prince*, ch. XIV, and *Discourses*, ch. XXXIX.

41. Ritvo 1987, 271.

42. 可参见相关讨论 Cummins 1988, 4 and 101 - 2, and

Anderson 1985, 17 - 30。

43. Niẓāmī, 25.4 - 5; Rust'haveli, 13, 33 - 34, 44, and 153 - 54; Mas'ūdī, VI, 227; Quan Heng, 38; and Rudra Deva, 122 (para. 11 - 14 and 16 - 18).

44. Suetonius, Tiberius, XIX.

45. *CRP*, 33 and 35; WX, I, 135, 137, and 139; and *SMCAC*, 126 and 330 - 31.

46. Graff 2002, 62 - 64.

47. Franke 1987, 45 and 84.

48. Liu 1985, 203 - 24.

49. Farmer 1995, 144.

50. Herbert, 242 - 43, and Bagrationi, 93.

51. du Jarric, 10, and Bernier, 374 - 75.

52. *ARE*, II, 346.

53. Levanoni 1995, 59. 也参见 al-Maqrīzī, 74。

54. *BDK*, 24.

55. *IB*, 27.

56. Hui Li, 42.

319

57. Juvaynī/Q, I, 19 and 21; Juvaynī/B, I, 27 - 28 and 29; and Bar Hebraeus, 354.

58. Bābur, 155 - 56.

59. Kangxi, 11 - 13.

60. d'Orléans, 80 - 81 and 121 - 22.

61. Haenisch 1935, 75 - 78, entries no. 18, 22, 32, 34 - 38, 43 - 48, and 53. 参见 Riasanovsky 1965b, 95, 可参考其中有关西蒙古瓦剌人（Oyirad）狩猎活动的纪律。

62. Haenisch 1935, 73.

63. Herodotus, 6. 31.

64. Meuli 1954, 63 – 86, esp. 73.

65. *MM*, 37.

66. Rashīd/A, II/1, 59, 62, 130, and 135, and Rashīd/B, II, 553 – 54, 583, 585, 613 – 14, and 621.

67. Juvaynī/Q, III, 10, 51, 53 – 54, 100, and 111 – 12, and Juvaynī/B, II, 553 – 54, 583, 585, 613 – 14, and 621.

68. Bābur, 140, 473, and 568.

69. Kadyrbaev 1998, 88, and Nadeliaev et al. 1969, 573.

70. Kadyrbaev 1998, 56 – 58.

71. Elliot 2001, 57 – 58 and 103.

72. Dozy 1991, I, 317.

73. *Slovar* 1975 – , XII, 62; Fasmer 1971, III, 102; and Nadeliaev et al. 1969, 3.

74. *Vis.*, 362 – 64.

75. Rust'haveli, 50.

76. Jahāngīr, I, 27 – 28.

77. Xenophon, *Cyr.*, I. ii. 9 – 11 and VIII. i. 38, and Quintus Curtius, V. i. 42 and VIII. vi. 2 – 6.

78. Niẓām al-Mulk, 108.

79. Vis., 105 and 130.

80. *SH*, I, 49 and 89; *SH*/I, 51 and 77; and Rashīd/K, I, 436 and 440.

81. Wittfogel and Feng 1949, 569; *ZGC*, 229; and *CATCL*, 421.

82. Rashīd/A, II/1, 149, and Rashīd/B, 65.

83. W. McNeill 1995, 1 - 11.

84. Hanna 1977a, 115 - 24.

85. Collins 1992, 42.

86. Sage 1992, 76 - 78.

87. Foote and Wilson 1979, 284 - 85.

88. Hellie 1977, 165 - 66.

89. Bābur, 108, 138, 145, 316, 409, and 639 - 40.

90. Pelsaert, 6.

91. *WX*, I, 135, 137, and 139; *HS*, ch. 94b, 3831; Sima Guang/C, I, 43; and *XTS*, ch. 50, 1332.

92. Rashīd/A, I/1, 100.

93. al-Ṭabarī, XXV, 1132.

94. *MKK*, 233, 34.

95. *YS*, ch. 14, 298.

96. Quan Heng, 77, 79, 87, and 110, and *MS*, ch. 327, 8463, and 8469, and ch. 328, 8498.

97. Diodorus, XVI. 41. 5. 有关这座狩猎园及其波斯式制品的评论，可参见 Clermont-Ganneau 1921, 106 - 9。

98. Ammianus, XXIV. 1. 5; Zosimus, III. 4; PSRL, II, 830; and *Hyp.*, 69. 320

99. Xenophon, *ANA.*, I. iv. 2 - 3, and Menander, 167.

100. Juvaynī/Q, II, 149, and Juvaynī/B, II, 417.

101. *PSRL*, I, 64; *PVL*, 31, 古俄语文本, and 167 - 68, 现代俄语译本; and *RPC*, 84。

102. *AK*, 36, and Wittfogel and Feng 1949, 128 and 129.

103. Ammianus, XXXI. 2. 1, and Shakanova 1989, 112 – 13.

104. *SH*, I, 95 and 127, and *SH*/I, 86 and 110.

105. Zhao Hong, 447.

106. Het'um, 217.

107. 相关评论请参见 J. M. Smith 1984, 223 – 28, 特别是 226 – 27。

108. Mīrzā Ḥaydar, I, 48 – 49, and Mīrzā Ḥaydar, II, 41 – 42.

109. Kangxi, 13 and 16.

110. Tacitus, Ann., II. lxviii; ASB, 120; Nīshāpūrī, 94 – 95; Barthold 1968, 329 – 30; Held 1985, 156; and Munshī, II, 1095.

111. Theophylact, II. 16. 1 – 3 and VI. 1. 2 – 6.

112. Herodotus, I. 123; al-Ṭabarī, XXIV, 55 – 56; and Qāshānī, 77.

113. Beckwith 1987, 46; Theophylact, VIII. 14. 5; Theophanes, 83; Juvaynī/Q, I, 135; and Juvaynī/B, I, 171 – 72.

114. al – Ansarī, 98. 更多在战斗期间进行狩猎活动引起的其他问题，请参见 Schreiber 1949 – 55, 469, and Ibn Shaddād, 107。

115. *GC*, 116, and *SOS*, 60.

116. Suetonius, *Caligula*, V.

117. Pan 1997, 104. 另外一个例子可参见 Boodberg 1979, 52。

118. Macartney, 85.

119. Buzand, 96.

120. Khorenats'i, 324. 参见 Artsruni, 136。

121. 有关内亚、南亚和东南亚地区的例子，请参见 *AR*, 73; Zhao Hong, 456; Bigam, 69, 波斯语文本, and 169, 英语译

本；and Tavernier, II, 250。

122. *WX*, II, 69. 参见 *CRP*, 30, 31, and 36。

123. *WX*, II, 119 – 29 and 137 – 51.

124. *TLC*, 144 – 45.

125. Niẓām al-Mulk, 99.

126. Tulishen, 13 – 16, 81 – 82, 95 – 97, and 150 – 51.

127. *SMCAC*, 331.

128. *HI*, III, 103.

129. Joshua, 110.

130. Procopius, *HW*, II. xxi. 1 – 2.

131. Held 1985, 106.

132. al-Ansarī, 62 – 64.

133. *TLC*, 147 – 48.

134. 小说作者在《三国演义》中提及的评论请参见 Luo Guanzhong I, 209。

135. Morganthau 1950, 54 – 55.

136. Andrews 1999, I, 903.

137. Henthorn 1971, 44 and 73, and *KM*, 257 and 260.

138. Sage 1992, 108 – 9.

139. Munshī, II, 1193 – 95, and *CDIPR*, 205 and 209.

321

140. Jahāngīr, II, 241 – 43.

141. Jahāngīr, I, 90.

142. Manucci, IV, 241, and G. Mundy, 195.

143. Munshū, I, 52 – 53.

144. *SMCAC*, 128.

145. Ḥāfīẓ-i Tanīsh, I, 15a, 波斯语文本, and 57, 俄语

译本。

146. *SS*, ch. 485, 13993.

147. *SWQZL*, 135 – 36. 此外可参见 *YS*, ch. 1, 12。

148. *YS*, ch. 2, 30, and ch. 3, 51.

149. al-Salmānī, 109r, 波斯语文本, and 81 – 82, 德语译本; Mīrzā Ḥaydar, I, 289, and Mīrzā Ḥaydar, II, 217 – 18。

150. Abū'l Faẓl, *AN*, I, 611.

151. *ZZ/W*, 164.

152. *SJ*, ch. 77, 2377. 相关评论请参见 Lewis 1990, 17 – 18。

153. Theophylact, VII. 7. 4.

154. *HI*, III, 106 and 242; Broecke, 13; and ʿInāyat Khān, 28 and 282 – 83.

155. *Vis.*, 107.

156. *HS*, ch. 49, 2285.

157. *HS*, ch. 94a, 3788 – 89.

158. Ammianus, XXXI. 2. 21.

159. al-Ṭabarī, V, 95 – 96.

160. *GC*, 8.

161. *ASB*, 127.

162. Nīshāpūrī, 83, and Barthold 1968, 318 – 19.

163. Liu Zhen, ch. 1, 3.

164. Geiss 1988, 415 – 16, 418 – 19, 432, and 433.

165. d'Orléans, 121 and 123; 斜体为笔者所加。

166. Chia 1993, 66 – 70; Hou and Pirazzoli 1979, 33; and Macartney 125 and 130.

167. al-Ahrī, 150, 波斯语文本, and 52, 英语译本。

168. Munshī, II, 609, 748, 794, 809, and 919.

169. Abū'l Faẓl, *AN*, II, 138 –86, 251 –52, 351 –58, and 439 –92.

第十二章　国际化

1. Carter 1988, 4 –5.

2. *ARI*, I, 83.

3. Dasxuranc'i, 77.

4. *JShu/*M, 35.

5. Sidebotham 1991, 22, and Jāḥiẓ, *KT*, 159.

6. *ANE*, I, 188, and *ARI*, II, 55, 143, and 149.

7. Porada 1969, 154 –56, and Tilia 1972, 308 and pl. 152, fig. 98.

8. Barthold 1968, 283 –84; *TLC*, 147; and *GC*, 29.

9. *TTP*, 53 –55, and Munshī, II, 1059.

10. Linschoten, II, 10. 关于欧洲人的反应的讨论，请参见 Lach 1970, 123 –85。

11. *CRP*, 36 –37, and *WX*, II, 115, 207, 209, 211, and 213. 322

12. Pelliot 1903, 263.

13. Ma Huan, 155 and 178.

14. Macartney, 114.

15. Helms 1988, 163 –71.

16. *SOS*, 82.

17. Yang Xuanzhi, 237, and Fryer, II, 323 –24.

18. Broder 1998, 95.

19. Hakluyt, *V*, 366.

20. Pulleyblank 1995, 427 - 28; D. Adams 1999, 660; and Bailey 1982, 35.

21. Haussig 1983, 14, 37, 85, and 226; Rawson 1998, 24 - 28; and Powers 1991, 271 - 73.

22. Laufer 1909, 155 - 56, 203, and 236 - 45.

23. *HHS*, ch. 88, 2927.

24. Yang Xuanzhi, 152; Schafer 1963, 84 - 87; and Zhao Rugua, 111.

25. *YS*, ch. 30, 674, 677, and 678.

26. *MS*, ch. 332, 8600 - 8601.

27. Khiṭā'ī, 36 - 37.

28. 参见 Dupree 1979, 37 - 38。

29. 除了特别标注之处，此处的讨论基于 Laufer 1928, 20ff。

30. al-Balādhurī, I, 381, and AI, 26, 28, 229 and 236.

31. al-Ṭabarī, XXXVIII, 3, and Mas'ūdī, III, 3 - 4.

32. Pachymérès, I, 238; Albertus Magnus, II, 1449 - 50; *SMOIZO*, 178 and 192, 阿拉伯语文本, and 189 and 194, 俄语译本; and Ibn 'Arabshāh, 220。

33. Zhao Rugua, 128, and Duyvendak 1938, 397, 400, and 406.

34. Grigor of Akanc', 311 and 321, and Munshī, II, 827.

35. Ahsan 1979, 205 - 6.

36. al-Ṭabarī, XXX, 264.

37. *Vis.*, 218, and Barbosa, I, 124.

38. Martines 1979, 238 - 39. 相关评论请参见 Schafer 1959, 306 - 16, 其中更早时期的鹰猎活动的信息。

39. 关于这些犬类的传播概况，请参见 Epstein 1971, 58 - 71 and 147 - 71。

40. Albertus Magnus, I, 578 - 79.

41. Jahāngīr, II, 200.

42. *Slovar* 1975 - , I, 292, and Fasmer 1971, I, 194.

43. Clausen 1968, 16 - 17, and Okladnikov 1981, 76 and pl. 92, no. 7. 关于蒙古犬的凶猛性，请参见 Gilmore, 3 - 5 and 262 - 63, and Haslund, 191 and 309 - 10。

44. Lattimore, 105 - 6.

45. Schwarz 2001, 2; Nadeliaev 1969, 528; Lessing 1973, 768; Tsintsius 1975 - 77, I, 152; Norman 1978, 269; Livshitz 1962, 87 - 88; and Bartol'd 1968, 46.

46. Laufer 1909, 153, 162, 163, 168 - 69, and 266 - 77.

47. Vollmer, Keall, and Nagai-Berthrong 1983, 210.

48. *ANE*, II, 206.

49. Herodotus, I. 192; Xenophon, *Cyn.*, IX. 1 and X. 1; Diodorus XVII. 92. 1 - 3; Strabo, XV. i. 31; and Dio Chrysostom, 3. 130.

50. Laufer 1909, 248 - 67.

51. Marco Polo, 272.

52. Khiṭā'ī, 80.

53. Fryer, II, 305 - 6.

323

54. *TLC*, 147 - 48.

55. Viré 1973, 236 - 40.

56. Marco Polo, 228. 此外还可参见 Albertus Magnus, I, 716, and II, 1460, 他提到犬类会被训练通过气味来驱赶鸟类。

57. Sanderson, 227, and Kaempfer, 158.

58. Jahāngīr, I, 283.

59. Roe, I, 182, and II, 288, 385, 388, and 424.

60. Ovington, 160 - 61.

61. Parks, I, 229, and G. Mundy, 6.

62. Rogozhin 1994, 96.

63. Bernier, 262.

64. *RIO*, 190.

65. *RKO*, 231, and Bell, 129, 137, and 141.

66. *DTO*, "Supplement," 45, 46, and 84.

67. *XTS*, ch. 221a, 6220; *DTO*, 103; and Schafer 1963, 76 - 78.

68. Pliny, VIII. 149 - 50; Mandeville, 111; and Jūzjānī/L, 47, and Jūzjānī/R, I, 336 - 37.

69. 关于雪豹以人类为媒介进行的传播，请参见 Lever 1985, 59 - 62。

70. Kaempfer, 128.

71. Bābur, 276; Abū'l Fazl, *AA*, II, 183; Jahāngīr, I, 218, and II, 61 and 107; 'Ināyat Khān, 511 and 531; Manucci, II, 415 - 16; Layard, 270; Cummins 1988, 196 - 97; and *NC*, V, 171 and 172.

72. Ibn Khaldūn, I, 364.

73. Henthorn 1971, 65 and 123, and Jameson 1962, 1 - 8.

74. *'A-D*, 500, 波斯语文本, and 195, 俄语译本; Rubruck, 111; *MM*, 115 - 16; and Abu'l Ghāzī, 77 - 78。

75. *SOS*, 189.

76. Marco Polo, 98, 119, 138, and 392.

77. Frederick II, 58, 59, 227, 243 –44, and 321 –22.

78. Usāmah, 228.

79. Boccaccio, II. 9.

80. Ḥusām al-Dawlah, 1 –3, and *BDK*, 156.

81. *TS*, 169; Baihaqī, 495; Abū'l Fidā, 89; and Abū'l Fazl, *AN*, I, 427.

82. *KB/*V, 65; Ibn Shaddād, 215; Bar Hebraeus, 334 –35; and Ibn al Furāt, I, 83 and 164, 阿拉伯语文本, and II, 68 and 129, 英语译本。

83. Porphyrogenitus, *AI*, 155, and Ye Longli, 204.

84. al-Muqaddasī, 325; Barthold 1968, 235; and Tha'ālibī, 142.

85. Frederick II, 112.

86. Fryer, II, 304. 参见 Herbert, 243。

87. Glasier 1998, 21 –23.

88. Barthold 1968, 284.

89. *YS*, ch. 2, 40.

90. Rashīd/K, I, 441.

91. 例如可参见, *CWT*, II, 228 –29。

92. Frederick II, 111, and Ḥusām al-Dawlah, 36 –42.

93. Tulishen, 96 –98.

94. Nadeliaev 1969, 508; Doerfer 1963 – 75, I, 360 – 62; *SJV*, 227, no. 459; Ramstedt 1949, 242; *Hex.*, 226 (200A19); and Dozy 1991, I, 694.

95. al-Ṭabarī, V, 389; *XTS*, ch. 219, 6178; Schafer 1959, 311; and Hamilton 1955, 76 and 93.

324

96. Mas'ūdī, II, 27 - 38.

97. *SH*, I, 14 and 164; *SH*/I, 25 and 37; Uray-Köhalmi 1987, 151 - 52; and Allsen 1997, 58 - 60.

98. Frederick II, 121.

99. Hakluyt, V, 394.

100. Wittfogel and Feng 1949, 89, 92, 348, 352, 353, 360, and 422.

101. Ye Longli, ch. 22, 213.

102. *SS*, ch. 5, 90.

103. Ye Longli, ch. 10, 102, and Stein 1940, 97 - 98.

104. *SCBM*, 127 and 152 - 53.

105. Marco Polo, 177 - 78.

106. *YS*, ch. 18, 394, and ch. 22, 494, and Olbricht 1954, 53.

107. 此地大约位于北纬 54 度，东经 140 度。请参见 Tan Qixiang 1982, VII, 地图 13 与地图 83。

108. *YS*, ch. 59, 1400, and ch. 103, 2634, and Cleaves 1957, 474 - 75 and note 168.

109. *YS*, ch. 41, 874.

110. Melikhov 1970, 267 - 73, and Serruys 1955, 32 - 33.

111. Bell, 169.

112. *SH*, I, 173; *SH*/I, 136; Rashīd/A, I/1, 348; Rashīd/K, I, 308; and *YS*, ch. 1, 14.

113. Rashīd/K, I, 672, and Rashīd/B, 322. 波斯语原文写作 "shinā' ūchī", 显然是与 "shibā' ūchī" 混淆，蒙古语的 "shiba'ūchi" 一词意为"驯鹰师"。

114. *YS*, ch. 10, 217, and ch. 22, 485; Rashīd/K, I, 654;

and Rashīd/B, 293.

115. *HYYY*, I, 9 and 25, and Serruys 1967, 200 – 203. 1411 年，明朝宫廷根据规定为每一匹进贡的良驹均回赠了十匹带衬彩缎，每一只进贡的矛隼则回赠带衬彩缎四匹；1426 年，回赠的标准大约相同。请参见 Farquhar 1957, 62 – 63。

116. Marco Polo, 470 – 73.

117. *YCS*, 81 and 228, and Ziiaev 1983, 22.

118. 基于图像资料和文字证据的相关调查，请参见 Rolle 1988, 513 – 18 and 527 – 29, and Hoffman 1957 – 58, 139 – 49。

119. Cummins 1988, 197 – 99, and Lacroix 1963, 197, and 201 – 2.

120. Frederick II, 111.

121. Abū'l Fidā, G, 266 – 67. "Sanāqir" 是阿拉伯语中 "sunqur" 一词的复数形式。

122. Llull, 893.

123. Qāshānī, 53, and Clavijo, 169 – 70.

124. *MRL*, 50.

125. Marco Polo, 474.

126. *SMOIZO*, 255, 318, 425, 427, and 445, 阿拉伯语文本, and 264, 318, 325, 441, and 438, 俄语译本。

127. Martin 1986, 90 – 91.

128. *GVNP*, 26, and *Slovar* 1975 – , VIII, 52.

129. *GVNP*, 142, and Sreznevskii 1989, 459.

130. 这个词来自于古俄语的 "pom'chishche" 一词，意为 "狩猎场"。请参见 Fasmer 1971, III, 324, and *Slovar* 1975 – , XVII, 38 and 41。

131. 此术语源于突厥语，请参见 Golden 1998 - 99, 80 - 81, and Fasmer 1971, I, 278。

325 132. Dementieff 1945, 14ff.

133. Herberstein, 96 and 149; Fletcher, 11r; and Purchas, XIII, 253.

134. Dementieff 1945, 27 - 29 and 34 - 35.

135. Kliuchevskii 1959, 192 - 93, and *Slovar* 1975 - , XXI, 66 - 67.

136. Fekhner 1956, 62 - 63, and *Slovar* 1975 - , VIII, 51.

137. 例如可参见 Allen 1961, 104 - 10。

138. Chenciner and Magomedkhanov 1992, 124.

139. Rogozhin 1994, 96, and Dementieff 1945, 29 - 32.

140. 引文可参见 Olearius 326; Kaempfer, 30; Gukovskii 1963, 653; and Hakluyt, V, 365。

141. Nikitin, 11, 33 - 34, 53, and 71. 在他叙述的最早版本中便出现了“devianosto”这个数字。

142. *SIRIO*, 227 - 28.

143. Burton 1993, 47 - 48, 50, 51, 62, 65, 68, and 71; *REGK*, I, 213 - 14; and Laufer 1916, 353 - 54.

144. Munshī, II, 1160, and *CDIPR*, I, 190; 此外可参见 216。

145. Christian 2000, 7ff.

146. Marco Polo, 178.

147. Qāshānī, 49 and 205.

148. Ḥāfīẓ-i Abrū, 95 - 99, and *HC*, 167 and 179 - 80.

149. Samarqandī, 385.

150. *MS*, ch. 329, 8529 - 30.

151. Ibn Khurdādhbih, 70, 阿拉伯语文本, and 51, 法语译本。

152. P. Mundy, III, 337, and Bernier, 194.

153. *CDIPR*, II, 110 - 11.

154. *ANE*, II, 103, and Sidebotham 1991, 12 and 15.

155. Li Zhizhang, 328; Li Zhizhang/W, 94; Kaempfer, 255; and *SOS*, 82 - 83.

156. *HS*, ch. 6, 176; *HS*/D, II, 60; Pelliot 1903, 252 - 53, 255, and 274; and Wolters 1958, 605 - 6.

157. al-Ṭabarī, XXXV, 27, and *CDIPR*, II, 334.

158. Theophylact, I. 3. 8 - 10; Joshua, 17; and *SMOIZO*, 178 and 182, 阿拉伯语文本, and 189 and 194, 俄语译本。

159. Einhard, 42 - 43, and *CC*, 82 and 92, 其中提供了有关这一活动的基本信息。有关这一活动在艺术品中的再现，请参见 Haussig 1992, 100, illus. 160。

160. 关于其自然分布与文化分布范围，请参见 Werth 1954, 91 - 92 以及地图 9。

161. Baihaqī, 495; *GC*, 115; *TTP*, 53 - 54; P. Mundy, II, 112; and du Jarric, 115.

162. Mallory and Adams 1997, 415; Gharib 1995, 330; and Clausen 1972, 368.

163. 这里的格鲁吉亚语词语出现在对句"Vep hkhi avaza"中，字面意思为"豹子 豹子"。请参见 Rust'haveli, 184。

164. Witzel 1999, 59.

165. 猎豹皮出土于阿尔泰地区的巴泽雷克（Pazyryk）。请参见 Gryaznov 1969, 158 - 59 and 108, pl. 63。

166. *SJ*, ch. 117, 3034, and *SJH*, II, 277.

167. W. White 1939, 49 - 50 and pls. IV, V, VI, XXIV, XXV, XXVI, XXVIII, XXXIX, and LV.

168. Shaanxi Sheng Bowuguan 1974a, pls. 3, 5, and 9, and Shaanxi Sheng Bowuguan 1974b, pls. 17 and 18.

169. Kentucky Horse Park 2000, 161, illus. 150.

326 170. *XTS*, ch. 221b, 6245, and *DTO*, 138 and 34, 47, 50, and 84 of the "Notes additionalles".

171. Schafer 1963, 87 - 88. 关于最近在中国的猎豹的论述，请参见 Zhang 2001, 177 - 82。

172. *XTS*, ch. 6, 165, and ch. 48, 1258.

173. *XTS*, ch. 221b, 6248 and 6255, and *DTO*, 146 and 168.

174. Sterndale 1982, 198 - 200, and Zhang 2001, 184.

175. *AR*, 62.

176. *LS*, ch. 20, 245, and ch. 70, 1164 - 65.

177. *YS*, ch. 125, 3063.

178. *YS*, ch. 2, 33.

179. Marco Polo, 185 and 227 - 28.

180. Rubruck, 247, and *MM*, 202.

181. *CWT*, III, 89, and *YS*, ch. 30, 674, 677, and 678.

182. Abū'l Fidā, 81.

183. *YS*, ch. 30, 675.

184. *SMOIZO*, 259, 阿拉伯语文本, and 268, 俄语译本。

185. *YS*, ch. 22, 505, and ch. 23, 511, and Rockhill 1914, 427 - 28.

186. *YS*, ch. 40, 870, ch. 138, 3328 and 3331, and ch.

139, 3352.

187. Baer 1967, 37, 41, and 42, figs. 8 and 9.

188. Albertus Magnus, II, 1226, 1449, and 1530 – 31.

189. Frederick II, xlv and 5; *KFB*, 270 – 71; and *KF*, 52.

190. Lockhart 1968, 27, and Paviot 2000, 515 – 6.

191. Friedmann 1980, 202 – 3. 关于在伊斯兰艺术品中的猎豹形象，请参见 D. T. Rice 1965, 90 – 91 and illus. 90, and Viré 1974, 87, 其中包含了更多的例子。

192. Klingender 1971, 414, illus. 246.

193. 关于猎豹（cheetah）与豹子（leopard）身上斑点的比较，请参见 Turner 1997, 93。

194. Klingender 1971, 480, illus. 296a and 482.

195. Zorzi 1986, 173.

196. Lacroix 1963, 189 and 193 for illus.

197. Cummins 1988, 31.

198. Ma Huan, 172 and 176.

199. Samarqandī, 384, and *MS*, ch. 332, 8601, 8610, and 8615.

200. Khiṭāʾī, 36 – 37, 80, and 144 – 45.

201. 关于这一设施的更多详细讨论，请参见 Geiss 1987, 1 – 38, esp. 8 – 12 and 20 – 21。

202. *KB/*P, 49 – 50; al-Manṣūr, 49; and Mercier 1927, 70 – 71.

203. Burkert 1992, 9 – 40.

204. Ḥusām al-Dawlah, 4, 6, 21, 23, 33, and 37.

205. Mahler 1959, 199 and pl. XXIIa, 后为 204。

206. 关于猎豹及其管理者的信息，请参见 Han Baoquan

1997, pls. 77 - 92, esp. 91, and Kentucky Horse Park 2000, 161, illus. 150。

207. Yarshater 1983b, pl. 45 后为 530。

208. Juvaynī/Q, I, 19 and 70, and Juvaynī/B, I, 13 and 92.

209. *YS*, ch. 5, 90.

210. *YS*, ch. 85, 2141.

211. Ibn ʿArabshāh, 161.

212. Nasāwī, 318 - 19, and Munshī, II, 741, 749, and 1093.

327 213. *SMOIZO*, 259, 阿拉伯语文本, and 268, 俄语译本; Lockhart 1968, 28; and Paviot 2000, 315。

214. ʿInāyat Khān, 148, 151, 244, 257, 268, 275, 276, and 536; Islam 1970, 228; and Jahāngīr, II, 107 - 08.

215. Kaempfer, 276 - 77.

216. *REGK*, I, 215 - 15.

217. *REGK*, I, 88 and 144 - 45, and II, 373 and 391.

218. Ciggaar 1986, 48 - 53.

219. Munshī, II, 661.

220. Jameson 1962, 2, 4, 6, and 10.

221. al-Manṣūr, 13; 斜体部分为笔者所加。相关评论可参见 Möller 1965, 107 - 10 and 118 - 24, 其中涉及了在论述鹰猎活动的阿拉伯文学作品中隐含的外国文献。

222. Akasoy 2000 - 2001, 94 - 97. 参见 Haskins 1921, 348 - 50。

223. Kantorowicz 1957, 310 - 311 and 404, and *KFB*, 270 - 72.

224. Frederick II, 3 and 53, and *KFB*, 269.

225. Frederick II, 205 - 6; 斜体部分为笔者所加。

226. 最好的相关介绍请参见 Dale 2003, 199 - 202。

227. Pearson 1976, 67 – 68.

228. Manucci, III, 94 and 220.

229. *SOS*, 70 and 73.

230. *SOS*, 199 – 200.

第十三章　结语

1. Wallas 1923, 3 – 19.

2. Knauer 2004, 8 – 10.

3. Allsen 1997, 85 – 86.

4. Mair 1988, 111 – 31.

5. Liu 1985, 203 – 5, and Bower 1991, 23 – 45.

6. Teggard 1941, 93 – 127，他对这些争论作了精妙的分析。

7. 例如请参见 Perry 1968, 406 – 27。

8. 请参见 Dixon 1928, 241 – 64, and Lowie 1937, 160 – 69。

9. 关于对这些言论的批判，请参见 Haslip-Viera, Ortiz de Montellano, and Barbour 1997, 419 – 41，附评论。

10. Sherratt 1995, 1 – 32.

11. Bradshaw 1988, 632 – 33.

12. 关于此讨论以及之后的讨论，请参见 Renfrew 1986, 1 – 18. Quotes on p. 1。

13. S. Kramer 1981, 224.

14. Wagoner 1995, 851 – 80.

15. Duby 1974, 177 – 78. 参见 Elias 1994, 96。

16. 关于冶金术，请参见 Linduff 1998, 637 – 38。

17. Haussig 1988, 124; Haussig 1992, 98, illus. 157, and 312 – 13, illus. 536 – 37; and Hayashi 1975, 126 – 28.

18. 关于中世纪英语中涉及猎物类动物的细致术语，请参见 Twiti, 37.31 – 34 and 38.10 – 35。

328

19. 相关讨论可参见 Herskovits 1951, 542 – 53, 560, and 581 – 85。

20. Roe, II, 361 – 62, and Bell 129 and 141.

21. du Jarric, 55 and 57.

22. Haskins 1921, 355.

23. Oppian, I, 369 – 538.

24. *KB/*P, 47 – 48. 参见 al-Manṣūr, 23 – 27。

25. Catherine II, 122, 126 – 27, and 133.

26. Usāmah, 89 – 90.

27. Jahāngīr, II, 10 – 11.

28. Ḥusām al-Dawlah, 3 – 11, 47 – 48, and 49 – 55. 参见 Rudra Deva, 103（nos. 51 – 54）。

29. Abū'l Faẓl, AN, I, 496 and note 3, and II, 513.

30. *HI*, V, 336, and Jahāngīr, II, 226.

31. Knauer 2003, 32 – 39.

32. Marco Polo, 227 – 28.

33. Abū'l Faẓl, *AA*, I, 301 – 2; du Jarric, 10; Jahāngīr, I, 90 – 91, and II, 42 – 43; and Pelsaert, 51 – 52.

34. Abū'l Faẓl, *AA*, I, 304.

35. Gibb 1970, 88 – 98, and Beckwith 1987, 89.

36. Schortman and Urban 1992, 235 – 55.

37. Marco Polo, 169; 斜体部分为笔者所加。

38. Abū'l Faẓl, *AA*, III, 135.

39. *CWT*, II, 228 – 29.

40. Broecke, 91.

41. Braudel 1958, 725 – 53, esp. 727 – 35 and 751 – 53. 参见 Stoianovich 1994b, 426 – 28。

42. Christian 1998, XIX.

43. Goudsblom 1992, 1 – 13.

44. Stoianovich 1994a, 20 – 24.

45. 相关分析请参见 S. Clark 1985, 182 – 87。

46. Jones 1988, 121.

47. 请参见 Christian 1991, 223 – 38, 特别是 224 – 25。

48. 请参见 Sherratt 的相关评论 1986, 4 – 7。

49. Straus 1986, 147 – 76, and Ermolov 1989, 105 – 8.

50. Jarman 1972, 132 – 33.

51. Herodotus, I. 35.

52. Bosworth 1973, 51 – 62, and Latham 1970, 100.

53. Trümpelman 1980 – 83, 234 – 38.

54. 有关欧洲殖民版本的皇家狩猎活动的讨论，请参见 Storey 1991, 135 – 75, and Ritvo 1987, 254ff。

55. Braudel 1985 – 86, III, 621 and 622.

56. 相关内容还可参见 Koch 1998, 11 – 14; Almond 2003, 13 – 27; and Fiskesjö 2001, 136 – 46。

57. 有关评论请参见 W. McNeill 1995, 38, and Hanna 1977b, 229。

58. Gamble 1993, 5, 6, 7, 83 – 84, and 85.

59. Polyani 1957, 67ff.

缩略语与原始出处

329

Abū'l Faẓl, *AA* — Abū'l Faẓl. *The Aʿīn-i Akbār-ī.* Trans. H. Blochmann. Reprint Delhi: Atlantic Publishers, 1979. 3 vols.

Abū'l Faẓl, *AN* — Abū'l Faẓl. *Akbar Nama.* Trans. Henry Beveridge. Reprint Delhi: Atlantic Publishers, 1989. 3 vols.

Abū'l Fidā, *G* — Aboul Féda. *Géographie d'Aboul Féda.* Trans. M. Reinard. Paris: L'imprimerie nationale, 1848. 2 vols.

Abū'l Fidā, *M* — Abū'l Fidā. *The Memoirs of a Syrian Prince.* Trans. P. M. Holt. Wiesbaden: Franz Steiner, 1983.

Abū'l Ghāzī — Abu-l-Ghazi. *Rodoslovnaia Turkmen.* Trans. A. N. Kononov. Moscow: Izdatel'stvo akademii nauk SSSR, 1958.

ʿA-D — Smirnova, L. P., trans. *ʿAjā'ib al-dunyā.* Moscow: Nauka, 1993.

Aelian — Aelian. *On the Characteristics of Animals.* Trans. A. F. Scholfield. Loeb Classical Library. Cambridge, Mass.: Harvard University Press, 1959.

Agathangelos — Agathangelos. *History of the Armenians.* Trans. Robert W. Thomson. Albany: State University of New York Press, 1976.

al-Ahrī — al-Ahrī, Abū Bakr. *Ta'rīkh-i Shaikh Uwais: An Important Source for the History of Adharbaījan.* Ed. and trans. H. B. Van Loon. 's-Gravenhage: Mouton, 1954.

AI — Kubbel, L. E. and V. V. Matveev, trans. *Arabskie istochniki VII–X vekov po etnografii i istorii narodov Afriki.* Moscow-Leningrad: Izdatel'stvo akademii nauk SSSR, 1960.

AIM — Galstian, A. G., trans. *Armianskie istochniki o mongolakh.* Moscow: Izdatel'stvo vostochnoi literatury, 1962.

AK — Yang, Ho-chin, trans. *The Annals of Kokonor*, Indiana University Publications, Uralic and Altaic Series 106. Bloomington: Indiana University, Research Institute for Inner Asian Studies, 1969.

Albertus Magnus — Albertus Magnus. *On Animals: A Medieval Summa Zoologica.* Trans. Kenneth F. Mitchell, Jr. and Irven Michael Resnick. Baltimore: Johns Hopkins University Press, 1999. 2 vols.

d'Albuquerque — d'Albuquerque, Affonzo. *The Commentaries of the Great Afonso Dalboquerque.* Trans. W. D. Birch. London: Hakluyt Society, 1875. 2 vols.

330

Ambrose, *H*	Ambrose, St. *Hexameron, Paradise, and Cain and Abel.* Trans. John Savage. New York: Fathers of the Church, 1961.
Ammianus	*Ammianus Marcellinus.* Trans. John C. Rolf. Loeb Classical Library. Cambridge, Mass.: Harvard University Press, 1958.
ANE	Pritchard, James B., ed., *The Ancient Near East: An Anthology of Texts and Pictures.* Princeton, N.J.: Princeton University Press, 1973. 2 vols.
al-Ansarī	al-Ansarī, ʿUmar ibn Ibrahim al-Awsī. *A Muslim Manual of War, being Tafrīj al-kurūb fī tadhbir al-ḥurūb.* Trans. George T. Scanlon. Cairo: American University in Cairo Press, 1961.
AR	Wright, David Curtis, trans. *The Ambassador's Records: Eleventh Century Reports of Sung Embassies to the Liao.* Papers on Inner Asia 29. Bloomington: Indiana University, Research Institute for Inner Asian Studies, 1998.
ARE	Breasted, James Henry, trans. *Ancient Records of Egypt.* Chicago: University of Chicago Press, 1908. 5 vols.
ARI	Grayson, Albert Kirk. *Assyrian Royal Inscriptions.* Wiesbaden: Otto Harrassowitz, 1972–76. 2 vols.
Aristotle, *CWA*	Aristotle. *The Complete Works of Aristotle.* Ed. Jonathan Barnes. Princeton, N.J.: Princeton University Press, 1984. 2 vols.
Aristotle, *HA*	Aristotle. *History of Animals.* In Aristotle, *CWA*, I.
Aristotle, *MTH*	Aristotle. *On Marvelous Things Heard.* In Aristotle, *CWA*, I.
Arrian, *Ana.*	Arrian. *History of Alexander.* In Arrian, *HAI.*
Arrian, *HAI*	Arrian. *The History of Alexander and Indica.* Trans. P. A. Brunt. Loeb Classical Library. Cambridge, Mass.: Harvard University Press, 1989.
Arrian, *Ind.*	Arrian. *Indica*, in Arrian, *HAI.*
Artsruni	Artsruni, Thomas. *History of the House of the Artsrunikʿ.* Trans. Robert W. Thomson. Detroit: Wayne State University Press, 1985.
AS	Luckenbill, Daniel David, trans. *The Annals of Sennacherib.* Oriental Institute Publications 2. Chicago: University of Chicago Press, 1924.
ASB	Martin, Janet L., trans. *The Annals of St. Bertin.* Manchester: Manchester University Press, 1991.
ASC	Whitelock, Dorothy, trans. *The Anglo-Saxon Chronicle*, New Brunswick, N.J.: Rutgers University Press, 1961.
Atkinson	Atkinson, Thomas W. *Oriental and Western Siberia: A Narrative*

331 *of Seven Years Explorations and Adventures*. 1858. Reprint New York: Praeger, 1970.

AYS Varisco, Daniel Martin, trans. *Medieval Agriculture and Islamic Science: The Almanac of a Yemeni Sultan*. Seattle: University of Washington Press, 1994.

Bābur Bābur, Ẓahir al-Dīn. *The Bābur-nāma in English*. Trans. Annette Susannah Beveridge. London: Luzac, 1969.

Bagrationi Bagrationi, Vakhushti. *Istoriia tsartvo gruzinskogo*. Trans. N. T. Nakashidze. Tbilisi: Izdatel'stvo "Metsniereba," 1976.

Baihaqī Baihaqī, Abū'l Faẓl. *Ta'rīkh-i Baihaqī*. Ed. Q. Ghanī and A. A. Fayyaẓ. Tehran: Chāpkhānah bānk-i millī, 1946.

al-Balādhurī al-Balādhurī. *The Origins of the Islamic State*. Trans. Philip Hitti and F. C. Murgotten. New York: Columbia University Press, 1916–24. 2 vols.

Bar Hebraeus Bar Hebraeus. *The Chronography of Gregory Abū'l Faraj*. Trans. Ernest A. Wallis Budge. London: Oxford University Press, 1932. Vol. I.

Barbosa Barbosa, Duarte. *The Book of Duarte Barbosa*. Trans. Mansel Longworth Dames. 1918. Reprint Millwood, N.Y.: Kraus Reprint, 1967. 2 vols.

BDK Sümer, Faruk, Ahmet E. Uysal, and Warren S. Walker, trans. *The Book of Dede Korkut: A Turkish Epic*. Austin: University of Texas Press, 1972.

Bell Bell, John. *Journey from St. Petersburg to Pekin, 1714–22*. Edinburgh: Edinburgh University Press, 1965.

Beneveni Beneveni, Florio. *Poslanik Petra I na Vostoke: Posol'stvo Florio Beneveni v Persiiu i Bukharu v 1718–1725*. Moscow: Nauka, 1986.

Benjamin of Tudela Benjamin of Tudela. *The Itinerary*. Trans. Marcus Nathan Adler. 1907. Reprint Malibu, Calif.: Pangloss Press, 1987.

Bernier Bernier, François. *Travels in the Mogul Empire, A.D. 1656–1668*. 2nd ed. Oxford: Oxford University Press, 1934

BF Meisami, Julie Scott, trans. *The Sea of Precious Virtues (Bahr al-Fav'āid): A Medieval Islamic Mirror for Princes*. Salt Lake City: University of Utah Press, 1991.

Bigam Gul-Badan Begum. *The History of Humāyūn (Humāyūn-nāma)*. Trans. Annette Susannah Beveridge. 1902. Reprint Delhi: Low Price Publications, 1989.

Boccaccio Boccaccio, Giovanni. *The Decameron*. Trans. Mark Musa and Peter Bondanella. New York: Norton, 1982.

332

Bowrey	Bowrey, Thomas. *A Geographical Account of Countries Round the Bay of Bengal, 1669–1679*. Ed. Sir Richard Carnac Temple. 1905. Reprint Nendeln: Kraus Reprint, 1967.
Broecke	van den Broecke, Pieter. *A Contemporary Dutch Chronicle of Mughal India.* Trans. and ed. Brij Narain and Sri Ram Sharma. Calcutta: Susil Gupta, 1957.
Burnes	Burnes, Alexander. *Travels into Bokhara, Being an Account of a Journey from India to Cabool, Tartary and Persia.* 1834. Reprint New Delhi: Asian Educational Services, 1992. 3 vols.
Burton	Burton, Sir Richard. *Personal Narrative of a Pilgrimage to al-Madinah and Meccah.* 1893. Reprint New York: Dover, 1963. 2 vols.
Buzand	Garsoian, Nina G., trans. *The Epic Histories Attributed to P'awstos Buzand.* Cambridge, Mass.: Harvard University Press, 1989.
Carré	Carré, Abbé. *The Travels of Abbé Carré in India and the Near East, 1672–1674*. Trans. Lady Fawcett and Sir Charles Fawcett. 1947. Reprint Nendeln: Kraus Reprint, 1967. 3 vols.
CATCL	Mair, Victor H., ed. *The Columbia Anthology of Traditional Chinese Literature.* New York: Columbia University Press, 1994.
Catherine II	Catherine II. *Memoirs of Catherine the Great.* New York: Collier, 1961.
CC	Scholtz, Bernhard Walter, trans. *Carolingian Chronicles: Royal Frankish Annals and Nithard's Histories.* Ann Arbor: University of Michigan Press, 1970.
CDIPR	Islam, Riazul, ed. *A Calendar of Documents on Indo-Persian Relations, 1500–1700*. Karachi: Institute of Central and West Asian Studies, 1979. 2 vols.
Chardin	Chardin, John. *Travels in Persia, 1673–77.* 1927. Reprint New York: Dover, 1988.
Chen Cheng	Morris Rossabi, trans. "A Translation of Ch'en Ch'eng's *Hsi-yü Fan-kuo chih.*" *Ming Studies* 17 (1983): 49–59.
Cheng Zhufu	Cheng Zhufu. *Cheng xuelou wen ji.* Taibei: Yuandai zhenben wenji, 1970.
Cheng Zhuo	Franke, Herbert, trans. "A Sung Embassy Diary of 1211–1212: The *Shih-chin lu* of Ch'eng Cho." *Bulletin de l'école française d'Extrême-Orient* 69 (1981): 171–207.
Clavijo	Clavijo, Ruy Gonzales de. *Embassy to Tamerlane, 1403–6.* Trans. Guy Le Strange. London: Routledge, 1928.
Comnena	Comnena, Anna. *The Alexiad.* Trans. E. R. A. Sewter. New York: Penguin, 1985.

333

CRP	Watson, Burton, trans. *Chinese Rhyme-Prose: Poems in the Fu Form from the Han and Six Dynasties Period.* New York: Columbia University Press, 1971.
CWT	Yule, Sir Henry, ed. and trans. *Cathay and the Way Thither, Being a Collection of Medieval Notices of China.* 1866. Reprint Taibei: Ch'eng-wen Publishing, 1966. 4 vols.
Dasxuranc'i	Dasxuranci, Movsēs, *The History of the Caucasian Albanians.* Trans. C. J. F. Dowsett. London: Oxford University Press, 1961.
Dio Chrysostom	Dio Chrysostom. *Discourses.* Trans. H. Lamar Crosby and J. W. Conoon. Loeb Classical Library. Cambridge, Mass.: Harvard University Press, 1932–51.
Diodorus	*Diodorus of Sicily.* Trans. C. H. Oldfather et al. Loeb Classical Library; Cambridge, Mass.: Harvard University Press, 1935–57.
Dionysius	Pseudo-Dionysius of Tel-Mahre. *Chronicle,* part III. Trans. Witold Witakowski. Liverpool: Liverpool University Press, 1990.
Dom.	Pouncy, Carolyn Johnston, trans. *The Domostroi: Rules for Russian Households in the Time of Ivan the Terrible.* Ithaca, N.Y.: Cornell University Press, 1994.
Don Juan	Don Juan of Persia. *Don Juan of Persia, a Shi'a Catholic, 1500–1604.* Trans. Guy Le Strange, London: Routledge, 1926.
Drasxanakertc'i/D	Draskhanakerttsi, Iovannes. *Istoriia Armenii.* Trans. M. O. Dardinian-Melikian. Erevan: Sovetakan Grokh, 1986.
Drasxanakertc'i/M	Drasxanakertc'i, Yovannes, *History of Armenia.* Trans. Krikov H. Maksoudian. Atlanta: Scholars Press, 1987.
DTO	Chavannes, Edouard, trans. *Documents sur les Tou-Kiue (Turcs) occidentaux.* 1903. Reprint Taibei: Ch'eng-wen Publishing, 1969.
EA	Nikam, Narayanrao Appurao and Richard McKeon, trans. *The Edicts of Aśoka.* Chicago: University of Chicago Press, 1959.
Einhard	Einhard. *The Life of Charlemagne.* Trans. Samuel E. Turner, Ann Arbor: University of Michigan Press, 1960.
Ełishē	Ełishē. *History of Vardan and the Armenian War.* Trans. Robert W. Thomson. Cambridge, Mass.: Harvard University Press, 1982.
Ennin	*Ennin's Diary: The Record of a Pilgimage to China in Search of the Law.* Trans. Edwin O. Reischauer. New York: Ronald, 1955.
EVTRP	Morgan, E. Delmar and C. H. Coote, eds. *Early Voyages and Travels to Russia and Persia by Anthony Jenkinson and Other Englishmen.* 1886. Reprint New York: Burt Franklin, 1963. 2 vols.
Fan Chengda	Hargett, James M., trans. *On the Road in Twelfth Century China: The Travel Diaries of Fan Chengda (1126–1193).* Stuttgart: Franz Steiner, 1989.

334

Faxian	Legge, James, trans. *A Record of Buddhist Kingdoms: Being an Account by the Chinese Monk Fa-Hein of Travels in India and Ceylon.* 1886. Reprint New Delhi: Munshiran Manoharlal, 1991.
FCH	Blockley, R. C., trans. *The Fragmentary Classicising Historians of the Later Roman Empire.* Vol. II, *Text, Translation and Historiographical Notes.* Liverpool: Francis Cairns, 1983.
Ferrier	Ferrier, J. P. *Caravan Journeys and Wanderings in Persia, Afghanistan, Turkestan and Beloochistan.* 2nd ed. London: John Murray, 1857.
Fletcher	Fletcher, Giles. *Of the Russe Commonwealth.* Ed. Richard Pipes and John V. A. Fine, Jr. Cambridge, Mass.: Harvard University Press, 1966.
Floris	Floris, Peter. *Peter Floris, His Voyage to the East Indies in the Globe, 1611–1615.* Ed. W. H. Moreland. 1934. Reprint Nendeln: Kraus Reprint, 1967.
Forbes	Forbes, James. *Oriental Memoirs.* 1813. Reprint Delhi: Gian Publishing, 1988. 4 vols.
Frederick II	Frederick II of Hohenstaufen. *The Art of Falconry, Being the De Arte Venandi cum Avibus.* Trans. Casey A. Wood and F. Marjorie Fyfe. Stanford, Calif.: Stanford University Press, 1961.
Fryer	Fryer, John. *A New Account of East India and Persia, Being Nine Year's Travels, 1672–1681.* Ed. William Crooke. 1909. Reprint Millwood, N.Y.: Kraus Reprint, 1967. 3 vols.
Fu Jian	Rogers, Michael C., trans. *The Chronicle of Fu Chien: A Case of Examplar History.* Berkeley: University of California Press, 1968.
FZ/B	Baevskii, S. I. "'Rumiiski' slova v persidskom tolkovom slovare 'Zafāngūyā'." *Palestinskii sbornik* 21, 84 (1970): 91–99.
FZ/D	Dankoff, Robert, trans. *The Turkic Vocabulary in the Farhang-i Zafāngūyā (8th/14th Century).* Papers on Inner Asia 4. Bloomington: Indiana University, Research Institute for Inner Asian Studies, 1987.
Gardīzī	Martinez, A. P., trans. "Gardīzī's Two Chapters on the Turks." *Archivum Eurasiae Medii Aevi* 2 (1980): 109–217.
GC	Vivian, Katherine, trans. *The Georgian Chronicle: The Period of Giorgi Lasha.* Amsterdam: Adolf M. Hakkert, 1991.
GD	Kakabadze, S. S., trans. *Gruzinskie dokumenty IX–XV vv.* Moscow: Nauka, 1982.
Gilmore	Gilmour, James. *Among the Mongols.* 1883. Reprint New York: Praeger, 1970.

335

GOT	Tekin, Talât. *A Grammar of Orkhon Turkic*. Indiana University Uralic and Altaic Series 69. Bloomington: Indiana University, 1968.
Gregory of Tours	Gregory of Tours. *The History of the Franks*. Trans. Lewis Thorpe. London: Penguin, 1974.
Grigor of Akancʿ	Grigor of Akancʿ. "History of the Nation of Archers (The Mongols)," ed. and trans. Robert P. Blake and Richard N. Frye. *Harvard Journal of Asiatic Studies* 12 (1949): 269–399.
Guerreiro	Guerreiro, Fernão. *Jahangir and the Jesuits, with an Account of the Travels of Benedict Goes and the Mission to Pegu*. Trans. C. H. Payne. London: Routledge, 1930.
GVNP	Valk, S. N. ed. *Gramoty Velikogo Novgoroda i Pskova*. Moscow-Leningrad: Izdatel'stvo akademii nauk SSSR, 1949.
Ḥ-ʿĀ	Minorsky, V., trans. *Ḥudūd al-ʿĀlam*. 2nd ed. London: Luzac, 1970.
Ḥāfīẓ-i Abrū/B	Ḥāfīẓ-i Abrū. *Ẕayl jāmiʿ al-tavārīkh-i Rashīdī*. Ed. Khānbābā Bayānī. Salsatat-i instishārāt-i aṣār mīllī, 88. Tehran, 1971.
Ḥāfīẓ-i Abrū/M	Maitra, K. M. trans. *A Persian Embassy to China, being an Extract from Zubatu't Tawarikh of Hafiz Abru*. Reprint New York: Paragon, 1970.
Ḥāfīẓ-i Tanīsh	Ḥāfīẓ-i Tanīsh Bukhārī. *Sharaf nāmah-shāhī*. Ed. and trans. M. A. Salakhetdina. Moscow: Nauka, 1987–88. 2 vols.
Hakluyt, *PN*	Hakluyt, Richard, *The Principall Navigations of the English Nation*. London: J.M. Dent, 1907. 8 vols.
Hakluyt, *V*	Hakluyt, Richard. *Voyages*, London: J.M. Dent, 1939. Vol. I.
Hall	Hall, Basil. *Travels in India, Ceylon and Borneo*. Ed. H. G. Rawlinson. London: Routledge and Sons, 1931.
Hamilton	Hamilton, Alexander. *A New Account of the East Indies*. London: Argonaut Press, 1930. 2 vols.
Han Feizi	Han Fei Tzu. *Basic Writings*. Trans. Burton Watson. New York: Columbia University Press, 1964.
Ḥasan-i Fasāʾī	Ḥasan-e Fasāʾī. *History of Persia Under Qājār Rule*. Trans. Heribert Busse. New York: Columbia University Press, 1972.
Haslund	Haslund, Henning. *Tents in Mongolia*. New York: Dutton, 1934.
HC	Bellér-Hann, Ildikó, trans. *A History of Cathay: A Translation and Linguistic Analysis of a Fifteenth-Century Turkic Manuscript*. Indiana University Uralic and Altaic Series 162. Bloomington: Indiana University, 1995.
Helmold	Helmold. *The Chronicle of the Slavs*. 1935. Reprint New York: Octagon, 1966.

336

Herberstein	Herberstein, Sigismund. *Commentaries on Muscovite Affairs.* Trans. Oswald P. Backus III. Lawrence: Student Union Bookstore, University of Kansas, 1956.
Herbert	Herbert, Sir Thomas. *Travels in Persia, 1627–1629.* Ed. William Foster. 1929. Reprint Freeport, N.Y.: Books for Libraries Press, 1972.
Herodotus	Herodotus. *The Persian Wars.* Trans. George Rawlinson, New York: Modern Library, 1942.
Het'um	Hayton, *La flor des estoires de la Terre d'Orient.* Recueil des historiens du Croisades, Documents arméniens. Paris: Imprimerie nationale, 1906. Vol. II.
Het'um/B	Boyle, John A., trans. "The Journey of Het'um I, King of Lesser Armenia, to the Court of the Grand Khan Möngke." *Central Asiatic Journal* 9 (1964): 175–89.
Hex.	Golden, Peter, ed. *The King's Dictionary: The Rasūlid Hexaglot, Fourteenth Century Vocabularies in Arabic, Persian, Turkic, Greek, Armenian and Mongol.* Leiden: E.J. Brill, 2000.
HHS	Fan Ye. *Hou Hanshu.* Beijing: Zhonghua shuju, 1973.
HI	Elliot, H. M. E. and John Dawson, trans. *The History of India as Told by Its Own Historians: The Muhammadan Period.* 1867. Reprint New York: AMS Press, 1966. 8 vols.
Homer, *Il.*	Homer, *The Iliad.* Trans. A. T. Murray. Loeb Classical Library. New York: Putnam, 1924.
HPKP	Pelliot, Paul, trans. "La version ouigoure de l'histoire des princes Kalyānamkara et Pāpamkara." *T'oung-pao* 15 (1914): 225–72.
HS	Ban Gu. *Hanshu.* Beijing: Zhonghua shuju, 1990.
HS/D	Pan Ku. *The History of the Former Han Dynasty.* Trans. Homer Dubs. Baltimore: Waverly Press, 1938–55. 3 vols.
HS/H	Hulsewé, A. F. P., trans. *China in Central Asia, the Early Stage: An Annotated Translation of Chapters 61 and 96 of the History of the Former Han Dynasty.* Leiden: E.J. Brill, 1979.
HS/W	Watson, Burton, trans. *Courtier and Commoner in Ancient China: Selections from the History of the Former Han by Pan ku.* New York: Columbia University Press, 1974.
Huan Kuan	Huan K'uan. *Discourses on Salt and Iron: A Debate on State Control of Commerce and Industry in Early China.* Trans. Essen M. Gale. Reprint Taibei: Ch'eng-wen Publishing, 1973.
Huc and Gabet	Huc, Abbé and Joseph Gabet. *Travels in Tartary, Thibet and China, 1844–46.* New York: Harper and Brothers, 1928. 2 vols.

337

Hui Li Hwui Li. *The Life of Hiuen-tsiang*. Trans. Samuel Beal. London: Kegan Paul, Trench and Trubnor, 1911.

Ḥusām al-Dawlah Ḥusām al-Dawlah. *Bāznāmah-i Naṣirī: A Persian Treatise on Falconry*. Trans. D. C. Pillott. London: Bernard Quaritch, 1908.

Hyp. Perfecky, George, A., trans. *The Hypatian Codex*. Vol. II, *The Galician-Volynia Chronicle*. Munich: Wilhelm Fink, 1973.

HYYY Mostaert, Antoine, trans. and Igor de Rachewiltz, ed. *Le matériel mongol du Houa i i iu de Houng-ou (1389)*. Mélanges chinois et bouddhiques 18 and 27. Brussels: Institut belge des hautes études chinois, 1977–95. 2 vols

IB Talat Tekin, trans. *Irk Bitig: The Book of Omens*. Wiesbaden: Harrassowitz, 1993.

Ibn ʿArabshāh Ibn Arabshah, Ahmed, *Tamerlane or Timur the Great Amir*. Trans. J. H. Sanders. Reprint Lahore: Progressive Books, n.d.

Ibn al-Azraq Hillenbrand, Carole, trans. *A Muslim Principality in Crusader Times: The Early Artuqid State*. Istanbul: Nederlands Historisch-Archaelogisch Institut, 1990.

Ibn Baṭṭuṭah Ibn Baṭṭuṭah. *The Travels of Ibn Baṭṭuṭa*. Trans. H. A. R. Gibb. Cambridge: University Press for the Hakluyt Society, 1958–94. 4 vols.

Ibn al-Furāt Ibn al-Furāt. *Ayyubids, Mamlukes and Crusaders: Selections from the Tārīkh al-Duwal wa'l Mulūk*. Trans. U. and M. C. Lyons, with notes by Jonathan S. C. Riley-Smith. Cambridge: W. Hefer and Sons, 1971. 2 vols.

Ibn Isfandiyār Browne, Edward G., trans. *An Abridged Translation of the History of Ṭabaristān*. Leiden: E.J. Brill and London: Bernard Quaritch, 1905.

Ibn Khaldūn Ibn Khaldūn, *The Muqaddimah: An Introduction to History*. Trans. Franz Rosenthal. New York: Pantheon, 1958. 3 vols.

Ibn Khurdādhbih Ibn Khurdādhbih. *Kitāb al-masālik wa al-mamālik*. Ed. M. J. de Goeje. Leiden: E.J. Brill, 1889.

Ibn Manglī Ibn Manglī. *De la chasse: commerce des grands de ce monde avec bêtes sauvages des déserts sans onde*. Trans. François Viré. Paris: Sindbad, 1984.

Ibn Shaddād Ibn Shaddād, Bahā' al-Dīn. *The Rare and Excellent History of Saladin*. Trans. D. S. Richards. Aldershot: Ashgate, 2002.

IFC Major, R. H., trans. *India in the Fifteenth Century*. London: Hakluyt Society Publications, 1857.

ʿInāyat Khān ʿInayat Khan. *The Shah Jahan Nama*. Trans. A. R. Fuller, ed. W. E. Begley and I. A. Desai. Delhi: Oxford University Press, 1990.

338

Isk. — Southgate, Minoo S., trans. *Iskandarnamah: A Persian Medieval Alexander Romance.* New York: Columbia University Press, 1978.

Jahāngīr — Jahāngīr. *Tūzuk-i Jahāngīrī or Memoirs of Jahāngīr.* Trans. Alexander Rogers, ed. Henry Beveridge. Reprint Delhi: Munshiram Mansharlal, 1978. 2 vols.

Jāḥiẓ, *KT* — Pellat, Charles, trans. "Ǧāḥiẓiana I: Le *Kitab al-tabaṣṣur bi-l Tiǧara* attribué à Ǧāḥiẓ." *Arabica* 2 (1955): 153–65.

Jāḥiẓ, *LC* — Pellat, Charles, trans. *Le livre de la couronne attribué a Ǧaḥiẓ.* Paris: Société d'é ditions Les Belles Lettres, 1954.

du Jarric — du Jarric, Pierre, S.J. *Akbar and the Jesuits: An Account of the Jesuit Mission to the Court of Akbar.* Trans. C. H. Payne. London: Routledge, 1926.

Jordanes — Jordanes, *The Gothic History.* Trans. Christopher Mierow. Reprint New York: Barnes and Noble, 1960.

Josephus — Josephus, *The Jewish War.* Trans. H. St. J. Thackeray. Loeb Classical Library. Cambridge, Mass.: Harvard University Press, 1961.

Joshua — Pseudo-Joshua the Stylite. *The Chronicle of Pseudo-Joshua the Stylite.* Trans. Frank K. Trombley and John W. Watt. Liverpool: Liverpool University Press, 2000.

Jourdain — Jourdain, John. *The Journal of John Jourdain, 1608–1617, Describing his Experiences in Arabia, India and the Malay Archipelago.* Ed William Foster. Reprint Nendeln: Kraus Reprint, 1967.

JS — *Jinshi.* Beijing: Zhonghua shuju, 1975.

Jshu/M — Mather, Richard B., trans. *Biography of Lü Kuang [from the Jinshu].* Berkeley: University of California Press, 1959.

JTS — *Jiu Tangshu.* Beijing: Zhonghua shuju, 1975.

Juansher — Dzhuansher Dzhuansheriani, *Zhizn Vakhtunga Gorgasala.* Trans. G. V. Tsulaia. Tbilisi: Izdatel'stvo "Metsniereba," 1986.

Justin — Watson, John S., trans. *Justin, Cornelius Nepos and Eutropius.* London: Bell and Sons, 1910.

Juvaynī/B — Juvaynī, ʿAtā-Malik. *The History of the World Conqueror.* Trans. John A. Boyle. Cambridge, Mass.: Harvard University Press, 1958. 2 vols.

Juvaynī/Q — Juvaynī, ʿAtā-Malik. *Ta'rīkh-i Jahāngushā.* Ed. Mirzā Muḥammad Qazvīnī. E. J. W. Gibb Memorial Series 26. London: Luzac, 1912–37. 3 vols.

Jūzjānī/L — Jūzjānī, *Ṭabaqāt-i nāṣirī.* Ed. W. Nassau Lees. Bibliotheca Indica 44. Calcutta: College Press, 1864.

Jūzjānī/R — Jūzjānī, *Ṭabaqāt-i nāṣirī.* Trans. H. G. Raverty. Reprint New Delhi: Oriental Book Reprint, 1970. 2 vols.

339

Kaempfer — Kaempfer, Engelbert. *Am Hofe der persischen Grosskönigs, 1684–1685*. Trans. Walther Hinz. Tübingen and Basil: Erdmann, 1977.

Kai Kāʿūs — Kai Kāʿūs ibn Iskandar. *A Mirror for Princes: The Qabus Name*. Trans. Reuben Levy. London: Cresset Press, 1951.

Kalidasa — Kalidasa. *Shakuntala and Other Writings*. Trans. Arthur W. Ryder. New York: E.P. Dutton, 1959.

Kangxi — Jonathan D. Spence, trans. *Emperor of China: Self Portrait of K'ang-hsi*. New York: Vintage, 1975.

Kashgharī — Maḥmūd al Kašγarī. *Compendium of the Turkic Dialects (Dīwān Luγāt al-Turk)*. Trans. Robert Dankoff. Sources of Oriental Languages and Literature 7. Cambridge, Mass.: Harvard University Printing Office, 1982. 3 vols.

Kautilya — Shamasastry, Rudrapatna, trans. *Kautilya's Arthaśāstra*. Mysore: Mysore Publishing House, 1967.

KB/P — Phillot, D. C. and R. J. Azoo, trans. "Chapters on Hunting Dogs and Cheetas, being an Extract from the *Kitāb al-Bayzarah*." *Journal and Proceedings of the Asiatic Society of Bengal* n.s. 3 (1907): 47–50.

KB/V — Viré, François. *Le tracté de l'art de volerie (Kitab al-Bayzara)*. Leiden: E.J. Brill, 1967.

KDA — Chunakova, O. M., trans. *Kniga Deianii Ardashir syna Papaka*. Moscow: Nauka, 1987.

KF — Heinisch, Klaus, F., ed. and trans. *Kaiser Friedrich II: Sein Leben in zeitgenössischen Berichten*. Munich: Winkler-Verlag, 1969.

KFB — Heinisch, Klaus J., trans. *Kaiser Friedrich II in Briefen und Berichten seiner Zeit*. Darmstadt: Wissenschaftliche Buchgesellschaft, 1968.

Khiṭā'ī — Khiṭā'ī, ʿAlī Akbar. *Khiṭā'ī-nāmah*. Ed. Iraj Afshār. Tehran: Asian Cultural Documentation Center for UNESCO, 1979.

Khorenatsʿi — Khorenatsʿi, Moses. *History of the Armenians*. Trans. Robert W. Thomson. Cambridge, Mass.: Harvard University Press, 1978.

Kinnamos — Kinnamos, John. *Deeds of John and Manuel Comnenus*. Trans. M. Brand. New York: Columbia University Press, 1976.

Kirakos — Kirakos Gandzaketsi. *Istoriia Armenii*. Trans. L. A. Khanlarian. Moscow: Nauka, 1976.

KM — Szczesniak, Boleslaw, trans. "The Kôtaiô Monument." *Monumenta Nipponica* 7 (1952): 242–68.

Lansdell — Lansdell, Henry. *Russian Central Asia, Including Kuldja, Bokhara, Khiva and Merv*. Reprint New York: Arno Press, 1970. 2 vols. in one.

340

Lattimore	Lattimore, Owen. *High Tartary.* Reprint New York: AMS Press, 1975.
Layard	Layard, Austin. *Discoveries in the Ruins of Nineveh and Babylon,* London: John Murray, 1853.
Leo the Deacon	Lev Diakon. *Istoriia.* Trans. M. M. Kopylenko. Moscow: Nauka, 1988.
Li Zhizhang	Li Zhizhang. *Xiyu ji,* in MGSL.
Li Zhizhang/W	Li Chih-chang. *The Travels of an Alchemist.* Trans. Arthur Waley. London: Routledge and Kegan Paul, 1963.
Linschoten	Linschoten, John Huyghen van. *The Voyage to the East Indies.* Ed. Arthur Coke Burnell and P. A. Tiele. London: Hakluyt Society Publications, 1985. 2 vols.
Liu Zhen	Liu Zhen. *Dong guan Hanji.* Zhongzhou: Zhongzhou guji chubanshe, 1987.
Liudprand	Liudprand of Cremona. *The Embassy to Constantinople and Other Writings.* Trans. F. A. Wright. Rutland, Vt.: Everyman's Library, 1993.
LK	Tsulaia, G. V., trans. *Letopis Kartli.* Tbilisi: Izdatel'stvo "Metsniereba," 1982.
LKA	Strong, John S., trans. *The Legend of King Aśoka.* Princeton, N.J.: Princeton University Press, 1983.
Llull	Llull, Ramon. *Felix, or the Book of Wonders.* In *Selected Works of Ramon Llull.* Ed. and trans. Anthony Bonner. Princeton, N.J.: Princeton University Press, 1985. Vol. II.
Longus	Longus. *Daphnis and Chloe.* Trans. George Thornley. Loeb Classical Library. London: Heinemann, 1916.
LS	*Liaoshi.* Beijing: Zhonghua shuju, 1974.
LT	Boyce, Mary, trans. *The Letter of Tansar.* Rome: Istituto Italiano per il Medio ed Estremo Oriente, 1968.
Luo Guanzhong	Lo Kuan-chung. *Romance of the Three Kingdoms.* Trans. C. H. Brewitt-Taylor. Rutland, Vt.: Tuttle, 1959. Vol. II.
Ma Huan	Ma Huan. *Ying-yai sheng-lan: The Overall Survey of the Oceans Shores.* Trans. J. V. G. Mills. Cambridge: For the Hakluyt Society, 1970.
Macartney	Macartney, George. *An Embassy to China: Being the Journal Kept by Lord Macartney During His Embassy to the Emperor Ch'ien-lung.* Ed. J. L. Cranmer-Byng. London: Longman, 1962.
Machiavelli	Machiavelli, Nicoló. *The Prince and the Discourses.* New York: Modern Library, 1950.
Mandeville	Mandeville, Sir John. *Travels of Sir John Mandeville.* Trans. C. W. R. D. Moseley. New York: Penguin, 1983.

341

Manrique — Manrique, Sebastian. *Travels of Fray Sebastian Manrique, 1629–1643*. Trans. C. Eckford Luard. Reprint Nendeln: Kraus Reprint, 1967. 2 vols.

al-Manṣūr — *Al-Mansur's Book on Hunting*. Trans. Sir Terence Clark and Muawiya Derhalli. Warminster: Aris & Phillips, 2001.

Manucci — Manucci, Niccolao. *Storia do Mogor or Mugul India, 1653–1708*. Trans. William Irvine. Reprint New Delhi: Oriental Books Reprint, 1981. 4 vols.

Manuel II — Dennis, Georg T., trans. *The Letters of Manuel II Palaeologus*. Washington, D.C.: Dumbarton Oaks, Center for Byzantine Studies, 1977.

al-Maqrīzī — al-Maqrīzī. *Histoire des Sultans Mamluks de l'Egypte*. Trans. M. Quatremére. Paris: Oriental Translation Fund, 1842. Vol. II, part 1.

Marco Polo — Marco Polo. *The Description of the World*. Trans. A. C. Moule and Paul Pelliot. London: Routledge, 1938. Vol. I.

Marvazī — Minorsky, V., trans. *Sharaf al-Zamān Tahir Marvazī on China, the Turks and India*. London: Royal Asiatic Society, 1942.

Masʿūdī — Masūʿdī. *Murūj al-dhabab wa al-maʿādin*. Ed. and trans. Barbier de Meynard. Paris: L'imprimerie nationale, 1861–77. 9 vols.

MDMT — Cleaves, Francis W., trans. "The Mongolian Documents in the Musée de Téhéran." *Harvard Journal of Asiatic Studies* 16 (1953): 1–107.

Mei Cheng — Mair, Victor H, trans. *Mei Cheng's "Seven Stimuli" and Wang Bar's "Pavilion of King Terng": Chinese Poems for Princes*. Queenston, Ontario: Edwin Mellen, 1985.

Mela — Mela, Pomonius. *Géographie*. Trans. M. Bandet. Paris: Panckoucke, 1843.

Menander — Menander. *The History of Menander the Guardsman*. Trans. R. C. Blockley. Liverpool: Francis Cairns Publications, 1985.

Mencius — *Mencius*. Trans. W. A. C. H. Dobson. Toronto: University of Toronto Press, 1963.

MGSL — Wang Guowei. *Menggu shiliao sizhang*. Taibei: Zhenzhong shuju, 1975.

MIRGO — Paichadze, G. G. ed. *Materialy po istorii russko-gruzinskikh otnoshenii*. Tbilisi: Izdatel'stvo "Metsniereba," 1974.

Mīrzā Ḥaydar, I — Mirza Haydar Dughlat. *Tarikh-i Rashidi*. Ed. W. M. Thackston. Cambridge, Mass.: Harvard University, 1996.

Mīrzā Ḥaydar, II — Mirza Haydar Dughlat. *Tarikh-i Rashidi*. Trans. W. M. Thackston. Cambridge, Mass.: Harvard University, 1996.

MK Heinrichs, A. and L. Koenen, eds. and trans. "Der Kölner Mani-kodex (P. Colon. Inv. Nr. 4780)." *Zeitschrift für Papyrologie und Epigraphik* 48 (1980): 1–59.

MKK Budge, Ernest A. Wallis, trans. *The Monks of Kūblāi Khān*. London: Religious Tract Society, 1928.

MM Dawson, Christopher, ed. *The Mongol Mission: Narratives and Letters of the Franciscan Missionaries in Mongolia and China in the 13th and 14th Centuries*. New York: Sheed and Ward, 1955.

MMT Sunderman, Werner, ed. and trans. *Mitteliranische manichäische Texte kirchengeschichlichen Inhalt*. Berlin: Akademie Verlag, 1981.

MP Ligeti, Louis. *Monuments préclassiques, XIIIe et XIVe siècles*. Budapest: Akadémiai Kiadó, 1972.

MRL Vernadsky, George, trans. *Medieval Russian Laws*. Reprint New York: Octagon Books, 1974.

MS *Mingshi*. Beijing: Zhonghua shuju, 1974.

MTZZ Mathieu, Rémi, trans. *Le Mu tianzi zhuan: Translation annotée, étude critique*. Paris: Presses universitaires de France, 1978.

G. Mundy Mundy, Godfrey Charles. *Pen and Pencil Sketches in India: Journal of a Tour in India*. 3rd ed. London: John Murray, 1858.

P. Mundy Mundy, Peter. *The Travels of Peter Mundy in Europe and Asia, 1608–1617*. Ed. Sir Richard Carnac Temple. Reprint Nendeln: Kraus Reprint, 1967–72. 5 vols.

Munshī Munshī, Iskander. *History of Shah ʿAbbas*. Trans. Roger Savory. Boulder, Colo.: Westview Press, 1978. 2 vols.

Muntaner Muntanern. *The Chronicle of Muntaner*. Trans. Lady Goodenough. Reprint Nendeln: Kraus Reprint, 1967.Vol. II.

al-Muqaddasī al-Muqaddasī. *Aḥsan al-taqāsīmfī maʿrifat al-āqālīm*. Ed. M. J. de Goeje. Leiden: E.J. Brill, 1906.

Muraviev Murav'yov, Nikolay. *Journey to Khiva Through the Turkman Country*. London: Oguz Press, 1977.

al-Nadim al-Nadim. *The Fihrist of al-Nadim: A Tenth Century Survey of Muslim Culture*. Trans. Bayard Dodge. New York: Columbia University Press, 1970. 2 vols.

Nakhchivānī Nakhchivānī, Muḥammad Ibn Hindushāh. *Dastūr al-kātib fi taʿyin al-marātib*. Ed. A. A. Alizade. Moscow: Nauka, 1976. Vol. II.

Narshakhī Narshakhī. *The History of Bukhara*. Trans. Richard N. Frye. Cambridge, Mass.: Medieval Academy of America, 1954.

al-Nasāwī al-Nasāwī, Muḥammad. *Sīrat al-Sulṭan Jalāl al-Din Mankubirtī*. Ed. H. Hamdī. Cairo: Dār al-fakr al-ʿArabī, 1953.

343

Nāṣir-i Khusraw	Nāṣir-i Khusraw. *Book of Travels (Safarnāma)*. Trans. W. M. Thackston. New York: Bibliotheca Persica, 1986.
NC	Zenkovsky, Serge A. and Betty Jean Zenkovsky, trans. *The Nikonian Chronicle*. Princeton, N.J.: Kingston and Darwin Press, 1984–89. 5 vols.
NG	Aston, W. G., trans. *Nihongi*. Reprint London: Allen and Unwin, 1956.
Nikephoros	Nikephoros, Patriarch of Constantinople. *Short History*. Trans. Cyril Mango, Washington, D.C.: Dumbarton Oaks, 1990.
Nikitin	Nikitin, Afanasii. *Khozhdenie za tri moria*. 2nd ed. Moscow-Leningrad: Izdatel'stvo akademii nauk SSSR, 1958.
Nīshāpūrī	Nīshāpūrī, Ẓahīr al-Dīn. *The History of the Seljuq Turks from the Jāmiʿ al-Tawārīkh: An Ilkhanid Adaptation of the Saljūqnāma of Ẓahīr al-Dīn Nīshāpūrī*. Trans. Kenneth Allin Luther, ed. C. Edmund Bosworth. Richmond, Surrey: Curzon, 2001.
NITP	Grey, C., trans. *A Narrative of Italian Travels in Persia*. London: Hakluyt Society, 1875.
Niẓām al-Mulk	Niẓām al-Mulk. *The Book of Government or Rules for Kings*. Trans. Hubert Darke. London: Routledge and Kegan Paul, 1960.
Niẓāmī	Niẓāmī, Ganjavi. *The Haft Paykar: A Medieval Persian Romance*. Trans. Julie Scott Meisami. Oxford: Oxford University Press, 1995.
Olearius	Olearius, Adam. *The Travels of Olearius in 17th Century Russia*. Trans. Samuel H. Baron. Stanford, Calif.: Stanford University Press, 1967.
Olympiodorus	Olympiodorus. *Testimonium*. In *FCH*.
ON	Shcherbak, A. M., trans. *Oguz-nāme. Makhaddat-nāme*. Moscow: Izdatel'stvo vostochnoi literatury, 1959.
OP	Kent, Roland G. *Old Persian Grammar, Texts, Lexicon*. 2nd ed. rev. New Haven, Conn.: American Oriental Society, 1953.
Oppian	*Oppian, Collathus, Tryphiodorus*. Trans. A. W. Mair. Loeb Classical Library. Cambridge, Mass.: Harvard University Press, 1928.
Orbelian	Orbelian, Stephanos. *Histoire de la Siounie*. Trans. M. Brosset. St. Petersburg: Academie impériale des sciences, 1864.
d'Orléans	d'Orléans, Pierre Joseph. *History of the Two Tartar Conquerors of China*. Trans. Earl of Ellesmere. Reprint New York: Burt Franklin, 1971.
Ovington	Ovington, J. *A Voyage to Surat in the Year 1689*. Ed. H. G. Rawlinson. Oxford: Oxford University Press, 1929.

Pachymérès	Pachymérès, Georges. *Relations historiques.* Trans. V. Laurent. Paris: Société d'éditions Les Belles Lettres, 1984. 2 vols.
Parks	Parks, Fanny. *Wanderings of a Pilgrim in Search of the Picturesque.* Reprint Karachi: Oxford University Press, 1975. 2 vols.
P'arpec'i	Lazar P'arpec'i. *The History of Lazar P'arpec'i.* Trans. Robert W. Thomson. Atlanta: Scholars Press, 1991.
PCR	Godman, Peter. *Poetry of the Carolingian Renaissance.* Norman: University of Oklahoma Press, 1985.
PDPMK	Malov, S. E., ed. and trans. *Pamiatniki drevnetiurskoi pis'mennosti Mongolii i Kirgizii.* Moscow-Leningrad: Izdatel'stvo akademi nauk SSSR, 1959.
Pelsaert	Pelsaert, Francisco. *Jahangir's India: The Remontrantie of Francisco Pelsaert.* Trans. W. H. Moreland and Pieter Geyl. Reprint Delhi: Idarah-i Adabiyat-i Delli, 1972.
Peng and Xu	Peng Daya and Xu Ting. *Heida shilue.* In *MGSL.*
PFT	Hallock, Richard T., trans. *Persepolis Fortification Tablets.* Chicago: University of Chicago Press, 1969.
PLDR	Dmitriev, L. A. and D. S. Likhachev, eds. *Pamiatniki literatury drevnei Rusi, XIV-seredina XV veka.* Moscow: Khudozhestvennaia literatury, 1981.
Pliny	Pliny. *Natural History.* Trans. H. Rockham and W. H. S. Jones. Loeb Classical Library. Cambridge, Mass.: Harvard University Press, 1960–67.
Pliny the Younger	Pliny the Younger. *Letters.* Trans. William Melmoth, New York: Macmillan, 1923.
Plutarch	*Plutarch's Lives.* Trans. Bernadotte Perrin. Loeb Classical Library. Cambridge, Mass.: Harvard University Press, 1954.
Plutarch, *Mor.*	Plutarch. *Moralia.* Trans Harold Cherniss and William C. Helmbold. Loeb Classical Library. Cambridge, Mass.: Harvard University Press, 1927.
PME	Casson, Lionel, trans. *The Periplus Maris Erythraei.* Princeton, N.J.: Princeton University Press, 1989.
Porphyrogenitus, *AI*	Constantine Porphyrogenitus. *De Administrando Imperio.* Ed. Gy. Moravcsik, trans. R. J. H. Jenkins. Washington, D.C.: Dumbarton Oaks and Harvard University, 1967.
Porphyrogenitus, *TT*	Constantine Porphyrogenitus. *Three Treatises on Imperial Military Expeditions.* Trans. John F. Haldon. Vienna: Verlag der Österreichischen Akademie der Wissenschaft, 1990.
PRDK	Demidova, N. F. and V. S. Miasnikov, eds. *Pervye russkie*

345

diplomaty v Kitae: "Rospis" I. Petlina i stateiny spisok F. J. Baikova. Moscow: Nauka, 1966.

Procopius, *B.* — Procopius. *Buildings.* Trans. H. B. Dewing and Glanville Downey. Loeb Classical Library. Cambridge, Mass.: Harvard University Press, 1961.

Procopius, *HW* — Procopius. *History of the Wars.* Trans. H. B. Dewing. Loeb Classical Library. London: Heinemann, 1914.

Przhevalskii — Prejevalsky, N. *Mongolia, the Tangut Country and the Solitudes of Northern Tibet.* Trans. E. Delmar Morgan. Reprint New Delhi: Asian Educational Services, 1991. 2 vols.

Psellus — Psellus, Michael. *Fourteen Byzantine Rulers.* Trans. E. R. A. Sewter. New York: Penguin, 1984.

PSRL — *Polnoe sobranie russkikh letopisei.* Moscow: Iazyki russkoi kul'tury, 1997–2000. 3 vols. to date.

Purchas — Purchas, Samuel. *Hakluytus Posthumus or Purchas, his Pilgrimes.* Reprint New York: AMS Press, 1965. 20 vols.

PVL — *Povest vremennykh let po lavrent'evskoi letopisi.* 2nd ed. trans. and ed. D. S. Likhachev and V. P. Adrianovoi-Peretts. St. Petersburg: Nauka, 1996.

Qāshānī — Qāshānī, Abū al-Qasīm. *Ta'rīkh-i Ūljaytū.* Ed. M. Hambly, Tehran: B.T.N.K., 1969.

Qazvīnī, *NQ* — Qazvīnī, Ḥamd-Allāh Mustawfī. *The Zoological Section of the Nuzhat al-Qulūb.* Trans. J. Stephenson. London: Royal Asiatic Society, 1928.

Qazvīnī, *TG* — Qazvīnī, Ḥamd-Allah Mustawfī. *The Ta'rīkh-i guzīdah or Select History.* Trans. Edward G. Browne. Leiden: E.J. Brill and London: Luzac, 1913.

QC — Jones, William C., trans. *The Great Qing Code.* Oxford: Clarendon Press, 1994.

Quan Heng — Ch'üan Heng. *Das Keng-shen wai-shih: Eine Quelle zur späten Mongolenzeit.* Trans. Helmut Schulte-Uffelage. Berlin: Akademie Verlag, 1963.

Quintus Curtius — Quintus Curtius. *History of Alexander.* Trans. John C. Rolfe. Loeb Classical Library. Cambridge, Mass.: Harvard University Press, 1946.

Rashīd/A — Rashīd al-Dīn. *Jāmi' al-tavārīkh.* Ed. A. A. Alizade et al. Moscow: Nauka. Vols. I, II.

Rashīd/B — Rashīd al-Dīn. *The Successors of Genghis Khan.* Trans. John A. Boyle. New York: Columbia University Press.

Rashīd/J Rashīd al-Dīn. *Die Geschichte der Oguzen*. Ed. and trans. Karl Jahn. Vienna: Herman Böhlaus, 1969.

Rashīd/K Rashīd al-Dīn. *Jāmiʿ al-tavārīkh*. Ed. Karīmī. Tehran: Eqbal, 1959. 2 vols.

al-Rāvandī al-Rāvandī, Muḥammad ibn ʿAlī. *Rāḥat al-ṣudūr va āyat al-ṣur ūr*. Ed. Muḥammad Iqbāl. London: Luzac, 1921.

REGK Allen, W. E. D., ed. *Russian Embassies to the Georgian Kings (1589–1605)*. Trans. Anthony Mango. Cambridge: Published for the Hakluyt Society, 1972. 2 vols.

RG Moreland, W. H., ed. *Relations of Golconda in the Early Seventeenth Century*. Reprint Nendeln: Kraus Reprint, 1967.

RIO Antonova, K. A. et al., eds. *Russko-Indiiskie otnosheniia v XVII v.: Sbornik dokumenty*. Moscow: Izdatel'stvo vostochnoi literatury, 1958.

Ripa Ripa, Matteo. *Memoirs of Father Ripa During Thirteen Years Residence at the Court of Peking*. Reprint New York: AMS, 1979.

RKO Demidova, N. F. and V. S. Miasnikov, eds. *Russko-Kitaiskie otnosheniia v XVIII veke: Materialy i dokumenty*. Moscow: Nauka, 1978. Vol. I.

Roe Roe, Sir Thomas. *The Embassy of Sir Thomas Roe to the Court of the Great Mogul, 1615–1619*. Ed. William Foster. Reprint Nendeln: Kraus Reprint, 1967. 2 vols.

RPC Cross, Samuel Hazzard and Olgerd P. Sherbowitz-Wetzor, trans. and eds. *The Russian Primary Chronicle, Laurentian Text*. Cambridge, Mass.: Medieval Academy of America, 1953.

RTC Majeska, George P., trans. *Russian Travelers to Constantinople in the Fourteenth and Fifteenth Centuries*. Washington, D.C.: Dumbarton Oaks, 1984.

Rubruck Jackson, Peter, trans. and David Morgan, ed. *The Mission of Friar William of Rubruck*. London: Hakluyt Society, 1990.

Rudra Deva Rudra Deva. *Śyainika Śātram: The Art of Hunting in Ancient India*. Trans. M. M. Haraprasad Shastri. Delhi: Eastern Book Linkers, 1982.

Rust'haveli Rust'haveli, Shot'ha. *The Man in the Panther's Skin*. Trans. Marjory Scott Wardrop. London: Luzac, 1966.

Rūzbihān Minorsky, V., trans. *Persia in A.D. 1478–1490: An Abridged Translation of Fadlullāh b. Rūzbihān Khunjī's Tārīkh-i ʿĀlam-Ārā-yi Amīnī*. London: Royal Asiatic Society, 1957.

al-Ṣābi' al-Ṣābi', Hilāl. *Rusūm Dār al-Khilāfah: The Rules and Regula-*

347

	tions of the ʿAbbāsid Court. Trans. Elie A. Salem. Beirut: American University of Beirut, 1977.
al-Salmānī	Tāj al-Salmānī. *Šams al-Ḥusn: Eine Chronik vom Tode Timurs bis zum Jahre 1409 von Tağ al Salmānī.* Trans. Hans Robert Romer. Wiesbaden: Franz Steiner, 1956.
Samarqandī	Samarqandī, ʿAbd al-Razzāq. *Matla-ʿi Saʿdayn va Majmaʿ-i baḥrayn.* Ed. Muḥammad Shafī. Lahore: Chāpkhānah-i Gīlānī, 1941. Vol. II, part 1.
Sanderson	Sanderson, John. *The Travels of John Sanderson in the Levant, 1584–1602.* Ed. William Foster. Reprint Nendeln: Kraus Reprint, 1967.
SBM	Budge, Ernest A. Wallis, trans. *The Syriac Book of Medicines: Syrian Anatomy, Pathology and Therapeutics in the Early Middle Ages.* Reprint Amsterdam: APA-Philo Press, 1976. Vol. II.
SCBM	Franke, Herbert, trans. "Chinese Texts on the Jurchen: A Translation of the Jurchen Monograph in the *San-ch'ao pei-meng.*" *Zentral-Asiatische Studien* 9 (1975): 119–86.
SCWSC	Palmer, Andrew, ed. and trans. *The Seventh Century in West Syrian Chronicles.* Liverpool: Liverpool University Press, 1993.
Sebēos	Sebēos. *History.* Trans. Robert Bedrosian. New York: Sources of the Armenian Tradition, 1985.
SGZ	*Sanguo zhi.* Beijing: Zhonghua shuju, 1982.
SH	de Rachewiltz, Igor, trans. *The Secret History of the Mongols: A Mongolian Epic Chronicle of the Thirteenth Century.* Leiden: E.J. Brill, 2004. 2 vols.
SH/I	de Rachewiltz, Igor, ed. *Index to the Secret History of the Mongols.* Indiana University Uralic and Altaic Series 121. Bloomington: Indiana University, 1972.
Shaw	Shaw, Robert. *Visits to High Tartary, Yarkand and Kashgar.* Hong Kong: Oxford University Press, 1988.
Sima Guang	Sima Guang. *Zizhi tongjian.* Beijing: Zhonghua shuju, 1956.
Sima Guang/C	de Crespigney, Rafe, trans. *To Establish Peace: Being the Chronicle of the Later Han for the Years 189–220 as Recorded in Chapters 59 to 69 of the Zizhi tongjian of Sima Guang.* Canberra: Faculty of Asian Studies, Australian National University, 1996.
SIRIO	*Sbornik imperatorkago russkago istoricheskago obshchestva.* Vol. 95, *Pamiatniki diplomaticheskie snoshenii moskovskago gosudarstva c Krymom, Nagaiami i Turtsieiu,* part 2, *1508–1521 vv.*, ed. G. O. Karpov and G. O. Shtendman. St. Petersburg, n.d.

348

SJ Sima Qian. *Shiji.* Beijing: Zhonghu shuju, 1982.

SJH Sima Qian. *Records of the Grand Historian: Han Dynasty.* Rev. ed. Trans. Burton Watson, New York: Columbia University Press, 1993. 2 vols.

SJQ Sima Qian. *Records of the Grand Historian: Qin Dynasty.* Trans. Burton Watson. New York: Columbia University Press, 1993.

SJV Kane, Daniel. *The Sino-Jurchen Vocabulary of the Bureau of Interpreters.* Indiana University Uralic and Altaic Series 153. Bloomington: Indiana University, 1989.

Skrine Skrine, C. P. *Chinese Central Asia.* Reprint New York: Barnes and Noble, 1971.

SMCAC Sawyer, Ralph D., trans. *The Seven Military Classics of Ancient China.* Boulder, Colo.: Westview Press, 1993.

SMOIZO Tizengauzen, V., trans. *Sbornik materialov otnosiashchikhsia k istorii Zolotoi Ordy.* Vol. I, *Izvlecheniia iz sochinenii arabskikh.* St. Petersburg: Stroganov, 1884.

Song Yingxing Sung Ying-sing. *Tien-kung-kai-wu: Exploitation of the Works of Nature.* Taibei: China Academy, 1980.

SOS O'Kane, John, trans. *The Ship of Sulaiman.* New York: Columbia University Press, 1972.

SPI *Slovo o polku Igoreve: Na russkom i angliiskom iazykakh.* Trans. Irina Petrova and Dmitry Likhachev. Moscow: Progress Publishers, 1981.

SS *Songshi.* Beijing: Zhonghua shuju, 1977.

Strabo Strabo. *The Geography of Strabo.* Trans. H. L. Jones. Loeb Classical Library. Cambridge, Mass.: Harvard University Press, 1967.

Sturluson Sturluson, Snorri. *Heimskvingla: History of the Kings of Norway.* Trans. Lee M. Hollander. Austin: University of Texas Press, 1964.

Su Tianjue Su Tianjue. *Yuan wenlei.* Taibei: Shijie shuju yingxing, 1967.

Suetonius Suetonius. *The Lives of the Caesars.* Trans. John R. Rolfe. Loeb Classical Library. Cambridge, Mass.: Harvard University Press, 1935.

SWQZL *Shengwu qinzheng lu.* In *MGSL.*

al-Ṭabarī al-Ṭabarī. *The History of al-Ṭabarī.* Trans. various hands. Albany: State University of New York Press, 1985–99. 39 vols.

Tacitus, *Ann.* Tacitus. *Annals.* Trans. John Jackson. Loeb Classical Library. Cambridge, Mass.: Harvard University Press, 1937.

Tacitus, *Ger.* Tacitus. *Germania.* Trans. M. Hutton. Loeb Classical Library. Cambridge, Mass.: Harvard University Press, 1914.

349

Tacitus, *Hist.* Tacitus. *Histories.* Trans. Clifford Moore. Loeb Classical Library. Cambridge, Mass.: Harvard University Press, 1925–31.

Tavernier Tavernier, Jean-Baptiste. *Travels in India,* 2nd ed.. Trans. V. Ball. Oxford: Oxford University Press, 1925. 2 vols.

TDB Poppe, Nicolas, trans. *The Twelve Deeds of Buddha: A Mongolian Version of the Latitavistara.* Seattle: University of Washington Press, 1967.

Teixeira Teixeira, Pedro. *Travels of Pedro Teixeira.* Trans. William F. Sinclair. London: Printed for the Hakluyt Society, 1902.

TGPM Howes, Robert Craig, trans. *The Testaments of the Grand Princes of Moscow.* Ithaca, N.Y.: Cornell University Press, 1967.

Thaʿālibī Thaʿālibī. *The Book of Curious and Entertaining Information: The Latāf al-maʿā rif.* Trans. C. E. Bosworth. Edinburgh: University of Edinburgh Press, 1968.

Theophanes Theophanes. *The Chronicle of Theophanes.* Trans. Harry Turtledove. Philadelphia: University of Pennsylvania Press, 1982.

Theophylact Theophylact Simocatta. *The History of Theophylact Simocatta.* Trans. Michael Whitby and Mary Whitby. Oxford: Clarendon Press, 1988.

TLC Thorpe, Lewis, trans. *Two Lives of Charlemagne.* New York: Penguin, 1977.

TM Minorsky, Vladimir, trans. *Tadhkirat al-Mulūk: A Manual of Safavid Administration.* Cambridge: Cambridge University Press, 1980.

TS Gold, Milton, trans. *The Tārikh-e Sistan.* Rome: Istituto Italiano per il Medio ed Estremo Oriente, 1976.

TTK Emmerick, R. E., trans. *Tibetan Texts Concerning Khotan.* London: Oxford University Press, 1967.

TTP Alderly, Lord Stanley, ed. *Travels to Tana and Persia by Josafa Barbaro and Ambrogio Contarini.* London: Hakluyt Society Publications, 1873.

TTT Bang, W. and A. von Gabain. "Türkische Turfan Texte," IV, "Ein neues uighurischen Sündenbekenntnis." *Preussische Akademie der Wissenschaften, Phil.-Hist. Klasse* 34 (1930): 432–50.

Tulishen Tulishen. *Narrative of the Chinese Embassy to the Khan of the Tourgouth Tartars in the Years 1712, 13, 14 and 15.* Trans. George Thomas Staunton. Reprint Arlington, Va.: University Publications of America, 1976.

Twiti Twiti, William. *The Art of Hunting, 1327.* Trans. Bror Danielsson. Stockholm: Almqvist & Wiksell, 1977.

350

TYH — Molé, Gabriella, ed. and trans. *The T'u-yü-hun from the Northern Wei to the Time of the Five Dynasties.* Rome: Istituto Italiano per il Medio ed Estremo Oriente, 1970.

al-ʿUmarī/L — al-ʿUmarī, Ibn Faẓl Allāh, *Das mongolische Weltreich: Al-ʿUmarīs Darstellung der Mongolischen Reiche in seinem Werke Masālik al-abṣār fī Mamālik al-amṣār.* Trans. Klaus Lech. Wiesbaden: Otto Harrassowitz, 1968.

al-ʿUmarī/S — al-ʿUmarā, Ibn Faẓl Allāh. *Ibn Faḍlallāh al-ʿOmarīs Bericht über Indien in einem Werke Masālik al-abṣār fī mamālik al-amṣār.* Trans. Otto Spies. Leipzig: Otto Harrassowitz, 1943.

Usāmah — Usāmah Ibn Munqidh. *An Arab-Syrian Gentleman and Warrior in the Period of the Crusades: Memoirs of Usāmah Ibn Munqidh.* Trans. Philip K. Hitti. Princeton University Press, 1987.

Varro — Varro, Marcus Terentius. *On Agriculture.* Trans. William Davis Hooper. Loeb Classical Library. Cambridge, Mass.: Harvard University Press, 1960.

Varthema — Varthema, Ludovico di. *The Travels of Ludovico di Varthema in Egypt, Syria, Arabia Deserta and Arabia Felix, in Persia, India, and Ethiopia, A.D. 1503–1508.* Trans. John Jones. London: Hakluyt Society, 1863.

Vis. — Wardrop, Oliver, trans. *Visramiani: The Story of the Loves of Vis and Ramin.* London: Royal Asiatic Society, 1966.

VMQC — Struve, Lynn A., trans. *Voices from the Ming-Qing Cataclysm.* New Haven, Conn.: Yale University Press, 1993.

VRTE — Solomon, Bernard S., trans. *The Veritable Record of the T'ang Emperor Shun-tsung.* Cambridge, Mass.: Harvard University Press, 1955.

Wallace — Wallace, Alfred Russell. *The Malay Archipelago.* Reprint New York: Dover, 1962.

William of Tyre — William of Tyre. *A History of Deeds Done beyond the Sea.* Trans. Emily Atwater Babcock and A. C. Krey. New York: Columbia University Press, 1943. 2 vols.

WS/H — Holmgren, Jennifer, trans. *The Annals of Tai: Early T'o-pa History according to the First Chapter of the Wei-shu.* Canberra: Australian National University Press, 1982.

WX — Xiao Tong, *Wen xuan or Selections of Refined Literature.* Trans. David Knechtges. Princeton, N.J.: Princeton University Press, 1982–87. 2 vols.

Xenophon, *Ana.* — Xenophon. *Anabasis.* Trans. Carleton L. Brownson. Loeb Classical Library. Cambridge, Mass.: Harvard University Press, 1992.

351

Xenophon, *Cav.* — Xenophon. *On the Cavalry Commander*. In Xenophon, *SM*.

Xenophon, *Cyn.* — Xenophon. *Cynegeticus*. In Xenohphon, *SM*.

Xenophon, *Cyr.* — Xenophon. *Cyropaedia*. Trans. Walter Miller. Loeb Classical Library. Cambridge, Mass.: Harvard University Press, 1994.

Xenophon, *Eq.* — Xenophon. *On the Art of Horsemanship*. In Xenophon, *SM*.

Xenophon, *Hell.* — Xenophon. *Hellenica*. Trans. Carleton L. Brownson. Loeb Classical Library. Cambridge, Mass.: Harvard University Press, 1961.

Xenophon, *Lac.* — Xenophon. *Constitution of the Lacedaemonians*. In Xenophon, *SM*.

Xenophon, *Oec.* — Xenophon. *Oeconomicus*. Trans. E. C. Marchant. Loeb Classical Library. Cambridge, Mass.: Harvard University Press, 1959.

Xenophon, *SM* — Xenophon, *Scripta Minora*. Trans. E. C. Marchart. Loeb Classical Library. Cambridge, Mass.: Harvard University Press, 1956.

XTS — *Xin Tangshu*. Beijing: Zhonghua shuju, 1975.

Xuanzang — Hiuen Tsiang. *Si-yu-ki: Buddhist Records of the Western World*. Trans. Samuel Beal. Reprint Delhi: Oriental Books Reprint, 1969. 2 vols.

Yang Xuanzhi — Yang Hsüan-chih. *A Record of Buddhist Monasteries in Lo-yang*. Trans. Yi-t'ung Wang. Princeton, N.J.: Princeton University Press, 1984.

Yang Yu — Yang Yü. *Beiträge zur Kulturgeschichte Chinas unter der Mongolenherrschaft: Das Shan-kü Sin-hua*. Trans. Herbert Franke. Wiesbaden: Franz Steiner, 1956.

YCS — Armstrong, Terence, ed. *Yermak's Campaign in Siberia: A Selection of Documents*. Trans. Tatiana Minorsky and David Wileman. London: Hakluyt Society, 1975.

YDZ — *Da Yuan shengzheng guochao dianzhang*. Reprint of the Yuan ed. Taibei: Guoli gugong bowu yuan, 1976.

Ye Longli — Ye Longli. *Qidan guoji*. Shanghai: Guji chubanshe, 1985.

YS — *Yuanshih*. Beijing: Zhonghua shuju, 1978.

Yūsuf — Yūsuf Khaṣṣ Ḥājib. *Wisdom of Royal Glory (Kutadgu Bilig): A Turko-Islamic Mirror for Princes*. Trans. Robert Dankoff. Chicago: University of Chicago Press, 1983.

ZA — Darmesteter, James, trans. *Zend-Avesta*. Reprint Delhi: Motilal Banarsidass, 1988. Vol. I.

ZGC — *Chan-kuo ts'e*. Rev. ed. Trans. J. I. Crump. Ann Arbor: Center for Chinese Studies, University of Michigan, 1996.

352

Zhao Hong — Zhao Hong. *Mengda beilu.* In *MGSL.*

Zhao Rugua — Chau Ju-kua. *His Work on the Chinese and Arab Trade in the Twelfth and Thirteenth Centuries, entitled Chu-fan-chi.* Trans. Friedrich Hirth and W. W. Rockhill. Reprint Taibei: Literature House, 1965.

Zosimus — Zosimus. *Historia Nova.* Trans. James T. Buchanan and Harold T. Davis. San Antonio: Trinity University Press, 1967.

ZT — Dondua, V. D., trans. *Zhizn tsaritsy tsarits Tamar.* Tbilisi: Izdatel'stvo "Metsniereba," 1985.

ZZ/W — Watson, Burton, trans. *The Tso Chuan: Selections from China's Oldest Narrative History.* New York: Columbia University Press, 1989.

参考文献

353

van Aarde, R. J. and Ann van Dyk

1986 "Inheritance of King Coat Colour Pattern in Cheetahs, *Acinonyx jubatus.*" *Journal of Zoology: Proceedings of the Zoological Society of London* 209: 573–78.

Academy of Sciences MPR, ed.

1990 *Information Mongolia.* New York: Pergamon Press.

Adams, Daniel B.

1979 "The Cheetah: Native American." *Science* 205: 1155–58.

Adams, Douglas Q.

1999 *A Dictionary of Tocharian B.* Amsterdam: Rodopi.

Adamson, Joy

1969 *The Spotted Sphinx.* New York: Harcourt, Brace and World.

Ahsan, Muhammad Manazir

1979 *Social Life Under the Abbasids, 786–902 AD.* London: Longman.

Aigle, Denise

1997 "Le soufisme sunnite en Fārs: Shayh Amīn al-Dīn Balyānī." In Denise Aigle, ed., *L'Iran face à le domination mongole: études.* Tehran: Institut français de rechérche en Iran, pp. 231–60.

Akasoy, Anna

2000–2001 "Arabische Vorlagen der lateinischen Falknerieliteratur." *Beiruter Blätter* 8–9: 93–98.

Åkerström-Hougen, Gunilla

1981 "Falconry as a Motif in Early Swedish Art: Its Historical and Art Historical Significance." In Rudolf Zeitler, ed., *Les pays du Nord et Byzance (Scandinavie et Byzance): actes du colloque nordique et international de byzantinologie.* Uppsala: Almqvist and Wiksell, pp. 263–93.

Akhmedov, B. A.

1982 *Istoriia Balkh (XVI–pervaia polovine XVII v.).* Tashkent: Fan.

Akurgal, Ekrem

1956 "Les fouilles de Dakyleion." *Anatolia* 1: 20–24.

Alexander, John T.

1989 *Catherine the Great, Life and Legend.* Oxford: Oxford University Press.

Allen, M. J. S. and G. R. Smith

1975 "Some Notes on Hunting Techniques and Practices in the Arabian Peninsula." *Arabian Studies* 2: 108–47.

Allen, W. E. D.

1961 "Trivia Historiae Ibericae, I. Gerfalcons for the King." *Bedi Karthlisa* 36–37: 104–10.

1971 *A History of the Georgian People.* London: Routledge.

Allsen, Thomas T.
1997 *Commodity and Exchange in the Mongol Empire: A Cultural History of Islamic Textiles.* Cambridge: Cambridge: Cambridge University Press.
Almond, Richard
2003 *Medieval Hunting.* Phoenix Mill: Sutton Publishing.
Altenmüller, Hartwig
1967 *Darstellungen der Jagd in alten Ägypten.* Hamburg and Berlin: Verlag Paul Parey.
Altherr, Thomas and John F. Reiger
1995 "Academic Historians and Hunting: A Call for More and Better Scholarship." *Environmental History Review* 19: 39–56.
Amiet, Pierre
1969 "Quelques ancêtres du chasseur royal d'Ugarit." *Ugaritica: études relatives aux découvertes de Ras Shamra*, vol. 6, Mission de Ras Shamra 17. Paris: Collège de France, Geuthner, 1–8.
Anderson, J. K.
1985 *Hunting in the Ancient World.* Berkeley: University of California Press.
Anderson, Robert T.
1971 *Traditional Europe: A Study in Anthropology and History.* Belmont, Calif.: Wadsworth.
Andreski, Stanislav
1971 *Military Organization and Society.* Berkeley: University of California Press.
Andrews, Peter Alford
1999 *Felt Tents and Pavilions: The Nomadic Tradition and Its Interaction with Princely Tentage.* 2 vols. London: Melisende.
Anson, John S.
1970 "The Hunt of Love: Gottfried von Strassburg's *Tristan* as Tragedy." *Speculum* 42: 594–607.
Anvarī, Hasan
1976 *Iṣṭilāhāt-i dīvānī dawrah-i Ghaznavī va Saljūqī.* Tehran: Kitabkhānah Ṭavūrī.
Aruz, Joan
1998 "Images of the Supernatural World: Bactria-Margiana Seals and Relations with the Near East and the Indus." *Ancient Civilizations from Scythia to Siberia* 5: 12–30.
Atkinson, Thomas
1993 "In Xanadu did Kubla Khan . . ." *Mongolia Society Newsletter* n.s. 13: 29–35.
Avery, Peter
1991 "Nādir Shāh and the Afsharid Legacy." In Peter Avery, Gavin Hambly, and Charles Melville, eds., *The Cambridge History of Iran*, vol. 7, *Nadir Shah to the Islamic Republic.* Cambridge: Cambridge University Press, pp. 3–62.
Azarpay, Guitty
1981 *Sogdian Painting: The Pictorial Epic in Oriental Art.* Berkeley: University of California Press.
Bachrach, Bernard S.
1983 "Charlemagne's Cavalry: Myth and Reality." *Military Affairs* 47: 1–20.
Back, Michael
1978 *Die Sassanidischen Staatsinschriften.* Acta Iranica 18. Leiden: E.J. Brill.

355 Baer, Eva
1967 The Suaire de St. Lazare." *Oriental Art* 13, 1: 36–49.
Bahari, Ebadollah
1996 *Bihzad: Master of Persian Painting*. London: I.B. Tauris.
Bailey, Harold W.
1982 *The Culture of the Sakas in Ancient Iranian Khotan*. Del Mar, Calif.: Caravan Books.
1985 *Khotanese Texts*. Vol. 7. Cambridge: Cambridge University Press.
Balter, Michael
1998 "Why Settle Down? The Mystery of Communities." *Science* 282: 1442–45.
Barber, Ian G.
1996 "Loss, Change and Monumental Landscaping: Toward a New Interpretation of the 'Classic' Maaori Emergence." *Current Anthropology* 37: 868–80.
Bardovskaya, L. V.
2002 "Hunting Pastimes at Tsarskoye Selo Menagerie." *State Historical Museum* 2002: 160–205.
Barnett, R. D.
1976 *Sculptures from the North Palace of Ashurbanipal of Assyria (688–627 B.C.)*. London: British Museum Publications.
Barthold, W. (= V. V. Bartol'd)
1968 *Turkestan down to the Mongol Invasion*. 3rd ed. London: Luzac.
Bartol'd, V. V.
1963–77 *Sochineniia*. 9 vols. Moscow: Nauka.
1964 "Tseremonial pri dvore Uzbekskikh Khanov v XVIII veke." In his *Sochineniia*, vol. 2, pt. 2: 388–99.
1968 *Dvenadtsat lektsii po istorii Turetskikh narodov srednei Azii*. In his *Sochineniia*, vol. 5: 17–192.
Bates, Marston
1956 "Man as an Agent in the Spread of Organisms." In William L. Thomas, ed., *Man's Role in Changing the Face of the Earth*. Chicago: University of Chicago Press, pp. 788–804.
Bauwe, Renate
1993 "Jagdkult und seine Reflexion in der mongolischen Dichtung." In Barbara Kellner-Heinkele, ed., *The Concept of Sovereignty in the Altaic World*. Wiesbaden: Otto Harrassowitz, pp. 11–22.
Bawden, Charles R.
1968 "Mongol Notes, II. Some Shamanist Hunting Rituals from Mongolia." *Central Asiatic Journal* 12, 2: 101–43.
Bazin, Louis
1957 "Noms de la 'chèvre' en Turc et en Mongol." In *Studia Altaica: Festschrift für Nikolas Poppe zum 60. Geburtstag*. Wiesbaden: Otto Harrassowitz, pp. 28–32.
1971 "Les noms turcs de l 'aigle'." *Turcica* 3: 128–32.
Beach, Milo Cleveland
1997 *King of the World: The Padshahnama*. Washington, D.C.: Smithsonian Institution.
Beckwith, Christopher I.
1987 *The Tibetan Empire in Central Asia*. Princeton, N.J.: Princeton University Press.

Benn, Charles

2002 *China's Golden Age: Everyday Life in the Tang Dynasty.* Oxford: Oxford University Press.

Benveniste, Emile

1954 "Elements perses en araméen d'Egypte." *Journal Asiatique* 242: 297–310.

Beshevliev, Veselin

1979 *P'rvob'lgarski nadpisi.* Sofia: Izdatelstvo na B'lgarskata Akademiia na Naukite.

Beveridge, Henry

1900 "Meaning of the Word *nihilam.*" *Journal of the Royal Asiatic Society*: 137–38.

Beynen, G. Koolemans

1990 "The Symbolism of the Leopard in the *Vepkhist 'Q'aosani.*" *Annual of the Society for the Study of Caucasia* 2: 33–42.

Bielenstein, Hans

1976 "Lo-yang in Later Han Times." *Bulletin of the Museum of Far Eastern Antiquities* 48: 1–142.

1980 *The Bureaucracy of Han Times.* Cambridge: Cambridge University Press.

Bird-David, Nurit

1990 "The Giving Environment: Another Perspective on the Economic System of Gatherer-Hunters." *Current Anthropology* 31: 189–96.

1992 "Beyond the Original Affluent Society." *Current Anthropology* 33: 25–47.

Birrell, Jean

1982 "Who Poached the King's Deer? A Study in Thirteenth Century Crime." *Midland History* 7: 9–25.

Bivar, A. D. H.

1969 *Catalogue of Western Asiatic Seals in the British Museum: Stamp Seals.* Vol. 2, *The Sassanian Dynasty.* London: British Museum.

1972 "Cavalry Equipment and Tactics on the Euphrates Frontier." *Dumbarton Oaks Papers* 26: 271–91.

Blake, Stephen P.

1979 "The Patrimonial-Bureaucratic Empire of the Mughals." *Journal of Asia Studies* 29, 1: 77–94.

1983 "The Hierarchy of Central Places in North India During the Mughal Period of Indian History." *South Asia* 6, 1: 1–32.

Blüchel, Kurt G., ed.

1997 *Game and Hunting.* 2 vols. Cologne: Köneman.

Bodenheimer, F. S.

1960 *Animal and Man in Bible Lands.* Leiden: E.J. Brill.

Boodberg, Peter A.

1979 *Selected Works of Peter A. Boodberg.* Berkeley: University of California Press.

Bosworth, Clifford Edmund

1963 *The Ghaznavids: Their Empire in Afghanistan and Eastern Iran.* Edinburgh: Edinburgh University Press.

1973 The Heritage of Rulership in Early Islamic Iran and the Search for Dynastic Connection with the Past." *Iran* 11: 51–62.

357 Böttger, Walter

1956 "Jagdmagie im alten China: ein Beitrag zur Geschichte der Jagd in China." In Helga Steininger, Hans Steininger and Ulrich Unger, eds., *Sino-Japonica: Festschrift André Wedemeyer zum 80. Geburtstag.* Leipzig: Otto Harrasowitz, pp. 9–14.

Bower, Virginia L.

1991 "Polo in Tang China: Sport and Art." *Asian Art* 4, 1: 23–45.

Bowlus, Charles R.

1980 "Ecological Crises in Fourteenth Century Europe." In Lester J. Bilsky, ed., *Historical Ecology: Essays on Environment and Social Change.* Port Washington, Wash.: Kennikat Press, pp. 81–99.

Boyce, Mary

1982 *A History of Zoroastrianism.* Vol. 2. Leiden: E.J. Brill.

Boyer, Abel and Maurice Planiol

1948 *Traité de fauconnerie et autourserie.* Paris: Payot.

Boyle, John A.

1968 A Mongol Hunting Ritual." In *Jagd* 1968, pp. 1–9.

1969 "A Eurasian Hunting Ritual." *Folklore* 80: 12–16.

1972 "The Seasonal Residences of the Great Khan Ögedei." *Central Asiatic Journal* 16: 125–31.

1978 "The Attitude of the Thirteenth Century Mongols Toward Nature." *Central Asiatic Journal* 22: 177–85.

Bradshaw, John L.

1988 "The Evolution of Human Lateral Asymmetrics: New Evidence and Second Thoughts." *Journal of Human Evolution* 17: 615–37.

Brancaccio, Pia

1999 "Angulimāla and the Taming of the Forest." *East and West* 49: 105–18.

Braudel, Fernand

1958 "Histoire et sciences sociales: la longue durée." *Annales: économies, sociétés, civilizations* 13, no. 4: 725–53.

1985–86 *Civilization and Capitalism, 15th-18th Centuries.* 3 vols. New York: Harper and Row.

Braund, David

1994 *Georgia in Antiquity: A History of Colchis and Transcausian Iberia 550 BC–AD 562.* Oxford: Clarendon Press.

Bregel, Yuri

2000 *The Administration of Bukhara Under the Manghits and Some Tashkent Manuscripts.* Papers on Inner Asia 34. Bloomington: Indiana University, Research Institute for Inner Asian Studies.

Brentjes, Burchard

1965 *Die Haustierwerdung im Orient.* Wittenburg: A. Ziemsen.

Brewer, Douglas J., Donald B. Redford, and Susan Redford

1994 *Domestic Plants and Animals: The Egyptian Origins.* Warminister: Aris and Phillips.

Briant, Pierre

1982 "Forces productives, dépendance rurale et idéologies religieuses dans l'empire Acheménides." In his *Rois, tributs et paysans.* Paris: Belles lettres, pp. 432–73.

Brockway, Lucile
1983 "Plant Imperialism." *History Today* 33: 31–36.
Broder, Jonathan
1998 "Tangier." *Smithsonian* 9, 4: 90–100.
Browning Robert
1961 "Death of John II Comnenus." *Byzantion* 31: 229–35.
Brunhes, Jean
1920 *Human Geography*. Chicago: Rand McNally.
Brunnert, H. S. and V. V. Hagelstrom
1912 *Present Day Political Organization of China*. Shanghai: Kellog and Walsh.
Bunzel, Ruth
1938 "The Economic Organization of Primitive People." In Franz Boas, ed., *General Anthropology*. New York: D.C. Heath, pp. 327–408.
Burkert, Walther
1992 *The Orientalizing Revolution: Near Eastern Influence on Greek Culture in the Early Archaic Age*. Cambridge, Mass: Harvard University Press.
Burton, Audrey
1993 *Bukharan Trade, 1558–1718*. Papers on Inner Asia 23. Bloomington: Indiana University, Research Institute for Inner Asian Studies.
Bushell, S. W.
1873 "Notes on the Old Mongolian Capital of Shangtu." *Journal of the Royal Asiatic Society* n.s. 7: 329–38.
Campany, Robert Ford
1996 *Strange Writings: Anomaly Accounts in Early Medieval China*. Albany: State University of New York Press.
Cannadine, David
1990 *The Decline and Fall of the British Aristocracy*. New Haven, Conn.: Yale University Press.
Cannadine, David and Simon Price, eds.
1987 *Rituals of Royalty: Power and Ceremonial in Traditional Societies*. Cambridge: Cambridge University Press.
Cantor, L. M. and J. Hatherly
1979 "The Medieval Parks of England." *Geography* 64: 71–85.
Capart, Jean
1930 "Falconry in Ancient Egypt." *Isis* 14: 222.
Caras, Roger
1996 *A Perfect Harmony: The Intertwining Lives of Animals and Humans Throughout History*. New York: Simon and Schuster.
Caro, T. M.
1987 "Indirect Costs of Play: Cheetah Cubs Reduce Maternal Hunting Success." *Animal Behavior* 35: 295–97.
1994 *Cheetahs of the Serengeti Plains: Group Living in an Asocial Species*. Chicago: University of Chicago Press.
Caro, T. M. and D. A. Collins
1987a "Male Cheetah Social Organization and Territoriality." *Ethology* 74: 56–64.
1987b "Ecological Characteristics of Territories of Male Cheetah's (*Acinonyx jubatus*)." *Journal of Zoology: Proceedings of the Zoological Society of London* 211: 89–105.

359 Caro, T. M. and M. Karen Laurenson
1994 "Ecological and Genetic Factors in Conservation: A Cautionary Tale." *Science* 263: 485–86.
Carroll-Spillecke, Maureen
1992 "The Gardens of Greece from Homeric to Roman Times." *Journal of Garden History* 12: 84–101.
Carter, George F.
1988 "Cultural Historical Diffusion." In Peter J. Hugill and D. Bruce Dickson, eds., *The Transfer and Transformation of Ideas and Material Culture.* College Station: Texas A. & M. University Press, pp. 3–22.
Cartmill, Matt
1993 *A View to Death in the Morning: Hunting and Nature Through History.* Cambridge, Mass.: Harvard University Press.
Cassels, Richard
1984 "Faunal Extinction and Prehistoric Man in New Zealand and the Pacific Islands." In Martin and Klein, eds. 1984, pp. 741–67.
Cassin, Elena
1981 "Le roi et le lion." *Revue de l'histoire des religions* 198: 355–401.
Chan, Hok-lam
1967 "Liu Ping-chung (1216–74): A Buddhist-Taoist Statesman at the Court of Khubilai Khan." *T'oung-pao* 53: 98–146.
Chang Kwang-chih
1980 *Shang Civilization.* New Haven, Conn.: Yale University Press.
Chenciner, Robert and Magomedkhan Magomedkhanov
1992 "Persian Exports to Russia from the Sixteenth to the Nineteenth Century." *Iran* 30: 123–30.
Chia, Ning
1993 "The Lifanyuan and the Inner Asian Rituals in the Early Qing." *Late Imperial China* 14, no. 1: 60–92.
Chiodo, Elisabetta
1992 "The Horse White-as-Egg (*öndegen chaghan*): A Study of Consecrating Animals to Deities." *Ural-Altaische Jahrbücher* n.s. 11: 125–51.
Christensen, Arthur
1944 *L'Iran sous les Sassanides.* 2nd ed., rev. Copenhagen: Ijnar Munksgaard.
Christian, David
1991 "The Case for 'Big History'." *Journal of World History* 2: 223–38.
1998 *A History of Russia, Central Asia and Mongolia.* Vol. 1, *Inner Asia from Prehistory to the Mongol Empire.* Oxford: Blackwell.
2000 "Silk Roads or Steppe Roads? The Silk Roads in World History." *Journal of World History* 11: 1–26.
Chung, Saehyang P.
1998–99 "The Sui-Tang Eastern Palace in Chang'an: Toward a Reconstruction of Its Plans." *Artibus Asiae* 58: 5–31.
Ciggaar, Krijne
1986 "Byzantine Marginalia to the Norman Conquest." *Anglo-Norman Studies* 9: 43–63.

Clagett, Marshall
1992 *Ancient Egyptian Science*. Vol. 1. Philadelphia: American Philosophical Society.
Clark, Grahame
1986 *Symbols of Excellence: Precious Materials as Expressions of Status*. Cambridge: Cambridge University Press.
Clark, Stuart
1985 "The *Annales* Historians." In Quentin Skinner, ed., *The Return of Grand Theory in the Human Sciences*. Cambridge: Cambridge University Press, pp. 179–98.
Clausen, Sir Gerard
1968 "Some Old Turkic Words Connected with Hunting." In *Jagd* 1968, pp. 9–17.
1972 *An Etymological Dictionary of Pre-Thirteenth-Century Turkish*. Oxford: Clarendon Press.
Cleaves, Francis W.
1957 "The 'Fifteen Palace Poems' by K'o Chiu-ssu." *Harvard Journal of Asiatic Studies* 20: 391–479.
1978 "The Mongolian Locution *Aman Mergen* in the *Koryŏ sa*." *Harvard Journal of Asiatic Studies* 38: 439–47.
Clermont-Ganneau, L.
1921 "Paradeisos royal Achéménide de Sidon." *Revue biblique* 30: 106–9.
Clutton-Brock, Juliet
1984 "The Master of Game: The Animals and Rituals of Medieval Venery." *Biologist* 31, 3: 167–71.
1989 *A Natural History of Domesticated Mammals*. Austin: University of Texas Press.
1995 "Origins of the Dog: Domestication and Early History." In Serpell, 1995, pp. 7–20.
Cohen, Mark Nathan
1989 *Health and the Rise of Civilization*. New Haven, Conn.: Yale University Press.
Colley, Linda
1992 *Britons: Forging the Nation, 1707–1827*. New Haven, Conn.: Yale University Press.
Collins, Randall
1992 *Sociological Insight: An Introduction to Non-Obvious Sociology*. 2nd ed. Oxford: Oxford University Press.
Conan, Michael
1986 "Nature into Art: Gardens and Landscapes in Everyday Life of Ancient Rome." *Journal of Garden History* 6: 348–56.
Coon, Carleton S.
1971 *The Hunting Peoples*. Boston: Little, Brown.
Cowen, Jill Sanchia
1989 *Kalila wa Dimna: An Animal Allegory of the Mongol Court*. Oxford: Oxford University Press.
Cummins, John
1988 *The Hound and the Hawk: The Art of Medieval Hunting*. New York: St. Martin's Press.
Dale, Stephen F.
2003 "A Safavid Poet in the Heart of Darkness: The Indian Poems of Ashraf Mazandarani." *Iranian Studies* 36, 2: 197–212.

361 Dandamaev, Muhammad A.
1984 "Royal Paradeisos in Babylonia." *Acta Iranica* 2nd ser. 9: 113–17.
1992 *Iranians in Achaemenid Babylonia.* Costa Mesa, Calif.: Mazda Publishers.

Dandamaev, Muhammad A. and Vladimir G. Lukonin
1989 *The Culture and Social Institutions of Ancient Iran.* Cambridge: Cambridge University Press.

Daniel, Glyn
1967 *The Origin and Growth of Archaeology.* New York: Cromwell.

Dankoff, Robert
1971 "Baraq and Burāq." *Central Asiatic Journal* 15: 102–17.

Darby, H. C.
1976a "Domesday England." In Darby 1976b, pp. 39–74.

Darby, H. C., ed.
1976b *A New Historical Geography of England Before 1600.* Cambridge: Cambridge University Press, pp. 39–74.

Davis, Simon J. M.
1987 *The Archaeology of Animals.* New Haven, Conn.: Yale University Press.

Decker, Wolfgang
1992 *Sports and Games of Ancient Egypt.* New Haven, Conn.: Yale University Press.

Dementieff, Georges
1945 "La fauconnerie en Russe: Esquisse historique." *L'oiseau et la revue française d'ornithologie* 15: 9–39.

Devèze, Michel
1966 "Forêts françaises et forêts allemandes: étude historique comparée (1re partie)." *Revue historique* 235: 347–80.

De Weese, Devin
1994 *Islamization and Native Religion in the Golden Horde: Buba Tükles and Conversion to Islam in Historical and Epic Tradition.* University Park: Pennsylvania State University Press.

Diamond, Jared
1984 "Historic Extinctions: A Rosetta Stone for Understanding Prehistoric Extinctions." In Martin and Klein, eds. 1984, pp. 824–62.

Di Cosmo, Nicola, ed.
2002 *Warfare in Inner Asian History (500–1800).* Leiden: E.J. Brill.

Divyabhanusinh
1987 "Record of Two Unique Observations of the Indian Cheetah in the *Tuzuk-i Jahangiri.*" *Journal of the Bombay Natural History Society* 84: 269–74.

Dixon, Roland B.
1928 *The Building of Cultures.* New York: Scribner's.

Doerfer, Gerhard
1963–75 *Türkische und Mongolische Elemente im Neupersischen.* 4 vols. Wiesbaden: Franz Steiner.

Dozy, R. P. A.
1991 *Supplément aux dictionnaires arabes.* 2 vols. 1881. Reprint Beirut: Librairie du Liban.

Drews, Robert
1993 *The End of the Bronze Age: Changes in Warfare and the Catastrophe ca 1200 B.C.* Princeton, N.J.: Princeton University Press.
Duby, Georges
1974 *The Early Growth of the European Economy*. Ithaca, N.Y.: Cornell University Press.
Duichev, Ivan
1985 *Kiril and Methodius: Founders of Slavonic Writing*. Boulder Colo.: East European Monographs.
Dupree, Nancy Hatch
1979 "T'ang Tombs in Chien County China." *Archaeology* 32, 4: 34–44.
Duyvendak, J. J. L.
1938 "The True Dates of the Chinese Maritime Expeditions in the Early Fifteenth Century." *T'oung-pao* 34: 341–412.
Eastmond, Antony
1998 *Royal Imagery in Medieval Georgia*. University Park: Pennsylvania State University Press.
Eaton, Randall L.
1974 *The Cheetah: The Biology, Ecology and Behavior of an Endangered Species*. New York: Van Nostrand Reinhold.
Eberhard, Wolfram
1942 *Lokalkulturen im alten China*. Vol. 1, *Die Lokalkulturen des Nordens und Westens*. Leiden: E.J. Brill.
1948 "Remarks on *Siralya*." *Oriens* 1: 220–21.
1968 *The Local Cultures of South and East China*. Leiden: E.J. Brill.
Ebrey, Patricia
1986 "The Economic and Social History of the Later Han." In Denis Twitchett and Michael Loewe, eds., *The Cambridge History of China*, vol. 1, *The Ch'in and Han*. Cambridge: Cambridge University Press, pp. 608–48.
Ehrenreich, Barbara
1997 *Blood Rites: Origins and History of the Passions of War*. New York: Metropolitan Books.
Eisenstein, Herbert
1994 "Der *amīr šikār* unter den Mamlukensultanen." In Cornelia Munch, ed., *Deutscher Orientalistentag, Vorträge*. ZDMG, suppl. 10. Munich: Franz Steiner, pp. 129–35.
Eliade, Mircea
1974 *Shamanism: Archaic Techniques of Ecstasy*. Princeton, N.J.: Princeton University Press.
Elias, Norbert
1994 *The Civilizing Process*. Oxford: Blackwell.
Elliot, Mark C.
2001 *The Manchu Way: The Eight Banners and Ethnic Identity in Late Imperial China*. Stanford, Calif.: Stanford University Press.
Elvin, Mark
1993 "Three Thousand Years of Unsustainable Development: China's Environment from Archaic Times to the Present." *East Asian History* 6: 7–46.

363 Emery, F. V.
1973 "England Circa 1600." In Darby 1976b, pp. 238–301.
Epstein, Hans J.
1942–43 "The Origin and Early History of Falconry." *Isis* 34: 497–508.
1971 *The Origins of the Domesticated Animals of Africa.* Vol. 1. New York: Africana Publishing Company.
Ergert, Bernd E.
1997 "Early Treatises on Hunting." In Blüchel 1997, 1: 102–31.
Ergert, Bernd E. and Martinus Martin
1997 "Talismans and Trophies." In Blüchel 1997, 1: 238–41.
Erkes, Eduard
1943 "Vogelzucht im alten China." *T'oung-pao* 37: 15–34.
Ermolov, Leonid B.
1989 "Principal Tendencies in the Development of Hunting in Ancient and Traditional Nomadic Societies." In Seaman 1989, pp. 105–8.
Esin, E.
1968 "The Hunter Prince in Turkish Iconography." In *Jagd* 1968, pp. 18–76.
Ettinghausen, Richard
1979 "Bahram Gur's Hunting Feats or a Problem of Identification." *Iran* 17: 25–31.
Ewig, E.
1963 "Résidences et capitale pendant le haut Moyen Age." *Revue historique* 230: 25–72.
Fagan, Brian
1987 *The Great Journey: The Peopling of Ancient America.* London: Thames and Hudson.
Falk, Nancy E.
1973 "Wilderness and Kingship in Ancient South Asia." *History of Religions* 13: 1–15.
Farmer, Edward L.
1995 *Zhu Yuanzhang and Early Ming Legislation.* Leiden: E.J. Brill.
Farquhar, David
1957 "Oirat-Chinese Tribute Relations." In *Studia Altaica: Festschrift für Nikolaus Poppe zum 60. Geburtstag am 8. August 1957.* Wiesbaden: Otto Harrassowitz, pp. 60–68.
Fasmer, M.
1971 *Etimologicheskii slovar russkogo iazyka.* 4 vols. Moscow: Progress.
Fauth, Wolfgang
1979 "Der königliche Gärtner und Jäger in Paradeisos: Beobachtungen zur Rolle des Herrschers in der vorderasiatischer Hortikultur." *Persica* 8: 1–53.
Fekhner, M. V.
1956 *Torgovlia russkogo gosudarstva s stranami Vostoka v XVI veke.* Moscow: Goskul'tprosvetizdat.
Fiennes, Richard and Alice Fiennes
1970 *The Natural History of Dogs.* Garden City, N.Y.: The Natural History Press.
Finch, C., ed.
1999 *Mongolia's Wild Heritage: Biological Diversity, Protected Areas and Conservation in the Land of Chingis Khaan.* Boulder, Colo.: Avery Press.

Findley, Ellison B.
1987 "Jahāngīr's Vow of Non-Violence." *Journal of the American Oriental Society* 107: 245–56.
Fiskesjö, Magnus
2001 "Rising from Blood-Stained Fields: Royal Hunting and State Formation in Shang China." *Bulletin of the Museum of Far Eastern Antiquities* 73: 48–191.
Flint, Valerie I. J.
1991 *The Rise of Magic in Early Medieval Europe*. Princeton, N.J.: Princeton University Press.
Foote, Peter and David M. Wilson
1979 *The Viking Achievement: The Society and Culture of Early Medieval Scandinavia*. London: Sedgwick and Jackson.
Foster, Karen Polinger
1999 "The Earliest Zoos and Gardens." *Scientific American* 281, 1: 64–71.
Fox, John Gerard
1996 "Playing with Power: Ball Courts and Political Ritual in Southern Mesoamerica." *Current Anthropology* 37: 483–509 with invited commentary.
Fox, Robin Lane
1987 *Pagans and Christians*. New York: Knopf.
Franke, Herbert
1987 *Studien und Texts zur Kriegsgeschichte der südlichen Sungzeit*. Weisbaden: Otto Harrassowitz.
Friederichs, Heinz F.
1933 "Zur Kenntnis der frühgeschichtlichen Tier Welt Südestasiens." *Alte Orient* 32, 3–4: 1–45.
Friedmann, Herbert
1980 *A Bestiary for Saint Jerome: Animal Symbolism in European Religious Art*. Washington, D.C.: Smithsonian Institution Press.
Frye, Richard N.
1983 *The History of Ancient Iran*. Munich: C.H. Beck.
Gabain, A. v.
1973 *Das Leben im uigurischen Königreich von Qočo (850–1250), Tafelbund*. Wiesbaden: Otto Harrassowitz.
Gadgil, Madhav and Romila Thapar.
1990 "Human Ecology in India: Some Historical Perspectives." *Interdisciplinary Science Reviews* 15: 209–23.
Galdanova, G. P.
1981 "Le culte de la chasse chez Buriates." *Études mongoles et sibériennes* 12: 153–62.
Gamble, Clive
1993 *The Timewalkers: The Prehistory of Global Colonization*. Cambridge, Mass.: Harvard University Press.
Gardiner, E. Norman
1907 "Throwing the Javelin." *Journal of Hellenic Studies* 29: 249–73.
Garsoian, Nina G.
1981 "The Locus of the Death of Kings: Iranian Armenia-the Invented Image." In R. G. Hovanissian, ed., *The Armenian Image in History and Literature*. Malibu, Calif.: Undena, pp. 27–64.

365 Gaudefroy-Demombynes, Maurice
1923 *Le pèlerinage à la Mekke: étude d'histoire religieuse.* Paris: Geuthner.
Geiss, James
1987 "The Leopard Quarter During the Cheng-te Reign." *Ming Studies* 24: 1–38.
1988 "The Cheng-te Reign, 1506–1521." In Frederick W. Mote and Denis Twitchett, eds., *The Cambridge History of China*, vol. 7, pt. 1, *The Ming Dynasty.* Cambridge: Cambridge University Press, pp. 403–39.
Gelb, Ignace et al., eds.
1985 *The Assyrian Dictionary*, vol. 12. Chicago: Oriental Institute.
Gellner, Ernest
1988 *Plough, Sword, and Book: The Structure of Human History.* Chicago: University of Chicago Press.
Genito, B.
1995–97 "The Early Medieval Cemetery in Vincenne (Molise)." *Archivum Eurasiae Medii Aevi* 9: 73–98.
Gentelle, Pierre
1981 "Un 'paradis' hellénistique en Jordanie: étude de geo-archéologie." *Herodite* 1: 64–101.
Gerardi, Pamela
1988 "Epigraphs and Assyrian Palace Reliefs: The Development of Epigraphic Text." *Journal of Cuneiform Studies* 40, 1: 1–35.
Gernet, Jacques
1962 *Daily Life in China on the Eve of the Mongol Invasion.* Stanford, Calif.: Stanford University Press.
1985 *China and the Christian Impact: A Conflict of Cultures.* Cambridge: Cambridge University Press.
1995 *Buddhism in Chinese Society: An Economic History from the Fifth to the Tenth Centuries.* New York: Columbia University Press.
Gharib, B.
1995 *Sogdian Dictionary (Sogdian-Persian-English).* Tehran: Farhangan Publications.
Ghirshman, Roman
1955 "Notes iraniennes VI: une coupe sassanide à scene de chasse." *Artibus Asiae* 18: 5–19.
1962 *Persian Art: The Parthian and Sassanian Dynasties, 249 B.C.–A.D. 651.* New York: Golden Press.
Gibb, H. A. R.
1970 *The Arab Conquests in Central Asia.* 1923. Reprint New York: AMC Press.
Gignoux, Ph.
1983 "La chasse dans l'Iran sasanide." In Gherardo Groli, ed., *Iranian Studies.* Orientalia Romana 5. Rome: Istituto Italiano per il Medio ed Estremo Oriente, pp. 101–18.
Gilbert, Lucien
1934 *Dictionnaire historique et géographique de la Mandchourie.* Hong Kong: Imprimerie de la Société des Missions-Estrangères.
Glacken, Clarence J.
1990 *Traces on the Rhodian Shore: Nature and Culture in Western Thought from Ancient Times to the End of the Eighteenth Century.* Berkeley: University of California Press.

Glasier, Phillip

1998 *Falconry and Hawking.* 3rd ed. New York: Overlook Press.

Gnoli, Gherardo

1990 "On Old Persian *Farnah.*" *Acta Iranica* 3rd ser. 30: 83–92.

Golden, Peter B.

1980 *Khazar Studies: An Historico-Philological Inquiry into the Origins of the Khazars,* vol. 1. Budapest: Akadémiai Kiadó.

1982 "Imperial Ideology and the Sources of Unity Among the Pre-Činggisid Nomads of Western Eurasia." *Archivum Eurasiae Medii Aevi* 2: 37–76.

1997 "Wolves, Dogs and Qipchaq Religion." *Acta Orientalia Academiae Scientiarum Hungaricae* 50: 87–97.

1998–99 "The Nomadic Linguistic Impact on Pre-Činggisid Rus' and Georgia," *Archivum Eurasiae Medii Aevi* 10: 72–97.

2002 "War and Warfare in the Pre-Činggisid Western Steppe of Eurasia." In Di Cosmo 2002, pp. 105–72.

Gommans, Jos.

1998 "The Silent Frontier of South Asia, c. A.D. 1100–1800." *Journal of World History* 9: 1–24.

Goody, Jack

1993 *The Culture of Flowers.* Cambridge: Cambridge University Press.

Goudsblom, Johan

1992 "The Civilizing Process and the Domestication of Fire." *Journal of World History* 3: 1–13.

Gouraud, Jean-Louis

1990 "Les derniers aigliers: notes d'un voyage au Kazakhstan." *Études mongoles & sibériennes* 21: 123–35.

Graff, David A.

2002 "Strategy and Contingency in the Tang Defeat of the Eastern Turks, 629–630." In Di Cosmo 2002, pp. 33–71.

Grant, Christina Philip

1937 *The Syrian Desert: Caravans, Travel and Exploration.* London: A. & C. Black.

Gryaznov, Mikhail

1969 *South Siberia.* London: Cresset Press.

Gukovskii, M. H.

1963 "Soobshchenie o Rossii Moskovskogo posla v Milan (1486 g.)." In S. N. Valk, ed., *Voprosy istoriografii i istochnikovedeniia istorii SSSR: Sbornik statei.* Moscow Leningrad: Izdatel'stvo akademii nauk SSSR, pp. 648–55.

Guo, Dashun

1995 "Hongshan and Related Cultures." In Sarah M. Nelson, ed., *The Archaeology of Northeast China.* London: Routledge, pp. 21–64.

Haas, Jonathan

1982 *The Evolution of the Prehistoric State.* New York: Columbia University Press.

el-Habashi, Zaki

1992 *Tutankhamen and the Sporting Traditions.* New York: Peter Lang.

Haenisch, Erich

1935 "Die Abteilung 'Jagd' im Fünfsprachigen Wörterspiegel." *Asia Major* 10: 59–93.

367 1959 "Die Jagdgesetze im Mongolischen Ostreich." In Inge Lore Kluge, ed., *Ostasiatische Studien*. Berlin: Akademie Verlag, pp. 85–93.

Hamayon, Roberte N.

1994 "Shamanism in Siberia: From Partnership in Supernature to Counter Power in Society." In Nicholas Thomas and Caroline Humphrey, eds., *Shamanism, History, and the State*. Ann Arbor: University of Michigan Press, pp. 76–89.

Hamilton, James Russell

1955 *Les Ouïghours à l'époque des cinq dynasties d'après les documents chinois*. Paris: Imprimerie nationale.

Hammond, Charles E.

1991 "An Excursion in Tiger Lore." *Asia Major* 3rd ser. 4, 1: 87–100.

1996 "The Righteous Tiger and the Grateful Lion." *Monumenta Serica* 43: 191–211.

Han Baoquan, ed.

1997 *Tang Jinxiang xianzhu mu caihui taoyang*. Xi'an: Shaanxi Luyou Chubanshe.

Hanaway, William L.

1971 "The Concept of the Hunt in Persian Literature." *Boston Museum Bulletin* 69: 21–35.

Hanna, Judith Lynne

1977a "African Dance and the Warrior Tradition." *Journal of Asian and African Studies* 12: 111–33.

1977b "To Dance is Human." In John Blacking, ed., *The Anthropology of the Body*. London: Academic Press, pp. 211–32.

Hargett, James M.

1988–89 "Huizong's Magic Marchmount: The Genyue Pleasure Park of Kaifeng." *Monumenta Serica* 38: 1–48

1989 "The Pleasure Parks of Kaifeng and Lin'an During the Song (960–1279)." *Chinese Culture* 30: 61–78.

Harmatta, J.

1951 "The Golden Bow of the Huns." *Acta Archaeologica Academiae Scientiarum Hungaricae* 1: 107–49.

Harper, Prudence Oliver

1978 *The Royal Hunter: Art of the Sasanian Empire*. New York: Asia Society.

1983 "Sasanian Silver." In Yarshater 1983b, pp. 1113–29.

Harris, David R.

1996 "Domesticatory Relationships of People, Plants and Animals." In Roy Ellen and Katsuyoshi Fukui, eds., *Redefining Nature: Ecology, Culture and Domestication*. Oxford: Berg, pp. 437–63.

Haskins, Charles H.

1921 "The *De Arte Venandi cum Avibus* of the Emperor Frederick II." *English Historical Review* (July): 334–55.

1922 "Some Early Treatises on Falconry." *Romanic Review* 13: 18–27.

Haslip-Viera, Gabriel, Bernard Ortiz de Montellano, and Warren Barbour

1997 "Robbing Native American Cultures: Van Sertima's Afrocentricity and the Olmecs." *Current Anthropology* 38: 419–41, with invited commentary.

Haussig, Hans Wilhelm

1983 *Die Geschichte Zentralasiens und der Seidenstrasse in vorislamischer Zeit*. Darmstadt: Wissenschaftliche Buchgesellschaft.

1988 *Die Geschichte Zentralasiens und der Seidenstrasse in islamischer Zeit.* Darmstadt: Wissenschaftliche Buchgesellschaft.

1992 *Archäologie und Kunst der Seidenstrasse.* Darmstadt: Wissenschaftliche Buchgesellschaft.

Hawkins, R. E., ed.

1986 *Encyclopedia of Indian Natural History.* Delhi: Oxford University Press.

Hayashi, Ryōichi

1975 *The Silk Road and the Shoso-in.* New York: Weatherhill.

Hayward, Lorna

1990 "The Origin of Raw Elephant Ivory in Late Bronze Age Greece." *Antiquity* 64: 103–9.

He, Pingli

2003 *Xunshou yu fengchan: fengjian zhengchi de wenhua guiji.* Jinan: Qi Lu shushe.

Hedin, Sven

1933 *Jehol, City of Emperors.* New York: Dutton.

Heimpel, W.

1980–83 "Leopard und Gepard, A, Philologisch." In *Reallexikon der Assriologie und Vorderasiatischen Archäologie.* Berlin: de Gruyter, 6: 599–601.

Heissig, Walther

1980 *The Religions of Mongolia.* London: Routledge.

Held, Joseph

1985 *Hunyadi: Legend and Reality.* Boulder, Colo.: East European Monographs.

Hellie, Richard

1977 *Enserfment and Military Change in Moscovy.* Chicago: University of Chicago Press.

Helms, Mary W.

1988 *Ulysses' Sail: An Ethnographic Odyssey of Power, Knowledge, and Geographical Distance.* Princeton, N.J.: Princeton University Press.

1993 *Craft and the Kingly Ideal: Art, Trade, and Power.* Austin: University of Texas Press.

Hemmer, Helmut

1990 *Domestication: The Decline of Environmental Appreciation.* Cambridge: Cambridge University Press.

Hendricks, Janet Wall

1988 "Power and Knowledge: Discourse and Ideological Tranformation Among the Shuar." *American Ethnologist* 15: 218–38.

Hennebicque, Régine

1980 "Espaces sauvages et chasses royales dans le Nord de la France." *Revue du Nord* 62: 35–57.

Henning, W. B.

1939–42 "Mani's Last Journey." *Bulletin of the School of Oriental and African Studies* 10: 941–53.

Henthorn, William E.

1971 *A History of Korea.* New York: Free Press.

Herskovits, Melville J.

1951 *Man and His Works: The Science of Cultural Anthropology.* New York: Knopf.

369

Hervouet, Yves

1964 *Un poète de cour sous les Han: Sseu-ma Siang-jou.* Paris: Presses universitaires de France.

Herzfeld, Ernst Emil

1988 *Iran in the Ancient Near East.* 1941. Reprint New York: Hacker Art Books.

Hickerson, H.

1965 "The Virginia Deer and Intertribal Buffer Zones in the Upper Mississippi Valley." In Anthony Leeds and Andrew Peter Vayda, eds., *Man, Culture and Animals: The Role of Animals in Human Ecological Adjustments.* Washington, D.C.: American Association for the Advancement of Science, pp. 43–65.

Hicks, Carola

1993 *Animals in Early Medieval Art.* Edinburgh: Edinburgh University Press.

Higgs, Eric S., ed.

1972 *Papers in Economic Prehistory.* Cambridge: Cambridge University Press.

Hildebrand, Milton

1959 "Motions of the Running Cheetah and Horse." *Journal of Mammalogy* 40: 481–95.

1961 "Further Studies on the Locomotion of the Cheetah." *Journal of Mammalogy* 42: 84–91.

Hill, Kim

1982 "Hunting and Human Evolution." *Journal of Human Evolution* 11: 521–44.

Hillel, Daniel

1991 *Out of the Earth: Civilization and the Life of the Soil.* Berkeley: University of California Press.

Hinz, Walther

1970 "Die elamischen Buchungstäflichen der Darius Zeit." *Orientalia* n.s. 39: 421–40.

1975 *Altiranisches Sprachgut der Nebenüberlieferungen.* Wiesbaden: Otto Harrassowitz.

Hoffman, Gisela.

1957–58 "Falkenjagd und Falkenhandel in der nordischen Ländern während des Mittelalters." *Zeitschrift der deutsches Altertum und deutsche Literature* 88: 115–49.

Hofmann, H. F.

1968 "A Short Notice of Some MSS of a Few Books on Falconry, Interesting to the Altaicist." In *Jagd* 1968, pp. 77–89.

Horst, Heribert

1964 *Die Staatsverwaltung der Grosselǧūgen und Hōrazmšahs (1038–1231): Eine Untersuchung nach Urkundenformularen der Zeit.* Wiesbaden: Franz Steiner.

Hou Ching-lang and Michèle Pirazzoli

1979 "Les chasses d'automne de l'empereur Qianlong à Mulan." *T'oung-pao* 65: 13–50.

Houlihan, Patrick F.

1986 *The Birds of Ancient Egypt.* Warminster: Aris and Phillips.

1996 *The Animal World of the Pharaohs.* London: Thames and Hudson.

Hrushevsky, Michael

1941 *A History of the Ukraine.* New Haven, Conn.: Yale University Press.

Hsiao, Ch'i-ch'ing
1978 *The Military Establishment of the Yuan Dynasty*. Cambridge, Mass.: Harvard University Press.
Hsu, Cho-yun
1980 *Han Agriculture: The Formation of Early Chinese Agricultural Economy*. Seattle: University of Washington Press.
Hsu, James C. H.
1996 *The Written Word in Ancient China*. Hong Kong: Tan Hock Seng.
Hucker, Charles O.
1985 *A Dictionary of Official Titles in Imperial China*. Stanford, Calif.: Stanford University Press.
Hughes, J. Donald
1989 "Mencius' Prescription for Ancient Chinese Environmental Problems." *Environmental Review* 13, 3–4: 15-27.
Hurston, Zora Neale
1990 *Tell My Horse: Voodoo and Life in Haiti and Jamaica*. 1938. Reprint New York: Harper and Row.
Hyland, Ann
1990 *Equus: The Horse in the Roman World*. New Haven, Conn.: Yale University Press.
Ianin, V. L.
1970 *Aktovye pechati drevnei Rusi, X–XV vv.* 2 vols. Moscow: Nauka.
Iessen, A. A.
1960 "Piat chash iz Bailakana." In Struve 1960, pp. 88–97.
Impey, Lawrence
1925 "Shangtu, the Summer Capital of Kublai Khan." *Geographical Review* 15: 584–604.
Ingold, Tim
1994 "From Trust to Domination: An Alternative History of Human-Animal Relations." In Aubrey Manning and James Serpell, eds., *Animals and Human Society: Changing Perspectives*. New York: Routlege, pp. 1–19.
Ipsiroglu, M. S.
1967 *Painting and Culture of the Mongols*. London: Thames and Hudson.
Islam, Riazul
1970 *Indo-Persian Relations: A Study of the Political and Diplomatic Relations Between the Mughal Empire and Iran*. Tehran: Iranian Cultural Foundation.
Jackson, Howard M.
1985 *The Lion Becomes Man: The Gnostic Leontomorphic Creator and the Platonic Tradition*. Atlanta: Scholars Press.
Jagchid, Sechin and C. R. Bawden
1968 "Notes on Hunting of Some Nomadic Peoples." In *Jagd* 1968, pp. 90–102.
Jagchid, Sechin and Paul Hyer
1979 *Mongolia's Culture and Society*. Boulder, Colo.: Westview Press.
Jagd
1968 *Die Jagd bei den altaischen Völkern*. Wiesbaden: Otto Harrassowitz.
Jameson, E. W.
1962 *The Hawking of Japan: The History and Development of Japanese Falconry*. Davis, Calif.: Privately printed.

371 Jenner, W. J. F.

1981 *Memories of Loyang: Yang Hsüan-chih and the Last Capital (493–534).* Oxford: Clarendon Press.

Jarman, M. R.

1972 "European Deer Economies and the Advent of the Neolithic." In Higgs 1972, pp. 125–47.

Jéquier, M. G.

1913 "La panthère dans l'ancienne Egypte." *Revue d'ethnographie et sociologie* 4: 353-72.

Jones, E. L.

1988 *Growth Recurring: Economic Change in World History.* Oxford: Clarendon Press.

Kadyrbaev, A. Sh.

1998 *Sakskii voin-simvol dukha predkov.* Almaty: Kazak entsiklopediiasy.

Kamata, Shigeo

1989 "The Transmission of Paekche Buddhism to Japan." In Lewis R. Lancaster and C. S. Yu, eds., *Introduction of Buddhism to Korea: New Cultural Patterns.* Berkeley, Calif.: Asian Humanities Press, pp. 143–60.

Kantorowicz, Ernst

1957 *Frederick the Second, 1194–1250.* New York: Ungar.

Kara, G.

1966 "Chants de chasseurs oirates dans la recueil de Vladimirtsov." In Walther Heissig, ed., *Collectanea Mongolica: Festschrift für Professor Dr. Rintchen zum 60. Geburtstag.* Wiesbaden: Otto Harrassowitz, pp. 101–8.

Keeley, Lawrence H.

1996 *War Before Civilization.* Oxford: Oxford University Press.

Keightley, David N.

1978 *Sources of Shang History: The Oracle-Bone Inscriptions of Bronze Age China.* Berkeley: University of California Press.

1983 "The Late Shang State: When, Where, and What." In David N. Keightley, ed., *The Origins of Chinese Civilization.* Berkeley: University of California Press.

2000 *The Ancestral Landscape: Time, Space and Community in Late Shang China (ca. 1200–1045 B.C.).* Berkeley: Institute of East Asian Studies, University of California.

Keimer, Ludwig

1950 "Falconry in Ancient Egypt." *Isis* 41: 52.

Keller, Otto

1963 *Die Antike Tierwelt.* 2 vols. 1909. Reprint Hildesheim: Georg Olms.

Kent, Roland G.

1931 "The Recently Published Old Persian Inscriptions." *Journal of the American Oriental Society* 51: 228–29.

Kentucky Horse Park

2000 *Imperial China: The Art of the Horse in Chinese History.* Prospect, Ky.: Harmony House.

Khazanov, A. M.

1975 *Zoloto skifov.* Moscow: Sovetskii khudozhnik.

Kim, Ke Chung

1997 "Preserving Biodiversity in Korea's Demilitarized Zone." *Science* 278: 242–43.

Kim, Ke Chung and Edward O. Wilson

2002 "The Land That War Protected." *New York Times*, December 10: A31.

Kim, Wen-yong

1986 *Korean Art Treasures.* Seoul: Yekyong Publications.

Kitchener, Andrew

1991 *The Natural History of Wild Cats.* Ithaca, N.Y.: Comstock.

Klein, Walter

1914 *Studien zu Ammianus Marcellinius.* Klio, Beiheft XIII. Leipzig: Dietrich'sche Verlag.

Klingender, F. D.

1971 *Animals in Art and Thought to the End of the Middle Ages.* Ed. Evelyn Antal and John Harthan. Cambridge, Mass.: MIT Press.

Kliuchevskii, V. O.

1959 *Terminologiia russkoi istorii.* In his *Sochineniia.* Moscow: Izdatel'stvo sotsial'no-ekonomicheskii literatury, 6: 129–275.

Klochkov, I. S.

1996 "Two Cylinder Seals from a Sarmatian Grave near Kosikay." *Ancient Civilizations from Scythia to Siberia* 3, 1: 38–48.

Knauer, Elfriede R.

2003 "Fishing with Cormorants: A Note on Vittore Carpaccio's *Hunting on the Lagoon.*" *Apollo* n.s. 158, no. 499: 32–39.

2004 "A Quest for the Origin of Persian Riding-Coats: Sleeved Garments with Underarm Openings." In Căcilla Fluck and Gillian Vogelsang-Eastwood, eds., *Riding Costume in Egypt: Origin and Appearance.* Leiden: E.J. Brill, pp. 7–29.

Knight, John

1999 "Wildlife Trade in Asia." *International Institute for Asian Studies Newsletter* 20, (November): 8–14.

2000a "Introduction." In Knight 2000b, pp. 1–35.

2000b *Natural Enemies: People Wildlife Conflicts in Anthropological Perspective.* London: Routledge.

Koch, Ebba

1998 *Dara-Shikoh Shooting Nilgais: Hunt and Landscape in Mughal Painting.* Occasional Papers 1. Washington, D.C.: Freer Gallery of Art.

Kovalev, Roman

1999 "Zvenyhorod in Galica: An Archaeological Survey, Eleventh-Mid-Thirteenth Century." *Journal of Ukrainian Studies* 24, 2: 7–36.

Kramer, Fritz L.

1967 "Edward Hahn and the End of the 'Three stages of Man'." *Geographical Review* 57: 73–89.

Kramer, Samuel Noah

1981 *History Begins at Sumer.* 1956. Reprint Philadelphia: University of Pennsylvania Press.

Kronasser, Heinz

1953 "Die Herkunft der Falkenjagd." *Südost Forschungen* 12: 67–79.

373 Kuzmina, E. E.

1987 "The Motif of the Lion-Bull Combat in the Art of Iran, Scythia, and Central Asia and Its Semantics." In Gherardo Gnoli and Lionello Lanciotti, eds., *Orientalia Josephi Tucci Memoriae Dicata.* 3 vols. Rome: Istituto Italiano per il Medio ed Estremo Oriente, 2: 729–45.

Lach, Donald F.

1970 *Asia in the Making of Europe.* Vol. 2, *A Century of Wonder,* bk. 1, *The Visual Arts.* Chicago: University of Chicago Press.

Lacroix, Paul

1963 *France in the Middle Ages: Customs, Classes, Conditions.* New York: Frederich Unger.

La Fleur, William R.

1973 "Saigyō and the Buddhist Value of Nature." Parts I, II. *History of Religions* 13: 93–128; 227–48.

Lane, Edward William

1987 *Arabian Society in the Middle Ages: Studies from the Thousand and One Nights.* London: Curzon.

Lang, David Marshall

1957 *The Last Years of the Georgian Monarchy, 1658–1832.* New York: Columbia University Press.

Langer, Lawrence

1976 "Plague and the Russian Countryside: Monastic Estates in the Late Fourteenth and Fifteenth Centuries." *Canadian-American Slavic Studies* 10, 3: 351–68.

Lassner, Jacob

1970 *The Topography of Baghdad in the Early Middle Ages: Text and Studies.* Detroit: Wayne State University Press.

Latham, J. D.

1970 "The Archers of the Middle East: The Turco-Persian Background." *Iran* 8: 97–103.

Laufer, Bertold

1909 *Chinese Pottery of the Han Dynasty.* Leiden: E.J. Brill.

1913 "Arabic and Chinese Trade in Walrus and Narwhal Ivory." *T'oung-pao* 14: 315–64.

1914 "Bird Divination Among the Tibetans." *T'oung-pao* 15: 1–110.

1916 "Supplementary Notes on Walrus and Narwhal Ivory." *T'oung-pao* 17: 348–89.

1928 *The Giraffe in History and Art.* Anthropology Leaflet 27. Chicago: Field Museum of Natural History.

1967 *Sino-Iranica: Chinese Contributions to the History of Civilization in Ancient Iran.* 1919. Reprint Taibei: Ch'eng-wen.

Lavin, Irving

1963 "The Hunting Mosaics of Antioch and Their Sources." *Dumbarton Oaks Papers* 17: 179–286.

Lawergren, Bo

2003 "Oxus Trumpets, ca. 2200–1800 B.C.E.: Material Overview, Usage, Societal Role and Catalog." *Iranica Antigua* 38: 41–118.

Leclant, J.

1981 "Un parc du chasse de la Nubie pharaonique. In *Le sol, la parole et l'ecrit: 2000 ans d'histoire africaine: mélange en hommage à Raymond Manny.* Paris: Société française d'histoire d'outre-mer, pp. 727–38.

Lee, Robert H. G.

1970 *The Manchurian Frontier in Ch'ing History.* Cambridge, Mass.: Harvard University Press.

Lefeuvre, Jean

1990–91 "Rhinoceros and Wild Buffaloes North of the Yellow River at the End of the Shang Dynasty." *Monumenta Serica* 39: 131–57.

Legge, A. J.

1972 "Prehistoric Exploitation of Gazelle in Palestine." In Higgs 1972, pp. 119–24.

Legge, A. J. and P. A. Rowley-Conwy

1987 "Gazelle Killing in Stone Age Syria." *Scientific American* 257, 2: 88–95.

Legrand, Jacques

1976 *L'administration dans la domination Sino-Mandchoue en Mongolie Qalq-a.* Paris: Collège du France.

Lessing, Ferdinand D.

1973 *Mongolian-English Dictionary.* Bloomington, Ind: Mongolia Society.

Levanoni, Amalia

1995 *A Turning Point in Mamluk History.* Leiden: E.J. Brill.

Lever, Christopher

1985 *Naturalized Mammals of the World.* London: Longman.

Lewis, Mark Edward

1990 *Sanctioned Violence in Early China.* Albany: State University of New York Press.

Lewis, W. H.

1957 *The Splendid Age: Life in the France of Louis XIV.* Garden City, N.Y.: Doubleday.

Li Chi

1957 *The Beginnings of Chinese Civilization.* Seattle: University of Washington Press.

Ligeti, Louis

1965 "Le lexique mongol de Kirakos Gandzak." *Acta Orientalia Academiae Scientarum Hungaricae* 18: 241–97.

Lindberger, Elsa

2001 "The Falcon, the Raven and the Dove: Some Bird Motifs on Medieval Coins." In Björn Ambrosiani, ed., *Excavations in the Black Earth 1990–95: Eastern Connections Part One, the Falcon Motif.* Birka Studies 5. Stockholm: Birka Project for Riksantikvarieämbetet, pp. 29–86.

Lindner, Kurt

1973 *Beiträge zur Vogelfang und Falknerei im Altertum.* Berlin: de Gruyter.

Linduff, Katherine M.

1998 "The Emergence and Demise of Bronze-Producing Cultures Outside the Central Plain of China." In Mair 1998, 2: 619–43.

Linn-Kustermann, Susanne K. M.

1997 "Trophies-Antlers." In Blüchel 1997, 2: 124–25.

Linton, Ralph

1955 *The Tree of Culture.* New York: Knopf.

375

Littauer, Mary Aiken and Joost Crouwel

1973 "The Dating of a Chariot Ivory from Nimrud Considered Once Again." *American Schools of Oriental Research* 209: 27–33.

Litvinskii, B. A.

1972 "Das K'ang-chü-Sarmatische Farnah." *Central Asiatic Journal* 16, 4: 241–89.

Liu, James T. C.

1985 "Polo and Cultural Change: From T'ang to Sung China." *Harvard Journal of Asiatic Studies* 45: 203–24.

Livshitz, V. A.

1962 *Sogdiiskie dokumenty s gory Mug*. Vol. 2, *Iuridicheskie dokumenty i pis'ma*. Moscow: Idatel'stvo vostochnoi literatury.

Lockhart, Lawrence

1968 "The Relations Between Edward I and Edward II of England and the Mongol Il-khāns of Persia." *Iran* 6: 23–31.

Lodrick, Deryck

1981 *Sacred Cows, Sacred Places: Origins and Survivals of Animal Homes in India*. Berkeley: University of California Press.

Lombard, Denys

1974 "La vision de la forêt à Java (Indonesie)." *Études rurales* 53: 474–85.

Lowie, Robert

1937 *The History of Ethnological Theory*. New York: Farrar & Rinehart.

Lubotsky, Alexander

1998 "Tocharian Loan Words in Old Chinese." In Mair 1998, 1: 379–90.

Lukonin, Vladimir Grigor'evich

1977 *Iskusstvo drevnego Irana*. Moscow: Iskusstvo.

Machinist, Peter

1992 "Nimrod." *Anchor Bible Dictionary*. New York: Doubleday, 4: 1116–18.

MacKenzie, D. N.

1971 *A Concise Pahlavi Dictionary*. Oxford: Oxford University Press.

Mahler, Jane Gaston

1959 *The Westerners Among the Figurines of the T'ang Dynasty of China*. Rome: Istituto Italiano per il Medio ed Estremo Oriente.

Mair, Victor H.

1988 *Painting and Performance: Chinese Picture Recitation and Its Indian Genesis*. Honolulu: University of Hawaii Press.

2004 "The Horse in Late Prehistoric China: Wrestling Culture and Control from the 'Barbarians'." In Marsha Levine, Colin Renfrew, and Katie Boyle, eds. *Prehistoric Steppe Adaptation and the Horse*. Oxford: Oxbow Books, pp. 163–87.

Mair, Victor H., ed.

1998 *The Bronze Age and Early Iron Age Peoples of Eastern Central Asia*. 2 vols. Philadelphia: University of Pennsylvania Museum Publications.

Mallory, J. P. and D. Q. Adams, eds.

1997 *Encyclopedia of Indo-European Culture*. London: Fitzroy Dearborn.

Malone, Carroll Brown

1934 *History of the Peking Summer Palaces Under the Ch'ing Dynasty*. Urbana: University of Illinois.

Mansard, Valérie
1993 "Notes sur les animaux utilisés à la chasse sous Tang." *Anthropozoologica* 18: 91–98.
Markina, L. A.
2002 "Tsarinas out Hunting: Looks and Personalities." In State Historical Museum 2002: 207–51.
Marks, Robert B.
1998 *Tigers, Rice, Silk and Silt: Environment and Economy in Late Imperial China.* Cambridge: Cambridge University Press.
Martin, Janet
1980 "Trade on the Volga: The Commercial Relations of Bulghar with Central Asia and Iran in the 11th and 12th Centuries." *International Journal of Turkish Studies* 1, 2: 85–97.
1986 *Treasure of the Land of Darkness: The Fur Trade and Its Significance for Medieval Russia.* Cambridge: Cambridge University Press.
Martin, Paul S. and Richard G. Klein, eds.
1984 *Quarternary Extinctions: A Prehistoric Revolution.* Tucson: University of Arizona Press.
Martin, Paul S. and Christine R. Szuter
1999 "War Zones and Game Sinks in Lewis and Clark's West." *Conservation Biology* 13, 1: 36–45.
Martines, Lauro
1979 *Power and Imagination: City States in Renaissance Italy.* New York: Knopf.
Martynov, Anatoly I.
1991 *The Ancient Art of Northern Asia.* Urbana: University of Illinois Press.
Marzolph, Ulrich
1999 "Bahram Gūr's Spectacular Marksmanship and the Art of Illustration in Qājār Lithographed Books." In C. Hillenbrand, ed., *Studies in Honour of Clifford Edmund Bosworth*, vol. 2, *The Sultan's Turret, Studies in Persian and Turkish Culture.* Leiden: E.J. Brill, pp. 331–47.
Masson, V. M. and V. I. Sarianidi
1972 *Central Asia: Turkmenia before the Achaemenids.* London: Thames and Hudson.
McCarthy, Terry
2004 "Nowhere to Roam." *Time*, August 23, 44–53.
McChesney, R. D.
1991 *Waqf in Central Asia: Four Hundred Years in the History of a Muslim Shrine, 1480–1889.* Princeton, N.J.: Princeton University Press.
McClung, William Alexander
1983 *The Architecture of Paradise: Survivals of Eden and Jerusalem.* Berkeley: University of California Press.
McCook, Stuart
1996 "It May Be Truth But It Is Not Evidence: Paul du Chaillu and the Legitimation of Evidence in the Field Sciences." *Osiris* 2nd ser. 11: 177–97.
McCormick, Finbar
1991 "The Effect of the Anglo-Norman Settlement in Ireland's Wild and Domesticated Fauna." In Pam J. Crabtree and Kathleen Ryan, eds., *Animal Use and Culture Change.* Philadelphia: MASCA, pp. 40–52.

377 McDougal, Charles

1982 "The Man-Eating Tiger in Geographical and Historical Perspective." In Ronald L. Tilson and Ulysses S. Seal, eds., *Tigers of the World: The Biology, Biopolitics, Management, and Conservation of an Endangered Species.* Park Ridge, N.J.: Noyes Publications, pp. 435–48.

McEwan, Edward, Robert L. Miller and Christopher Bergman

1991 "Early Bow Design and Construction." *Scientific American* 264, 6: 76–82.

McNeill, J. R.

1994 "Of Rats and Men: A Synoptic Environmental History of the Island Pacific." *Journal of World History* 5: 299–349.

McNeill, William H.

1995 *Keeping Together in Time: Dance and Drill in Human History.* Cambridge: Cambridge University Press.

Meiggs, Russell

1982 *Trees and Timber in the Ancient Mediterranean World.* Oxford: Clarendon Press.

Meissner, Bruno

1902 "Falkenjagden bei den Babyloniern und Assyriern." *Beitrage zur Assyriologie und semitischen Sprachwissenschaft* 4: 418–22.

Melikhov, G. V.

1970 "Politika Minskoi imperii v otnoshenii Chzhurchzhenei (1402–1413 gg)." In S. L. Tikhvinskii, ed., *Kitai i sosedi v drevnosti i srednevekov'e.* Moscow: Nauka, pp. 251–74.

Melikian-Chirvani, A. S.

1984 *Le Shāh-nāme,* le gnose soufie et le pouvoir Mongol." *Journal Asiatique* 272, 3–4: 249–337.

Melnikova, O. B.

2002 "For Food and Merriment. . . ." In State Historical Museum 2002: 61–112.

Melville, Charles

1990 "The Itineraries of Sultan Öljeitü." *Iran* 28: 55–70.

Menzies, Nicholas K.

1994 *Forest and Land Management in Imperial China.* New York: St. Martin's Press.

1996 *Agro-Industries and Forestry.* Joseph Needham, ed., *Science and Civilization in China,* vol. 6, pt. 3, *Biology and Biological Technology.* Cambridge: Cambridge University Press.

Mercier, Louis

1927 *La chasse et les sports chez les Arabes.* Paris: Librairie des sciences politiques et sociales.

Mercola, Michele

1994 "A Reassessment of Homozygosity and the Case for Inbreeding Depression in the *Acinonyx jubatus*: Implications for Conservation." *Conservation Biology* 8, 4: 961–71.

Meserve, Ruth

2001a "Law and Domestic Animals in Inner Asia." In David B. Honey and David C. Wright, eds., *Altaic Affinities: Proceedings of the 40th Meeting of PIAC.* Bloomington: Indiana University, Research Institute for Inner Asian Studies, pp. 120–37.

378

2000b "History in Search of Precedent: Animal Judgements." *Altaica*, V, Moscow: IV RAN: 90–97.

Meuli, Karl

1954 "Ein altpersischen Kriegsbrauch." In Fritz Meier, ed., *Westöstliche Abhandlungen: Rudolph Tschudi zum siebzigsten Geburtstag.* Wiebaden: Otto Harrassowitz, pp. 63–86.

Miller, Dean A.

1998 "On the Mythology of Indo-European Heroic Hair." *Journal of Indo-European Studies* 26, 1–2: 41–60.

Mokyr, Joel

1990 *The Levers of Riches: Technological Creativity and Economic Progress.* Oxford: Oxford University Press.

Möller, Detlef

1965 *Studien zur mittelalterlichen arabischen Falkenerliteratur.* Berlin: de Gruyter.

Molnár, Ádám

1994 *Weather Magic in Inner Asia.* Indiana University Uralic and Altaic Series 158. Bloomington: Indiana University, Research Institute for Inner Asian Studies.

Morgenthau, Hans J.

1950 *Politics Among Nations: The Struggle for Power and Peace.* New York: Knopf.

Morris, Brian

2000 "Wildlife Depredations in Malawi: The Historical Dimension." In Knight 2000b, pp. 36–49.

Morrison, William J.

2000 "The Noble Beasts of Lithuania, part 2, Tauras." *Lithuanian Heritage* (January-February): 9–12.

Moscati, Sabatino

1962 *The Face of the Ancient Orient.* Garden City, N.Y.: Doubleday.

Mostaert, Antoine

1949 "A propos du mot *širolγa* de l'histoire secrète des Mongols." *Harvard Journal of Asiatic Studies* 12: 470–76.

Moynihan, Elizabeth B.

1979 *Paradise as a Garden in Persia and Mughal India.* New York: George Braziller.

Nadeliaev, V. M. et al., eds.

1969 *Drevnetiurkskii slovar.* Leningrad: Nauka.

Naumann, Rudolf and Elisabeth Naumann

1969 "Ein Kösk im Sommerpalast des Abaqa Chan auf dem Tacht-i Sulaiman und seine Dekoration." In Rudolph Naumann and Oktay Aslanapa, eds., *Forschungen zur Kunst Asiens: In Memoriam Kurt Erdman.* Istanbul: Baha Mutbaasi, pp. 36–65.

1976 *Takht-i Suleiman: Ausgrabung des Deutschen Archäologischen Instituts in Iran.* Ausstellungskataloge der prähistorischen Staatssammlung 3. Munich: Prähistorische Staatssammlung, 1976.

Naveh, Joseph and Shaul Shaked

1987 *Amulets and Magic Bowls: Aramaic Incantations of Late Antiquity.* 2nd ed. Jerusalem: Magnes Press.

Naville, Edourd

1898 *The Temple of Deir el Bahari.* Part 3. London: Offices of the Egypt Exploration Fund.

379 Nelson, Janet L.
1987 "The Lord's Anointed and the People's Choice: Carolingian Royal Ritual." In Cannadine and Price 1987, pp. 137–80.
Nicolai, Friedrich
1809 *Des Türkischen Gesandten Resmi Ahmet Efendi Gesandtschaftliche Berichte von Berlin im Jahre 1763.* Berlin and Stettin, n. pub.
Niesters, Horst
1997 "The Art of Falconry." In Blüchel 1997, 1: 162–93.
Noonan, Thomas S.
1995 "The Khazar Economy." *Archivum Eurasiae Medii Aevi* 9: 253–318.
Norden, Walter
1997 "Let No One Dare Steal Game from Our Forest." In Blüchel 1997, 1: 144–46.
Norman, Jerry
1978 *A Concise Manchu-English Lexicon.* Seattle: University of Washington Press.
Novgorodova, E. A.
1974 "Okhotnich'i i voennye siuzhety v drevnem izobrazitel'nom iskusstve Tsentral'noi Azii." *Central Asiatic Journal* 18, 1: 70–73.
Nylander, Carl
1970 *Ionians in Pasargadae: Studies in Old Persian Architecture.* Uppsala: Acta Universitatus Upsaliensis, 1970.
Oddy, Andrew
1991 "Arab Imagery on Early Umayyad Coins in Syria and Palestine: Evidence for Falconry." *Numismatic Chronicle* 151: 59–66.
Oded, Bustenay
1992 *War, Peace and Empire: Justifications for War in Assyrian Royal Inscriptions.* Wiesbaden: Ludwig Reichert Verlag.
Officer, Charles and Jake Page
1993 *Tales of the Earth: Paroxysms and Perturbations of the Blue Planet.* Oxford: Oxford University Press.
Okladnikov, A. P.
1964 "Notes on the Beliefs and Religion of the Ancient Mongols: The Golden Winged Eagle in Mongolian History." *Acta Ethnographica Academiae Scientiarum Hungaricae* 13: 411–14.
1981 *Petroglify Mongolii.* Leningrad: Nauka.
1990 "Inner Asia at the Dawn of History." In Denis Sinor, ed., *The Cambridge History of Early Inner Asia.* Cambridge: Cambridge University Press, pp. 41–96.
Olbricht, Peter
1954 *Das Postwesen in China unter den Mongolenherrschaft im 13. und 14. Jahrhundert.* Wiesbaden: Otto Harrassowitz.
Oppenheim, A. Leo
1965 "On the Royal Gardens in Mesopotamia." *Journal of Near Eastern Studies* 24: 328–33.
1985 "The Babylonian Evidence of Achaemenid Rule in Mesopotamia." In Ilya Gershevitch, ed., *The Cambridge History of Iran,* vol. 2, *The Median and Achaemenid Periods.* Cambridge: Cambridge University Press, pp. 529–87.
Oppenheim, A. Leo, ed.
1968 *The Assyrian Dictionary.* Chicago: Oriental Institute, vol. 1, pt. 2.

Orwell, George

1956 "Shooting an Elephant." In *The Orwell Reader*. New York, Harcourt Brace, pp. 3–9.

Osborn, Dale J. and Jana Osbornova

1998 *The Mammals of Ancient Egypt*. Warminister: Aris and Phillips.

Ostrogorsky, George

1969 *History of the Byzantine State*. New Brunswick, N.J.: Rutgers University Press.

Paltusova, I. N.

2002a "Royal Hunting." In State Historical Museum 2002: 11–27.

2002b "Hunting as a Pastime of the Imperial House." In State Historical Museum 2002: 303–45.

Pan, Yihong

1997 *Son of Heaven and Heavenly Qaghan: Sui-Tang China and Its Neighbors*. Bellingham: Western Washington University, Center for East Asian Studies.

Parker, Heidi G. et al.

2004 "Genetic Structure of the Purebred Dog." *Science* 304, 5674 (May): 1160–64.

Parrot, Andre

1961 *The Arts of Assyria*. New York: Golden Press.

Paviot, Jacques

2000 "England and the Mongols." *Journal of the Royal Asiatic Society* 3rd ser. 10: 305–18.

Pearson, M. N.

1976 *Merchants and Rulers in Gujarat: The Response to the Portuguese in the Sixteenth Century*. Berkeley: University of California Press.

Pelliot, Paul

1903 "Le Fou-nan." *Bulletin de l'école française de Extrême-Orient* 3: 248–303.

1930 "Les mots mongols dans le *Korye Să*." *Journal asiatique* 217: 253–66.

1944 "*Širolγa-siralγa*." *T'oung-pao* 37: 102–13.

1959–61 *Notes on Marco Polo*. 2 vols. Paris: Librairie Adrien-Massoneuve.

1973 *Recherches sur les chrétiens d'Asie centrale et d'extrême-Orient*. Paris: Imprimerie nationale.

Pelliot, Paul and Louis Hambis

1951 *Histoire des campagnes de Gengis Khan*. Leiden: E.J. Brill.

Perry, W. J.

1968 *The Children of the Sun: A Study in the Early History of Civilization*. 1923. Reprint London: Methuen.

Petit-Dutaillis, Charles

1915 *Studies and Notes Supplementary to Stubbs' Constitutional History*. Manchester: Manchester University Press.

Piggot, Stuart

1992 *Wagon, Chariot and Carriage: Symbol and Status in the History of Transportation*. London: Thames and Hudson.

Pittman, Susan

1983 *Lullingstone Park: The Evolution of a Medieval Deer Park*. Rainbow, Kent: Meresborough Books.

381

Pollard, John

1977 *Birds in Greek Life and Myth.* London: Thames and Hudson.

Polyani, Karl

1957 "Aristotle Discovers the Economy." In Karl Polyani, Conrad M. Arensberg, and Harry W. Pearson, eds., *Trade and Market in the Early Empires: Economies in History and Theory.* New York: Free Press, pp. 64–94.

Poole, Austin Lane

1958 "Recreation." In Astin Lane Poole, ed., *Medieval England.* Oxford: Clarendon Press, vol. 2, pp. 605–31.

Porada, Edith

1969 *The Art of Ancient Iran.* New York: Greystone.

Postgate, J. N.

1992 *Early Mesopotamia: Society and Economy at the Dawn of History.* London: Routledge.

Potts, Richard

1984 "Hominid Hunters? Problems of Identifying the Earliest Hunter/Gatherers." In Robert Foley, ed., *Hominid Evolution and Community Ecology: Prehistoric Human Adaptation in Biological Perspective.* London: Academic Press, pp. 129–66.

Powers, Martin J.

1991 *Art and Political Expression in Early China.* New Haven, Conn.: Yale University Press.

Price, Simon

1987 "From Noble Funerals to Divine Cults: The Consecration of Roman Emperors." In Cannadine and Price 1987, pp. 56–105.

Pulleyblank, Edwin G.

1995 "Why Tocharians?" *Journal of Indo-European Studies* 23: 415–30.

de Rachewiltz, Igor

1973 "Some Remarks on the Ideological Foundations of Chinggis Khan's Empire." *Papers on Far Eastern History* 7: 21–36.

Ramstedt, G. J.

1949 *Studies in Korean Etymology.* Helsinki: Suomalais Ugrilainen Seura.

Ratchnevsky, Paul

1937–85 *Une code des Yuan.* 4 vols. Paris: Collège de France.

1970 "Über den mongolischen Kult am Hofe der Grosskhane in China." In Louis Ligeti, ed., *Mongolian Studies.* Amsterdam: B.R. Gruner, pp. 417–43.

Rawson, Jessica

1998 "Strange Creatures." *Oriental Art* 44, 2: 24–28.

ar-Raziq, Ahmad ʿAbd

1970 "La chasse au faucon d'pres des céramiques du Musée du Caire." *Annales islamologiques* 9: 109–21.

Redfield, Robert

1956 *Peasant Society and Culture.* Chicago: University of Chicago Press.

Redford, Kent H.

1992 "The Empty Forest." *Bioscience* 42: 412–22.

Redford, Scott

2000 *Landscape and the State in Medieval Anatolia: Seljuq Gardens and Pavilions of Alanya.* BAR International Series 893. Oxford: Archaeopress.

Reed, Charles A.

1965 "Imperial Sassanian Hunting of Pig and Fallow-Deer, and Problems of the Survival of These Animals Today in Iran." *Postilla* 92: 1–23.

Reid, Anthony

1988 *Southeast Asia in the Age of Commerce.* Vol. 1, *The Lands Below the Winds.* New Haven, Conn.: Yale University Press.

1989 "Elephants and Water in the Feasting of Seventeenth Century Aceh." *Journal of the Malaysian Branch of the Royal Asiatic Society* 62, 2: 25–44.

Reinhart, A. Kevin

1991 "The Here and the Hereafter in Islamic Religious Thought." In Sheila S. Blair and Jonathan M. Bloom, eds., *Images of Paradise in Islamic Art.* Hanover, N.H.: Hood Museum of Art, Dartmouth College, pp. 15–23.

Renfrew, Colin

1986 "Introduction." In Colin Renfrew and John F. Cherry, eds., *Peer Polity Interaction and Socio-Political Change.* Cambridge: Cambridge University Press, pp. 1–18.

Rey, Maurice

1965 *Le domaine du roi et les finances extraordinaires sous Charles VI, 1388–1413.* Paris: S.E.V.P.E.N.

Riasanovsky, Valentin A.

1965a *Customary Law of the Nomadic Tribes of Siberia.* Indiana University Uralic and Altaic Series 48. Bloomington: Indiana University.

1965b *Fundamental Principles of Mongol Law.* Indiana University Uralic and Altaic Series 43. Bloomington: Indiana University.

Rice, D. S.

1954 "The Seasons and the Labors of the Months in Islamic Art." *Ars Orientalis* 1: 1–39.

Rice, David Talbot

1965 *Islamic Art.* New York: Praeger.

Ringbom, Lars-Ivar

1951 *Graltempel und Paradies: Beziehungen zwischen Iran und Europa im Mittelalter.* Stockholm: Wahlstrom & Widstrand.

Ritvo, Harriet

1987 *The Animal Estate: The English and Other Creatures in the Victorian Age.* Cambridge, Mass.: Harvard University Press.

Robinson, Charles Alexander

1953 *The History of Alexander the Great.* Vol. 1. Providence, R.I.: Brown University Press.

Rockhill, W. W.

1914 "Notes on the Relations and Trade of China with the Eastern Archipelago and Coasts of the Indian Ocean in the Fourteenth Century." *T'oung-pao* 15: 419–47.

Rogozhin, N. M.

1994 *Posol'skie knigi Rossii kontsa XV-nachala XVII vv.* Moscow: Rossiiskaia akademii nauka, Institut rossiiskoi istorii.

Rolle, Renate

1988 "Archäologische Bemerkungen zum Warägerhandel." *Bericht der Römisch-Germanischen Kommission* 69: 472–529.

383 Root, Margaret Cool
1979 *The King and Kingship in Achaemenid Art.* Acta Iranica 3rd ser. 9. Leiden: E.J. Brill.
Rostovtzeff, M. I. et al., eds.
1952 *The Excavations at Dura Europos, Preliminary Report of the Ninth Season of Work.* Pt. 3, *The Palace of the Dux Ripae and Dolicheneum.* New Haven, Conn.: Yale University Press.
Rozycki, William
1994 *Mongol Elements in Manchu.* Indiana University Uralic and Altaic Series 157. Bloomington: Indiana University.
Russell, Emily W. B.
1997 *People and the Land Through Time: Linking Ecology and History.* New Haven, Conn.: Yale University Press.
Ruttan, Lore M. and Monica Borgerhoff Mulder
1999 "Are East African Pastoralists Truly Conservationists?" *Current Anthropology* 40: 621–52, with invited commentary.
Saberwal, Vasant K. et al.
1994 "Lion-Human Conflict in the Gir Forest, India." *Conservation Biology* 8, 2: 501–7.
Sachs, A. J.
1953 "The Late Assyrian Royal-Seal Type, *Iraq* 15: 167–70.
Sage, Steven F.
1992 *Ancient Sichuan and the Unification of China.* Albany: State University of New York Press.
Sälzle, Karl
1997 "Riding to Hounds, German Hunting and Other Hunting Spectacles." In Blüchel 1997, 1: 132–43.
Salzman, Philip C.
1978 "Ideology and Change in Middle Eastern Tribal Societies." *Man* 13, 4: 618–37.
1980 "Introduction: Processes of Sedentarization as Adaptation and Response." In Philip C. Salzman, ed., *When Nomads Settle.* New York: Praeger, pp. 1–19.
Sansterre, Jean-Marie
1996 "La vénération des images à Ravenna dans le haut moyen âge: notes sur une forme de dévotion peu connue." *Revue Mabillion* n.s. 7: 5–21.
Sarma, I. K.
1989 "Water Reservoirs." *An Encyclopaedia of Indian Archaeology.* Delhi Munshiram Manonarlal, 302–3.
al-Sarraf, Shihab
2004 "Mamlūk *Furūsīyah* Literature and Its Antecedents." *Mamlūk Studies Review* 8, 1: 141–200.
Sarton, George
1961 *Appreciation of Ancient and Medieval Science During the Renaissance (1450–1600).* New York: A.S. Barnes.
Saunders, Nicholas J.
1994 "Tezcatlipoca: Jaguar Metaphors and the Aztec Mirror of Nature." In Roy Wills, ed., *Signifying Animals: Human Meaning in the Natural World.* London: Routledge, pp. 159–77.

Savage, Henry L.
1983 "Hunting in the Middle Ages." *Speculum* 7: 30–41.
Schafer, Edward H.
1956 "Cultural History of the Elaphure." *Sinologica* 4: 250–74.
1957 "War Elephants in Ancient and Medieval China." *Oriens* 10: 289–91.
1959 "Falconry in T'ang Times." *T'oung-pao* 46: 293–338.
1962 "The Conservation of Nature Under the T'ang Dynasty." *Journal of the Economic and Social History of the Orient* 5: 279–308.
1963 *The Golden Peaches of Samarkand: A Study in T'ang Exotics.* Berkeley: University of California Press.
1967 *The Vermilion Bird: T'ang Images of the South.* Berkeley: University of California Press.
1968 "Hunting Parks and Animal Enclosures in Ancient China." *Journal of the Economic and Social History of the Orient* 11: 318–43.
1991 "The Chinese Dhole." *Asia Major* 3rd ser. 4, 1: 1–7.
Schama, Simon
1995 *Landscape and Memory.* New York: Knopf.
Schmidt, Erick F.
1940 *Flights over Ancient Cities of Iran.* Chicago: University of Chicago Press.
1957 *Persepolis II: Contents of the Treasury and Other Discoveries.* Chicago: University of Chicago Press.
Schortman, Edward M. And Patricia A. Urban
1992 "Current Trends in Interaction Research." In Edward M. Schortman and Patricia A. Urban, eds., *Resources, Power, and Interregional Interaction.* New York: Plenum, pp. 235–55.
Schreiber, Gerhard
1949–55 "The History of the Former Yen Dynasty, Part I." *Monumenta Serica* 14: 374–480.
1956 "The History of the Former Yen Dynasty, Part II." *Monumenta Serica* 15, 1: 1–141.
Schumpeter, Joseph A.
1951 *Imperialism and Social Classes.* New York: Augustus M. Kelley.
Schwarz, Henry G.
2001 "Animal Words in Mongolian and Uyghur." *Mongolian Studies* 24: 1–7.
Scott, James C.
1976 *The Moral Economy of the Peasant.* New Haven, Conn.: Yale University Press.
Seaman, Gary, ed.
1989 *Ecology and Empire: Nomads in the Cultural Evolution of the Old World.* Los Angeles: Ethnographica.
Semenov, A. A.
1948 "Bukharskii traktat o chinakh i zvaniiakh i ob obiazannostiakh noseteli ikh v srednevekovoi Bukhare." *Sovetskoe vostokovedenie* 5: 137–53.
Serpell, James, ed.
1995 *The Domestic Dog, Its Evolution, Behaviour and Interaction with People.* Cambridge: Cambridge University Press.
Serruys, Henry
1955 *Sino-Jürched Relations During the Yung-lo Period (1403–24).* Wiesbaden: Otto Harrassowitz.

385 1967 *Sino-Mongol Relations During the Ming*. Vol. 2, *The Tribute System and Diplomatic Missions*. Mélanges chinois et bouddhiques 14. Brussels: Institut belge des hautes études chinois.

1974a *Kumiss Ceremonies and Horse Races: Three Mongolian Texts*. Wiesbaden: Otto Harrassowitz.

1974b "Mongol Qoriγ: Reservation." *Mongol Studies* 1: 76–91.

Shaanxi Sheng Bowuguan

1974a *Tang Li Xian mu bihua*. Beijing: Wenwu Chubanshe.

1974b *Tang Li Zhongrun mu bihua*. Beijing: Wenwu Chubanshe.

Shakanova, Nurila Z.

1989 "The System of Nourishment among the Eurasian Nomads: The Kazakh Example." In Seaman 1989, pp. 111–17.

Shaked, Shaul

1986 "From Iran to Islam: On Some Symbols of Royalty." *Jerusalm Studies in Arabic and Islam* 7: 75–91.

Sharma, R. S.

1970 "Central Asia and Early Indian Cavalry." In Amalendu Guha, ed., *Central Asia: Movements of Peoples and Ideas from Times Prehistoric to Modern*. New Delhi: Vikas Publications, pp. 174–87.

Sharp, N. C. C.

1997 "Timed Running Speed of a Cheetah (*Acinonyx jubatus*)." *Journal of Zoology* 241: 493–94.

Shaughnessy, Edward L.

1988 "Historical Perspectives on the Introduction of the Chariot into China." *Harvard Journal of Asiatic Studies* 48: 189–237.

1989 "Historical Geography and the Extent of the Earliest Chinese Kingdoms." *Asia Major* 3rd ser. 11, 2: 1–22.

Shavkunov, E. V.

1990 *Kul'tura Chzhurchzhenei-Udige XII–XIII vv. i problema proiskhozhdeniia tungusskikh narodov Dal'nego Vostoka*. Moscow: Nauka.

Shepard, Dorothy G.

1979 "Banquet and Hunt in Medieval Islamic Iconography." In Ursula E. McCracken, Lillian M. C. Randall, and Richard H. Randall, Jr., eds., *Gatherings in Honor of Dorothy E. Minor*. Baltimore: Walters Art Gallery, pp. 79–92.

1983 "Sasanian Art." In Yarshater 1983b, pp. 1055–1112.

Shepard, Paul

1996 *The Others: How Animals Made Us Human*. Washington, D.C.: Island Press.

Sherratt, Andrew

1986 "The Chase–From Subsistance to Sport." *Ashmolean* 10: 4–7.

1995 "Reviving the Grand Narrative: Archaeology and Long Term Change." *Journal of European Archaeology* 311: 1–32.

Shulman, David Dean

1985 *The King and the Clown in South Asian Myth and Poetry*. Princeton, N.J.: Princeton University Press.

Sidebotham, Steven E.

1991 "Ports on the Red Sea and the Arabia-India Trade." In Vimala Begley and Richard De Puma, eds., *Rome and India: The Ancient Sea Trade*. Madison: University of Wisconsin Press, pp. 12–38.

Silverbauer, George
1982 "Political Process in G/wi Bands." In Eleanor Leacock and Richard Lee, eds., *Politics and History in Band Societies*. Cambridge: Cambridge University Press, pp. 23–35.

386

Simakov, Georgii N.
1989a "Hunting with Raptors in Central Asia and Kazakhstan." In Seaman 1989, pp. 129–33.
1989b "Okhota s lovchimi ptitsami y narodov Srednei Azii i Kazakhstane." In R. F. Its, ed., *Pamiatniki traditsionnobytovoi kul'tury narodov Srednei Azii, Kazkhstana i Kavkaza*. Leningrad: Nauka, pp. 30–48.
Simmons, I. G.
1989 *Changing the Face of the Earth: Culture, Environment, History*. Oxford: Blackwell.
Simon, J. M. Davis
1987 *The Archaeology of Animals*. New Haven, Conn.: Yale University Press.
Simonian, Lane
1995 *Defending the Land of the Jaguar: A History of Conservation in Mexico*. Austin: University of Texas Press.
Sinor, Denis
1968 "Some Remarks on the Economic Role of Hunting in Central Eurasia." In *Jagd* 1968, pp. 119–28.
Sittert, Lance van
1998 "Keeping the Enemy at Bay: The Extermination of Wild Carnivora in the Cape Colony, 1889–1910." *Environmental History* 3: 333–56.
Slovar
1975– *Slovar russkogo iazyka XI–XVII vv*. Moscow: Nauka, 24 vols. to date.
Smil, Vaclav
1994 *Energy in World History*. Boulder, Colo.: Westview Press.
Smith, G. Rex
1980 "The Arabian Hound, the Salūqī: Further Considerations of the Word and Other Observations on the Breed." *Bulletin of the School of Oriental and African Studies* 43: 459–65.
Smith, Joann F. Handlin
1999 "Liberating Animals in Ming-Qing China: Buddhist Inspiration and Elite Imagination." *Journal of Asian Studies* 58: 51–84.
Smith, John Masson
1984 "Mongol Campaign Rations: Milk, Marmots and Blood?" *Journal of Turkic Studies* 8: 223–28.
Soden, Wolfram von
1959 *Akkadisches Handwörterbuch*. Wiesaden: Harrassowitz.
Soucek, Priscilla
1990 "The New York Public Library *Makhzan al-asrār* and Its Importance." *Ars Orientalis* 18: 1–37.
Speidel, Michael P.
2002 "Berserks: A History of Indo-European 'Mad Warriors'." *Journal of World History* 13, 2: 253–90.
Speiser, E. H.
1964 *The Anchor Bible, Genesis*. Garden City, N.Y.: Doubleday.

387 Spuler, Bertold

1965 *Die Goldene Horde: Die Mongolen in Russland.* 2nd ed. Wiesbaden: Otto Harrassowitz.

1985 *Die Mongolen in Iran.* 4th ed. Leiden: E.J. Brill.

Sreznevskii, M. I.

1989 *Materialy dlia slovaria drevnerusskogo iazyka.* Vol. 3. Moscow: Kniga.

Stange, Mary Zeiss

1997 *Woman the Hunter.* Boston: Beacon Press.

State Historical Museum

2002 *Royal Hunting.* Moscow: Khudozhnik i kniga.

Stein, Rolf

1940 "Leao-tche." *T'oung-pao* 35: 1–154.

Steinhardt, Nancy Shatzman

1983 "The Plan of Khubilai Khan's Imperial City." *Artibus Asiae* 44, 2–3: 137–58.

1990a *Chinese Imperial City Planning.* Honolulu: University of Hawaii Press.

1990b "Imperial Architecture Along the Mongolian Road to Dadu." *Ars Orientalis* 18: 59–93.

1990–91 "Yuan Period Tombs and Their Decoration: Cases at Chifeng." *Oriental Art* (Winter): 198–221.

Sterckx, Roel

2000 "Transforming the Beasts: Animals and Music in Early China." *T'oung-pao* 86: 1–46.

Sterndale, Robert A.

1982 *Natural History of the Mammalia of India and Ceylon.* 1884. Reprint Delhi: Himalayan Books.

Stetkevych, Jaroslav

1996 "The Hunt in Arabic *Qaṣidah*: The Antecedents of the *Ṭardiyyah*." In J. R. Smart, ed., *Tradition and Modernity in Arabic Language and Literature.* Richmond: Curzon Press, pp. 102–18.

1999 "The Hunt in Classical Arabic Poetry: From Mukhadram *Qasīdah* to Umayyad *Ṭardiyyah*." *Journal of Arabic Literature* 30: 107–29.

Stiner, Mary D., Natalee D. Munro, and Todd A. Surovell

2000 "The Tortoise and the Hare: Small Game Use, the Broad Spectrum Revolution and Paleolithic Demography." *Current Anthropology* 41: 39–73.

Stoianovich, Traian

1994a *Balkan Worlds: The First and Last Europe.* Armonk, N.Y.: M.E. Sharpe.

1994b "Longue durée." In Peter A. Sterns, ed., *Encyclopedia of Social History.* New York: Garland, pp. 426–28.

Storey, William K.

1991 "Big Cats and Imperialism: Lion and Tiger Hunting in Kenya and Northen India." *Journal of World History* 2: 135–75.

Störk, L.

1972 "Gepard." *Lexikon der Ägyptologie.* Wiesbaden: Otto Harrassowitz, vol. 2, pp. 530–31.

Straus, Lawrence Guy

1986 "Hunting in Late Upper Paleolithic Western Europe." In Matthew H. Nitecki and Doris V. Nitecki, eds., *The Evolution of Human Hunting.* New York: Plenum, pp. 147–76.

388

Stresemann, Erwin
1975 *Ornithology from Aristotle to the Present.* Cambridge, Mass.: Harvard University Press.
Stricker, B. H.
1963–64 "*Vārəǵna*, the Falcon." *Indo-Iranian Journal* 73: 310–17.
Stronach, David
1978 *Pasargadae.* Oxford: Clarendon Press.
1990 "The Garden as a Political Statement: Some Case Studies from the Near East in the First Century B.C." *Bulletin of the Asia Institute* 4: 171–80.
1994 "Parterres and Stone Watercourses at Pasargadae: Notes on the Achaemenid Contribution to Garden Design." *Journal of Garden History* 14: 3–12.
Struve, V. V., ed.
1960 *Issledovaniia po istorii kul'tury narodov vostoka: Sbornik v chest Akademika I. A. Orbeli.* Moscow-Leningrad: Izdatel'stvo akademii nauk SSSR.
Subtelny, Maria Eva
1995 "Mīrak-i Ṣayyid Ghiyas and the Timurid Tradition of Landscape Architecture." *Studia Iranica* 24: 19–59.
1997 "Agriculture and the Timurid Chahārbāgh: Evidence from a Medieval Persian Agricultural Manual." In Attilio Petruccidi, ed., *Gardens in the Time of the Great Muslim Empires.* Leiden: E.J. Brill, pp. 110–28.
Sugiyama, Jiro
1973 "Some Problems of Parthian King's Crowns." *Orient: The Reports of the Society for Near Eastern Studies in Japan* 9: 31–41.
Swadling, Pamela
1996 *Plumes from Paradise: Trade Cycles in Outer Southeast Asia and Their Impact on New Guinea and Nearby Islands Until 1920.* National Capital District: Papua New Guinea National Museum.
Taagepera, Rein
1978 "Size and Duration of Empires: The Systematics of Size." *Social Science Research* 7: 108–27.
Tan Qixiang, ed.
1982 *Zhongguo lishi ditu ji.* Vol. 7, *Yuan-Mingde qi.* Shanghai: Ditu chubanshe.
Tanabe, Katsumi
1983 "Iconography of the Royal Hunt: Bas Reliefs at Taq-i Bustan." *Orient: The Reports of the Society for Near Eastern Studies in Japan* 19: 103–16.
1998 "A Newly Located Kushano-Sasanian Silver Plate: The Origin of the Royal Hunt on Horseback for Two Male Lions on 'Sasanian' Silver Plates." In Vesta Sarkhosh Curtis, Robert Hillenbrand and J. M. Rogers, eds., *The Art and Archaeology of Ancient Iran: New Light on the Parthian and Sasanian Empires.* London: I.B. Tauris, pp. 93–102.
Tao, Jing-shen
1976 *The Jurchen in Twelfth Century China: A Study in Sinicization.* Seattle: University of Washington Press.
Taskin, V. S.
1973 "Pokhodnye lageria kidan'skikh imperatov." In G. D. Sukharchuk, ed., *Kitai: Obshchestvo i gosudarstvo.* Moscow: Nauka, pp. 101–15.
Taylor, Ian M.
1986 " 'Guan, Guan' Cries the Osprey: An Outline of Pre-Modern Chinese Ornithology." *Papers on Far Eastern History* 33: 1–22.

389 Teggard, Frederick J.
1941 *Theory and Processes of History*. Berkeley: University of California Press.
Thiébaux, Marcelle
1967 "The Medieval Chase." *Speculum* 42: 260–74.
Thomas, Keith
1983 *Man and the Natural World*. Oxford: Oxford University Press.
Thompson, James Westfall and Edgar Nathaniel Johnson
1965 *An Introduction to Medieval Europe, 300–1500*. New York: Norton.
Thompson, Robert and Hobart F. Landreth
1973 "Reproduction in Captive Cheetahs." In Randall L. Eaton, ed., *The World of Cats*, vol. 2, *Biology, Behavior, and Management of Reproduction*. Seattle: Feline Research Group, pp. 162–67.
Thurston, Mary Elizabeth
1996 *The Lost History of the Canine Race*. Kansas City: Andrews and McMeel.
Tibbets, G. R.
1979 *A Study of Arabic Texts Containing Material on South-East Asia*. Leiden: E.J. Brill.
Tilia, Ann Britt
1972 *Studies and Restorations at Persepolis and Other Sites of Fārs*. Rome: Istituto Italiano per il Medio ed Estremo Oriente.
Tilson, Ron
2002 "Tracking Phantom Tigers." *Minnesota: The Magazine of the University of Minnesota Alumni Association* 102, 1: 26–30.
al-Timimi, Faris A.
1987 *Falcons and Falconry in Qatar*. Doha: Ali Bin Ali Press.
Tiratsian, G. A.
1960 "Utochnenie nekotorykh detalei sasanidskogo vooruzheniia po dannym armianskogo istorika IV v. n. e. Favsta Buzanta." In Struve 1960, pp. 474–86.
Torbert, Preston M.
1977 *The Ch'ing Imperial Household Department: A Study of Its Principal Functions, 1662–1746*. Cambridge, Mass.: Harvard University Press.
Totman, Conrad
1989 *The Green Archipelago: Forestry in Pre-industrial Japan*. Berkeley: University of California Press.
Tracy, James
2001 "*Iasak* in Siberia vs. Competition Among Colonizers in Canada: A Note on Comparisons Between Fur Trades." *Russian History/Histoire Russe* 28, 1–4: 403–9.
Trigger, Bruce
1990 "Monumental Architecture: A Thermodynamic Explanation of Symbolic Behavior." *World Archaeology* 22: 119–32.
Trombley, Frank R.
1994 *Hellenic Religion and Christianization, c. 370–529*. Vol. 2. Leiden: E J. Brill.
Trümpelman, L.
1980–83 "Jagd." *Reallexikon der Assyriologie und vorderasiatischen Archäology*. Berlin: de Gruyter, pp. 234–38.
Tsintsius, V. I., ed.
1975–77 *Sravnitel'nyi slovar Tunguso-Man'chzhurskikh iazykov*. 2 vols. Leningrad: Nauka.

390

Tuan, Yi-fu
1968 "Discrepancies Between Environmental Attitude and Behavior: Examples from Europe and China." *Canadian Geographer* 12, no. 3: 176–91.
Tuite, Kevin
1998 "Evidence for Prehistoric Links between the Caucasus and Central Asia: The Case of the Burushos." In Mair 1998 1: 448–75.
Tuplin, Christopher
1996 *Achaemenid Studies*. Historia Einzelschriften 99. Stuttgart: Franz Steiner.
Turner, Alan
1997 *The Big Cats and Their Fossil Relatives*. New York: Columbia University Press.
Unschuld, Paul U.
1986 *Medicine in China: A History of Pharmaceutics*. Berkeley: University of California Press.
Uray-Köhalmi, Käthe
1987 "Synkretismus im Stadtkult der frühen Dschingisiden." In Walther Heissig and Hans-Joachim Klimkert, eds., *Synkretismus in den Religionen Zentralasiens*. Wiesbaden: Otto Harrassowitz, pp. 136–58.
Usmanov, Mirkasyn Abdulakhatovich
1979 *Zhalovannye akty Dzuchieva Ulusa, XIV–XVI vv*. Kazan: Izdatel'stvo Kazanskogo Universiteta.
Van Buren, E. Douglas
1939 *The Fauna of Ancient Mesopotamia as Represented in Art*. Rome: Pontificum Institutum Biblicum.
Van Milligen, Alexander
1899 *Byzantine Constantinople: The Walls of the City and Adjoining Historical Sites*. London: John Murray.
Vasilevich, T. M.
1968 "Rol okhoty v istorii tungusoiazychnykh narodov." In *Jagd* 1968, pp. 129–45.
Vermeer, Edward B.
1998 "Population and Ecology Along the Frontier in Qing China." In Mark Elvin and Liu Ts'ui-jung, eds., *Sediments of Time: Environment and Society in Chinese History*. Cambridge: Cambridge University Press, pp. 235–79.
Vilà, Charles et al.
1997 "Multiple and Ancient Origins of the Domesticated Dog." *Science* 276: 1687–89.
Viré, François
1965 "Fahd." *Encyclopedia of Islam*. 2nd ed. Leiden: E.J. Brill, vol. 2: 740–42.
1973 "A propos des chiens de chasse *ṣalūqī* et *zaġārī*." *Revue des études islamiques* 91: 231–40.
1974 "La chasse au guépard d'après sources arabes et les oeuvres d'art musulman par Ahmad Abd ar-Raziq." *Arabica* 21: 85–88.
1977 "Essai de détermination des oiseaux-de-vol mentionnés dans les principaux manuscripts arabes médiévaux sur la fauconnerie." *Arabica* 25: 138–49.
Voeikov, Aleksandr
1901 "De l'influence de l'homme sur la terre." *Annales de géographie* 10: 97–114.
Vollmer, John, E. J. Keall, and E. Nagai-Berthrong

391 1983 *Silk Roads, China Ships: An Exhibition of East-West Trade.* Toronto: Royal Ontario Museum.

Voshchinina, A. I.

1953 "O sviaziakh Priural'ia s vostokum v VI–VII vv., n.e." *Sovetskaia arkheologiia* 17: 183–96.

Wagoner, Phillip B.

1995 " 'Sultan Among Hindu Kings': Dress, Titles and Islamicization of Hindu Culture at Vijayanagara." *Journal of Asian Studies* 55: 851–80.

Waida Manabu

1978 "Birds in the Mythology of Sacral Kingship." *East and West* 28: 283–89.

Walch, Karl

1997 "Hunting Dogs." In Blüchel 1997, 1: 72–103.

Waley, Arthur

1949 *The Life and Times of Po Chü-i, 772–846 A.D.* London: Allen and Unwin.

1957 "Chinese-Mongol Hybrid Songs." *Bulletin of the School of Oriental and African Studies* 20: 281–84.

Waley-Cohen, Joanna

2002 "Military Ritual and the Qing Empire." In Di Cosmo 2002, pp. 405–44.

Wallas, Graham

1923 *The Great Society.* New York: Macmillan.

Wang, Zhongshu

1982 *Han Civilization.* New Haven, Conn.: Yale University Press.

Watson, Andrew M.

1983 *Agricultural Innovation in the Early Islamic World: The Diffusion of Crops and Farming Techniques, 700–1100.* Cambridge: Cambridge University Press.

Watson, Geoff

1998 "Central Asia as Hunting Ground: Sporting Images of Central Asia." In David Christian and Craig Benjamin, eds., *Worlds of the Silk Roads, Ancient and Modern.* Silk Road Studies 2. Turnhout: Brepols, pp. 265–88.

Wechsler, Howard J.

1985 *Offerings of Jade and Silk: Ritual and Symbol in the Legitimation of the T'ang Dynasty.* New Haven, Conn.: Yale University Press.

Weidner-Weiden, Heidi

1997 "Hunting Lodges–Their Splendor and Glory." In Blüchel 1997, 1: 246–77.

Welles, C. Bradford, Robert O. Fink, and J. Frank Gilliam

1959 *The Excavations at Dura Europos.* Vol. 5, pt. 1, *The Parchments and Papyri.* New Haven, Conn.: Yale University Press.

Werth, Emil

1954 *Grabstock, Hacke und Pflug.* Ludwigsburg: Eugen Ulmer.

Wescoat, James L., Jr.

1998 "The Right of Thirst for Animals in Islamic Law: A Comparative Approach." In Jennifer Welch and Jody Emel, eds., *Animal Geographies.* London: Verso, pp. 254–79.

White, David Gordon

1991 *Myths of the Dog-Man.* Chicago: University of Chicago Press.

White, Lynn, Jr.

1966 *Medieval Technology and Social Change.* New York: Oxford University Press.

1986 *Medieval Religion and Technology*. Berkeley: University of California Press. 392
White, William Charles
1939 *Tomb Title Pictures of Ancient China*. Toronto: University of Toronto Press.
Whittow, Mark
1996 *The Making of Byzantium*. Berkeley: University of California Press.
Widengren, Geo
1951 "The King and the Tree of Life in Ancient Near Eastern Religion." *Uppsala Universitets Arsskrift* 51: 3–68.
1969 *Der Feudalismus im alten Iran*. Cologne: Westdeutscher Verlag.
Wilkinson, Alix
1990 "Gardens in Ancient Egypt: Their Locations and Symbolism." *Journal of Garden History* 10: 199–208.
Wilson, David Sloan
1998 "Hunting, Sharing and Multilevel Selection: The Tolerated Theft Model Revisited." *Current Anthropology* 39: 73–97.
Wilson, J. A.
1948 "Egypt." In Henri Frankfort and H. A. Groenewegen-Frankfort, eds., *The Intellectual Adventure of Ancient Man: An Essay on Speculative Thought in the Ancient Near East*. Chicago: University of Chicago Press, pp. 31–121.
1956 "The Royal Myth in Ancient Egypt." *Proceedings of the American Philosophical Society* 100: 434–47.
Wilson, Peter J.
1988 *The Domestication of the Human Species*. New Haven, Conn.: Yale University Press.
Winter, Irene J.
1981 "Royal Rhetoric and Development of Historical Narrative in Neo Assyrian Reliefs." *Studies in Visual Communications* 7: 2–38.
Winters, Robert K.
1974 *The Forest and Man*. New York: Vantage Press.
Wittfogel, Karl A.
1940 "Meteorological Records from the Divination Inscriptions of Shang." *Geographical Review* 30: 110–33.
Wittfogel, Karl A. and Feng Chia-sheng
1949 *History of Chinese Society, Liao (907–1125)*. Philadelphia: American Philosophical Society.
Witzel, Michael
1999 "Early Sources for South Asian Substrate Languages." *Mother Tongue* (October): 1–61.
Wolters, O. W.
1958 "Tāmbralinga." *Bulletin of the School of Oriental and African Studies* 21: 587–607.
Woodburn, James
1979 "Minimal Politics: The Political Organization of the Hadza of North Tanzania." In William A. Shack and Percy S. Cohen, eds., *Politics in Leadership: A Comparative Perspective*. Oxford: Clarendon Press, pp. 244–64.
Wright, Arthur F.
1979 "The Sui Dynasty." In Denis Twitchett, ed., *The Cambridge History of China*, vol. 7, pt. 1, *Sui and T'ang China*. Cambridge: Cambridge University Press, pp. 48–149.

393

Yarshater, Ehsan
1983a "Iranian National History." In Yarshater 1983b, pp. 343–477.
Yarshater, Ehsan, ed.
1983b *The Cambridge History of Iran.* Vol. 3, *The Seleucid, Parthian and Sasanian Periods.* 2 vols. Cambridge: Cambridge University Press.
Yule, Sir Henry and A. C. Burnell
1903 *Hobson-Jobson: A Glossary of Anglo-Indian Words and Phrases.* London: John Murray.
Zeuner, Frederick E.
1963 *A History of Domesticated Animals.* New York: Harper and Row.
Zguta, Russell
1978 *Russian Minstrels: A History of the Skomorokhi.* Philadelphia: University of Pennsylvania Press.
Zhang, Guangda
2001 "Tangdai de baolie." *Tang yanjiu* 7: 177–204.
Zhao, Ji, ed.
1990 *The Natural History of China.* New York: McGraw-Hill.
Ziiaev, Kh Z.
1983 *Ekonomicheskie sviazi Srednei Azii s Sibir'iu v. XVI–XIV.* Tashkent: Fan.
Zimansky, Paul E.
1985 *Ecology and Empire: The Structure of the Urartian State.* Chicago: Oriental Institute of the University of Chicago.
Zimmer, Heinrich
1963 *Myths and Symbols in Indian Art and Civilization.* New York: Pantheon.
Ziolkowski, Jan M.
1993 *Talking Animals: Medieval Latin Beast Poetry, 750–1150.* Philadelphia: University of Pennsylvania Press.
Zorzi, Elvira Garbero
1986 "Court Spectacle." In Sergio Betelli, ed., *Italian Renaissance Courts.* London: Sidgwick and Jackson, pp. 128–87.

索　引

396

398

400

402

译后记

经过一年的翻译与8次修改，《欧亚皇家狩猎史》的翻译终于定稿了。真正结束翻译工作时，就像要与一位天天见面的“老友”分别，竟有一丝不舍。

虽说有些不舍，但这位“老友”也着实耗费了我许多心力。在此书之前，我也出版过几部学术译著。相比之下，《欧亚皇家狩猎史》的翻译带给我很多新的收获与感悟。

在翻译本书时，需要查阅的资料数目非常庞大。由于原作者的博学多识，书中不仅涉及了极多的欧亚各国的人名与地名，还有一些环境史方面的术语，甚至动物学的专门词语。核对相关译名的过程虽然繁琐，但也能学到一些额外的有趣知识。

作为翻译，有时我也需要承担原书的校对工作。作为一部欧亚环境史研究著作，原书很多章节都涉及了与中国有关的史实，而由于作者母语并非中文，抑或参考了一些二手文献，因此存在几处谬误，尤其是一些拼音错误。不要小看这些简单的拼音，它们的不准确能让整个翻译工作白白耗费几个小时，甚至停滞几天之久。仅举一例，第十一章中，作者曾提到中国古代有一位朝圣者名为“xuanzong”，可我查阅很多资料也未找到此人究竟是谁，只好搁置不译。几日后，方才突然醒悟此处大概应为“xuanzang”，即指玄奘，再结合上下文和相关史料最终得到确定。试想，如果译者不明所以而延续了作者的错误，岂不是要闹出大的笑话！

这本书是我进入高校任教之后翻译的第一部学术专著，比起博士期间自由支配的时间，作为老师的闲暇已大为缩减。因此，本书的翻译时间可谓每分每秒都是从海绵里挤出的水。如何协调教学、科研与翻译工作之间的平衡，也是一大挑战。

本书也是中央财经大学外国语学院 2016 年度院级课题翻译学专项的成果，这个项目的资助不仅给我带来坚实的后盾，也给予我莫大的鼓励，督促我更好地完成翻译工作。

最后，感谢冯立君老师将这本书介绍给我，使我在翻译的过程中也提升了自己。社会科学文献出版社的编辑工作非常细致认真，令人佩服。感谢社会科学文献出版社独具慧眼，将这本涉及“一带一路”沿线国家的环境史著作引介国内，相信本书独特的研究视角、翔实的历史资料以及全面的跨学科视野，能够为读者带来很多有趣的启发。

马特

于北京

2017 年夏

图书在版编目（CIP）数据

欧亚皇家狩猎史 / （美）托马斯·爱尔森（Thomas T. Allsen）著；马特译. -- 北京：社会科学文献出版社，2017.9

书名原文：The Royal Hunt in Eurasian History

ISBN 978-7-5201-0962-8

Ⅰ.①欧… Ⅱ.①托… ②马… Ⅲ.①狩猎-历史-欧洲 Ⅳ.①S869.5

中国版本图书馆 CIP 数据核字（2017）第 143015 号

欧亚皇家狩猎史

著　　者 / ［美］托马斯·爱尔森（Thomas T. Allsen）
译　　者 / 马　特

出 版 人 / 谢寿光
项目统筹 / 董风云　冯立君
责任编辑 / 冯立君　陈旭泽

出　　版 / 社会科学文献出版社·甲骨文工作室（010）59366551
地址：北京市北三环中路甲 29 号院华龙大厦　邮编：100029
网址：www.ssap.com.cn
发　　行 / 市场营销中心（010）59367081　59367018
印　　装 / 三河市东方印刷有限公司

规　　格 / 开　本：889mm × 1194mm　1/32
印　张：19.25　字　数：449 千字
版　　次 / 2017 年 9 月第 1 版　2017 年 9 月第 1 次印刷
书　　号 / ISBN 978-7-5201-0962-8
著作权合同登记号 / 图字 01-2015-5242 号
定　　价 / 89.00 元